VMware

ware

虚拟化与云计算
故障排除卷

王春海◎著

U0304812

中国铁道出版社
CHINA RAILWAY PUBLISHING HOUSE

内 容 简 介

本书是"VMware 虚拟化与云计算应用"三部曲之故障排除篇的内容，本书介绍了 VMware vSphere 虚拟化安装、配置、运行、维护、使用中的注意事项，以及经常碰到的故障和解决方法。

本书既可以当成"疑难解答"参考的工具书来收藏，也可以供系统集成工程师、虚拟化技术爱好者、企事业或政府信息中心工程师、计算机安装及维护人员、大中专院校师生学习。通过学习本书，读者可以提高技能，解决实际过程中碰到的问题。

图书在版编目（CIP）数据

VMware 虚拟化与云计算：故障排除卷/王春海著. —北京：
中国铁道出版社，2018.11
ISBN 978-7-113-24956-4

Ⅰ.①V… Ⅱ.①王… Ⅲ.①虚拟处理机②虚拟网络
Ⅳ.①TP317②TP393

中国版本图书馆 CIP 数据核字(2018)第 213959 号

书　　名：**VMware 虚拟化与云计算：故障排除卷**
作　　者：王春海　著

责任编辑：荆　波　　　　　　　　　读者热线电话：010-63560056
责任印制：赵星辰　　　　　　　　　封面设计：MXK DESIGN STUDIO

出版发行：中国铁道出版社（100054，北京市西城区右安门西街 8 号）
印　　刷：中国铁道出版社印刷厂
版　　次：2018 年 11 月第 1 版　　2018 年 11 月第 1 次印刷
开　　本：787 mm×1092 mm　1/16　印张：33.25　字数：869 千
书　　号：ISBN 978-7-113-24956-4
定　　价：89.00 元

故障来自哪里

虚拟化已经是许多单位的基础应用，数量众多的服务器已经部署在虚拟机中。这些应用中占比最大的还是服务器虚拟化，其次是桌面虚拟化。可以说，虚拟化是系统集成工程师、网络管理与运维等技术人员必须要掌握的一项基本技能。

无论是在学习虚拟化的过程中，还是单位已经实施了虚拟化之后的具体使用和维护过程中，可能都会碰到一些问题，出现这些问题的原因可能有以下几种情况。

（1）初学者安装配置中遇到的问题。初学者在学习虚拟化过程中遇到的问题，可能的原因有：基础知识没有掌握，想使用某个功能但不知道方法或步骤；初学者硬件条件或网络条件不具备导致实验失败。例如一些初学者大多使用 VMware Workstation，在 VMware Workstation 中创建 ESXi 的虚拟机，再在 ESXi 的虚拟机中创建其他的虚拟机，然后做各种测试，在这种"嵌套"的虚拟机中，可以完成大多数的实验，例如 HA、虚拟网络、创建虚拟机、在虚拟机中安装操作系统、虚拟机模板等操作；但如果要在 VMware Workstation 嵌套的 ESXi 虚拟机中完成 Horizon 虚拟桌面的测试，许多的时候会由于虚拟机所提供的 CPU 或存储性能不足而导致失败。

小案例：

例如有位读者使用 DELL C6100（这是 2U，4 节点）的服务器做 vSAN 实验，每个节点配置了 2 个 SSD、1 个 HDD，将系统安装在其中的一个 SSD 上，但在 vSAN 的磁盘管理中，发现不了另外的 1 个 SSD 和 1 个 HDD。多次重新启动进入 RAID 配置界面，检查磁盘，也多次在 vCenter Server→vSAN 群集→磁盘管理中查找，折腾了很长时间不得要领。通过 QQ 咨询，我告诉他，用于 vSAN 的磁盘不能有数据，如果是原来有系统或使用过的磁盘需要删除分区才能用于 vSAN 的磁盘组。这位读者在 ESXi 主机中清除了剩余 2 个磁盘的分区后，在磁盘管理中添加 vSAN 磁盘组立刻就成功了。这就是基础知识没有掌握的原因。

（2）已经配置好的虚拟化环境使用中碰到的问题。这些问题可能是硬件出故障造成的，也有可能是"人为"造成的。例如硬件与网络没有问题，但由于管理员或用户更改了配置或参数，或者误操作引起的虚拟机问题。

（3）软件、硬件升级出现的问题。作为运维人员，安全、稳定、可靠是第一要素。如果当前的虚拟化环境（硬件与软件）能满足需求，就不要随意升级硬件或软件。现在一些用户使用的还是 VMware ESXi 5.1 或 5.5 的版本，甚至某些用户仍然使用 VMware ESX Server 4.0 或 4.1 的版本，这些服务器已经连续使用多年，但到今天仍在稳定运行。这种情况下就不要升级。如果需要升级，可以采购新的服务器、将原来的虚拟机迁移到新的服务器中即可。

在 vSphere 产品安装或升级时，要检查硬件是否满足需求。例如 vSphere 6.0 仅支持 2006 年 6 月以后推出的处理器，不再支持 AMD Opteron 12xx、22xx、82xx 系列；vSphere 6.5 不再支持 Intel Xeon 51xx 系列、Intel Xeon 30xx 系列、Intel core 2 duo 6xxx 系列、Intel Xeon 32xx 系列、Intel core 2 quad 6xxx 系列、Intel Xeon 53xx 系列、Intel Xeon 72xx/73xx 系列。要安装 vCenter Server 6.0 至少需要 8GB 内存，vCenter Server 6.5 至少需要 10GB 内存，如果不满足这些基本条件都会导致升级或安装失败。

相关文章链接：为不同时间的服务器选择合适的系统版本

http: //blog.51cto.com/wangchunhai/2156548

（4）硬件或环境不满足所引发的问题。在学习 Windows、Linux 等操作系统的时候，随便找一台 X86 的计算机就能安装，但虚拟化不一样。虚拟化是"以一当十"的应用，尤其是 VMware 虚拟化，更是企业级的应用，对服务器的配置与网络都有一定的要求。对于个人用户来说，为计算机配置 8GB、16GB 可能就已经是"高配置"了；但对于虚拟化来说，例如 vSphere 6.0 或 vSphere 6.5，每台服务器配置 32GB、64GB 只能算入门，配置 256GB 只能算一般。

随着 vSphere 版本的更新，对硬件的要求也是越来越高。如果你有一台配置了 8GB 内存的计算机，通过 VMware Workstation 创建"嵌套"的 ESXi 虚拟机，可以完成 vSphere 5.5 的实验，例如创建 1 台 4GB 内存的虚拟机安装 vCenter Server、创建 1 台 2GB 的虚拟机安装 ESXi。但如果要完成 vSphere 6.0 的基本实验，最低也得 16~24GB 的内存。另外，如果采用单块的 HDD、用 VMware Workstation 做嵌套的 ESXi 虚拟机，在同时运行数量较多的虚拟机时，可能会由于硬盘响应的速度较慢而导致实验失败（在实际的生产环境中表现为存储性能较低）。

（5）时间不对导致的问题。vSphere VDP、vCenter Server、vSAN 对时间的要求较高，建议为 vSphere ESXi、vCenter Server、VDP 等统一设置 NTP 并从 NTP 进行时间的同步。在同一个 vSphere 环境中，如果时间相差过大将会导致产品报警或服务出错。

相关文章链接：时间不对导致 vSAN 服务无法启动

http://blog.51cto.com/wangchunhai/2171131

理想的虚拟机规划

在虚拟化的规划中，比较理想的效果：
- 总的虚拟化主机的 CPU 利用率在 40%~60%；
- 总的虚拟化主机的内存使用率在 60%~70%；
- 总的存储使用率在 50%~70%，不建议超过 80%。

虚拟化之前，大多数主机的 CPU 利用率都在 1%~5%，这是可以实现虚拟化的基础。因为大多数的单机应用中，内存与存储配置较低，大多数主机内存在 32GB 以下、配置 3 块或 4 块硬盘做 RAID-5。而虚拟化后每台主机一般至少要配置 256GB 甚至更多内存。虚拟化中如果要使用共享存储，共享存储推荐配置 11 块甚至更多的磁盘；如果使用

vSAN，每台主机至少要配置 2 个磁盘组，每个磁盘组配置 1 块 SSD、4~6 块 HDD。

　　解读：这相当于一辆卡车车头牵引总质量能到 100 吨，一个车厢只能放 4 吨的货，如果要载重 80 吨，就需要配 20 个车厢。在这里面，卡车车头相当于 CPU，车厢相当于硬盘和内存。

"VMware 虚拟化与云计算"系列套书

- 《VMware 虚拟化与云计算应用案例详解》（第 2 版）主要介绍 vSphere 数据中心规划设计、安装配置与基本使用的内容。
- 《VMware 虚拟化与云计算：vSphere 运维卷》主要介绍 vSphere 数据中心运维管理、备份与恢复、从物理机迁移到虚拟机的内容。
- 《VMware 虚拟化与云计算：故障排除卷》则是 "VMware 虚拟化与云计算"系列的第三本图书，主要介绍 VMware 虚拟化项目不同阶段经常遇到的问题及解决方法。所以这不是一本基础图书，也不是一本入门图书，读者需要有一定的基础才能学习。

读者对象

　　本书面向的读者对象是已经开始管理 VMware vSphere 虚拟化数据中心，或者正在学习 VMware 虚拟化技术的读者。通过了解这些故障及解决方法，一方面尽量避免出现同样的故障或问题，另一方面在出现问题之后能够知道故障的原因并能做出及时的解决。通过一些故障的解决过程的再现，可以看到故障的解决不是一帆风顺的，更多情况下，是在尝试了多种可能之后，才能找到正确的方法。

二维码下载包

　　为了完善本书读者的知识和技能架构，也为了让本书更具性价比，我们特地整理了 18 段视频资料（如下图），读者可以在图书封底扫码（或者输入网址）下载学习。

下载包视频资料信息

除此之外，在二维码下载包里，我们还放了一篇名为《学好网络经验谈》的文章，该文章是王春海老师关于网络学习经验心得的精练总结与冷静思考，对于读者梳理学习思路将大有帮助。

作者介绍

本书作者王春海，1993 年开始学习计算机，1995 年开始从事网络方面的工作。1996～1998 年曾经主持组建过河北省国税局、河北省地税局、石家庄市铁路分局的广域网组网工作，2000 年后长期从事政府与企事业单位的虚拟化数据中心规划设置、安装配置、网络升级改造与维护工作，经验丰富，在多年的工作中，解决过许多疑难问题。

本书作者王春海从 2000 年开始学习使用 VMware 的第一个产品 VMware Workstation 1.0 到现在的 VMware Workstation 15.0、从 VMware GSX Server 1.0 到 VMware GSX Server 3.0、VMware Server、VMware ESX Server 再到 vSphere 6.7，作者亲历过不同产品的每个版本的使用。作者从 2004 年即开始使用并部署 VMware GSX Server（后来命名为 VMware Server）、VMware ESXi（VMware ESX Server），已经为许多地方政府、企业成功部署并应用至今。

早在 2003 年，作者即编写并出版了业界第一本虚拟机方面的图书《虚拟机配置与应用完全手册》，在随后的几年又出版了《虚拟机技术与应用-配置管理与实验》、《虚拟机深入应用实践》等多本虚拟化方面的图书，部分图书输出到了中国台湾地区，例如《VMware 虚拟机实用宝典》由台湾博硕公司出版繁体中文版，《深入学习 VMware vSphere 6》由台湾佳魁资讯股份有限公司出版繁体中文版。

此外，作者还熟悉 Microsoft 系列虚拟机、虚拟化技术，熟悉 Windows 操作系统、Microsoft 的 Exchange、ISA 与 Forefront TMG 等服务器产品，是 2009～2018 年年度 MVP（微软最有价值专家）。

本书的出版得到了荆波编辑的大力支持，另外，陆军步兵学院（石家庄校区）的薄鹏也参与了本书部分内容的写作，在此一并致谢！

提问与反馈

由于作者水平有限，并且本书涉及的系统与知识点很多，尽管作者力求完善，但仍难免有不妥和错误之处，诚恳地期望广大读者和各位专家不吝指教。

每一名技术人员都会与不同的客户打交道。要全面的为客户解决问题，需要了解客户的现状、需求等。同样，如果在学习的过程中碰到问题，你再和其他人交流提问时，也应该详细表达清楚你的问题。所以有问题希望咨询时，应把自己的情况介绍一下，因为作者不了解你的环境。解决问题需要全面了解环境，所以希望读者写一份文档，发送电子邮件到 wangchunhai@wangchunhai.cn。文档中应该有以下内容。

（1）你的系统是全新规划实施的，还是已经使用一段时间。如果是使用了一段时间，在系统（或某个应用）不正常之前，你做了那些操作。相关服务器的品牌、配置、参数，使用年限等。

（2）附上你的拓扑图，标上相关设备（交换机、路由器、服务器）的 IP 地址、网关、DNS 等参数。

（3）你是怎么分析判断你遇到的问题的，在这期间你又遇到了哪些问题。

（4）如果你是全新规划时遇到问题，请写出你的需求，你是怎么规划的。

（5）其他你认为应该告诉我的信息。

请注意，作者无意收集大家的信息，你可以把 IP 地址的前两位用 x1.x2 来代替。这些只是为了方便分析问题。请读者直接回复作者邮件，不要新建邮件，因为作者经常解答许多人的问题，如果读者新发了邮件，就不知道原来提问的内容了。

最后，谢谢大家，感谢每一位读者！你们的认可，是我最大的动力！

王春海

2018 年 10 月

目 录

第 4 章　Horizon 虚拟桌面安装配置须知与常见故障

第 5 章　vSphere 管理维护常见问题与解决方法

第 6 章　服务器与存储故障解决方法

第 7 章　vSphere 升级流程与注意事项

第 1 章　vSphere 虚拟化架构产品选型与配置

组建 vSphere 数据中心是一个综合与系统的工程，要对服务器的配置与数量、存储的性能与容量以及接口、网络交换机等方面进行合理的配置与选择。规划 vSphere 数据中心需要了解两个架构、三个要素。所谓两个架构，即使用共享存储的传统架构和 vSAN 存储的超融合架构。所谓三要素，是指 vSphere 数据中心构成的三个重要组成部分：计算、存储、网络。在 vSphere 6.0 及其以前，是传统架构，vSphere 数据中心普遍采用共享存储，一般优先选择 FC 接口，其次是 SAS 及基于网络的 iSCSI。vSphere 6.0 及 vSphere 6.5 可以使用普通的 X86 服务器、基于服务器本地硬盘、通过网络组成的 vSAN 存储。本章将介绍这方面的知识，以期让读者对 vSphere 数据中心的规划有一个全面的了解。

在规划设计虚拟化环境时，需要遵循如下原则：

（1）冗余设计。计算资源与网络资源需要有冗余。计算主机有冗余；计算主机配件（电源、CPU、内存、网卡、FC 或 HBA 接口卡）、主机到网络交换机、光纤或 SAS 存储交换机的连接有冗余；网络交换机、存储交换机有冗余。

（2）平衡原则。一个规划良好的数据中心不能存在明显的瓶颈，这表现在服务器之间连接、每台服务器的配置选择（CPU 数量与主频高低、内存大小、硬盘接口带宽数量等）、虚拟机网络与出口等方面。

（3）安全可靠原则。无论是服务器整机还是配件、网络设备、存储等都要选择质量有保证的产品，不能选择二手或拆机件，也不能选择来源不明的产品。内存、网卡等可以选择 OEM 产品，但一定要是全新并且已经测试无问题之后才能选用。

（4）数据备份原则。重要的虚拟机和业务系统一定要有备份。对于大多数中小企业，配置 3 ~ 5 台高配置的虚拟化主机、1 ~ 2 台备份设备即可满足大多数的需求。因为数据中心服务器 24 小时开机，此时间分为业务时间和备份时间。要在备份时间段进行备份。

- 业务时间：正常工作时间或处理业务的时间，此时主要资源要向业务主机倾斜。
- 备份时间：非工作时间或不处理业务的时间，此时主机负载较轻，可以在此时间段内进行数据备份。

大多数备份是通过网络进行的数据备份，此时会占用存储资源和网络带宽。如果备份时间有限（通常在晚上 8 点之后到第二天早晨 7 点之前），网络带宽有限或者只有一台备份设备，不能在此时间备份完成时，可以尝试增加多个备份设备，不同的备份设备备份不同的虚拟机，分担备份任务。

例如，某单位数据中心由 4 台 vSAN 主机、1 台备份服务器组成。4 台 vSAN 主机运行了 40 多台虚拟机，最初在备份服务器上创建了一台 VDP 备份设备，使用一段时间发现，该 VDP 备份设备备份完所有的 40 台虚拟机需要用 14～16 小时。后来在备份服务器上再次创建一台 VDP 备份设备，将备份任务分成两批，即可在 8 小时内完成备份。

1.1 vSphere 数据中心架构

VMware 虚拟化数据中心有两种主流架构。一种是采用传统共享存储的架构，如图 1-1-1 所示；另一种是基于 vSAN 无共享存储的超融合架构，如图 1-1-2 所示。

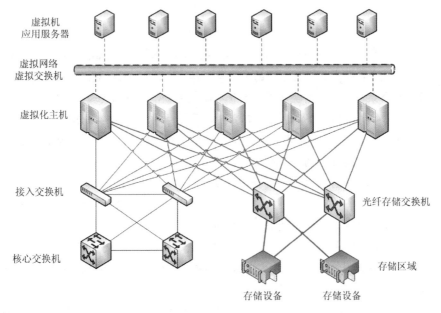

图 1-1-1 传统共享存储架构

简单来说，在传统的 vSphere 数据中心组成中，虚拟机保存在共享存储而不是服务器本地存储中。在使用共享存储架构中，物理主机可以不配置任何硬盘，即使是操作系统也可以安装到从从存储划分的 LUN 并从 LUN 启动，或仅配置较小的硬盘（例如以前旧服务器淘汰下来的小容量硬盘），或每台服务器配置一个较小容量（如 8 GB、16 GB 大小）的 U 盘或 SD 卡安装 ESXi 的系统。虚拟机则保存在共享存储中，也是 vSphere 企业版高级功能 VMotion、DRS、DPM 的基础。但从结构上来看，传统数据中心的共享存储是一个"单点故障"及一个"速度瓶颈"节点，为了避免从物理主机到存储（包括存储本身）出现连接故障，一般情况下物理主机到存储的连接以及存储本身都具备冗余，从服务器到存储不存在单点故障。这表现在以下方面。

（1）每台存储配置 2 个控制器，每个控制器的具备多个接口，同一控制器的不同接口连接到 2 台独立的存储交换机（FC 光纤交换机或 SAS 交换机）。

（2）每台服务器配置 2 块 HBA 接口卡（或 2 端口的 HBA 接口卡），每块 HBA 接口卡（或 2 端口 HBA 接口卡的不同端口）连接到不同的存储交换机。

（3）存储磁盘采用 RAID-5、RAID-6、RAID-10 等磁盘冗余技术，并且在存储插槽中还有"全局热备磁盘"。

（4）为了进一步提高可靠性，还可以配置 2 个存储，使用存储厂商提供的存储同步复制或镜像技术，实现存储的完全复制。

为了解决"速度瓶颈"的问题，一般存储采用 8GB 或 16GB 的 FC 接口，或者 6GB 或 12GB 的 SAS 接口。也有提供万兆 iSCSI 接口的网络存储，但在大多数传统的 vSphere 数据中心中，一般采用光纤存储。在小规模的应用中，可以不采用光纤存储交换机，而是将存储与服务器直接相连，当需要扩充更多主机时，可以添加光纤存储交换机。

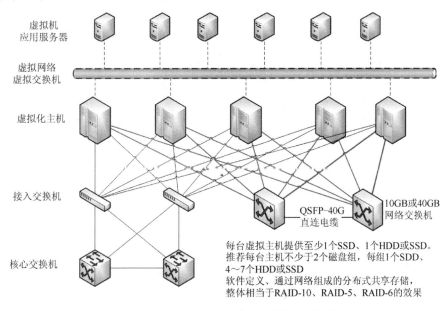

图 1-1-2　基于 vSAN 无共享存储的超融合架构

VMware vSAN 提供的超融合架构中不配备传统共享存储，而采用服务器本地硬盘组成"磁盘组"。在 vSAN 架构中以"磁盘组"的方式提供存储数据。磁盘组有混合架构和全闪存架构。在混合架构中，磁盘组的数据以 RAID-0 的方式组成，冗余数据跨主机以 RAID-1 的方式组成，整体相当于 RAID-10 的效果，数据的实际使用率小于并接近 50%。在全闪存架构中，冗余数据以 RAID-5 或 RAID-6 的方式组成，数据的实际使用率小于并接近于 76.9%（RAID-5）、66.7%（RAID-6）。

在混合架构中，任何一个虚拟机的数据至少是 2.1 的关系，这里面的 2，表示虚拟机硬盘文件 VMDK 至少有一个完整的备份（2 倍冗余）；这里面的 1 表示有 1 个"见证"文件，类似于校验文件。2 个备份文件及 1 个见证文件保存在不同的主机中。所以 vSAN 架构至少需要 3 台主机（每台主机都要提供磁盘组）。根据数据冗余度，最多可以有 4 个备份及 3 个见证文件，可以用 4.3 来表示，这时候需要至少 7 台主机。可以用 $2n+1$ 的方式来计算需要的最小主机数，这里面的 n 表示数据冗余度，最小可以为 0（数据不安全），默认值为 1，最大为 3。在实际的规划中，建议的主机数为 $2n+1+1$，最后一个 1 为冗余。例如在规划一个最小的 vSAN 标准群集时，规划主机数最小为 4，这样当其中

1 台主机出现故障时，仍然有足够的冗余。

在全闪存架构中，最小主机数为 4（相当于 4 台主机组成 RAID-5），此时有一个数据冗余（任意一台主机出现故障时，数据安全不受影响）。如果需要两个数据冗余最少需要 6 台主机（相当于 6 台主机组成 RAID-6，任意两台主机出现故障数据不受影响）。同理，为了具有更高的安全性，要达到 RAID-5 效果时建议最少有 5 台主机；要达到 RAID-6 效果时建议最少有 7 台主机。

从图 1-1-1 与图 1-1-2 可以看出，无论是传统数据中心还是超融合架构的数据中心，用于虚拟机流量的"网络交换机"可以采用同一个标准进行选择。物理主机的选择，如果是在传统数据中心中，可以不考虑或少考虑本机磁盘的数量；如果采用超融合架构，则尽可能选择支持较多盘位的服务器。物理主机的 CPU、内存、本地网卡等其他配置，选择可以相同。最后，传统架构中需要为物理主机配置 FC 或 SAS HBA 接口卡，并配置 FC 或 SAS 存储交换机；超融合架构中需要为物理主机配置万兆以太网网卡，并且配置万兆以太网交换机。

无论是在传统架构还是在超融合架构中，对 RAID 卡的要求都比较低。前者是因为采用共享存储（虚拟机保存在共享存储，不保存在服务器本地硬盘），不需要为服务器配置过多磁盘，所以就不需要 RAID-5 的支持，最多 2 块磁盘配置 RAID-1 用于安装 VMware ESXi 系统；而在超融合架构中，VMware ESXi Hypervisor 直接控制每块磁盘，不再需要阵列卡缓存。如果服务器已经配置了 RAID 卡，则需要将每块磁盘配置为"直通"模式（有的 RAID 卡支持，例如 DELL H730）或配置为"RAID-0"（不支持磁盘直通的 RAID 卡）。

关于 VMware vSAN 兼容的主机，可以在"vSAN ReadyNode"网页中查看，链接为 http://vsanreadynode.vmware.com/RN/RN。

一个完整数据中心除了要规划配置服务器、存储、网络设备外，还要规划配置备份设备。在具备了这四点之后才是一个功能齐全的系统。备份设备在整个系统架构中重要性毋庸置疑。无论是传统的共享存储架构还是较新的 vSAN 架构，都需要为数据中心配置备份设备，用来备份重要的虚拟机及应用数据，当出现灾难故障、误操作或病毒感染导致重要系统不能启动或重要数据丢失时，从备份恢复。在大多数的情况下，备份可能一年、两年，甚至多年不用，但只要出现问题从备份恢复是，都是"救命"的应用。为了保证数据备份的独立性，要求备份设备及保存备份的数据存储需要独立于业务系统之外。在传统共享存储架构中，用于备份的设备不能保存在虚拟机所用的共享存储中；在 vSAN 架构中，用于备份的设备不能保存在 vSAN 存储。对于数据备份，可以购买专业的备份一体机（实际上是安装了操作系统、备份软件并配置了多块大容量硬盘的服务器，如许多备份厂商采用了 DELL 的服务器），也可以使用独立的服务器通过安装备份软件进行数据备份。备份虚拟机可以选择 VMware 的 VDP、Veritas Backup Exec、Veeam。图 1-1-3 是某使用共享存储的传统架构添加了备份设备的网络拓扑图，图 1-1-4 是某 4 节点 vSAN 群集添加了一台 DELL R740XD 用做备份设备。

在使用共享存储的传统虚拟化架构中，推荐最小使用 3 台主机加 1 台共享存储，当主机数量超过 4 台时，需要使用光纤存储交换机连接主机与存储。在本示例中规划了 4 台虚拟化主机（每台主机配置 2 个 CPU、256GB 内存、1 块 240GB 硬盘安装 ESXi、2 块 8GB FC HBA 接口卡、双电源）、1 台联想 V3700 存储（配置 2 个控制器、每个控制器 4 个光纤接口、添加 24 块 900GB 的硬盘）、1 台 DELL R730XD 服务器用于备份（配置 1 个 CPU、12 个 4TB 硬盘），该项目所用产品清单及参考报价如表 1-1-1 所列。

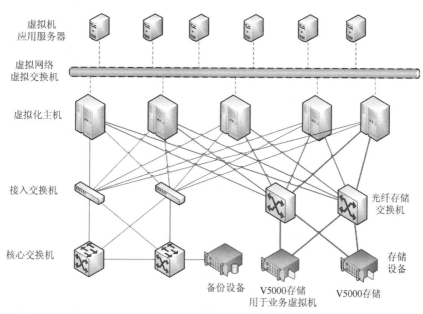

图 1-1-3　使用共享存储的传统架构添加了备份设备的网络拓扑图

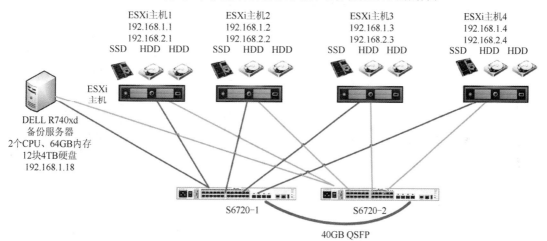

图 1-1-4　vSAN 架构添加独立备份服务器

表 1-1-1　使用 4 台主机、1 台存储、1 台备份设备的虚拟化清单

序号	项目名称	规格型号及参数	数量	单位	单价/元	小计/元
1	虚拟化平台硬件及系统					
1.1	X3650M5 主机	E5-2620v4，1 个 16GB DDR4，8 个 2.5 英寸盘位，开放式托架，M5210，750W	4	台	23 999	95 996
1.2	X3650M5 专用内存	联想服务器 16GB DDR4	60	块	1 698	101 880
1.3	240GB 固态硬盘	英特尔（Intel）540S 系列 240G SATA-3 固态硬盘	4	块	599	2 396
1.4	8GB HBA 卡	Emulex 8GB FC Single-Port PCI-E HBA	8	块	4 599	36 792
1.5	X3650M5 专用电源	联想 3650 M5 服务器 750W 电源	4	块	1 799	7 196
A	分项小计：					244 260

续表

序号	项目名称	规格型号及参数	数量	单位	单价/元	小计/元
2	数据存储系统					
2.1	V3700 存储系统	联想（Lenovo） V3700 主机加配 2 个光纤子卡(含 4 个光纤模块)，2.5 英寸盘位，标准配置不含硬盘	1	块	57 488	57 488
2.2	存储专用 900GB 磁盘	900GB 6Gbitls NL SAS 2.5in SFF HS HDD	24	块	3 900	93 600
2.3	FC 连接光纤	5m LC–LC Fibre Channel Cable	20	条	130	2 600
B	分项小计：					153 688
3	备份服务器					
3.1	备份服务器	DELL R730XD，1 个 E5–2630 V4 CPU，64GB 内存，12 个 4TB 企业级硬盘，双电源，iDRAC 企业版许可	1	台	40 000	40 000
C	分项小计：					40 000
4	网络与光纤存储交换机					
4.1	华为千兆网络交换机	S5720S–52X–SI–AC，48 个千兆位以太网端口，4 个万兆位光口交换机	2	台	7 600	15 200
4.2	博科 SAN 光纤交换机	24 端口，1 个 USB 端口，激活 8 口	2	台	19 560	39 120
4.3	博科 8bit/s 光纤模块	8Gbit/s 短波 SFP	16	块	1 200	19 200
D	分项小计：					73 520
5	虚拟化软件系统					
5.1	VMware vSphere 企业增强版	功能特性：HA、Data Protection、vMotion、热添加、FT、Storage vMotion、DRS	10	套	28 000	280 000
5.2	VMware vCenter 标准版	虚拟管理平台，用于集中管理 vSphere 环境下的虚拟机	1	套	48 000	48 000
E	分项小计：					328 000
6	系统实施					
6.1	系统集成费	设备及软件价格的 10%	1	项		83 947
F	分项小计：					83 947
G	总计=（A+B+C+D+E+F）					923 415

【说明】（1）每台主机标配 1 条 16GB 的内存，要为每台主机扩充到 256GB，需要为每台主机添加 15 条 16GB 内存，也可以为每台主机配置 8 条 32GB 或 4 条 64GB 内存，DELL R730 支持单条最大为 64GB 的内存，目前性价比最高的是单条 64GB 的内存。如果选择单条 16GB 内存，4 台服务器需要添加 60 条 16GB 内存。（2）每台主机添加 2 块单口 FC HBA 接口卡，4 台服务器需要配置 8 块。

在 vSAN 架构中，推荐至少配置 4 台主机。在本示例中，配置了 4 台虚拟化主机、1 台备份主机。其中每台虚拟化主机配置 2 个 CPU、256GB 内存、1 块 120GB 的普通 SSD 安装系统、2 块企业级 SSD 用作缓存磁盘、10 块 900GB 用作数据磁盘，同时为每台主机配置了 2 块 2 端口万兆位网卡（其中 2 个端口用于 vSAN、2 个端口用于虚拟化主机管理及虚拟机网络）备份主机也配置万兆位网卡，这可以提高备份的速度。本示例产品清单如表 1-1-2 所示。

表 1-1-2　4 节点 vSAN 主机虚拟化产品清单

序 号	项 目	描 述	数 量	单 位	单价/元	小计/元
1	分布式服务器配件					
1.1	DELL 服务器	R730XD, 2 个 E5-2630 V4 CPU, 256GB 内存, 双电源, iDRAC 企业版许可	4	台	48 000	192 000
1.2	系统硬盘	Intel 540S 120GB SSD	4	块	800	3 200
1.3	固态硬盘	Intel DC S3710, 400GB SATA 2.5in SSD	8	块	4 700	37 600
1.4	数据硬盘	900GB 10K 6Gbit/s SAS 2.5in G3HS HDD	40	块	1 750	70 000
1.5	万兆接口卡	Intel x520 2 端口万兆位网卡	9	块	3 599	32 391
A	分项小计:					335 191
2	备份服务器					
2.1	备份服务器	DELL R730XD, 1 个 E5-2630 V4 CPU, 64GB 内存, 12 个 4TB 企业级硬盘, 双电源, iDRAC 企业版许可	1	台	40 000	40 000
B	分项小计:					40 000
3	网络设备					
3.1	华为万兆光纤交换机	S6720S-26Q-EI-24S-DC 全万兆位 24 光口交换机	2	台	18 900	87 800
3.2	万兆光纤模块	XFP-SX-MM850 万兆位多模 XFP 光纤模块	36	块	2 400	86 400
3.3	光纤跳线	万兆位光纤跳线, 连接服务器与交换机	20	条	55	1 100
3.4	QSFP - 40G	40Gbit/s 转 40Gbit/s 万兆位高速电缆直连线 3 m（交换机堆叠）	2	条	1 700	3 400
C	分项小计:					128 700
4	虚拟化软件系统					
4.1	VMware Sphere 企业增强版	功能特性: HA、Data Protection、vMotion、热添加、FT、Storage vMotion、DRS	8	套	28 000	224 000
4.2	VMware vCenter 标准版	虚拟管理平台, 用于集中管理 vSphere 环境下的虚拟机	1	套	48 000	48 000
4.3	VMware vSAN 许可	vSAN 标准版	8	套	20 000	160 000
D	分项小计:					432 000
5	系统实施					
5.1	系统集成费	设备及软件价格的 10%	1	项	89 589	93 589
E	分项小计:					93 589
F	总计 = (A+B+C+D+E)					1 029 480

【说明】（1）在表 1-1-2 中配置了 9 块 2 端口万兆位网卡，其中每台虚拟化主机使用 2 块，备份服务器使用 1 块。（2）万兆位网卡及万兆位网络交换机默认不配光纤模块，所以光纤模块需要另配。

9 块 2 端口万兆位网卡共 18 个端口，交换机再配 18 个光模块，一共 36 个光纤模块。

在了解 VMware 数据中心两种架构后，如果要规划 VMware 数据中心（或 VMware 虚拟化环境、vSphere 虚拟化环境），就可以参照如图 1-1-5 所示流程。

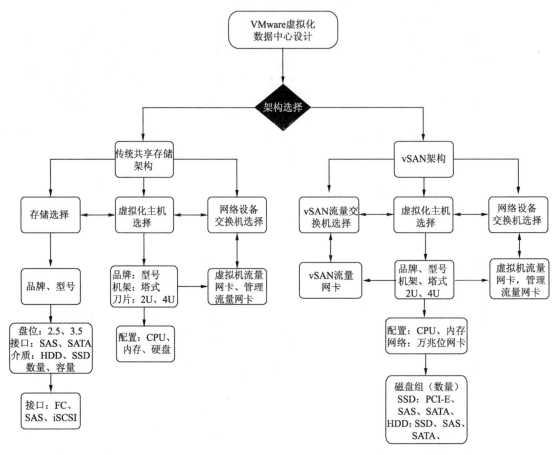

图 1-1-5 VMware 虚拟化数据中心设计流程图

下面介绍虚拟化主机（物理服务器）、网络交换机、共享存储（用于传统共享存储架构）以及 vSAN 架构中物理主机及磁盘的选择。为了方便读者阅读，分为两节进行介绍。

1.2 传统数据中心服务器、存储、交换机的选择

在一个小型、传统架构的 vSphere 数据中心中，一般由至少 3 台 X86 服务器、1 台共享存储组成。如果存储与服务器之间使用光纤连接，在此基础上，只要存储性能与容量足够，可以很容易地从 3 台服务器扩展到多台。但这种传统的 vSphere 数据中心，受限于共享存储的性能（存储接口速度、存储的容量、存储的 IOPS），服务器与存储的比率不会太大（通常采用 10 台以下的物理服务器连接 1 或 2 台存储）。

从理论及实际来看，vSphere 数据中心架构比较简单，只要存储、网络、服务器跟得上，很容易扩展成比较大的数据中心。对于大多数的管理员及初学者，只要搭建出 3 台服务器、连接 1 台共

享存储的 vSphere 环境，就很容易扩展到 10 台、20 台甚至更多的服务器，同时连接 1 台到多台共享存储的 vSphere 环境，管理起来与 3 台的 vSphere 最小群集没有多大的区别。所以，这也是同类书中会以 3 台主机、1 台共享存储为例作为案例的原因。但是，量变会引起质变。虽然我们理解 vSphere 的架构，也能安装配置多台服务器组成的 vSphere 数据中心，但在实际的应用环境中，服务器的数量扩充并不是无上限的。有的时候，并不是多增加服务器就能提高 vSphere 数据中心的性能。

例如，在我维护与改造的一个 vSphere 数据中心时，有 10 台服务器，这些服务器购买年限不同，服务器配置不多，整个 vSphere 数据中心的运行性能一般，并且没有配置群集，虽然有共享存储（各有 1 台 EMC 及 1 台联想的存储），但存储只是当成服务器的"外置硬盘"使用，存储中划分了多个 LUN，但每个 LUN 只是划分给其中的 1 台服务器使用，这样 VMware 的 HA、VMotion 没有配置，另外每台服务器虽然有多块网卡，但只有一块网卡连接了网线。在仔细核算后，重新配置存储（将多个 LUN 映射给 4 台服务器使用），使用 4 台服务器，去掉了另外 6 台配置较低的服务器，整个业务系统的可靠性提升了一个数量级（原来虽然是虚拟化环境，但如果某台服务器损坏，这台服务器上的虚拟机并不能切换到其他主机），4 台服务器具有 2 台冗余。

对于 vSphere 数据中心，尤其是对于较大的 vSphere 数据中心，我个人推荐采用"双群集"的架构，既配置一个传统的、中小型 vSphere 数据中心（采用共享存储），安装 vCenter Server 以及其他的基础架构的虚拟机，例如 Active Directory、View 连接服务器、View 安全服务器、vROps、VDP 等业务虚拟机。另外再组建一个 vSAN 的数据中心，这个 vSAN 数据中心用于高性能的业务虚拟机，并且 vSAN 的群集可以很容易地横向与纵向扩展。

1.2.1　服务器的选择

在实施虚拟化的过程中，如果既有服务器可以满足需求，使用既有的服务器即可。如果既有服务器不能完全满足需求，则可以部分采用现有服务器，然后再采购新的服务器。

【说明】虽然本节介绍的是传统数据中心服务器的选择，但组建超融合数据中心的服务器也可参考。

如果采购新的服务器，可供选择的产品比较多。根据外形的不同，服务器有机柜式、塔式、刀片服务器之分，从空间利用上来看，刀片服务器空间利用率最高，但兼容性可能存在问题、性能相对较差、后期维护成本较高。对于大多数单位来说，应该优先采购机架式服务器。采购的原则主要包括以下几个方面。

（1）当 2U 的服务器能满足需求时，则采用 2U 的服务器。通常情况下，2U 的服务器最大支持 2 个 CPU，标配 1 个 CPU。在这个时候，就要配置 2 个 CPU。

如果 2U 的服务器不能满足需求，则采用 4U 的服务器。通常情况下，4U 的服务器最大支持 4 个 CPU，标配 2 个 CPU。在购置服务器时，为服务器配置 4 个 CPU 为宜。如果对服务器的数量不进行限制，采购 2 倍的 2U 服务器要比采购 4U 的服务器节省更多的资金，并且性能大多数也能满足需求。

（2）CPU：在选择 CPU 时，以选择 6 核或 8 核的 Intel 系列的 CPU 为宜。10 核或更多核心的 CPU 较贵，不推荐选择。当然，单位对 CPU 的性能、空间要求较高时除外。在大多数的情况下，采用内核数较多、主频相对较低的 CPU，比选择内核数较少、主频相对较高的 CPU，具有更高的性价比。例如,某单位采购2U服务器,每台服务器配置1个Intel E5-2630 v4,后来选择2个Intel E5-2609 v4,在价格相差不多的情况下,具有更多的核心数,相对来说具有更好的性能。Intel E5 系列（DELL 服务器）专用 CPU 的参考报价如表 1-2-1 所列（2018 年 2 月京东公司报价,产品链接 http://i tem.jd.com/11171187629.html）。

表 1-2-1　DELL 服务器 E5 系列 CPU 报价

型　号	核心/个	主频/GHz	缓存/MB	支持内存	功率/W	单价/元
E5-2660 v4	14	2.0	35	DDR4-2400	105	15 125
E5-2650 v4	12	2.2	30	DDR4-2400	105	10 404
E5-2640 v4	10	2.4	25	DDR4-2133	90	8 349
E5-2637 v4	4	3.5	15	DDR4-2400	135	9 315
E5-2630 v4	10	2.2	25	DDR4-2133	90	6 048
E5-2620 v4	8	2.1	20	DDR4-2133	85	4 299
E5-2609 v4	8	1.7	20	DDR4-1866	85	3 506
E5-2603 v4	6	1.7	15	DDR4-1866	85	3 023
E5-2670 v3	12	2.3	30	DDR4-2133	120	15 609
E5-2650 v3	10	2.3	25	DDR4-2133	105	10 163
E5-2640 v3	8	2.6	20	DDR4-1866	90	8 468
E5-2637 v3	4	3.5	15	DDR4-2133	135	9 678
E5-2630 v3	8	2.4	20	DDR4-1866	85	6 048
E5-2620 v3	6	2.4	15	DDR4-1866	85	4 177
E5-2609 v3	6	1.9	15	DDR4-1600	85	3 218
E5-2603 v3	6	1.6	15	DDR4-1600	85	2 418

（3）内存：在配置服务器的时候,尽量为服务器配置较大内存。在虚拟化项目中,内存比 CPU 更重要。在使用 vSphere 5.5 的情况下,一般 2U 服务器配置内存从 32GB 起配；在使用 vSphere 6.0 的情况下,内存从 64GB 起配；在 vSphere 6.5 的情况下,内存从 128GB 至 256GB 起配。

（4）网卡：在选择服务器的时候,还要考虑服务器的网卡数量,至少要为服务器配置 2 端口的千兆位网卡,推荐 4 端口千兆位网卡。

（5）电源：推荐配置双电源。一般情况下,2U 服务器选择 2 个 450W 的电源可以满足需求,4U 服务器选择 2 个 750W 的电源可以满足需求。

（6）硬盘：如果虚拟机保存在服务器的本地存储而不是网络存储,则以为服务器配置 6 块硬盘做 RAID-5 或者 8 块硬盘做 RAID-50 为宜。由于服务器硬盘槽位有限,故不能选择太小的硬盘。当前性价比高的是 900GB 的 SAS 硬盘,1.2TB 或 1.8TB 的 SAS 硬盘价格相对较贵。2.5 英寸 SAS 硬盘转速是 10 000 r/min,3.5 英寸 SAS 硬盘转速为 15000 r/min。选择 2.5 英寸硬盘具有较高的 IOPS。

至于服务器的品牌,则可以选择联想 System（原 IBM 服务器）、DELL 等品牌。表 1-2-2 是几款服务器的型号及规格。

表 1-2-2　几款服务器型号及规格

品牌及型号	规　格
联想　3650 M5	2U，最大 2 个 CPU（标配 1 个 CPU）；DDR4，24 个内存插槽（RDIMM/LRDIMM）；24 个前端和 2 个后端 2.5 英寸盘位（HDD 或 SSD）；或 12 个 3.5 英寸盘位和 2 个后端 3.5 英寸盘位；或 8 个 3.5 英寸盘位和 2 个后端 3.5 英寸或 2 个后端 2.5 英寸盘位。标配 SR M5200 阵列卡，支持 RAID-0/1/10，增加选件可支持 RAID-5/6/50；标配 1 个电源（最多 2 个电源）；3 个前端接口（1 个 USB 3.0、2 个 USB 2.0）、4 个后端接口（2 个 USB 2.0、2 个 USB 3.0）和 1 个适用于虚拟机管理程序的内部（USB 3.0）接口，1 个前端 VGA 接口和 1 个后端 VGA 接口；4 端口千兆位网卡，1 个 IMM 管理接口，可选 10/40Gbit/s ML2 或 PCIe-E 适配器
联想　3850 X6	4U，最大 4 个 CPU（标配 2 个 CPU）；DDR4，48 个内存插槽，最大支持 96 根内存；标配 ML2 四端口千兆位网卡，可选双口万兆位网卡；最大支持 8 个 2.5 英寸盘位；1 个前端 USB 2.0、2 个前端 USB 3.0 接口；1 个前端 VGA 接口，1 个后端 VGA 接口；标配双电源
HP DL388 G9	2U，最大 2 个 CPU（标配 1 个 CPU）；DDR4，24 个内存插槽；标配 8 个 2.5 英寸硬盘位，可选升级到 16 或 24 块硬盘槽位；4 端口千兆位网卡；1 个 500W 电源，可选冗余（2 个）；RAID-1/0/5
HP DL580 G9	4U，最大 4 个 CPU；标配 2 个内存板，每个内存板 12 个插槽，最大可扩充到 96 个 DIMM 内存插槽；4 端口千兆位网卡，可升级为 2×10Gbit/s Flex Fabric 网卡；2 个电源，最多支持 4 个冗余；支持 10 块 2.5 英寸盘位
DELL R920	4U，最大 4 个 CPU；最多 96 个内存插槽（4 个 CPU，8 个内存板），最大支持 6TB 内存；标配 1 个千兆位双端口 Intel 网卡；标配双电源（最多 4 电源）；最大支持 24 块 2.5 英寸硬盘；8 个 USB+1 个 VGA+2 个 RJ-45 网口+1 个串口。
DELL R730	2U，最大 2 个 CUP；24 个内存插槽，最大支持 1 536GB；最大支持 26 块 2.5 英寸盘（或最大支持 12 个 3.5 英寸 +2 个 2.5 英寸硬盘）；集成 4 端口千兆位网卡；RAID-1/0/5；可选冗余电源

几种服务器外形如图 1-2-1～图 1-2-3 所示。

图 1-2-1　HP DL388 系列（2U 机架式，2.5 英寸盘位）

图 1-2-2　联想 3650 M5 系列（2U 机架式，2.5 英寸盘位）

图 1-2-3　DELL R730（2U 机架式，2.5 英寸盘位）

1.2.2 服务器与存储的区别

从外形来看，存储设备如图 1-2-4 所示，这是 IBM V3500、3700、5000、7000 系列存储外形，与机架式服务器类似，但存储的作用与服务器又有所区别。

图 1-2-4　IBM V3500、3700、5000、7000 系列存储外形（2.5 英寸盘位）

服务器提供计算资源与存储资源（这里面的存储指的是存放服务器所安装与运行操作系统、应用程序的数据），而专业的存储设备（一般称为存储）则主要为其他设备（主要是服务器）提供存储空间。可以将专业的存储设备看为服务器的外置硬盘空间，并可以根据需要进行扩充。

服务器与存储的连接方式有以太网网络连接、通过线缆（SAS 连接或 FC 光纤连接）连接几种方式。这与存储设备配置的接口有关。

存储，可以简单看成具有较多硬盘（提供空间）以及 1～2 个控制器的"二合一"设备。其中较多硬盘可以组成磁盘池、使用 RAID 划分提供较大容量、提供磁盘的冗余，使用控制器为服务器提供连接。

存储控制器一般会提供 3 种流行的端口，通常是以太网连接（以 iSCSI 方式提供）、SAS 连接、FC 连接三种方式。其中连接速度 iSCSI 有 1Gbit/s、10Gbit/s 两种；SAS 有 6Gbit/s 与 12Gbit/s 两种；FC 有 8Gbit/s 与 16Gbit/s 两种。

如果服务器与存储使用 iSCSI 连接，则不需要为服务器添加专用设备，使用服务器自带的网卡即可。服务器与存储即可以直接连接，也可以通过交换机连接。

如果服务器与存储使用 SAS 方式，则需要为服务器配置 SAS HBA 接口卡。在这种方式下，是服务器与存储使用 SAS 线缆直接连接。在采用这种连接时，受控制器数量、每个控制器提供的 SAS 端口的限制（通常情况下每个控制器最多有 4 个 SAS 端口，其中 3 个端口可以连接主机，剩余 1 台接磁盘柜用于扩展），一般存储最多只能与 6 台服务器同时连接（如果用 SAS 交换机进行扩展则可以连接更多主机）。

如果服务器与存储使用 FC 方式，需要为服务器配置 FC HBA 接口卡。在这种方式下，服务器与存储即可以直接连接（使用多模光纤），也可以通过光纤存储交换机连接（既服务器与存储都连接到光纤存储交换机）。

存储虽然是为服务器提供空间，但与服务器本地硬盘提供的空间又有区别，虽然服务器使用 SAS 或 FC 连接的存储空间可以安装操作系统并用于启动（与服务器配置的本地硬盘区别不大）。服务器本地硬盘只是供服务器本身使用，而存储提供的空间可以同时为多台服务器使用，这是配置群集、实现高可用的重要基础。

但是，虽然存储划分的同一个 LUN（相当于 1 块磁盘，或 1 个卷）可以同时分配给多台服务器同时使用，但对服务器安装的操作系统亦有限制，如果服务器安装的 Windows 与 Linux 系统在进行"常规"使用时，例如安装 Windows Server 2008，将 LUN 创建为分区，以普通磁盘的方式使用，在多台服务器使用同一存储提供的同一LUN时，当不同的服务器分别读写（主要是数据写入）相同的LUN时，会造成数据丢失；只有服务器安装"专业"的操作系统，例如 VMware 或 Windows Server 2008 及其以上的操作系统，并配置为"故障转移群集"，管理 LUN 将其添加为"群集共享卷"使用时，才不会造成数据丢失。

在虚拟化数据中心中，如果使用传统共享存储架构，多台服务器连接（使用）存储提供的空间，服务器本身可以不需要配置本地硬盘，而是由存储划分 LUN，并将 LUN 分配给服务器单独使用或同时使用。下面通过一个具体的实例进行介绍。

某数据中心由 1 台 IBM V5000 存储、6 台联想（或 IBM）3650 服务器组成，服务器与存储连接到 2 台光纤存储交换机，2 台光纤存储交换机再连接到存储的每个控制器。

（1）这台存储有 11 块 1.2TB 的 2.5 英寸 10 000 r/min 的 SAS 磁盘，其中 10 块分成 2 个 Mdisk（每 5 块使用 RAID-5 划分），第 11 块为全局热备磁盘。当前存储总容量为 12TB，Mdisk 容量为 10.91TB，备用容量 1.09TB，如图 1-2-5 所示。

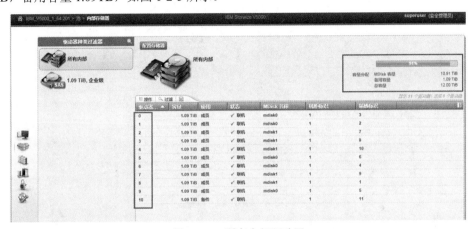

图 1-2-5　所有内部驱动器

（2）当前一共划分了 12 个 LUN，其中前 10 个 LUN 大小依次是 11 GB，12 GB，13 GB，…，20GB，这些 10GB 以上的磁盘将分配给每台服务器用于安装系统，剩余的空间划分为 2 个 LUN，大小分别为 3.00TB 及 5.57TB。划分如表 1-2-3 所示。

表 1-2-3　某数据中心存储划分

序　号	LUN 名称	容　量	作　用
1	esx11–os	11 GB	分配给第 1 台服务器，用于安装 ESXi 系统
2	esx12–os	12 GB	分配给第 2 台服务器，用于安装 ESXi 系统
3	esx13–os	13 GB	分配给第 3 台服务器，用于安装 ESXi 系统
4	esx14–os	14 GB	分配给第 4 台服务器，用于安装 ESXi 系统
5	esx15–os	15 GB	分配给第 5 台服务器，用于安装 ESXi 系统（备用）
6	esx16–os	16 GB	分配给第 6 台服务器，用于安装 ESXi 系统（备用）
7	esx17–os	17 GB	分配给第 7 台服务器，用于安装 ESXi 系统（备用）
8	esx18–os	18 GB	分配给第 8 台服务器，用于安装 ESXi 系统（备用）
9	esx19–os	19 GB	分配给第 9 台服务器，用于安装 ESXi 系统

续表

序 号	LUN 名称	容 量	作 用
10	esx20-os	20GB	分配给第 10 台服务器，用于安装 ESXi 系统
11	fc-data1	3.00TB	分配给所有 ESXi 服务器，用于放置虚拟机
12	fc-data2	5.57TB	分配给所有 ESXi 服务器，用于放置虚拟机

（3）在存储配置→主机映射中，将这些 LUN 映射分配给对应主机。当前共有 6 台主机，其中大小为 11GB、12 GB、13 GB、14GB 的 LUN 分别分配给前 4 台主机，大小为 19 GB、20GB 的 LUN 分配给剩余 2 台主机（主要是这 2 台主机与前 4 台主机配置不一致），3.00TB 与 5.57TB 的空间则分配给所有这 6 台主机。剩余大小为 15～18GB 的 LUN 则备用（以后再添加了新的主机，直接将这些空间分配给新添加的主机安装 ESXi 系统），如图 1-2-6 所示。

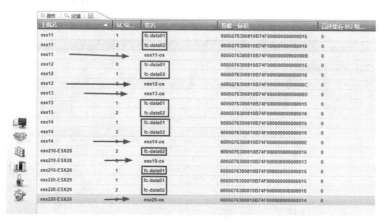

图 1-2-6　主机 LUN 映射

（4）在当前环境中，每台主机有 2 个端口，主机状态为"联机"，如图 1-2-7 所示。

图 1-2-7　主机映射

1.2.3　存储的规划

在传统的虚拟化数据中心中，推荐采用存储设备而不是服务器本地硬盘。在配置共享的存储设备时，并且虚拟机保存在存储时，才能快速实现并使用 HA、FT、vMotion 等技术。在使用 VMware vSphere 实施虚拟化项目时，一个推荐的作法是将 VMware ESXi 安装在服务器的本地硬盘上，这个本地硬盘可以是一个固态硬盘（30～60GB 即可），也可以是一个 SD 卡（配置 4～8GB 的 SD 卡即可），甚至可以是 1～4GB 的 U 盘。如果服务器没有配置本地硬盘，也可以从存储上为服务器划分 10～30GB 大小的 LUN 用于启动。

【说明】在 HP DL380 G8 系列服务器主板上集成了 SD 接口，可以将 SD 卡插在该接口中用于安装 VMware ESXi；在 IBM 3650 M4 系列服务器主板上集成了 USB 接口，可以为其配置一个 1～8GB 的 U 盘用于安装 VMware ESXi。一些其他品牌的服务器主板（或机箱外部）也安装了 SD 或 CF 卡。当然，如果主板中没有 SD 或 USB 接口而希望将 ESXi 安装在 U 盘，也可以直接将 U 盘安装在服务器后端或前端的 USB 接口上，实际使用效果是相同的。

在虚拟化项目中选择存储时，如果服务器数量较少，可以选择 SAS HBA 接口（见图 1-2-8）的存储；如果服务器数量较多，则需要选择 FC HBA 接口（如图 1-2-9 所示）的存储并配置 FC 的光纤交换机。SAS HBA 接口速度为 6Gbit/s（新型号可以到 12Gb/s），FC HBA 接口速度为 8Gbit/s（新型号可以到 16Gbit/s）。

图 1-2-8　SAS HBA 接口卡

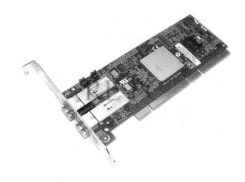

图 1-2-9　FC HBA 接口卡

在选择存储设备的时候，要考虑整个虚拟化系统中需要用到的存储容量、磁盘性能、接口数量、接口的带宽。对于容量来说，整个存储设计的容量需要实际使用容量的 2 倍以上。例如，整个数据中心已经使用了 1TB 的磁盘空间（所有已用空间加到一起），则在设计存储时至少设计 2TB 的存储空间（是配置 RAID 之后的而不是没有配置 RAID 时所有磁盘相加的空间）。

例如：如果需要 2TB 的空间，使用 600GB 的硬盘，用 RAID-10 时，需要 8 块硬盘，实际容量是 4 块硬盘的容量，即 600GB×4≈2.4TB；用 RAID-5 时，则需要 5 块硬盘。

在存储设计中另外一个重要的参数是 IOPS（Input/Output Operations Per Second），既每秒进行读写（I/O）操作的次数，这个参数多用于数据库等场合衡量随机访问的性能。存储端的 IOPS 性能和主机端的 I/O 是不同的，IOPS 是指存储每秒可接受多少次主机发出的访问，主机的一次 I/O 需要多次访问存储才可以完成。例如，主机写入一个最小的数据块，也要经过"发送写入请求、写入数据、收到写入确认"等 3 个步骤，也就是 3 个存储端访问。每块磁盘系统的 IOPS 是有上限的，如果设计的存储系统实际的 IOPS 超过了磁盘组的上限，则系统反应会变慢，影响系统的性能。简单来说，15 000 r/min 的磁盘的 IOPS 是 150，10 000 r/min 的磁盘的 IOPS 是 100，普通 SATA 硬盘的 IOPS 为 70～80。一般情况下，在进行桌面虚拟化时，每个虚拟机的 IOPS 可以设计为 3～5 个，普通虚拟服务器的 IOPS 可以规划为 15～30 个（依据实际情况）。当设计一个同时运行 100 个虚拟机的系统时，IOPS 则至少要规划为 2 000 个。如果采用 10 000 r/min 的 SAS 磁盘，则至少需要 20 块磁盘。当然这只是简单的测算，如果要详细的计算，则要综合考虑磁盘转速、IOPS、磁盘数量、采用的 RAID 方式、考虑 RAID 缓存命中率、读写比例等。下面详细介绍。

（1）首先要了解不同磁盘接口、磁盘转速所能提供的最大 IOPS，不同磁盘所能提供的理论最大

IOPS 参考值如表 1-2-4 所列。

表 1-2-4   不同磁盘接口、转速所能提供的最大 IOPS

磁盘接口	转速（r/min）	IOPS（个）
Fibre Channel（光纤）	15 000	180
SAS	15 000	175
Fibre Channel（光纤）	10 000	140
SAS	10 000	130
SATA	7 200	80
SATA	5 400	40
SSD（固态硬盘）		2 500 ~ 20 000

（2）计算所系统所需要的总 IOPS。例如，VMware View 桌面不同状态时所需要的 IOPS 如表 1-2-5 所列。

表 1-2-5   View 桌面不同状态时所需要的 IOPS（参考值）

系统状态	IOPS（个）
系统启动时	26
系统登录时	14
工作时（轻量）	4 ~ 8
工作时（普通）	8 ~ 12
工作时（重量）	12 ~ 20
桌面空闲时	4
桌面登出时	12
桌面离线时	0

如果要规划 300 个桌面同时工作，最多 100 个桌面同时启动，则 100 个桌面同时启动时需要 2 600 个 IOPS，100 个系统登录时需要 1 400 个 IOPS，当 300 个桌面工作时（普通）则需要 2 400～3 600 个 IOPS。则总 IOPS 需要 2 600～6 200 个。本例以 3 000 个 IOPS 作为规划值。

（3）多块磁盘提供的 IOPS 上限与 RAID 方式、Cache 命中率、读取比例有关。其中 RAID-5 的写惩罚为 4，RAID-10 与 RAID-1 的写惩罚为 2（RAID-5 单次写入需要分别对数据位和校验位进行 2 次读和 2 次写，所以写惩罚为 4）。知道磁盘总数计算总 IOPS 的公式如下：

$$总IOPS = \frac{单块盘的IOPS \times 磁盘个数}{(1-读Cache命中率) \times 读百分比 + 写惩罚 \times 写百分比}$$

根据上述公式，在有总的 IOPS 需求时，所需要的磁盘总数公式如下：

$$磁盘个数 = \frac{总IOPS \times \left[(1-读Cache命中率) \times 读百分比 + 写惩罚 \times 写百分比\right]}{单块盘的IOPS}$$

根据这个公式，在 RAID-5 方式下，以 10 000 r/min 的 SAS 磁盘为例，单块磁盘最大能提供 130 的 IOPS，在 RAID 卡的 Cache 命中率 30%，读写比例为 6∶4（60%读、40%写）时，计算得出 3 000 个 IOPS 至少需要为 46.6 块磁盘，考虑到实际的规划则至少需要 48～52 块磁盘。

同样，磁盘如果以 RAID-5 划分，Cache 命中率 30%，20%读、80%写，计算得到 77.07，则至少需要 78～82 块磁盘。

同样的磁盘（单块磁盘 IOPS 为 130），如果以 RAID-10 划分，缓存 30%、读 60%、写 40% 为例，则需要 28.15 块磁盘，实际约需要 28 个以上。当以缓存 30%、读 20%、写 80% 为例时，则需要 40.15 块磁盘，实际需要 40 个及其以上。

在满足 IOPS 的同时，还要考虑划分为不同 RAID 时磁盘的实际有效空间。

以 RAID-10 为例，如果单块磁盘容量为 600GB，则 28 块磁盘提供的空间是 14×600GB≈7.2TB；如果是 40 块磁盘划分为 RAID-10，则实际有效容量是 20×600GB≈12TB。

在规划存储时，还要考虑存储的接口数量及接口的速度。通常来说，在规划一个具有 4 台主机、1 个存储的系统中，采用具有 2 个接口器、4 个 SAS 接口的存储服务器是比较合适的。如果有更多的主机或者主机需要冗余的接口，则可以考虑配备 FC 接口的存储，并采用光纤交换机连接存储与服务器。

1.2.4　IBM 常见存储参数

当前 IBM 常用存储型号为 V3500、V3700、V5000、V7000 系列，其中 V3500 与 V3700 为低端存储，V3500 不能升级而 V3700 可以升级。IBM 存储有 2.5 英寸、3.5 英寸两种型号，其中 2.5 英寸盘位的存储正面如图 1-2-10 所示。

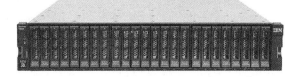

图 1-2-10　IBM V3500、3700、5000、7000 正面视图（2.5 英寸盘位）

IBM V5000 系列存储参数如表 1-2-6 所列。

表 1-2-6　IBM V5000 系列参数一览

软　件	面向 Storwize V5030 的 IBM Spectrum Virtualize 软件	面向 Storwize V5020 的 IBM Spectrum Virtualize 软件	面向 Storwize V5010 的 IBM Spectrum Virtualize 软件
用户界面	基于 Web 的图形用户界面（GUI）		
单或双控制器	双	双	双
连接（标配）	10 Gbit/s iSCSI、1 Gbit/s iSCSI		
连接（选配）	16 Gbit/s 光纤通道、12 Gbit/s SAS 10 Gbit/s iSCSI / 以太网光纤通道（FCoE）、1 Gb iSCSI		
缓存（每系统）	32 GB 或 64 GB	16 GB 或 32 GB	16 GB
支持的驱动器	2.5 英寸与 3.5 英寸驱动器： 15 000 r/minSAS 磁盘（300 GB、600 GB）； 10 000 r/min SAS 磁盘（900 GB、1.2 TB、1.8 TB）。 2.5 英寸： 7 200 r/min NL-SAS 磁盘（1 TB、2 TB） 3.5 英寸驱动器： 7 200 r/min NL-SAS 磁盘（2 TB、3 TB、4 TB、6 TB、8 TB、10 TB） 固态驱动器（SSD）2.5 英寸驱动器： 200 GB、400 GB、800 GB、1.6 TB、1.92 TB、3.2 TB、3.84 TB、7.68 TB 和 15.36 TB		

续表

软　件	面向 Storwize V5030 的 IBM Spectrum Virtualize 软件	面向 Storwize V5020 的 IBM Spectrum Virtualize 软件	面向 Storwize V5010 的 IBM Spectrum Virtualize 软件
受支持的最大驱动器数量	每系统最多 760 个驱动器，双向群集系统中 1 520 个驱动器	每系统最多 392 个驱动器	每系统最多 392 个驱动器
支持的机柜	小型机柜：24 个 2.5 英寸驱动器 大型机柜：12 个 3.5 英寸驱动器 高密度扩展机柜：92 个 3.5 英寸驱动器或 2.5 英寸驱动器		
最大扩展机柜容量	标准扩展机柜：每控制器多达 20 个标准扩展机柜 高密度扩展机柜：每控制器多达 8 个高密度扩展机柜	标准扩展机柜：每控制器多达 10 个标准扩展机柜 高密度扩展机柜：每控制器多达 4 个高密度扩展机柜	标准扩展机柜：每控制器多达 10 个标准扩展机柜 高密度扩展机柜：每控制器多达 4 个高密度扩展机柜
RAID 级别	RAID–0、1、5、6、10，分布式		
风扇与电源	完全冗余，热插拔		
机架支持	标准 19 英寸		

另外，IBM V7000 系列主机接口支持直接连接 1 Gbit/s iSCSI 和可选 16 Gbit/s 光纤通道或 10 Gbit/s iSCSI/FCoE，IBM 亦有全闪存架构的存储，型号为 IBM Storwize V7000F 和 IBM Storwize V5030F，受支持的 2.5 英寸闪存驱动器容量有 400 GB、800 GB、1.6 TB、1.92 TB、3.2 TB、3.84 TB、7.68 TB 和 15.36 TB 系列。

1.2.5　DELL PowerVault MD 系列存储参数

PowerVault MD3 系列是 DELL 推出的新一代经济实惠的存储，支持 12 Gbit/s SAS、10 GBASE-T 以太网 iSCSI 和 16 Gbit/s 光纤通道连接，确保拥有实现业务增长所需的适当技术。此外，在新的 MD3 机型中，每个控制器配备 8 GB 高速缓存，是当前 MD3 机型上可用控制器内存的 2 倍。

PowerVault MD 系列有多种不同的机型，可以满足不同环境或存储需求。该产品系列包括 DAS（直接连接）或 SAN 阵列，提供 SAS、iSCSI 或光纤通道连接选项。它具有 2U（见图 1-2-11）和 4U（见图 1-2-12）外形规格，可按要求混搭多种硬盘。MD 扩展盘柜提供 12 硬盘、24 硬盘和 60 硬盘选项（见图 1-2-13），可确保能够随业务增长扩展容量。

图 1-2-11　DELL 2U 存储　　　　　　　　　图 1-2-12　DELL 4U 存储

MD3 新一代机型延续了当前 MD3 系列所具有的高标准的可靠性，同时丝毫没有牺牲质量和性能。此最新一代阵列仍然具有出色的可扩展性，2U 机型最多可扩展到 192 块硬盘，并且使用相同的 PowerVault MD 扩展盘柜，高密度 4U 阵列可扩展到最多 180 块硬盘。

　　PowerVault MD3 10 GbE iSCSI SAN 非常适合最多使用 64 台主机服务器的网络存储整合和虚拟化
部署。此 10 GbE iSCSI 阵列系列具有高容量和优异的性
能,同时提供多样化的选项,包括 2U 12 或 24 硬盘机箱,
或在小型 4U 空间中最多支持 60 块硬盘的高密度机箱。

　　PowerVault MD3　光纤通道阵列系列是数据密集型
应用程序的理想选择。利用 16 Gbit/s 光纤通道,现有的
光纤通道投资将通过一个可扩展的可靠解决方案得到保
护。MD3 光纤通道阵列提供高吞吐量和高效率,并在带
宽加倍时有望提高性能。

图 1-2-13　DELL 扩展柜

　　PowerVault MD1200、MD1220 和 MD3060e 高密度盘柜是直接连接的 6 Gbit/s SAS 扩展盘柜,
该扩展盘柜可连接到 12 个、24 个或 60 个硬盘 MD3 阵列机型和 DELL PowerEdge 服务器,以提供
用于实现高性能和执行数据密集型应用程序的额外容量。

　　PowerVault MD1220 系列可以提供卓越的速度、灵活性和可靠性,以满足数据量大、性能要求
高的应用程序(存储活跃且更改频繁的信息)的需求。在使用 4 TB 硬盘的情况下,这些高性能 2U
阵列的存储空间最高可扩展到 96 TB 或 192 TB。

　　DELL PowerVault MD 3400 系列存储参数如表 1-2-7 所列。

表 1-2-7　DELL PowerVault MD 3400 系列存储参数

特　　性	MD 3400	MD 3420	MD 3460
硬盘数	12	24	60
硬盘类型	3.5 英寸 SAS、近线 SAS、固态硬盘	2.5 英寸 SAS、近线 SAS、固态硬盘	混搭 3.5 英寸和 2.5 英寸 SAS、近线 SAS 和固态硬盘
硬盘容量	• 15 000 r/min SAS 磁盘:300 GB、600 GB • 7200 r/min NL-SAS:500 GB、1 TB、2 TB、3 TB、4 TB • 固态硬盘:200 GB、400 GB、800 GB;读密集型固态硬盘:800 GB、1.6 TB(装在 3.5 英寸硬盘托架中)		
扩展功能	使用 MD1200 或 MD1220,可扩展至最多 192 块硬盘		使用 MD3060e,可扩展至最多 180 块硬盘
连接	12 Gbit/s SAS		
控制器	双控制器 4 GB 或 8 GB 高速缓存,最大高速缓存 16GB,每控制器 8GB		
最大主机数/台	8		
最大高可用主机数/台	4		
外形规格	2U 机架式盘柜	2U 机架式盘柜	4U 机架式盘柜
管理软件	MD Storage Manager		
标配功能	动态磁盘池、精简配置、VAAI、vCenter 插件、VASA、SRA、SED		
可选功能	快照、虚拟磁盘备份、HPT、硬盘扩展选项		
服务器支持	DELL PowerEdge 服务器		
操作系统支持	Microsoft Windows、VMware、Microsoft Hyper-V、Citrix XenServer、Red Hat 和 SUSE		
RAID 级别	支持 RAID 级别 0、1、10、5、6;在 RAID 0、10 中,每组最多包含 180/192 个物理磁盘;在 RAID-5、6 中,每组最多包含 30 个物理磁盘;最多包含 512 个虚拟磁盘;动态磁盘池		

续表

特 性	MD 3400	MD 3420	MD 3460
物理尺寸 （高×宽×深）	8.68 cm（3.42 英寸）× 44.63 cm（17.57 英寸）× 60.20 cm（23.70 英寸）	8.68 cm（3.42 英寸）× 44.63 cm（17.57 英寸）×54.90 cm（21.61 英寸）	17.78 cm（7 英寸）× 48.26 cm（19.0 英寸）× 82.55 cm（32.5 英寸）
最大质量/kg	29.30	24.22	105.20

【说明】（1）DELL PowerVault MD 3800i 系列包括 MD 3800i、MD 3820i、MD 3860i。MD 3800i 系列除了连接方式为 10 GBASE-T iSCSI 外，其他的参数分别与 MD 3400、MD 3420、MD 3460 一一对应，即 3400 对应 3800i、3420 对应 3820i、3460 对应 3860i。

（2）DELL PowerVault MD 3800f 系列包括 MD 3800f、MD 3820f、MD 3860f。MD 3800f 系列除了连接方式为 16 Gbit/s 光纤通道外，其他的参数分别与 MD 3400、MD 3420、MD 3460 一一对应，即 3400 对应 3800f、3420 对应 3820f、3460 对应 3860f。

（3）DELL PowerVault MD 3800i、DELL PowerVault MD 3800f 最大连接主机数与最大高可用主机数为 64。

DELL PowerVault MD 3200 系列存储参数如表 1-2-8 所列。

表 1-2-8　DELL PowerVault MD 3200 系列存储参数

特 性	MD 3200	MD 3220	MD 3260
硬盘数	12	24	60
硬盘类型	3.5 英寸 SAS、近线 SAS、固态硬盘	2.5 英寸 SAS、近线 SAS、固态硬盘	混搭 3.5 英寸和 2.5 英寸 SAS、近线 SAS 和固态硬盘
硬盘容量	•15 000 r/min SAS 磁盘：300 GB、600 GB •7 200 r/min NL-SAS：500 GB、1 TB、2 TB、3 TB、4 TB •固态硬盘：200 GB、400 GB、800 GB；读密集型固态硬盘：800 GB、1.6 TB（装在 3.5 英寸硬盘托架中）		
扩展功能	使用 MD1200 或 MD1220，可扩展至最多 192 块硬盘		使用 MD3060e，可扩展至最多 180 块硬盘
连接	6 Gbit/s SAS		
控制器	单控制器或双控制器 2 GB 或 4 GB 高速缓存		双控制器 2 GB 或 4 GB 高速缓存
最大主机数/台	8		
最大高可用主机数/台	4		
外形规格	2U 机架式盘柜	2U 机架式盘柜	4U 机架式盘柜
管理软件	MD Storage Manager		
标配功能	动态磁盘池、精简配置、VAAI、vCenter 插件、VASA、SRA、SED		动态磁盘池、精简配置、VAAI、vCenter 插件、VASA、SRA、HPT、固态硬盘高速缓存、SED
可选功能	快照、虚拟磁盘备份、HPT		快照、虚拟磁盘备份
服务器支持	DELL PowerEdge 服务器		
操作系统支持	Microsoft Windows、VMware、Microsoft Hyper-V、Citrix XenServer、Red Hat 和 SUSE		

续表

RAID 级别	支持 RAID 级别 0、1、10、5、6；在 RAID 0、10 中，每组最多包含 180/192 个物理磁盘；在 RAID 5、6 中，每组最多包含 30 个物理磁盘；最多包含 512 个虚拟磁盘；动态磁盘池		
物理尺寸 （高×宽×深）	8.68 cm（3.42 英寸）× 44.63 cm（17.57 英寸）× 60.20 cm（23.70 英寸）	8.68 cm（3.42 英寸）× 44.63 cm（17.57 英寸）×54.90 cm（21.61 英寸）	17.78 cm（7 英寸）× 48.26 cm（19.0 英寸）× 82.55 cm（32.5 英寸）
最大质量/kg	29.30	24.22	105.20

【说明】（1）DELL PowerVault MD 3200i 系列包括 MD 3200i、MD 3220i、MD 3260i。MD 3200i 系列除了连接方式为 1 Gbit/s iSCSI 外，其他的参数分别与 MD 3200、MD 3220、MD 3260 一一对应，即 3200 对应 3200i、3220 对应 3220i、3260 对应 3260i。

（2）DELL PowerVault MD 3600i 系列包括 MD 3600i、MD 3620i、MD 3660i。MD 3600i 系列除了连接方式为 10 GBASE-T iSCSI 外，其他的参数分别与 MD 3200、MD 3220、MD 3260 一一对应，即 3200 对应 3600i、3220 对应 3620i、3660 对应 3260i。

（3）DELL PowerVault MD 3600f 系列包括 MD 3600f、MD 3620f、MD 3660f。MD 3600f 系列除了连接方式为 8 Gbit/s 光纤通道外，其他的参数分别与 MD 3200、MD 3220、MD 3260 一一对应，即 3200 对应 3800f、3220 对应 3820f、3260 对应 3860f。

（4）DELL PowerVault MD 3200i、DELL PowerVault MD 3600i、DELL PowerVault MD 3600f 最大连接主机数与最大高可用主机数为 64。这些存储都支持行业标准服务器。

DELL PowerVault MD 3260、3460、3860 系列存储后视图如图 1-2-14 所示，DELL PowerVault MD 3200 等 2U 系列存储后视图如图 1-2-15 所示。

图 1-2-14　4U 存储后视图

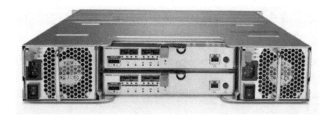

图 1-2-15　2U 存储后视图

【说明】关于 DELL 存储更详细的资料可浏览以下链接：

http://china.dell.com/cn/p/powervault-md36x0f-series/pd?oc=&model_id=powervault-md36x0f-series
&l=zh&s=bsd。

1.2.6 网络及交换机的选择

在一个虚拟化环境里，每台物理服务器一般至少配置 4 块网卡，虚拟化主机有 6 块、8 块，甚至更多的网卡是常见的，反之，没有被虚拟化的服务器只有 2 块或 4 块网卡（虽然有多块网卡，但一般只使用其中 1 块网卡，其他网卡空闲）。另外，为了远程管理或实现 DPM 功能，通常还要将服务器的远程管理端口（例如 HP 的 iLO、IBM 的 IMM、DELL 的 iDRAC）连接到网络，这样每台服务器至少需要有 5 条 RJ-45 网线，如果要配置 vSAN，每台服务器还需要增加 2 条万兆位光纤连线（有的时候需要 4 条或更多万兆位光纤连接）。一般每个机架会放置 6～10 台主机，这样就需要至少 30～60 条网线。在这种情况下，传统的布线预留的接口将不能满足需求（传统机架一般不会预留超过 20 条网线）。一个解决的方法是为每个虚拟化的机架配置接入交换机，再通过万兆位光纤或多条 1Gbit/s 的网线或光纤以"链路聚合"方式上连到核心交换机，如图 1-2-16 所示。

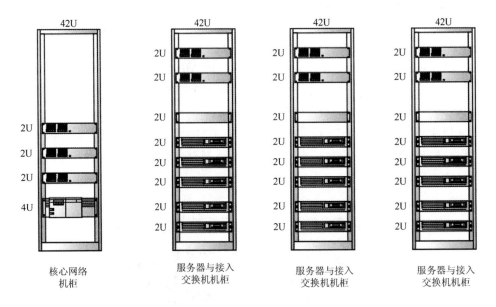

图 1-2-16   每个服务器机柜配接入交换机与核心网络机柜示意图

对于中小企业虚拟化环境，为虚拟机网络与虚拟化主机管理网络配置华为 S5720 系列千兆位交换机、为 vSAN 流量配置华为 S6720 系列万兆位交换机、为核心网络配置华为 S12700 系列或 S9700 系列交换机即可满足需求。在中小企业虚拟化环境中，部分可供选择的华为系列交换机如表 1-2-9 所示。关于更多华为系列交换机可以从以下网址查询：

http://e.huawei.com/cn/products/enterprise-networking/switches/campus-switches。

表 1-2-9   常用华为系列交换机的型号及参数

交换机型号	参　　　数
S5720–28P–SI–AC	交换容量：336Gbit/s/3.36Tbit/s；包转发率：57～166Mpps；
S5720–28X–SI–AC(DC)	24 个 10/100/1000 bit/s Base-T，4 个复用 SFP 千兆位端口（Combo）；
S5720–28X–PWR–SI–AC(DC)	P 系列：4 个千兆位 SFP X 系列：4 个万兆位 SFP+

续表

交换机型号	参　　数
S5720-52P-SI-AC	交换容量：336Gbit/s/3.36Tbit/s；包转发率：57~166Mpps；
S5720-52X-SI-AC(DC)	48 个 10/100/1000 bit/s Base-T 以太网端口；
S5720-52X-PWR-SI-AC(DC)	P 系列：4 个千兆位 SFP
S5720-52X-PWR-SI-ACF	X 系列：4 个万兆位 SFP+
S6720-26Q-SI-24S-AC	交换容量：2.56 Tbit/s/23.04Tbit/s；包转发率：480Mpps
S6720S-26Q-SI-24S-AC	24 个 10GE SFP+端口，2 个 40GE QSFP+端口 不支持扩展插槽
S6720-32X-SI-32S-AC	交换容量：2.56 Tbit/s/23.04Tbit/s；包转发率：480Mpps 32 个 10GE SFP+端口
S6720-32C-SI-AC	交换容量：2.56 Tbit/s/23.04Tbit/s；包转发率：780Mpps
S6720-32C-SI-DC	24 个 100M/1G/2.5G/5G/10G Base-T 以太网端口
S6720-32C-PWH-SI-AC	4 个 10GE SFP+
S6720-32C-PWH-SI	1 个扩展插槽
S6720-56C-PWH-SI-AC	交换容量：2.56 Tbit/s/23.04Tbit/s；包转发率：780Mpps
S6720-56C-PWH-SI	32 个 10/100/1000Mbit/s Base-T 以太网端口； 16 个 100M/1G/2.5G/5G/10G Base-T 以太网端口， 4 个 10GE SFP+ 1 个扩展插槽
S6720-52X-PWH-SI	交换容量：2.56 Tbit/s/23.04 Tbit/s；包转发率：780Mpps 48 个 100Mbit/s/1G/2.5G/5G/10G Base-T 以太网端口， 4 个 10GE SFP+
S6720-30C-EI-24S-AC	交换容量：2.56 Tbit/s /23.04 Tbit/s；包转发率：720Mpps
S6720-30C-EI-24S-DC	24 个 10GE SFP+端口，2 个 40GE QSFP+端口 1 个扩展插槽，支持 4×40GE QSFP+插卡
S6720-54C-EI-48S-AC	交换容量：2.56 Tbit/s /23.04 Tbit/s；包转发率：1080Mpps
S6720-54C-EI-48S-DC	48 个 10GE SFP+端口，2 个 40GE QSFP+端口 1 个扩展插槽，支持 4×40GE QSFP+插卡
S6720S-26Q-EI-24S-AC	交换容量：2.56 Tbit/s /23.04 Tbit/s；包转发率：480Mpps
S6720S-26Q-EI-24S-DC	24 个 10GE SFP+端口，2 个 40GE QSFP+端口 不支持扩展插槽
S9703	交换容量：23.04 Tbit/s /96 Tbit/s；包转发率：2 160Mpps/18 000Mpps 业务插槽：3 个
S9706	交换容量：46.72 Tbit/s /153.6 Tbit/s；包转发率：2 880Mpps/46 080Mpps 业务插槽：6 个
S9712	交换容量：69.76 Tbit/s /268.8 Tbit/s；包转发率：3 840Mpps/80 640Mpps 业务插槽：12 个

华为 S5720 系列为盒式设备，机箱高度为 1U，提供精简版（LI）、标准版（SI）、增强版（EI）和高级版（HI）4 种产品版本。精简版提供完备的 2 层功能；标准版支持 2 层和基本的 3 层功能；增强

版支持复杂的路由协议和更为丰富的业务特性；高级版除了提供上述增强版的功能外，还支持 MPLS、硬件 OAM 等高级功能。在使用时可以根据需要选择。华为 S6720 系列包括 LI、SI、EI 三种产品版本。下面是华为 S12700 系列、S9700 系列、S7700 系列、S7900 系列、S6720 系列、S5730 系列和 S5720 系列等的简单介绍，如表 1-2-10 所示。

表 1-2-10   常用华为系列交换机介绍

交换机型号	介　绍
S12700 系列交换机	华为公司面向下一代园区网核心、数据中心核心而设计开发的敏捷交换机。该产品采用全可编程架构，灵活快速满足客户定制需求，助力客户平滑演进至 SDN 网络
S9700 系列交换机	华为公司面向园区网核心、数据中心业务汇聚设计开发的高端 T 比特核心路由交换机。大容量交换网，10G/40Gbit/s 高密度单板，满足未来业务增长需求
S7700 系列交换机	华为公司面向大型企业网络汇聚、数据中心业务汇聚、中小型企业园区的核心而推出的高端智能路由交换机，该产品基于智能多层交换的技术理念，帮助企业构建交换路由一体化的端到端融合网络
S7900 系列交换机	适用于园区网络、数据中心核心/汇聚节点，可对无线、话音、视频和数据融合网络进行先进的控制，帮助企业构建交换路由一体化的端到端融合网络
S6720-EI 系列下一代增强型万兆位交换机	业界最高性能的盒式交换机，支持丰富的业务特性、完善的安全控制策略、丰富的 QoS 等特性，可用于数据中心，服务器接入及园区网核心
S6720-SI 系列交换机	华为公司自主开发的新一代多速率万兆位盒式交换机，可用于高速率无线设备接入、数据中心万兆位服务器接入、园区网的接入或汇聚等应用场景
S6720-LI 系列万兆位交换机	华为公司自主开发的新一代精简型全万兆位盒式交换机，可用于园区网和数据中心万兆接入
S5730S-EI 系列交换机	华为公司推出的新一代增强型三层千兆以太网交换机，提供全千兆位接入及固定万兆位上行端口，并支持扩展 4×40GE 接口子卡，可广泛应用于企业园区接入和汇聚、数据中心接入等多种应用场景
S5720-HI 及 S5730-HI 系列交换机	华为公司推出的业界领先的盒式敏捷交换机，提供丰富的敏捷特性。采用全可编程架构具备软件定义功能，业务随需而变，助力客户网络平滑演进
S5720-EI 系列交换机	华为公司推出的下一代增强型千兆位以太网交换机，提供灵活的全千兆位接入以及增强的万兆位上行端口扩展能力。具备高性能和更加丰富的业务处理能力，广泛应用于企业园区接入、汇聚，数据中心千兆位接入等多种应用场景
S5720-SI 系列交换机	华为公司推出的下一代标准型三层千兆位以太网交换机，提供灵活的全千兆位接入以及固化千兆位/万兆位上行端口，以及增强的三层业务处理能力，可广泛应用于企业园区接入、汇聚，数据中心千兆接入等多种应用场景
S5720-LI 系列交换机	华为公司推出的下一代精简型千兆位接入以太网交换机，支持多种三层路由协议，具备更高性能和更丰富的业务处理能力，广泛应用于企业园区接入、千兆位到桌面等多种应用场景

1.3　vSAN 架构硬件选型与使用注意事项

传统的数据中心主要采用大容量、高性能的专业共享存储。这些存储设备由于安装了多块硬盘或者配置有磁盘扩展柜，具有数量较多的硬盘，因此具有较大的容量。再加上采用阵列卡，同时读写多块硬盘，因此也有较高的读写速度及 IOPS。存储的容量、性能会随着硬盘数量的增加而上升，但随着企业对存储容量与存储性能的不断提高，存储不可能无限地增加容量及读写速度。同时，当需要的存储性能越高、容量越大，则存储的造价也不可避免地会越高。随着高可用系统中主机数据的增加，提高存储的配置与对应的造价以几何的形式增加。

为了获得较高的性能，主要是高 IOPS，高端的存储硬盘全部采用固态硬盘既全闪存设备，虽然带来了较高的性能，但成本增加也是非常大的。在换用固态硬盘后，虽然磁盘系统的 IOPS 提升了，但存储接口的速度仍然是 8Gbit/s 或 16Gbit/s，此时接口又成了新的瓶颈。

为了解决单一存储引发的这个问题，一些厂商提高"软件定义存储"或"超融合"的概念。VMware 的 vSAN 就是一种"软件定义存储"技术，也可以说是专为虚拟化设计的"超融合软件"。

vSAN（或 Virtual SAN），是 VMware 推出的、用于 VMware vSphere 系列产品的对虚拟环境进行优化的分布式可容错存储系统。Virtual SAN 具有所有共享存储的品质（弹性、性能、可扩展性），但其不需要特殊的硬件也不需要专门的软件来维护，可以直接运行在 X86 的服务器上，只要在服务器上插上硬盘和 SSD，vSphere 会搞定剩下的一切。加上基于虚拟机存储策略的管理框架和新的运营模型，存储管理变得相当简单。

在 vSAN 架构中，主要涉及物理主机与 vSAN 流量的网络交换机的选择。下面分别介绍。

1.3.1　vSAN 主机选择注意事项

如果要配置 vSAN 群集，在选择物理服务器时，优先选择支持较多盘位的 2U 机架式服务器，例如前文介绍的 IBM 3650 M5（联想收购 IBM 服务器业务后，同样的产品命名为联想 System X3650 M5 系列，两者主要参数一样）、HP DL 388 系列、DELL R730X、R730XD 系列。在选择服务器的时候，应根据实际情况而定，例如图 1-3-1 所示的是 3 种不同盘位配置的联想 System X3650 M5。如果选择 3.5 英寸盘位，则单盘容量较大（当前 3.5 英寸盘容量最大可以到 8TB，而 2.5 英寸 SAS 盘当前最大为 1.2TB 或 1.8TB），如果选择 2.5 英寸盘位，则可以配置较多数量的磁盘。具体选择 2.5 英寸还是 3.5 英寸要根据实际的情况。

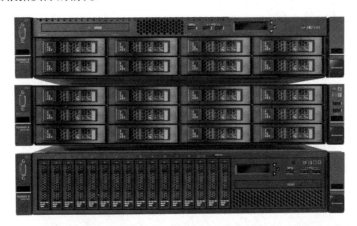

图 1-3-1　联想 X3650 M5 系列正面图（3.5 英寸盘位和 2.5 英寸盘位）

【说明】在图 1-3-1 中，从上到下依次是最多 8 个 3.5 英寸盘位、最多 12 个 3.5 英寸盘位、最多 16 个 2.5 英寸盘位的服务器外形图。

在图 1-3-1 中，虽然可以看到 X3650 M5 可以支持 16 个 2.5 英寸盘位，但一般情况下，其第二组盘位没有配置扩展板，如果需要支持更多硬盘，则需要购买组件才可以，如果拔下硬盘舱位的挡件，则可以看到对应的位置是"空"的，如图 1-3-2 所示。

图 1-3-2　第二组盘位标配不能使用（2.5 英寸盘位）

默认情况下只有第一组盘位才可以使用，如图 1-3-3 所示。

图 1-3-3　第一组舱位才可使用，2.5 英寸盘位

在选择服务器配件时，在非 vSAN 环境中，如果需要使用服务器本地硬盘组成 RAID-5，通常还要选择支持 RAID-5 缓存的组件，例如 IBM 3650 服务器 M5110e 扩展卡，如图 1-3-4 所示。服务器出厂时标配支持 RAID-0/1/10，不支持 RAID-5，只有添加这一组件才支持 RAID-5。但如果是用于 vSAN 环境中，则主机不需要添加支持 RAID-5 的组件。

图 1-3-4　M5110e 组件

【说明】在 VMware vSAN 兼容列表中，联想 System X3650 M5、X3850 X6 服务器，如果要配置 vSAN，理论上需要将每块磁盘配置为 RAID-0 而不是配置为 JBOD 模式。但在实际的应用中，

配置为 JBOD 也是可以使用的，没有问题。

对于大多数 2U 的机架式服务器，一般最少支持 16 个 2.5 英寸磁盘，对于这种情况，可以选择 $1+3\times(1+4)=16$ 的方式。其中第一个 1 表示较小的 SSD，例如选择 120GB 消费级的 SSD，用于安装 ESXi 的系统；第二个 1 表示 vSAN 中的缓存磁盘，需要选择企业级的 SSD；4 表示每组配置 4 个 HDD 磁盘；3 表示配置 3 块磁盘组，例如，表 1-3-1 所列是一份单台 vSAN 主机配置清单。

表 1-3-1　单台 vSAN 主机配置清单

产　品	参　　数	数　量	备　注
System X3650 M5 标配主机	Intel E5-2650v3 的 CPU，1 条 16GB DDR4 内存，8 个 2.5 英寸盘位，M5210 Raid-0/1，750W 电源，DVD-RW	1	标配 2U 机架式服务器
CPU	Intel E5-2650 v3 的 CPU	1	添加 1 个 CPU
内存	16GB DDR4 内存	7	扩展内存到 128GB
硬盘托架	System x3650 M5 8x 2.5 英寸硬盘托架带扩展卡	1	添加 8 块硬盘位
硬盘	900GB 10K 6Gbit/s SAS 接口 2.5 英寸 HDD	12	配置 12 个容量磁盘
固态硬盘 1	240GB 企业级 SATA 接口 2.5 英寸 SSD	1	安装 ESXi 系统
固态硬盘 2	480GB 企业级 SATA 接口 2.5 英寸 SSD	3	配置 3 个缓存磁盘
电源	System x 750W 电源	1	配置成双电源
万兆网卡	Intel x520 两端口 10GbE 光接口网卡	1	添加 2 端口万兆光纤网卡

在配置 vSAN 时，建议最少配置 4 台主机、至少 1 台万兆交换机，表 1-3-2 是某个 6 节点 vSAN 群集的主要配置。

表 1-3-2　某个 6 节点 vSAN 群集主要配置

产　品	参　　数	数　量	备　注
vSAN 节点服务器	2 个 E5 2650 CPU，128GB 内存，双电源，1 块 240GB SSD，3 块 480GB SSD 用作缓存，12 个 900GB 用作容量磁盘	6	6 台主机组成 vSAN 群集
S6700-24-EI	华为 24 口万兆位交换机，配 16 个万兆位模块	1	配万兆位光纤交换机 1 个
光纤跳线	万兆位光纤	10	

在 vSAN 主机中，另一个选择是万兆位网卡，此网卡用于 vSAN 流量。另外，在 vSAN 中，可以将 ESXi 系统安装在 SD 卡或 U 盘中。

1.3.2　使用 vSAN 就绪结点选择配置

在设计新型的、基于超融合的 vSAN 群集中，需要满足以下条件。

（1）要组成 vSAN 群集，至少有 3 台主机为 vSAN 数据提供存储，推荐至少 4 台。并且每台主机至少 1 块磁盘组（每块磁盘组最少 1 个 SSD 磁盘用于提供缓存，至少 1 个 SSD 或 HDD 磁盘提供数据存储），每台主机最多有 5 块磁盘组（每块磁盘组最多有 1 个 SSD，最多有 7 个 SSD 或 HDD 提供数据存储（作为容量磁盘））。

（2）在 vSAN 群集中，至少有 1 个 VMkernel 用于提供 vSAN 流量。

（3）vSAN 软件需要 vSphere 5.5 U1，推荐 vSphere 6.0 以上。除了 vSphere 许可，还需要 vSAN 软件许可。

要构建 vSAN 群集，推荐采用 VMware 官方认证合作伙伴"Virtual SAN Ready Node"中所推荐的品牌及型号（http://vsanreadynode.vmware.com/RN/RN），这些品牌有 Intel、DELL、Fujitsu、Lenovo、HP、NEC、Cisco、Huawei、Supermicr 等。Virtual SAN Ready Node 中对上述一些品牌的某些服务器进行了认定，并对这些服务器进行了测试。本节介绍使用"Virtual SAN Ready Node"选择服务器及推荐配置的方法，读者可以根据这些推荐配置，并根据自己的实际情况进行调整与修改。

（1）在浏览器中打开"Virtual SAN Ready Node"，链接地址为 http://vsanreadynode.vmware.com/RN/RN，如图 1-3-5 所示。首先单击"Select vSAN Version"选择 vSAN 版本。当前可供选择的版本有 vSAN 6.5（ESXi 6.5 U1、ESXi 6.5）、vSAN 6.5（ESXi 6.5）、vSAN 6.2（ESXi 6.0 U2）、vSAN6.1（ESXi 6.0 U1）、vSAN 6.0（ESXi 6.0）与 vSAN 5.5（ESXi 5.5），在此以 vSAN 6.6、ESXi 6.5 U1 为例进行介绍。

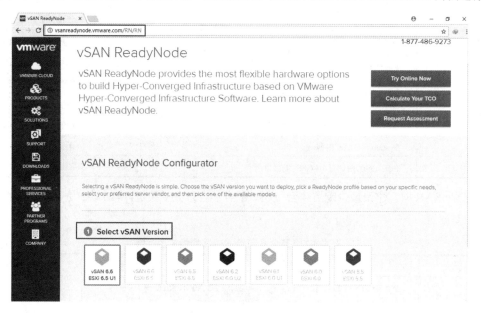

图 1-3-5　选择 vSAN 版本

（2）在"Select Profile"中选择一个配置文件。因为 vSAN 有"全闪存架构"与"混合架构"2 种组成方式，Virtual SAN Ready Node 全闪存架构中有 3 个配置文件，分别是 AF-4 Series、AF-6 Series、AF-8 Scrics，分别代表 4、6、8 台主机组成的全闪存架构的 vSAN 群集；钊对混合架构有 4 个配置文件，是 HY-2 Series、HY-4 Series、HY-6 Series、HY-8 Series，、分别表示 2、4、6、8 台主机组成的混合架构的 vSAN 群集。单击每个配置文件，将会显示该 vSAN 群集中每台主机的硬件配置，例如单击 AF-8 Series，将会显示每个节点主机容量配置：

- CPU 核心：2 个 12 核心。
- 内存：384GB。
- 缓存磁盘：2 个 400GB 的 SSD，持久性 Class D 或更高，性能 Class E 或更高。
- 容量磁盘：12 个 1TB SSD，要求持久性 Class A 或更高级别，性能 Class C 或更高级别。
- vSAN 存储 IOPS：80K，如图 1-3-6 所示。

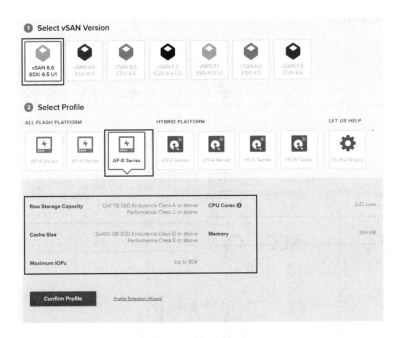

图 1-3-6　8 节点全闪存架构

如果单击"HY-8 Series"，则显示每个节点主机配置如下：

- CPU 核心：2 个 12 核心。
- 内存：384GB。
- 缓存磁盘：2 个 400GB SSD，持久性 Class D 以上，性能 Class E 及以上。
- 容量磁盘：12 个 1TB 转速 10 000 r/min 的 SAS 磁盘。

vSAN 存储 IOPS：40K，如图 1-3-7 所示。

图 1-3-7　8 节点混合架构

（3）在图 1-3-6 或图 1-3-7 选中配置文件之后，单击"Confirm Profile"按钮确认，之后在"Select OEM"中选择厂商，厂商包括 CISCO、DELL、Fujitsu、HP、Intel、Lenovo、Supermicro 等，如图

1-3-8 所示。在此选择 DELL。

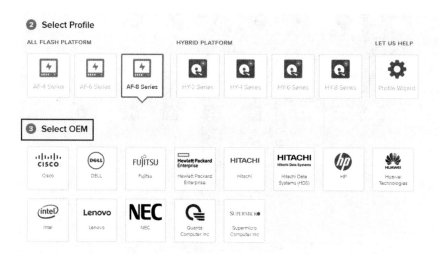

图 1-3-8　选择厂商

（4）在"DELL Models"中选择一种配置。如果有多种配置，可以通过鼠标左右滑动查看更多配置，如图 1-3-9 所示。在此选择 DELL R740XD 的一种配置。单击"Select Model"按钮选择。

图 1-3-9　选择配置

（5）在"Next Steps"中单击"Download Configuration"按钮，如图 1-3-10 所示，下载配置，该配置将以 PDF 文件形式生成。

（6）打开下载的 PDF 文件，可以查看当前示例 4 节点全闪存架构每个节点（每个 ESXi 主机）的配置，包括服务器的型号、CPU、内存配置，缓存与容量磁盘大小与数量、网卡型号、支持的 vSAN 版本等，如图 1-3-11 所示。

图 1-3-10　下载配置

图 1-3-11　8 节点全闪存架构每节点主机配置

在图 1-3-11 中可以看到，这是一台 DELL R740xd 的主机，配置了 2 个 Intel Xeon Gold 6126 的 CPU、21 条内存（单条内存 32GB）、3 块 NVME PM1725 800GB PCIe 的 SSD、21 块 3 840GB MLC 12Gbit/s 的 2.5 英寸 SAS 磁盘、1 块 Intel X710 万兆位 4 端口网卡，引导设备采用 2 个 M.2 的 120GB 的 SSD（RAID-1），支持 vSAN 6.6 的版本。

如果需要参考其他品牌、其他不同数量节点、不同架构（全闪存或混合架构）的配置列表，可以重新选择。

参考 "vSAN Ready Node" 网站，我们总结了不同架构、不同节点数量情况下，每节点服务器在推荐的 CPU 数、内存、缓存磁盘、容量磁盘的配置下，vSAN 群集能提供的 IOPS。其中表 1-3-3 是混合架构节点主机配置，表 1-3-4 是全闪存架构主机配置。

表 1-3-3　不同节点混合架构主机推荐配置及 IOPS

（每节点配置参数）	8 节点混合架构	6 节点混合架构	4 节点混合架构	2 节点混合架构
CPU	2 个 12 核心	2 个 10 核心	2 个 8 核心	1 个 6 核心
内存	384 GB	256 GB	128 GB	32 GB
缓存磁盘	2 个 400 GB SSD 持久性级别≥D 性能级别≥E	2 个 200 GB SSD 持久性级别≥C 性能级别≥D	1 个 200 GB SSD 持久性级别≥C 性能级别≥D	1 个 200 GB SSD 持久性级别≥B 性能级别≥B
容量磁盘	12 个 1 TB SAS 接口 1 万转	8 × 1TBNL-SAS 接口 7 200 r/min	4 × 1TB NL-SAS 接口 7 200 r/min	2 个 1 TB NL-SAS 接口 7 200 r/min
存储性能（IOPS）	Up to 40K	Up to 20K	Up to 10K	Up to 4K

表 1-3-4　不同节点全闪存架构主机推荐配置及 IOPS

（每节点配置参数）	8 节点全闪存架构	6 节点全闪存架构	4 节点全闪存架构
CPU	2 个 12 核心	2 个 12 核心	2 个 10 核心
内存	384 GB	256 GB	128 GB
缓存磁盘	2 个 400 GB SSD 持久性级别≥D 性能级别≥E	2 个 200 GB SSD 持久性级别≥C 性能级别≥D	1 个 200 GB SSD 持久性级别≥C 性能级别≥C
容量磁盘	12 个 1 TB SSD 持久性级别≥A 性能级别≥C	8 个 1 TB SSD 持久性级别≥A 性能级别≥C	4 个 1 TB SSD 持久性级别≥A 性能级别≥C
存储性能（IOPS）	Up to 80K	Up to 50K	Up to 25K

【说明】Endurance 表示耐久性，即 SSD 的寿命；Performance 表示性能，即 SSD 每次写入次数。后文会有详细的介绍。

表 1-3-3 与表 1-3-4 分别是混合架构与全闪存架构中每个节点主机的主要配置，具体到不同品牌、不同型号的服务器，则会有具体的选择，例如 CPU 型号、网卡（vSAN 流量网卡，推荐万兆位网卡）、内存型号及数量。根据 "vSAN Ready Node" 网站，整理了常用的 DELL 服务器的具体配置，如表 1-3-5、表 1-3-6 所列。在实际的使用中根据单位的实际情况进行配置的调整。其他服务器例如 HP、华为、联想等可以在该网站获得最新的参数。

表 1-3-5　DELL 混合架构 vSAN 群集主机配置

主机型号	PowerEdge R740xd	PowerEdge R730xd	PowerEdge R730	PowerEdge R730xd	PowerEdge R730
CPU	2 个 Intel Xeon Gold 6126	2 个 Intel E5-2698 v4	2 个 Intel E5-2698 v4	2 个 IntelE5-2698 v4	2 个 Intel E5-2697 v3
内存	12 个 32GB	16 个 32GB	16 个 32GB	16 个 32GB	12 个 32GB
缓存磁盘	3 个 800GB SSD SAS 12Gbit/s 2.5 英寸	3 个 400GB SSD SAS 12Gbit/s 2.5 英寸	2 个 400GB SSD SAS 12Gbit/s 2.5 英寸	3 个 800GB SSD SAS 12Gbit/s 2.5 英寸	2 个 Toshiba 2.5 英寸 SAS SSD 400GB

续表

容量磁盘	21 个 1.2TB 10000 r/min 的 2.5 英寸	18 个 DD,1.2TB SAS,2.5 英寸	14 个 1.2TB SAS 12Gbit/s，2.5 英寸	21 个 1.2TB RPM SAS 12Gbit/s，2.5 英寸	14 个 Seagate 2.5 英寸 SAS HDD 1.2TB
控制器	HBA330 Adapter	DELL PERC H730	DELL PERC H730	PERC HBA330	DELL HBA330
网卡	4 端口 Intel X710 10 Gbit/s	2 端口 Intel X520	10 Gbit/s DA/SFP+，2 端口 I350 千兆位网卡		
ESXi 引导设备	2 个 M.2 120 GB 的 SSD	内部 2 个 SD 卡，IDSDM，2×8 GB SD			
支持的 ESXi 版本	vSAN6.6, ESX i6.5 U1, ESXi 6.0 U3	vSAN 6.6, ESXi 6.5, ESXi 6.0 U3, ESXi 6.0 U2, ESXi 6.0 U1, ESXi 6.0			

表 1-3-6　DELL 全闪存架构 vSAN 群集主机配置

主机型号	Power Edge R7415	PowerEdge R740xd	PowerEdge R730xd	PowerEdge R730
CPU	AMD EPYC 7351P	2 个 Intel Xeon Gold 6126	2 个 Intel E5-2697 v3	2 个 Intel E5-2698 v4
内存	512GB（16 个 32GB 内存）	672GB（21 个 32GB）	12 个 32GB	16 个 32GB
缓存磁盘	3 个 800GB SSD SAS 写密集型 MLC 12Gbit/s，2.5 英寸	3 个 NVMe 800GB PM1725 PCIe SSD	3 个 800GB SSD SAS 写密集型 12Gbit/s，2.5 英寸	2 个 800GB SSD SAS 12 Gbit/s，2.5 英寸
容量磁盘	21 个 3.84 TB SSD SATA 读密集型 MLC，12 Gbit/s，2.5 英寸	21 个 3840GB 读密集型 MLC，12 Gbit/s，2.5 英寸	21 个 1920GB SSD SAS 读密集型，12 bit/s，2.5 英寸	12 个 1.6 TB SSD SAS，12 Gbit/s，2.5 英寸
控制器	DELL HBA330 Mini SAS	HBA330 SAS	DELL HBA330	DELL HBA330 i
网卡	个 10GE，或 2 个 10GE SFP+	4 端口 Intel X710 10Gbit/s	2 端口 Intel 82599 10 Gbit/s	2 端口 IntelX520 10Gbit/s
ESXi 引导设备	2 个 M.2 120 GB 的 SSD（RAID-1）	2 个 M.2 120 GB 的 SSD	2 个内部 SD 卡，IDSDM 2×16 GB SD	2 个内部 SD 卡，IDSDM 2×16 GB SD
支持的 ESXi 版本	vSAN 6.6, ESXi 6.5, ESXi 6.0 U3, ESXi 6.0 U2, ESXi 6.0 U1, ESXi 6.0			

1.3.3　VMware 兼容性指南中闪存设备性能与持久性分级

在 vSAN 架构中，vSAN 群集（存储）的总体性能与节点主机数、每个节点的磁盘组数量、每块磁盘组所配的缓存磁盘、容量磁盘的性能、容量、大小都有关系，还与节点之间 vSAN 流量网络速度有关，可以说，vSAN 群集的总体性能是一个综合的参数。抛开其他参数不说，本节重点介绍用作缓存层的 SSD。SSD 是磁盘组读写性能的关键，它的"寿命"也对数据的安全性有重要的影响。对于磁盘组来说，如果其中某个容量磁盘损坏，只会影响这块磁盘所涉及的虚拟机；但如果某个缓存磁盘损坏，则会影响到这整块磁盘组中所有的虚拟机。在机械磁盘中，很少有机械磁盘在短时间内连续出错，所以用作容量磁盘的机械磁盘（HDD）出错，vSAN 还有重建或恢复的时间，但如果用作缓存磁盘的 SSD 在短时间内连续出错，那影响的有可能是整个架构。闪存磁盘（SSD，或固态硬盘）有擦写寿命，在使用相对平均的 vSAN 磁盘组中，同一批闪存磁盘有可能是同一时间达到其寿命从而导致闪存磁盘报废！所以，在 vSAN 架构中，闪存磁盘的选择与使用期限至关重要。

在规划 vSAN 群集时，要合理地评估磁盘组数据变动量（写入、删除、重复数据写入），并根据所用 SSD 的容量、寿命，合理评估缓存磁盘的使用寿命，在其寿命终结之前逐步、有序地用全新、更高级别、更大容量的闪存磁盘替换。例如，在一个 vSAN 群集系统中，每块磁盘组选择 MLC 的 200GB 的 SSD，设计（评估）SSD 的使用寿命是 1000 天，则应该在第 900～950 天的时间，花费大约 1 周～1 个月的时间，用 400GB 的 SSD 一一替换原来 200GB 的 SSD（不要一次全部替换，正常的撤出磁盘组、删除原来的 200GB 的缓存磁盘、用新的 400GB 代替后再重新添加磁盘组），等这一磁盘组数据同步完成后，再替换下一块磁盘组。用 400GB 的 SSD 替换，原因有两点：首先 vSAN 群集的数据写入量整体应该是持续上升的，用容量增加 1 倍的 SSD，相同 P/E 次数的持久性会增加；其次电子产品整体价格是下降的，900 天后 400GB 的 SSD 的费用应该比现在 200GB 的 SSD 的费用要低。

为 vSAN 选择 SSD 时，主要有性能与寿命两个重要参数。由于 SSD 所选择的芯片不同，其每秒写入次数决定了其读写性能，而 P/E 次数（闪存完全擦写次数）决定了其使用寿命。下面首先介绍 VMware 定义的闪存设备的性能分级，之后介绍 VMware 定义的持久性，最后介绍常用闪存颗粒的使用寿命区分。

（1）VMware 兼容性指南中闪存设备的性能分级（SSD Performance Classes）：

- Class A：每秒写入 2 500～5 000 次（已从列表删除）；
- Class B：每秒写入 5 000～10 000 次；
- Class C：每秒写入 1 万～2 万次；
- Class D：每秒写入 2 万～3 万次；
- Class E：每秒写入 3 万～10 万次；
- Class F：每秒写入 10 万次以上。

（2）VMware 闪存持久性定义。

- Class A：TBW $\geqslant$ 365；
- Class B：TBW $\geqslant$ 1825；
- Class C：TBW $\geqslant$ 3650；
- Class D：TBW $\geqslant$ 7300。

（3）TBW。闪存持久性注意事项主要包括以下方面。

随着全闪存配置在容量层中引入了闪存设备，现在重要的是针对容量闪存层和缓存闪存层的持久性进行优化。在混合配置中，只有缓存闪存层需要考虑闪存持久性。

在 Virtual SAN 6.0 中，持久性等级已更新，现在使用在供应商的驱动器保修期内写入的 TB 量（TBW）表示。此前，此规格为每日完整驱动器写入次数（DWPD）。

例如，某 SSD 厂家的保修期是 5 年，该 SSD DWPD 为 10，对于 400GB 的 SSD 来计算，其 TBW 计算公式为：

TBW（5 年）=SSD 容量×DWPD×365×5

TBW＝0.4TB×（10 DWPD/天）×（365 天/年）×5 年＝7 300

通过这次 TBW 规格的更新，VMware 允许供应商灵活使用完整 DWPD 规格较低但容量更大的驱动器。

例如，从持久性角度来讲，规格为 10 次完整 DWPD 的 200GB 驱动器与规格为 5 次完整

DWPD 的 400GB 驱动器相当。如果 VMware 要求 Virtual SAN 闪存设备具有 10 次 DWPD，则会将具有 5 次 DWPD 的 400GB 驱动器排除出 Virtual SAN 认证范围。

例如，将规格更改为每日 2 TBW 后，200GB 驱动器和 400GB 驱驱动器都将符合认证资格——每日 2 TBW 相当于 400GB 驱动器的 5 次 DWPD 以及 200GB 驱动器的 10 次 DWPD。

对于运行高工作负载的 VSAN 全闪存配置，闪存缓存设备规格为每日 4 TBW。这相当于 400GB 的 SSD 每日完全写入 10 次，相当于 5 年内写入 7 300 TB 数据。当然，在容量层上使用的闪存设备的持久性也可以此为参考，但是，这些设备往往不需要与用作缓存层的闪存设备具备相同级别的持久性。

根据 VMware 建议，在全闪存架构中，作为缓存层的 SSD 应选择 Class C 及其以上级别；在混合架构中，作为缓存层的 SSD 至少要选择 Class B 级别。VMware 的建议如表 1-3-7 所列。

表 1-3-7　VMware 建议持久性级别及对应选择

持久性级别	TBW	混合架构缓存层	全闪存架构缓存层	全闪存架构容量层
Class A	≥ 365	不支持	不支持	支持
Class B	≥1 825	支持	不支持	支持
Class C	≥3 650	支持	支持	支持
Class D	≥7 300	支持	支持	支持

【说明】本段数据参考自 VMware 文档，链接如下。

http://pubs.vmware.com/vmware-validated-design-40/index.jsp#com.vmware.vvd.sddc-design.doc/GUID-51680487-239F-4FF7-B43A-8C1D98263DB1.html。

http://pubs.vmware.com/vmware-validated-design-40/index.jsp#com.vmware.vvd.sddc-design.doc/GUID-B431C97C-6DBE-4CC7-A55F-098DE9AE3964.html。

可以登录 VMware 官方网站查看更进一步的信息。

（4）了解固态硬盘。

因为 VMware 官方推荐的闪存价格较高，尤其是经过 VMware 认证的、与品牌服务器标配的闪存（SSD 或固态硬盘）价格更高。如果我们要从市场上选择、采购 SSD，应该怎样选择？这就需要我们了解下面的知识。

固态硬盘（SSD，Solid State Disk）是在传统机械硬盘上衍生出来的概念，简单地说就是用固态电子存储芯片阵列（NAND Flash）而制成的硬盘。固态硬盘的接口规范和定义、功能及使用方法上与普通硬盘完全相同，在产品外形和尺寸上也与普通硬盘完全一致，包括 3.5 英寸、2.5 英寸、1.8 英寸等多种类型。

SSD 由主控、闪存、缓存等三大核心部件组成，其中主控和闪存对性能影响较大，主控的作用最大。换而言之，性能高低不一的主控，是划分 SSD 档次的方法之一。SSD 构造如图 1-3-12 所示。

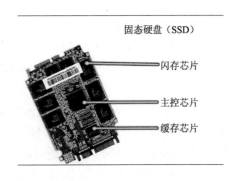

固态硬盘（SSD）

闪存芯片

主控芯片

缓存芯片

图 1-3-12　SSD 构造

现在固态硬盘所用的闪存芯片主要有 SLC、MLC、TLC、QLC 四种。

简单说，SLC 每单元存储 1bit 数据，MLC 每单元存储 2bit 数据，TLC 每单元存储 3bit 数据，QLC 每单元存储 4bit 数据。不同闪存颗粒使用寿命不同。P/E 擦除次数是指 SSD 的完全擦写次数，格式化 SSD 算是一次 P/E。不同的存储单元（闪存颗粒）类型擦写次数也不同。存储单元主要分为 4 种。

- TLC：500～2000 次擦写寿命，低端 SSD 使用的颗粒；
- MLC：3000～10000 次擦除寿命，中高端 SSD 使用的颗粒；
- SLC：大约 10 万次的擦除寿命，面向企业级用户；
- QLC：速度最慢，寿命最短。

① SLC 既 Single Level Cell 的缩写，即单层单存储单元。存取原理上 SLC 架构是 0 和 1 两个充电值，既每单元能存放 1bit 数据（1bit/单元），有点儿类似于开关电路，就算其中一个单元损坏，对整体的性能也不会有影响，因此性能非常稳定，同时 SLC 的最大驱动电压可以做到很低。SLC 理论上速度最快、P/E 使用寿命长（理论上 10 万次以上）、单片存储密度小。目前 SLC 闪存主要应用于企业级产品、混合硬盘的缓存、高端高品质的优盘/数码播放介质等。SLC 固态硬盘的容量不如 MLC 固态硬盘，速度的优势遭到人为限制，突出的优点是 P/E 使用寿命超长。

② MLC 既 Multi-Level Cell 的缩写，即多层式存储单元。MLC 在存储单元中实现多位存储能力，典型的是 2bit。它通过不同级别的电压在 1 个单元中记录 2 组位信息（00、01、11、10），将 SLC 的存储密度理论提升 1 倍。由于电压更为频繁的变化，所以 MLC 闪存的使用寿命远不如 SLC，同时它的读写速度也不如 SLC，由于一个浮动栅存储 2 个单元，MLC 较 SLC 需要更长的时间。TLC 理论上的读写速度不如 SLC，价格一般只有 SLC 的 1/3 甚至更低，MLC 使用寿命居中，一般 3000～10000 P/E 次数。MCL 闪存广泛应用于消费级 SSD 以及轻应用的企业级 SSD，这些领域的 SSD 数据吞吐量小，对 P/E 使用寿命要求没有 SLC 那么苛刻。因此 MLC 闪存没有严格的速度限制，性能表现超过 SLC 闪存。

③ TLC 既 Triple-Level Cell 的缩写，是 2bit/单元的 MLC 闪存延伸，TLC 达到 3bit/单元，TLC 利用不同电位的电荷，一个浮动栅存储 3 个 bit 的信息，存储密度理论上较之 MLC 闪存扩大了 50%。TLC 理论上的存储密度最高、制造成本最低，其价格较之 MLC 闪存降低 20%~50%；TLC 的 P/E 寿命可达 500~2000 余次，TLC 理论上的读写速度最慢，但随着制造工艺的提升，主控算法改进性能有大幅提升。

④ QLC 即 Quad-Level Cell，既 4bit/单元。

SLC、MLC、TLC 与 QLC 四种闪存各自不同的电压状态对比如图 1-3-13 所示。

相对于 SLC 来说，MLC 的容量大了 100%，寿命缩短为 SLC 的 1/10。相对于 MLC 来说，TLC 的容量大了 50%，寿命缩短为 MLC 的 1/20。相对于 SLC 来说，QLC 容量是 SLC 的 4 倍，是 MLC 的 2 倍，是 TLC 的 1.333 倍。

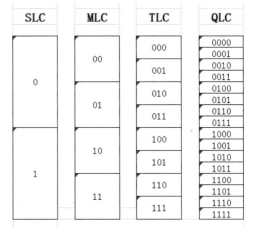

图 1-3-13　四类闪存类型不同的电压状态

固态硬盘寿命计算公式如下：

$$寿命(天)=\frac{实际容量(GB)\times P/E次数}{实际写入(GB/d)}$$

$$寿命(天)=\frac{实际容量(GB)\times P/E次数}{实际写入(GB/d)\times 365天}$$

在 vSAN 中，一般我们选择 SLC、MLC 作为缓存磁盘，或者选择质量好的 TLC 作为容量磁盘。在正常情况下，我们选择"vSAN 就绪节点"推荐的品牌及配件，例如在"表 1-3-9 联想混合架构 vSAN 群集主机配置"中，X3650 M5 服务器每个节点选择 2 个 E5-2690 v4、384GB 内存、2 个 S3710 400GB MLC、12 个 1.2TB 10K SAS。如果我们选择 Intel S3710 400GB 的 MLC 硬盘，京东报价为 3299 元（报价参考时间：2017 年 5 月 14 日，报价链接页 https://item.jd.com/10650918707.html），如图 1-3-14 所示。

图 1-3-14　Intel S3710 SSD 报价

根据官方资料，Intel S3710 SSD 400GB 的持久性是 8.3 PB（8300TBW），达到 Class D 的标准。表 1-3-8 所列为 Intel S3710 SSD 不同容量的读写速度以及持久性参数。

表 1-3-8　Intel S3710 SSD 参数

Intel DC S3710 企业级 SSD 参数				
基本参数（容量）	200GB	400GB	800GB	1.2TB
参考价格/元	1799	3299	6160	9999
接口类型	SATA 3 6Gbit/s			
闪存架构	Intel 128Gbit 20nm High Endurance Technology (HET) MLC			
顺序读取速度/（MB·s^{-1}）	550	550	550	550
顺序写速度/（MB·s^{-1}）	300	470	460	520
4K 随机读/K IOPS	85	85	85	85
4K 随机写/K IOPS	43	43	39	45
持久性/PB	3.6	8.3	16.9	24.3
平均无故障时间/h	200 万	200 万	200 万	200 万

在 SSD 的选择中，选择企业级硬盘价格较高，那么能不能选择价格相对便宜、持久性相对低一

些的 SSD 呢？例如，表 1-3-8 中的 S3710 SSD，其可以在相对比较重的负载情况下使用 5 年，但如果选择很便宜的 SSD，既使使用 2 年，每 2 年更换一次，总价格也合适，是不是可以选择呢？同样以表 1-3-9 所推荐的 X3650 M5 的配置为例，当前每个节点选择了 2 个 400GB 的 SSD、12 个 1.2TB 的 HDD，则每块磁盘组 1 个 400GB 的 SSD、6 个 1.2TB（合计 7.2TB）的容量磁盘，以普通 MLC 磁盘的寿命 3000 P/E 次数计算：

如果每个 SSD 每天写入数据量 3.6TB（磁盘组容量一半），则每天 P/E 次数为 3.6/0.4＝9，3000 的 P/E 可以使用 3000/9=333.33 天，大约 1 年的使用寿命。

如果每个 SSD 每天写入数据量 1.8TB（磁盘组容量四分之一），则每天 P/E 次数为 1.8/0.4=4.5，3000 的 P/E 可以使用 3000/4.5＝667 天，大约 2 年的使用寿命。

如果每个 SSD 每天写入数据量 0.9TB 数据，则使用寿命大约 4 年。

从以上计算可以得出，如果 vSAN 磁盘组写入数据较小，既使使用持久性较低的 MLC，也能使用 2～4 年的时间。当然如果写入数据量较大，占到磁盘组容量的一半时，其缓存磁盘的寿命大约 1 年。

【说明】P/E 次数 = TBW/磁盘容量。例如，TBW 为 8.3PB 的 400GB 的 SSD，其 P/E 次数 = 8.3 × 1 000/0.4 = 20 750。

其他几款 SSD 的参数、报价如表 1-3-9 所列。（参考链接 https://item.jd.com/10802367829.html）

表 1-3-9　Intel DC S3520 SSD 参数

Intel DC S3520 SSD 参数			
基本参数（容量）	240GB	480GB	960GB	1.2TB
参考价格/元	1299	2099	3699	4799
接口类型	SATA 3 6Gbit/s			
闪存架构	16 nm 3D NAND			
顺序读取速度/（MB·s⁻¹）	320	450	450	450
顺序写速度/（MB·s⁻¹）	300	380	380	380 MB/s
随机读取（100%跨度）/K IOPS	65	65.5	67	67.5
随机写入（100%跨度）/K IOPS	16	16	16	17.5
持久性/TBW	599	945	1750	2455
平均无故障时间/h	200 万	200 万	200 万	200 万

对比表 1-3-8 与表 1-3-9 的两款 SSD，400GB 的 SSD，Intel S3710 的持久性可以到 8300 TBW，而 Intel S3520 只有 945TBW，但价格分别是 3299 元与 2099 元。如果是用于 vSAN 环境中，此种价格差异，不足以选择较低价格的 Intel S3520 SSD，而是推荐选择 Intel S3710。

但是，如果当前的 vSAN 群集中，每块磁盘组数据量变动不大，例如，以某个节点主机配置有 2 个 400GB 的 SSD、6 块 900GB 的 SSD 为例，这样组成 2 块磁盘组，每块磁盘组 1 个 400GB 的 SSD、3 块 900GB 的 SSD，磁盘组容量为 2.7TB，以每天数据变动量为 1.2TB 计算，则 P/E 次数为 1.2TB/0.4TB＝3，如果选择 MLC（寿命为 3000～10 000 的 P/E 次数），则使用寿命最低 1000

天。此时可以选择 Intel 535 系列 SSD，其 360GB 的 SSD 的价格 为 1069 元，用此硬盘使用 3 年，在大约 2.5（第 30 个月）年的时候更换新的磁盘，也是可以的。图 1-3-15 所示为 Intel 535 系列 SSD 的报价。

图 1-3-15　Intel 535 系列 SSD 报价

当然，如果企业预算合适，选择持久性 Class C 级及其以上的 SSD 是最好的选择，但也应该评估磁盘组中写入数据量的大小，以在 SSD 寿命到来之前替换新的容量磁盘。管理员可以使用"CrystalDiskInfo"软件检测 SSD 固态硬盘的总数据写入量、通电次数、通电时间。其中主机写入量总计/固态硬盘容量＝P/E 次数，如图 1-3-16 所示的三星 850 M.2 固态硬盘容量为 120GB，当前主机写入量总计 6709GB，其 P/E 次数＝6709/120≈55.91，这相对于普通固态硬盘 1000 次的 P/E 次数，仍然有较长的寿命。

图 1-3-16　检查固态硬盘主机写入量总计与通电时间

【注意】一定要为固态硬盘保留足够的剩余空间，通常情况下，不要使用超过 80%的总容量，以保证有足够的可用容量。

1.3.4　vSAN 流量交换机选择

vSAN 流量交换机可以选择华为、思科、锐捷等具有足够数量（万兆位）接口的交换机，例如华为 S6720，思科 6506，锐捷 S6220 等即可。需要注意的是，在选择这些交换机时，还需要配置对应的万兆位光模块或万兆位接口板。表 1-3-10 是某个 vSAN 项目服务器清单、网络交换机、备份服务器的产品清单，供大家参考。

表 1-3-10　某服务器虚拟化项目与桌面虚拟化项目服务器、万兆位网卡与交换机选型

序　号	项　目	内容描述	数　量	单　位	总价/元
1	分布式服务器及配件				
1.1	分布式服务器硬件平台	联想 3650 M5，2 个 E5-2640V4 CPU，256GB 内存，双电源系统，三年质保	1	台	
1.2	系统硬盘	120GB SSD（用于虚拟化系统安装）	1	块	
1.3	数据缓存硬盘	Intel DC P3710，400GB PCIe NVME3.0×4 MLC 企业级固态硬盘（用作高速数据缓存）	2	块	
1.4	数据存储硬盘	1.2T　10K　6Gbit/s SAS 2.5in G3HS　HDD（用作容量磁盘）	10	块	
1.5	硬盘扩展背板	x3650 硬盘扩展背板（用于扩展 8 个 2.5 英寸硬盘）	1	块	
1.6	PCI-E 扩展板	X3650 M5 服务器 PCI-E 16X 扩展板 00FK629（用于扩展 PCI-E 接口，默认只有 2 个）	2	块	
1.7	万兆网卡	Intel　x520　Dual　Port　10GbE　SFP+Adapter4	2	块	
A	单台设备合计：				98 000.00
B	5 台设备合计：				490 000.00
2	万兆位交换机				
2.1	华为全万兆位高端数据中心交换机 S6720S-26Q-EI-24S	提供 24 个 10GE SFP+端口，2 个 40GE QSFP+端口。交换容量≥23.04Tbit/s；包转发率≥480Mpps	2	台	
2.2	华为千兆位二层数据交换机 S5720-52X-SI	提供 48 个千兆位电口，4 个万兆位 SFP+端口，	2	台	
2.3	万兆位光纤模块	光模块，SFP+，10Gbit/s 多模光纤模块(1310nm，0.22km，LC，LRM)	40	块	
2.4	万兆位光纤跳线	万兆位多模光纤跳线 SFP+	20	条	
2.5	万兆位直连线	万兆位交换机直连光纤	2	条	
2.6	QSFP-40G-CU 连接线	QSFP+40Gbit/s 高速电缆，室内用	2	条	
C	2 分项小计：				129 000.00
3	备份服务器				

续表

序　号	项　目	内容描述	数　量	单　位	总价/元
3.1	DELL R730xd	12 个 3.5 英寸盘位，H730 RAID 卡。1 个 Intel E5–2640 v4 CPU；64G 内存；12 块 4TB 7200 r/min NL SAS　3.5 英寸硬盘；1 块 Intel 2 端口万兆位网卡；双电源	1	台	49 000.00
D	3 分项小计:				
4	虚拟化系统软件				
4.1	vCenter Server	vCenter Server 标准版（含一年服务）	1	套	48 000.00
4.2	vSphere	vSphere 企业增强版（每 CPU）	10	个	280 000.00
4.3	vSAN	VMware 超融合软件 Virtual SAN	10	个	200 000.00
E	4 分项小计:				528 000.00
5	系统集成费	虚拟化系统规划设计、实施，虚拟化技术培训(提供教材)、运维技巧培训等，三年内 7×24 小时技术支撑，上门保障服务。以上项目 20%	1	项	
F	5 分项小计:				239 200.00
F	系统建设总计=（B+C+D+E+F）				1 435 200.00

1.3.5　关于 vCenter Server 的问题

在规划 vSAN 群集时，有一个无法回避的问题就是 vCenter Server。将 vCenter Server 安装在何处？vCenter Server 能不能运行于 vSAN 群集中？因为在安装好 vCenter Server 之前是无法配置 vSAN 群集的。一个通常的做法是先在 vSAN 群集中的某台主机的本地存储安装 vCenter Server，之后使用这个 vCenter Server 管理 vSAN 群集，待 vSAN 群集配置好之后，将 vCenter Server 从 ESXi 本地存储迁移到 vSAN 群集。图1-3-17所示为某5节点 vSAN 群集 vCenter Server 的存储示意图，当前 vCenter Server 安装在 ESXi45 这台主机的本地磁盘，并用其管理整个 vSAN 群集。

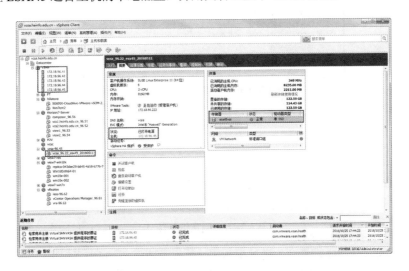

图 1-3-17　将 vCenter Server 安装在 ESXi45 的本地磁盘中

如果当前环境中既有传统的共享存储，又有 vSAN 存储，则可以将 vCenter Server 及其他管理的服务器（例如 Active Directory、DHCP、CA）虚拟机保存在传统共享存储，这样 vCenter Server 不会受 vSAN 群集主机重新启动的影响。

在 vSphere 6.5 的版本中，如果使用预发行版本的 vCenter Server Application（VCSA），在初期可以强制部署在 vSAN 中的一个主机中（单节点强制部署），在 vCenter Server Application 部署完成后，向当前强制部署的 vSAN 群集添加其他节点主机并配置 vSAN，在 vSAN 群集配置好之后，vCenter Server Application 虚拟机数据会自动同步到其他的节点主机。

1.3.6 关于 vSAN 群集中主机重启或关机的问题

一个正常运行的 vSAN 群集，在没有维护的情况下，vSAN 群集中的主机是不会重新启动或关机的。频繁的关机或重新启动可能会影响 vSAN 群集的效果。如果为了维护等问题，需要关闭 vSAN 群集中的主机，则需要遵循下列原则。

vSAN 群集各节点主机关机顺序如下。

（1）如果 vCenter Server 未部署在 vSAN 群集中，则使用 vSphere Web Client 或 vSphere Client（vSAN 6.5 之前版本使用）登录 vCenter，关闭所有打开电源的虚拟机，将所有 vSAN 节点进行维护模式，在进入维护模式时选择"不迁移数据"，并取消选中"将关闭电源和挂起的虚拟机移动到群集中的其他主机上"复选框，如图 1-3-18 所示，待所有 vSAN 节点进入维护模式后，使用 vSphere Web Client 关闭主机电源。

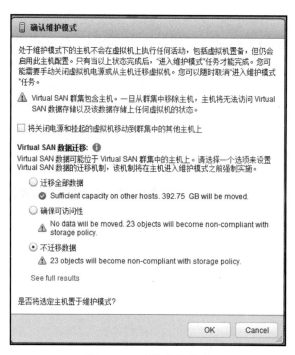

图 1-3-18　确认维护模式

（2）如果 vCenter Server 部署在 vSAN 群集中，首先关闭除 vCenter 虚拟机以外的其他所有虚拟机，最后关闭 vCenter Server 虚拟机，此时 vSphere Web Client 将会断开连接。然后使用 vSphere Client、vSphere Host Client 或命令行，依次登录每个 vSAN 主机，将主机置于维护模式，在确认模式时同样选择"不进行数据迁移",如图 1-3-19 所示,之后关闭所有 vSAN 主机。

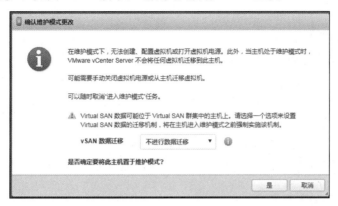

图 1-3-19　不进行数据迁移

进入维护模式命令如下。

```
esxcli system maintenanceMode set --enable=true
```

vSAN 群集的开机顺序如下。

(1)打开所有 vSAN 节点主机电源。

(2)如果 vCenter Server 未部署在 vSAN 群集中,则使用 vSphere Web Client 登录 vCenter Server,将所有节点退出维护模式。

(3)如果 vCenter Server 部署在 vSAN 群集中,使用 vSphere Host Client 或 vSphere Client 或命令行,使 vCenter 所在节点主机退出维护模式,打开 vCenter 虚拟机电源。

(4)待 vCenter Server 上线之后,使用 vSphere Web Client 登录 vCenter Server,将其他节点退出维护模式。

退出维护模式命令如下。

```
esxcli system maintenanceMode set --enable=false
```

1.3.7　某 vSAN 项目硬件选型不合理示例

在为企业进行系统规划的时候,需要有合理的造型,既要符合单位的需求,又要符合当前的主流。例如,这是 2016 年 12 月份一个单位发的 VSAN 的规划选项,配置如表 1-3-11 所列。

表 1-3-11　某单位 vSphere VSAN 硬件选型

硬　件	配　置	数　量
标配服务器	E5 2660v3 × 2,16GB,300G X3,10Gbit/s 网卡 × 2,双电源,	10
光纤以太网卡	10Gbit/s	20
内存	32GB	32
企业级 SSD	240GB	10
万兆 SPF+光口交换机	16 口全授权	1
VMware(每 CPU)	基础版.标准版	10
VSAN(每 CPU)		10

该单位规划：

（1）3 块 300GB 15000 r/min 的 SAS 硬盘，RAID-5；

（2）1 块 240GB 固态硬盘用作缓存；

（3）整体规划用 10 台服务器做 vSAN 群集。

该规划不合理之处：

（1）vSAN 中磁盘不需要做 RAID-5，不能将 3 块 300GB 硬盘做 RAID-5，或 2 块硬盘做 RAID-1。在 vSAN 中，建议选择"直通"的磁盘即不需要配 RAID，也不需要 RAID 卡缓存。

（2）现在服务器主流硬盘是 900GB、1.2TB，300GB 的 SAS 盘早已经退出主流市场多年。

（3）在 vSphere 环境中，占较大比重的是存储、内存，最后才是 CPU。当前为每台主机选择 32GB 内存是一个严重的失误。

（4）vSphere 许可是按 CPU 授权，不是按主机数量授权的。在表 1-3-11 中，每台服务器有 2 个 CPU，10 台服务器一共 20 个 CPU，则需要购买 20 套许可。

（5）大多数环境是用不到 10 台服务器的，一般多配一些内存、SSD 及 HDD，一般 4～6 台服务器就已经足够了。

（6）万兆位光口交换机 16 口全授权是针对光纤存储交换机来说，普通的万兆位网络交换机不需要授权，每个端口都可以使用。

综上所述，建议配置 4 台服务器，每台服务器配置 256GB 内存、2 个 E5 的 CPU，每台服务器配置 1 或 2 块 400GB 的 SSD，5～10 块 900GB 的 SAS 磁盘，2 块 2 端口万兆位网卡，1 或 2 台万兆网络交换机，购买 8 套 vSphere 许可。

第 2 章 vSphere 安装过程中遇到的故障

VMware ESXi、vCenter Server 安装过程中遇到的故障，一般源于软件、硬件两个方面的原因。软件原因可能是 vCenter Server、vCenter Server Appliance 安装文件问题（可以检查安装文件的 MD5 与官网对比，判断下载的安装文件是否有问题），硬件问题可能是服务器固件版本、RAID 配置后逻辑磁盘或存储没有初始化、选择的目标磁盘或分区格式有问题。本章将介绍在普通 PC 中安装 ESXi 的注意事项、重装 ESXi 的注意事项、DELL 服务器安装 ESXi 到 5% 出错的解决方法等内容。

2.1 在普通 PC 中安装 ESXi 的注意事项

实验是最好的老师。要学习 VMware 虚拟化，有一个实验环境是非常重要的。但 VMware 虚拟化对硬件的配置要求较高，通常是需要多台服务器组成的网络环境。对于初学者来说，至少需要有一台高配置的 PC 或服务器安装 VMware Workstation 或直接安装 VMware ESXi 搭建实验环境。为了获得较好的性能，推荐安装 VMware ESXi。

在服务器上安装 VMware ESXi 是非常简单的事情，但在 PC 上安装 VMware ESXi 可能会出现问题，主要原因是网卡驱动及存储芯片组两个问题。众所周知，VMware ESXi 对硬件要求很高，默认不支持大多数 PC 集成的千兆网卡，例如大多数主板集成的网卡是 Realtek 系列，如果计算机上只有集成的网卡，则在安装 ESXi 的时候，会因为找不到网卡而导致安装失败，如图 2-1-1 所示。

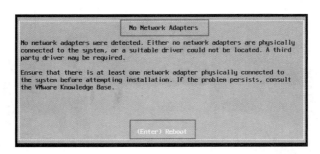

图 2-1-1　没有找到网卡

【说明】如果 ESXi 主机内存过小，例如只有 4GB 内存也可能出现图 2-3-2 所示的错误提示。

在 PC 上安装 ESXi 6.0 或 6.5 版本，内存至少需要 8GB，另外需要有一个 U 盘或 SATA 硬盘，CPU 需要 Intel i3 或更高型号。

对于网卡问题，可以添加一块支持 ESXi 的千兆位网卡；或者找到主板集成的网卡的 ESXi 驱动程序，将驱动集成到 ESXi 的安装包（ISO 格式）中安装 ESXi。上述两种方法都可以，在本节先介绍添加网卡的方法，关于 ESXi 网卡驱动程序下载、并将驱动程序打包到 ESXi 的方法将在下节介绍。

本节以华硕 Z97-K 主板、Intei i7-4790K 的 CPU、32GB 内存、4 块 2TB 硬盘、1 块 500GB 的三星 SSD 硬盘为例介绍在普通 PC 上安装 ESXi 的方法。其他主板可以参考本节内容。

安装 ESXi 的方法很多，可以使用光盘、U 盘、网络、KVM、服务器的底层管理等多种方式安装，但使用 U 盘安装是一种简单方便的方法。本节使用的是"电脑店 U 盘启动工具 6.2"制作的启动 U 盘[闪迪（SanDisk）的 8GB 的 U 盘]。制作好启动 U 盘之后，在 U 盘根目录创建一个 DND 的文件夹，将 ESXi 6.5.0 的安装光盘镜像复制到这个文件夹，如图 2-1-2 所示。

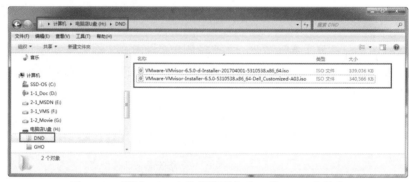

图 2-1-2　复制 ESXi 安装镜像到启动 U 盘 DND 文件夹

因为计算机集成的网卡默认不支持 ESXi，所以需要在计算机上安装 1 块（或多块）支持 ESXi 的网卡，例如 Qlogic NetXtreme II BCM5709（见图 2-1-3）、Broadcom NetXtreme BCM 5721（见图 2-1-4）。BCM 5709 是双端口千兆网卡，是 PCI-E ×4 接口，价格较贵，大约在 200 元左右；BCM 5721 是单端口千兆网卡，PCI-E ×1 接口，价格比较便宜，大约在 50 元左右。这两款网卡都支持 ESXi。

图 2-1-3　PCI-E ×4 接口的 BCM 5709 网卡

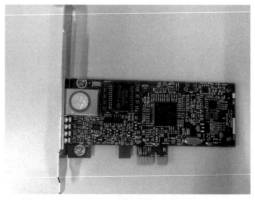

图 2-1-4　PCI-E ×1 接口的 BCM 5721 网卡

PC 的主板有 PCI-E×1、PCI-E×4、PCI-E×16 接口，其中 PCI-E×1 接口的网卡也可以插在 PCI-E ×4、PCI-E×16 的插槽上。图 2-1-5 所示为某品牌 PC 主板 PCI-E×1、PCI-E×4、PCI-E×16 接口的大型与外形图。

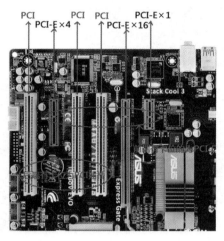

图 2-1-5　主板 PCI-E 接口示例

PCI-E×4 的接口速度可以到 2Gbps/s，2 端口千兆网卡不存在瓶颈。不同 PCI-E 接口的传输速率与时钟频率如表 2-3-1 所列。

表 2-3-1　主板 PCI、PCI-E 接口传输速率

标　　准	总线（bit）	时钟（MHz）	传输速度（Mbit/s）
PCI　32bit	32	33	133
		66	266
PCI　64bit	64	33	266
		66	533
PCI–X	64	66	533
		100	800
		133	1066
PCI–E×1	8	2 500	521（双工）
PCI–E×4	8	2 500	2（双工）
PCI–E×8	8	2 500	4（双工）
PCI–E　16	8	2 500	8（双工）

在 PC 中装好购买的网卡，将制作好的工具 U 盘插到计算机的 USB 接口中，打开计算机的电源，开始 ESXi 系统的安装，主要步骤如下。

（1）在安装 ESXi 之前进入 CMOS 设置。如果芯片组支持 RAID，则在 SATA 模式设置中，需要选择 RAID；如果芯片组不支持 RAID，则需要选择 AHCI，不能选择 IDE，如图 2-1-6 所示（这是华硕 Z97-K 主板，其他 Intel 芯片的主板与此类似）。

（2）如果选择了 RAID 模式（实际上并不使用主板集成的 RAID，因为这种"软"RAID 并不被 ESXi 支持），在保存 CMOS 设置之后，重新启动计算机，按 Ctrl+I 组合键进入 RAID 设置查看状态。

必须注意，不要创建 RAID，将所有磁盘标记为非 RAID 磁盘即可，进入 RAID 配置界面选择"Reset Disks to Non-RAID"，如图 2-1-7 所示。将硬盘重置为非 RAID 磁盘，移动光标到 Exit（退出）按回车键退出。

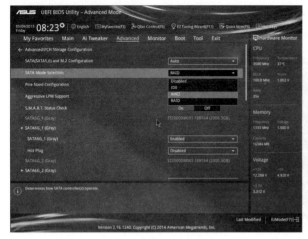

图 2-1-6　SATA 模式选择

图 2-1-7　重置磁盘为非 RAID 磁盘

【说明】在使用主板集成的 RAID 卡时，即使配置了 RAID、创建了逻辑卷，在安装 ESXi 的过程中，也会"跳过"该 RAID 盘直接识别成每个单独的物理磁盘，如果将 ESXi 安装在这种配置中，当计算机重新启动后，由于数据不一致会导致 RAID 出错或失效。

（3）启动计算机，按 Del 键或 F2 键计算机会停留在 UEFI BIOS 实用程序界面。在此界面中显示了 SATA 信息、启动的设备等，如图 2-1-8 所示。

（4）按 F8 键进入引导菜单，选择启动 U 盘，本示例显示"SanDisk Cruzer Blade(7633MB)"，这是一个 8GB 的闪迪 U 盘，如图 2-1-9 所示。

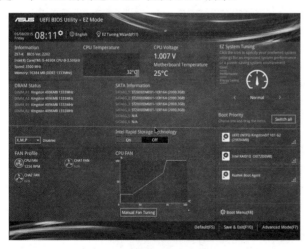

图 2-1-8　UEFI BIOS 实用程序

图 2-1-9　选择启动设备

（5）在 U 盘启动界面中选择"启动自定义 ISO/IMG 文件（DND 目录）"并按回车键，如图 2-1-10 所示。

（6）选择"自动搜索并列出 DND 目录下所有文件"并按回车键，如图 2-1-11 所示。

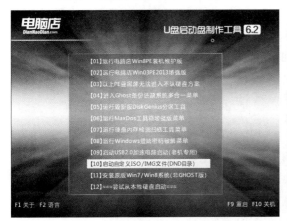

图 2-1-10　启动自定义 ISO　　　　　　　　图 2-1-11　自动搜索并列出 DND 目录下所有文件

（7）选择 ESXi 6.5.0 安装光盘镜像并按回车键，如图 2-1-12 所示。当前示例中，需要选择 VMware-VMvisor-Installer-6.5.0-installer-201704001-5310538.X86_64.iso 文件。

图 2-1-12　选择 ESXi 6 安装镜像文件

【说明】从 VMware 官方下载的 VMware ESXi 6.5.0d 的文件名是 VMware-VMvisor-Installer-6.5.0 -installer-201704001-5310538.X86_64.iso，但我为了易于分辨改名为 VMware-VMvisor-Installer-6.5.0-d -installer-201704001-5310538.X86_64.iso，请注意这个区别。

（8）加载 ESXi 的安装程序。如图 2-1-13 所示，安装程序检测到的硬件信息是：ASUS、Intel i7-4790K、32GB 内存。

图 2-1-13　检测到的主机配置

（9）进入 ESXi 安装程序，在 "Select a Disk to Install or Upgrade" 对话框中选择要安装 ESXi 的磁盘。虽然当前主机支持 RAID，但这只是南桥芯片组支持的 RAID，相当于 "软" RAID，所以 ESXi 会 "跳过" 这个 RAID，直接识别出每块硬盘。如图 2-1-14 所示。显示 1 块三星 SSD 750 的 465.76GB（500GB）的固态硬盘、4 块 1.82TB 硬盘（2TB 硬盘）、1 个 7.45GB 的 U 盘（这是引导 U 盘）。

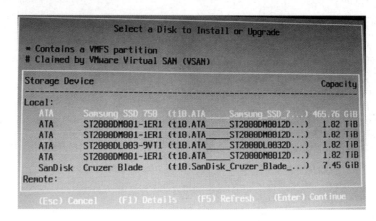

图 2-1-14　选择一块磁盘安装或升级 ESXi

【说明】如果要将 ESXi 安装在 U 盘，但启动 U 盘与要安装的 U 盘容量、品牌相同时，为了区分，可以在图 2-1-14 的界面中拔出引导 U 盘，并按 F5 键重新刷新当前存储以选择用于安装的 U 盘。此时 VMware ESXi 安装程序已经加载到内存，在以后的安装中将不再需要引导 U 盘。

（10）当有多块磁盘要安装 ESXi 时，可以移动光标选择要安装的设备，按 F1 键查看信息，此时会显示当前硬盘是否有 ESXi。如果硬盘前面有 * 号表示该硬盘存在 VMFS 分区；如果硬盘前面有 # 号表示这是 vSAN 磁盘。不能将系统安装在 vSAN 磁盘中。如果硬盘已经有 VMFS 分区，则表示该硬盘可能有 ESXi 系统，也可能是 VMFS 数据分区，移动光标到硬盘，按 F1 键可以查看信息。如图 2-1-15 所示，表示在当前硬盘上找到了 ESXi 6.0.0 的产品（示例）。

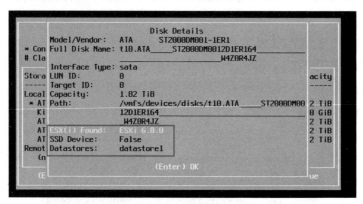

图 2-1-15　找到 ESXi

如果没有找到 ESXi，则会显示 "No" 的信息，如图 2-1-16 所示。

（11）如果在 "Select a Disk to Install or Upgrade" 对话框中只有一个 U 盘（并且是系统引导的 U 盘时），如图 2-1-17 所示，表示当前 ESXi 没有检测到硬盘，需要按 Esc 键退出安装，重新启动计算机进入 CMOS 设置，修改 CMOS 的配置，再次启动安装。如果主机是一台服务器，并且安装了硬盘但没有识别到，则表示服务器没有配置 RAID，在将物理磁盘配置 RAID 并划分为逻辑磁盘前，ESXi 也不会直接识别到物理硬盘。

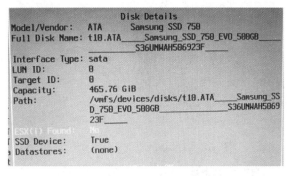

图 2-1-16　当前硬盘没有 ESXi

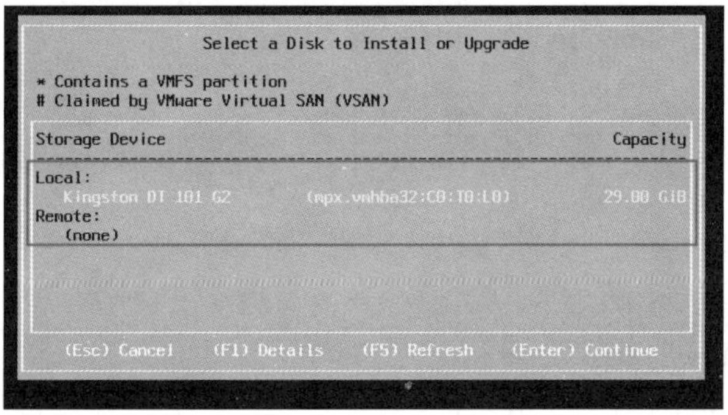

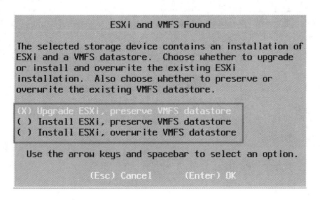

图 2-1-17　没有识别到硬盘

（12）选择有 ESXi 系统的磁盘按回车键会弹出 "ESXi and VMFS Found" 的提示，如图 2-1-18 所示。选择 "Upgrade ESXi, Preserve VMFS datastore"，表示升级 ESXi，并保留 VMFS 数据；选择第二项，表示安装一个全新的 ESXi，并保留原来 VMFS 数据；选择第三项，表示安装全新的 ESXi，不保留原来的 VMFS 数据并覆盖这些数据。一般情况下不要选择第三项，否则原来 ESXi 中已有的内容（虚拟机、其他文件）都会被清除。当然只有在确认不需要保留原有内容时，才可以选择第三项。本示例中选择第一项。

图 2-1-18　ESXi 安装或升级选择

（13）在"Confirm Upgrade"对话框中按 F11 键，全新安装 ESXi，如图 2-1-19 所示。

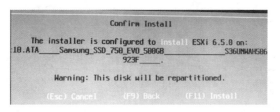

图 2-1-19　全新安装 ESXi

（14）开始安装 ESXi，安装的后续步骤与在服务器中安装相同，这些不再一一介绍，直到安装完成，如图 2-1-20 所示。

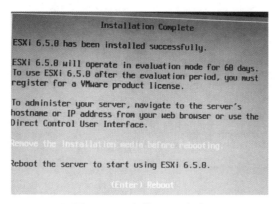

图 2-1-20　安装 ESXi 完成

（15）安装完成之后按回车键，然后拔出安装用的工具 U 盘，计算机重新启动。按 Del 键进入 CMOS 设置，设置安装 ESXi 的硬盘（本示例是三星 500GB 的 SSD）为第一引导磁盘，如图 2-1-21 所示。如果将 ESXi 安装到了 U 盘，则设置 U 盘最先启动。设置之后按 F10 键保存 CMOS 设置并退出。

（16）计算机引导并进入 ESXi 6.5，如图 2-1-22 所示。

图 2-1-21　设置引导磁盘

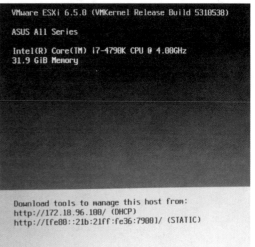

图 2-1-22　启动并进入 ESXi 控制台

2.2　定制、打包驱动到 ESXi 安装程序的方法

如果希望将网卡驱动程序集成到 ESXi 的安装光盘镜像中，需要一个名为"ESXi-Customizer"的工具软件，以及网卡对应的 ESXi 驱动程序。下面介绍提供网卡驱动程序下载站点及 ESXi-Customizer 工具软件的使用方法。首先介绍提供了部分网卡的 ESXi 驱动程序的网站及驱动程序信息、驱动程序下载的内容。

（1）浏览 https://vibsdepot.v-front.de/网站，单击"List of currently available ESXi packages"链接（见图 2-2-1），列出该网站提供了 ESXi 驱动的网卡清单，如图 2-2-2 所示。

图 2-2-1　ESXi 软件包

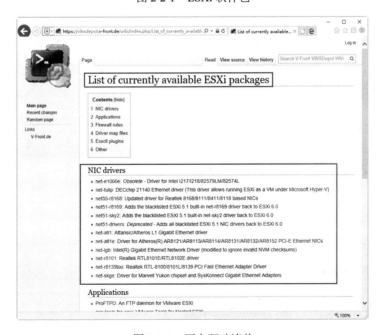

图 2-2-2　网卡驱动清单

（2）在"NIC Drivers"列表中选择并单击一个链接，例如 net55-r8168，打开该网卡驱动下载链接，在新打开的网页中，显示了驱动的名称（net55-r8168）、描述信息（表示当前驱动程序用于哪个网卡及型号，本示例中显示该驱动用于 Realtek 8168/8111/8411/8118 等型号），如图 2-2-3 所示。

（3）在"Supported Devices"列表中显示了该驱动支持的网卡芯片组的型号；在"Dependencies and Restrictions"显示了当前驱动程序支持的 ESXi 的版本，例如当前的示例显示该驱动支持 ESXi 5.5、ESXi 6.0 以及 ESXi 6.5；在"Direct Download links"则包括了下载链接，其中有 VIB 文件下载链接及 zip 文件下载链接如图 2-2-4 所示。如果要将网卡驱动程序集成到 ESXi 的安装 ISO 中，只需要单击"VIB File of version 8.039.01"下载扩展名为.vib 的驱动程序即可。

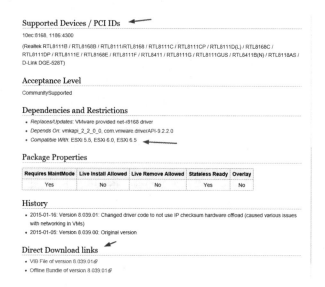

图 2-2-3　驱动名称及描述信息　　　　图 2-2-4　支持的 ESXi 版本及下载链接

（4）在下载了 net55-r8168 网卡的驱动程序之后，可以返回到主页继续下载其他所需网卡的驱动程序，在此不再一一介绍。

下面介绍 ESXi 定制工具"ESXi-Customizer"的下载与使用。

（1）登录 http://esxi-customizer.v-front.dc 网站下载 ESXi-Customizer，在"Download"中单击"ESXi-Customizer v2.7.2"下载 ESXi-Customizer 2.7.2 版本，如图 2-2-5 所示。

【说明】下载链接为 http://vibsdepot.v-front.de/tools/ESXi-Customizer-v2.7.2.exe。

（2）ESXi-Customizer 2.7.2 支持 Windows XP、Windows 7、Windows 8.1、Windows Server 2012 R2，但不支持 Windows 10。下载 ESXi-Customizer-v2.7.2.exe 文件之后，与要集成的网卡驱动程序（可以是.vib 格式

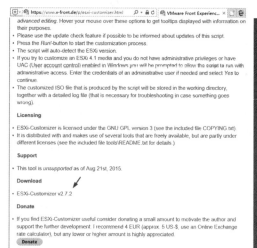

图 2-2-5　下载 ESXi-Customizer 2.7.2

也可以是.zip 格式）、与要集成的源 ESXi 安装程序放到一个文件夹中（为了方便演示，实际上可以放到不同的位置），如图 2-2-6 所示。

图 2-2-6　将源 ESXi 安装 ISO 文件、网卡驱动与 ESXi-Customizer 放到一个文件夹中

（3）运行 ESXi-Customizer-v2.7.2.exe 程序将其解压缩展开，如图 2-2-7 所示。

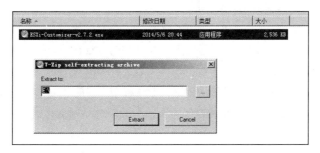

图 2-2-7　解压缩展开 ESXi-Customizer-v2.7.2.exe

（4）展开解压缩后的文件夹，执行其中的 ESXi-Customizer.cmd 程序（推荐在 Windows 7 操作系统中运行，不要在 Windows 10 中运行），如图 2-2-8 所示。

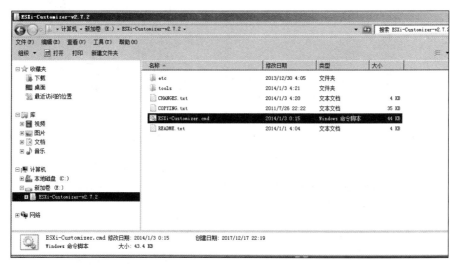

图 2-2-8　运行 ESXi-Customizer.cmd 脚本

（5）执行 ESXi-Customizer.cmd 脚本，弹出"ESXi-Customizer"对话框，如图 2-2-9 所示。在此有 3 个"Browse"（浏览）按钮，第一个浏览按钮选择源 ESXi 的安装 ISO 镜像文件；第二个按钮选择要打包到 ESXi 安装程序中的网卡驱动程序；第三个按钮选择生成的新的 ESXi 安装 ISO 镜像文件的保存位置。

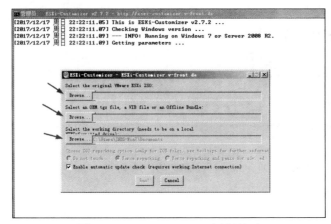

图 2-2-9　ESXi-Customizer 运行界面

（6）在图 2-2-9 中单击第一个浏览按钮选择图 2-2-6 中的 ESXi ISO 安装文件，然后单击第二个浏览按钮选择网卡驱动程序，在"文件类型"下拉列表中可以选择 VIB 文件或 Offline bundles 文件（*.zip 格式），本示例选择 VIB 文件，然后选择要集成的网卡驱动程序（只能选中一个），如图 2-2-10 所示。

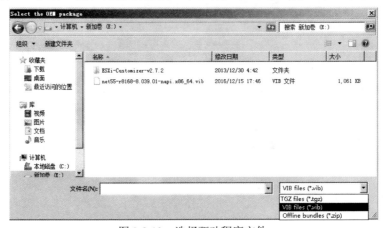

图 2-2-10　选择驱动程序文件

（7）返回 ESXi-Customizer 界面，在第三个浏览按钮选择生成新的 ESXi 的 ISO 镜像文件的输出目录，然后单击"Run!"按钮开始运行，如图 2-2-11 所示。

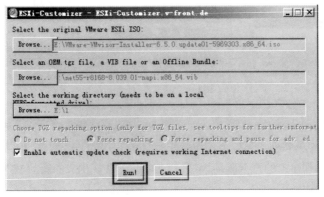

图 2-2-11　运行

（8）ESXi-Customizer 程序将展开源 ESXi 的 ISO 文件、集成驱动程序并生成新的 ISO 文件，如图 2-2-12 所示。

图 2-2-12　生成新的 ISO 文件

（9）新的 ISO 文件将会命名为 ESXi-5.x-Custom.iso，该文件集成了 R8168 网卡驱动程序，如图 2-2-13 所示。

图 2-2-13　生成的新的 ISO 文件

（10）为了方便后期的使用，可以将该 ISO 文件重命名为 ESXi-6.5.0.u1-5969303-R8168-Custom.iso，如图 2-2-14 所示。

图 2-2-14　重命名 ISO

也可以参照（5）～（7）的步骤，继续向 ESXi-5.x-Custom.iso（重命名后的 ESXi-6.5.0.u1-5969303-R8168-Custom.iso）集成新的、其他网卡的驱动程序，即使安装程序集成多个驱动程序的"合集"，这些不一一介绍。

在集成驱动的过程中，如果提示源 ISO 中已经有了更高版本的驱动程序，则单击"否"按钮退出（见图 2-2-15）；如果源 ISO 中的驱动程序低于将要添加的驱动程序，则单击"是"按钮覆盖，如图 2-2-16 所示。

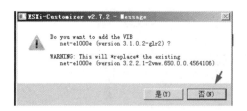

图 2-2-15　选择"否"

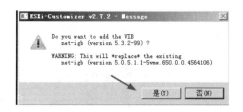

图 2-2-16　选择"是"

2.3　在重装 ESXi 时要选择正确的磁盘

当服务器使用本地硬盘及有 RAID 卡时，在使用 RAID 划分逻辑卷时，建议最少划分两个逻辑卷，其中第一个逻辑卷较小用于安装系统，剩下的空间划分为另一个卷用来存储数据。如果磁盘较多，需要划分更多的卷时，第一个逻辑卷仍然是专用于安装系统的、容量较小的分区，而剩余的空间则根据实际情况、需求规划适合数量与大小的卷。

至于第一个逻辑卷的大小，如果是安装 VMware ESXi 系统，则大小为 10～30 GB 即可；如果将用来安装 Windows Server 2008、Windows Server 2016 等操作系统，则大小为 60～100 GB 即可（如果主机物理内存较大，则大小可以参考"60～100 GB+物理内存×1.5"的公式，例如物理内存为 128 GB，则可以划分 252~292 GB）。

采用这样划分有许多的优势：

（1）安全。数据与系统分区，数据专门放在空间较大的分区。

（2）利于后期的维护。当服务器需要重新安装系统时，只需要将系统分区格式化（也可以不格式化），在系统分区重新安装系统即可。因为有些系统安装时会初始化整个磁盘（即 RAID 中划分的逻辑卷）。

下面是一个网友碰到的问题，现将此问题简单描述一下。

某单位 1 台 HP 服务器，用 RAID 卡划分了两个逻辑卷，大小分别是 1TB 与 2TB，如图 2-3-1 所示。

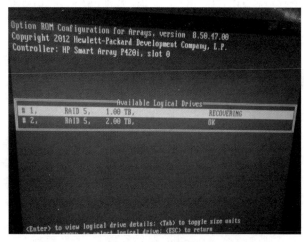

图 2-3-1　两个逻辑卷

这台服务器安装了 VMware ESXi 5.1，系统安装在 1TB 的逻辑卷上，将 2TB 的添加为另一个存储。表现在 ESXi 中有两个存储，如图 2-3-2 所示。

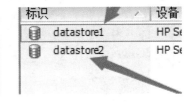

在图 2-3-2 中的 datastore1 及 datastore2 上都有若干虚拟机。在使用一段时间之后，这台服务器 ESXi 系统出了点问题，单位网管就用一张 ESXi 5.5 的安装光盘引导服务器，将这台服务器重新安装了。结果出现了以下问题：

图 2-3-2　ESXi 中有两个存储

（1）重新安装 ESXi 5.5 之后，结果登录进去之后仍然是 ESXi 5.1，如图 2-3-3 所示。

图 2-3-3　登录之后仍然是 ESXi 5.1

（2）原来清单中的一些虚拟机，变为"不可访问"，查看数据存储才发现虚拟机文件丢失。经过检查发现，在安装 ESXi 5.5 的时候，原来是想将系统安装在 1TB 的逻辑卷上，结果安装到了 2TB 的逻辑卷上并且把 2TB 的逻辑卷数据清空了，如图 2-3-4 所示。

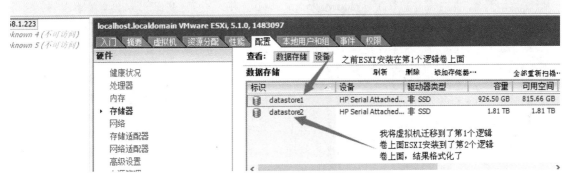

图 2-3-4　将 ESXi 安装错了磁盘

在安装 ESXi 的时候，如果目标磁盘没有 ESXi 分区，即使该分区是 ESXi 的数据卷，ESXi 安装程序仍然会将该磁盘重新分区（创建适合 ESXi 系统引导格式的分区），所以数据会被清除（等于磁盘重新分区、格式化）。这是管理员误操作的造成的问题（原来 2TB 逻辑卷上的数据被清空）。

那么为什么新安装了 ESXi 5.5 仍然从 ESXi 5.1 启动呢？这就涉及到第二个知识：RAID 卡中设置"引导（BOOT）"卷的问题。

在服务器用 RAID 将硬盘划分为多个卷之后，默认启动是从第 1 个卷引导。在第一次安装 ESXi 系统时，将 ESXi 安装在第 1 个卷，如果以后再将系统安装在第 2 个卷上，仍然会从第一个卷引导。

（1）进入 RAID 卡配置界面，选择（设置引导卷），如图 2-3-5 所示。

（2）之后选择第 2 个逻辑卷，将第 2 个逻辑卷设置为引导卷，如图 2-3-6 所示。

图 2-3-5　选择引导卷

图 2-3-6　选择引导卷

（3）选择之后根据提示保存，如图 2-3-7 所示，重新启动计算机，再次进入系统就是 ESXi 5.5 了，如图 2-3-8 所示。

图 2-3-7　按 F8 键保存

图 2-3-8　从第 2 个逻辑卷启动

虽然进入了新安装的 ESXi 5.5 系统，但原来保存在第 2 个逻辑卷中的数据已经丢失且不易恢复了，只有原来第 1 个逻辑卷（1TB）中的虚拟机还在。读者应该引以为鉴，不要发生同样的问题。

2.4　DELL 服务器安装到 5%的出错问题

两台 DELL R730XD 服务器在安装 VMware ESXi 6.0 及 VMware ESXi 6.5 的时候，进度到 5%的时候出错。下面是过程回顾。

某单位采购的 DELL R730XD 的服务器，配置了 128GB 内存，12 块 4TB 的硬盘划分为 2 个分区，一个 30GB 安装系统，剩余空间存放数据，准备安装 VMware ESXi 6.5.0。

（1）在这台服务器上采用 iDRAC 加载 VMware ESXi 6.5.0 安装镜像的方式，通过虚拟光驱安装 VMware ESXi，在安装到 5%之后出错，错误信息如图 2-4-1 所示。

（2）在另一个虚拟化项目中安装另一台 DELL R730XD 的服务器（安装 ESXi 6.0 U2）到 5%之后也出错，错误如图 2-4-2 所示。

图 2-4-1　安装 ESXi 6.5 出错

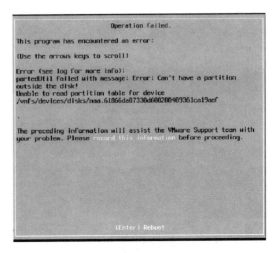

图 2-4-2　安装 ESXi 6.0 U2 出错

对于这两个类似的案例碰到的故障可能是 DELL R730 服务器的"共性"问题。解决方法也很简单：将 BIOS 中引导模式改为 UEFI，删除安装 ESXi 的分区并重新安装即可。这个问题可能是划分 RAID 后，磁盘分区格式不正确造成的。只要使用工具 U 盘，将分区删除即可。

（1）使用工具 U 盘启动 DELL 服务器，运行 diskgen，浏览到准备安装 ESXi 的分区时，提示分区错误，如图 2-4-3 所示。

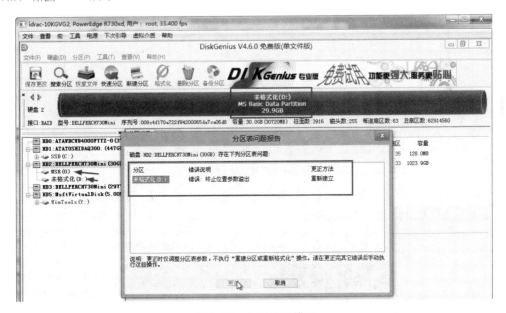

图 2-4-3　提示分区错误

（2）删除所有分区（有两个分区），一个显示为"MSR"，一个显示为"未格式化"，删除这两个分区之后，保存分区，显示为"空闲"即可，如图 2-4-4 所示。

（3）之后重新启动服务器，重新安装 VMware ESXi 即可。

（4）另外一台 DELL R730XD 服务器，提示错误信息如图 2-4-5 所示。同样删除分区，保存，重新启动后，重新安装 VMware ESXi 6.0 U2 即可。

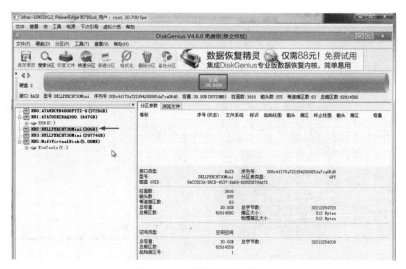

图 2-4-4　删除分区并保存

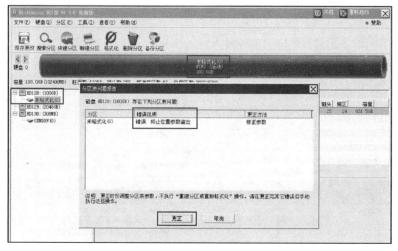

图 2-4-5　分区表错误

另外需要注意，在重新安装 VMware ESXi 之前，进入 BIOS 设置，在"Boot Settings"中，将"Boot Mode"改为 UEFI，如图 2-4-6 所示。

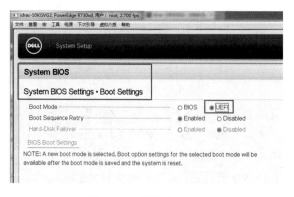

图 2-4-6　设置为 UEFI

如果服务器既有 RAID 划分的磁盘，也有 Non-RAID 的磁盘，想修改硬盘的引导顺序，可以在 BIOS 设置中修改。

（1）进入系统 BIOS 设置，单击"Device Settings"，如图 2-4-7 所示。

（2）在"Device Settings"中单击"integrated RAID Controller1：Dell PERC<PERC H730 Mini > Configuration Utillty"，如图 2-4-8 所示。

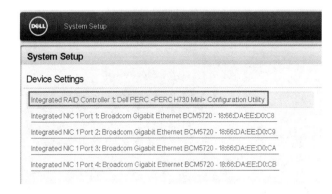

图 2-4-7　设备配置　　　　　　　　　　　图 2-4-8　RAID 控制器

（3）在"Main Menu"中单击"Controller Management"，如图 2-4-9 所示。

（4）在"Select Boot Device"下拉列表中，选择最先引导的硬盘，然后保存即出即可，如图 2-5-10 所示。

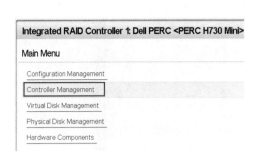

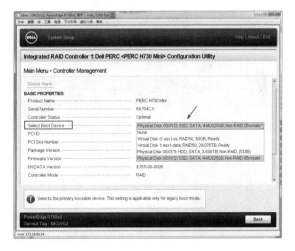

图 2-4-9　控制器管理　　　　　　　　　　图 2-5-10　选择引导设备

2.5　安装 vCenter Server 或 vCenter Server Appliance 中出现故障

因为 vCenter Server、vCenter Server Appliance 等安装程序或升级程序较大，在不同途径下载的安装文件，在下载后应该检查 MD5 是否正确，如果不正确，则会导致安装出错。下面是几例 vCenter Server 或 vCenter Server Appliance 的出错介绍。

2.5.1　vCenter Server 5.5 在 Windows Server 2012 安装问题

在 Windows Server 2012 R2 上面安装 VMware vCenter Server 5.5 时，会在安装目录服务的地方无法继续，如图 2-5-1 所示。

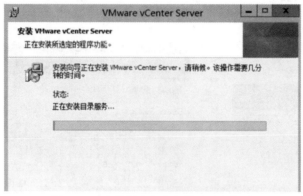

图 2-5-1　安装程序卡在安装目录服务页

解决方法也比较简单，从 Windows Server 2008 R2 的系统中，复制 c:\windows\system32\ocsetup.exe 文件到 Windows Server 2012 的 c:\windows\system32\目录中，然后继续安装，直到安装成功。

2.5.2　安装 vCenter Server Appliance 6.5 在第一阶段 80%时出错

在部署 vCenter Server Appliance 6.5，或者迁移 vCenter Server 5.5 或 6.0 的版本到 vCenter Server Appliance 6.5，在步骤到第一阶段显示"安装 RPM 该操作可能需要几分钟的时间"，进度显示 80% 时长时间不动，如图 2-5-2 所示。

图 2-5-2　进度长时间停留在 80%

打开新部署的 vCenter Server Appliance 6.5 的虚拟机控制台，如果出现 "RPM Installation Failed" 的错误信息时，如图 2-5-3 所示。

图 2-5-3　RPM 安装失败

出现该种错误提示，一般是 vCenter Server Appliance 6.5 安装 ISO 文件的问题，请检查该文件的 MD5 值，并与官方提供的 MD5 对比，重新下载正确的安装镜像，重新安装或重新升级即可解决该问题。

另外，如果在安装 Windows 版本的 vCenter Server 时，出现莫名的故障，也要考虑是否是安装文件的问题。关于 vCenter Server、ESXi 不同版本对应的 MD5 校验值的信息，请查阅本书第 7 章。

2.6　制作 Windows 与 ESXi 的系统安装工具 U 盘

对于系统集成工程师来说，可能需要经常安装 Windows 操作系统，以及 VMware ESXi 等系统。因为用户的需求不同，所以安装的系统与版本也不同。这就需要工程师准备多个不同的工具 U 盘，用来安装不同的系统或者相同系统的不同版本。

本节介绍使用"电脑店 U 盘启动盘制作工具"制作工具 U 盘的方法，通常情况下，一个 32GB 大小的 U 盘可以同时集成、安装多个不同的 ESXi 系统，以及多个不同的 Windows 操作系统。下面介绍制作工具 U 盘使用的软件、方法和步骤。

【说明】以下两个方面需要注意：

（1）在制作工具 U 盘的过程中，U 盘会被初始化，在此过程中 U 盘中原有的数据会被清空。所以，不要使用存放数据的 U 盘，应该使用一个新的 U 盘或者已经备份过数据的 U 盘。

（2）推荐使用至少 32GB 的 U 盘。如果是 8GB 等较小容量的 U 盘，由于容量限制只能做成单系统的工具 U 盘。

2.6.1 使用电脑店 U 盘启动盘制作工具

当前制作启动 U 盘的软件很多，个人习惯使用"电脑店 U 盘启动盘制作工具"制作工具 U 盘。官方网站为 http://u.diannaodian.com/，当前较新版本是 7.01，如图 2-6-1 所示。

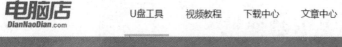

图 2-6-1 电脑店 U 盘装机工具

在安装"电脑店 U 盘启动盘制作工具"的时候，可能会被 NOD32 等杀毒软件"误杀"，可以从隔离区恢复并将安装路径排除。

经过长期测试，推荐使用 6.5 版本，本文以 6.5 版本为例进行介绍。

（1）运行安装程序，在"安装到"中单击右侧的文件夹图标，选择安装位置。如图 2-6-2 所示。

（2）如果计算机安装上 NOD32 杀毒软件，在进度到 100%的时候会出现"安装失败"的提示，如图 2-6-3 所示。

图 2-6-2 选择安装位置　　　　　　图 2-6-3 安装失败

（3）当前计算机安装了 NOD32，打开 NOD32，在"工具"中单击"隔离"链接，如图 2-6-4 所示。

（4）在"隔离"中将误删除的 DianNaoDian.exe 程序恢复，如图 2-6-5 所示。

（5）在"高级设置"→"计算机"→"病毒和间谍软件防护"→"文件系统实时防护"→"按路径的排除项"中，将电脑店 U 盘启动盘制作工具安装路径添加到列表中，如图 2-6-6 所示。

图 2-6-4　隔离

图 2-6-5　恢复被误删除的文件

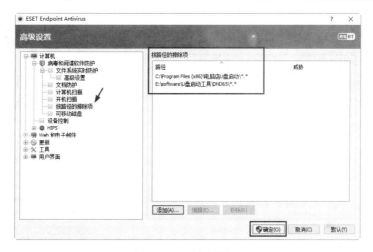

图 2-6-6　添加排除项

（6）打开"资源管理器"，找到图 2-6-2 中的安装位置，双击 DianNaoDian.exe，如图 2-6-7 所示。

图 2-6-7　执行 U 盘启动盘制作工具

电脑店 U 盘启动盘制作工具主要有两个功能：①将 U 盘制作成启动盘；②制作生成 ISO 文件，制作电脑店 U 盘启动盘的 ISO 文件。先介绍第一个功能。

（1）插入 U 盘（U 盘是全新 U 盘或者 U 盘上的数据已经备份到安全位置并确认备份已经完成），单击"开始制作 U 盘启动"按钮，如图 2-6-8 所示。

（2）默认模式为制作启动 U 盘，在"请选择 U 盘"下拉列表中，选择 U 盘，注意不要选择错误，这可以根据列表中的 U 盘名称、容量大小选择；"分配隐藏空间"选择默认值；在"请选择模式"列表中，可以选择启动 U 盘的 4 种模式：HDD-FAT32、ZIP-FAT32、HDD-FAT16、ZIP-FAT16，选择默认值 HDD-FAT32 即可；选中"NTFS"复选框，如图 2-6-9 所示，此时会弹出图 2-6-10 的"信息提示"对话框，单击"否"按钮，如图 2-6-1 所示。

图 2-6-8　开始制作 U 盘启动

图 2-6-9　默认模式

图 2-6-10　否

图 2-6-11　确定

（3）单击"开始制作"按钮弹出"信息提示"警告本操作将会删除 U 盘上的所有数据且不可恢复，如图 2-6-12 所示。如果 U 盘数据已经备份则单击"确定"按钮。

（4）开始制作 U 盘，如图 2-6-13 所示。

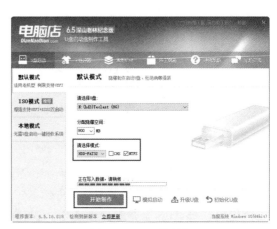

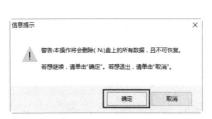

图 2-6-12　信息提示

图 2-6-13　开始制作

（5）制作完成之后，单击"否"按钮，如图 2-6-14 所示。

（6）电脑店 U 盘启动盘制作工具的第二个功能是生成 ISO 镜像，可以将当前版本的电脑店启动 U 盘工具制作成 ISO 镜像，也可以选择 ISO 文件制作启动 U 盘。单击"ISO 模式"，在"ISO 生成、保存路径"中，选择 ISO 生成的保存路径及文件名，单击"开始生成"按钮，制作电脑店工具 ISO 文件，如图 2-6-15 所示。

图 2-6-14　制作完成

图 2-6-15　生成 ISO 文件

生成的电脑店的 ISO 文件可以用于虚拟机，也可以记录成光盘使用（现在基本上不用或很少用光盘了）。图 2-6-16 是保存生成的电脑店不同版本的 ISO 文件。

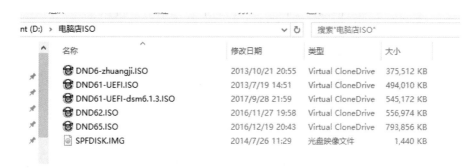

图 2-6-16　电脑店工具 ISO 文件

2.6.2　复制 VMware ESXi 的安装 ISO 包到工具 U 盘

新制作好的工具 U 盘只有"GHO"和"我的工具"两个文件夹，如图 2-6-17 所示。

在 U 盘根目录创建 DND 目录，复制 VMware ESXi 的 ISO 文件到这个文件夹中，也可以将常用到的 VMware ESXi 的 ISO 文件或其他的工具 ISO 拷贝到这个文件夹中，如图 2-6-18 所示。

【说明】VMware ESXi 的安装文件名一般是如下的名称：

- VMware-VMvisor-Installer-6.0.0.update03-5050593.x86_64.iso；
- VMware-VMvisor-Installer-6.5.0.update01-5969303.x86_64.iso。

但这些文件名"过长"，在 U 盘启动显示这些文件名时，可能不容易分辨。所以重命名为与图

2-6-18 类似的名称。

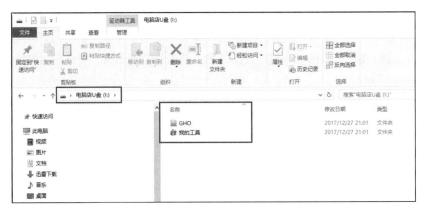

图 2-6-17　新制作的工具 U 盘

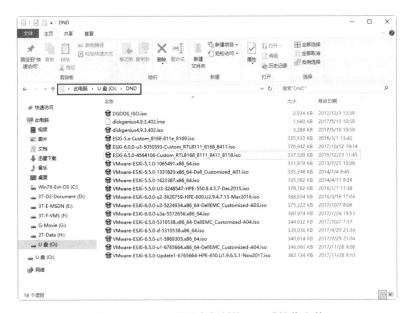

图 2-6-18　DND 目录中复制的 ISO 或镜像文件

2.6.3　复制 Windows 安装程序到工具 U 盘

电脑店 U 盘启动盘制作工具制作的 U 盘，提供了"安装原版 Windows"功能，这适用于 Windows 7 及其以后的 Windows 操作系统。这个功能在某些场合非常有用：

（1）在安装联想、DELL、HP 某些品牌机的 Windows 7、Windows 8、Windows 10 时，如果使用 U 盘启动到 Windows PE，使用"Windows 安装器"安装工具，加载 Windows 7 等 ISO 镜像再安装 Windows 操作系统时可能会失败。而将 ISO 刻录成光盘、通过光盘启动、光盘安装才能成功。

（2）在服务器安装 Windows Server 2008 R2 及其以后的操作系统时，使用光盘引导、加载 RAID 或 SCSI 驱动程序之后才能完成 Windows Server 操作系统的安装。

电脑店 U 盘启动盘制作工具制作的 U 盘，使用"安装原版 Windows"功能，达到的效果与使用光盘安装相同。

例如：如果要在服务器上安装 Windows Server 2008 R2 的操作系统，此时可以不用刻录光盘，将 Windows Server 2008 R2 的光盘镜像解压缩展开到 U 盘根目录，并将复制后根目录中的 bootmgr 文件重命名为 win7mgr 即可。

但是，正常情况下，这种办法只能展开一个操作系统的镜像，或者是 Windows 7，或者是 Windows 10，或者是 Windows Server 2008 R2，……下面以制作 Windows 7 的安装 U 盘为例进行介绍。

（1）使用虚拟光驱加载 Windows 7 的 ISO，加载成功之后选中所有文件，右击并选择"复制"命令，如图 2-6-19 所示。

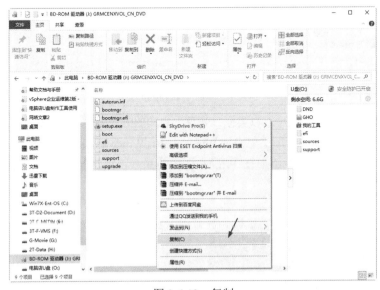

图 2-6-19　复制

（2）将其"粘贴"到 U 盘根目录，如图 2-6-20 所示。

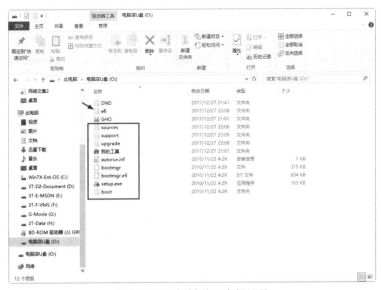

图 2-6-20　复制到 U 盘根目录

（3）将 U 盘根目录下的 bootmgr 文件重命名为 win7mgr，如图 2-6-21 所示。

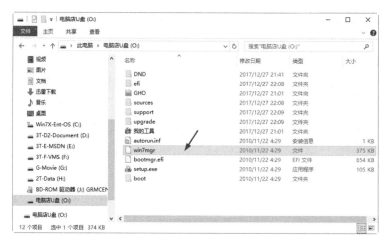

图 2-6-21　重命令 bootmgr 文件

经过上述步骤，这个 U 盘就可以以类似"光盘"启动的方式安装 Windows 操作系统了。

但如果你既想安装 Windows 7，又想安装 Windows 10、Windows Server 2008 R2、Windows Server 2016 怎么办？制作方法可以浏览"整合 Windows 安装光盘视频课程"http://edu.51cto.com/course/8030.html。

图 2-6-22　课程页

整合工具集成了 Windows 7、Windows 8、Windows 8.1、Windows 10、Windows Server 2008 R2、Windows Server 2012、Windows Server 2012 R2、Windows 2016 等操作系统不同位数（32 位与 64 位）、不同版本（例如 Windows 7 的专业版、企业版、旗舰版）的集成镜像，其中 Windows 7 的安装镜像集成了 USB 3.1 的驱动程序（这就避免了在新的主板上安装 Windows 7 之后键盘鼠标不能使用的问题），整合后共 17.8GB。

图 2-6-23　打包后的 Windows 镜像

2.6.4　复制驱动程序与常用工具软件

对于安装 Windows 操作系统的工具 U 盘，还要集成驱动程序，这个可以下载"IT 天空"的万能驱动，如图 2-6-24 所示，也可以下载集成万能网卡驱动程序的"驱动精灵"，还可以在 U 盘中复制常用工具软件，如解压缩工具 WinRAR、输入法、虚拟光驱、测试软件等，如图 2-6-25 所示。

图 2-6-24　万能驱动

图 2-6-25　常用工具软件

2.6.5　使用工具 U 盘安装 Windows 操作系统

等制作好工具 U 盘之后，就可以用来安装操作系统了。

（1）将 U 盘插到计算机，重新启动计算机，进入 BIOS 设置中，设置从 U 盘启动；或者在 BIOS 自检之后按启动菜单选择热键，在启动菜单中选择 U 盘启动。

（2）电脑店 U 盘启动盘 6.5 启动界面如图 2-6-26 所示，默认情况下光标会停留在最后一项"尝试从本地硬盘启动"并倒计时 30 s。如果计算机反应较慢，尤其是在某些品牌服务器中，可能出现这个界面时，倒计时 30 s 也生效，U 盘启动工具会尝试从硬盘引导。为了避免这个情况，在屏幕黑屏的时候可以按上、下光标键（↑↓），防止从硬盘启动。选择第 11 项"安装原版 Win7/8/10 系统"。

（3）选择"直接安装 Win7 系统"，如图 2-6-27 所示。

图 2-6-26　安装原版 Windows 7

图 2-6-27　直接安装原版 Windows 7

（4）在"Windows 安装程序"中单击"下一步"按钮，如图 2-6-28 所示。

（5）因为我使用的是 Windows 10 的引导程序，此时会有"激活 Windows"的对话框，单击"我没有产品密钥"，如图 2-6-29 所示。

图 2-6-28　Windows 安装程序

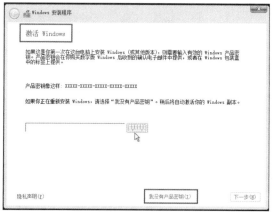

图 2-6-29　我没有产品密钥

（6）在"选择要安装的操作系统"列表中，选择要安装的操作系统，如图 2-6-30、图 2-6-31 所示。

图 2-6-30　选择要安装的操作系统

图 2-6-31　Windows Server 操作系统

（7）在以后的步骤中，就和从光盘引导、光盘安装一样，这些不一一介绍。

2.6.6　使用工具 U 盘安装 VMware ESXi

使用工具 U 盘安装 VMware ESXi 的步骤如下。

（1）将 U 盘插到计算机，重新启动计算机，进入 BIOS 设置中，设置 U 盘最新启动；或者在 BIOS 自检之后按启动菜单选择热键，在启动菜单中选择 U 盘启动。

（2）选择第 10 项"启动自定义 ISO/IMG 文件"，如图 2-6-32 所示。

（3）选择"自动搜索并列出 DND 目录下所有文件"并按回车键，如图 2-6-33 所示。

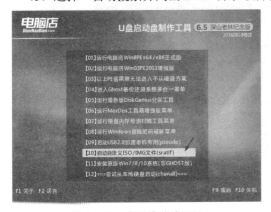

图 2-6-32　启动自定义 ISO

图 2-6-33　自动搜索并列出 DND 目录下所有文件

（4）列出当前 DND 目录中的所有文件，如图 2-6-34 所示。在此选择要安装的 ESXi 的镜像按回车键即可引导该 ISO 文件。

（5）例如，在图 2-6-34 中选择第 15 项，则加载并引导该文件，如图 2-6-35 所示。

图 2-6-34　列出所有文件

图 2-6-35　进入 ESXi 安装程序

（6）之后根据向导安装 ESXi 即可，这些内容本文不做介绍。

看到这里，有的读者可能会问，既然可以加载 VMware ESXi 的 ISO 文件，那么能直接加载 Windows 的 ISO 吗？例如加载 Windows 7、Windows Server 2008 R2 的 ISO 文件，经过实际测试这是不可以的。要达到类似光盘引导的方式安装 Windows，还需要参照上一节的内容才行。加载 DND 目录中的 ISO 文件，经过实际测试，可以加载截止到目前所有的 VMware ESXi 的 ISO。部分 Linux

的 ISO、Panabit 的 ISO 文件，以及一些镜像比较小的 IMG 或其他的 ISO 文件。

图 2-6-36 是 6.2 版本的电脑店 U 盘启动盘制作工具加载列出 DND 目录中文件的截图。相比而言，6.2 和 6.3 版本制作的启动 U 盘，效果可能会更好一些。

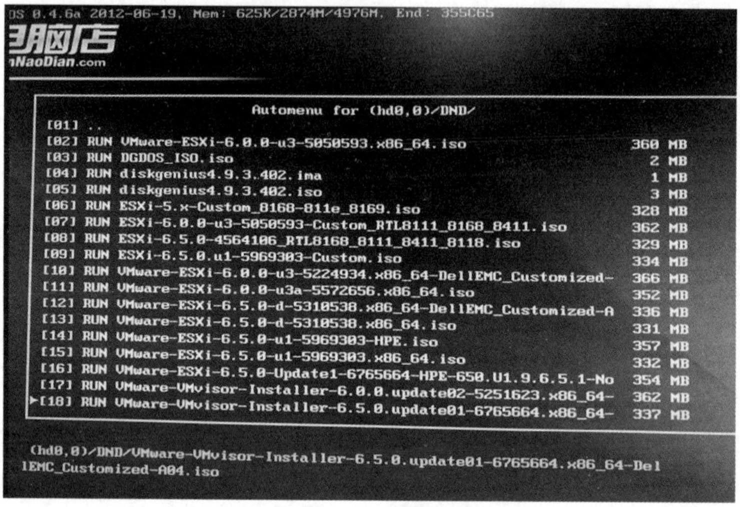

图 2-6-36　实际使用截图

2.6.7　U 盘启动工具的升级、恢复

电脑店 U 盘启动盘制作工具也一直在升级，如果你想用新的版本重新制作启动盘，需要先"还原 U 盘"，再单击"全新制作"按钮，重新将当前的 U 盘制作成启动 U 盘，如图 2-6-37 所示。

图 2-6-37　新版本

因为每制作一次启动 U 盘，U 盘前面会创建一个隐藏分区，不同版本创建的隐藏分区的大小不一样，但总体是越来越大，如图 2-6-38 所示，这是 6.2 版本创建的大小为 558MB 的隐藏分区。7.01 版本隐藏分区是 708MB，还占用一个 448MB 的分区，如图 2-6-39 所示。

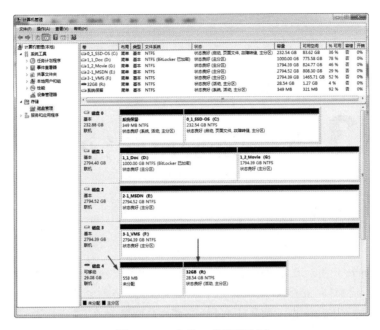

图 2-6-38　启动 U 盘隐藏分区

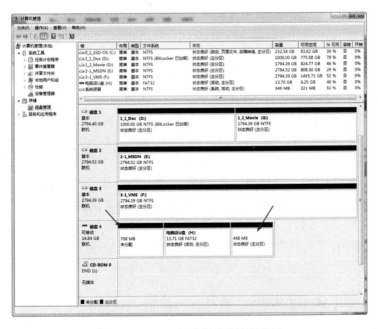

图 2-6-39　7.01 版本创建的隐藏分区

如果希望将 U 盘恢复到初始状态，释放隐藏分区，则可以在图 2-6-37 中选择"还原 U 盘"，或者使用 DiskGenius 等工具，删除 U 盘中所有隐藏分区并重新分区。

【注意】无论是升级 U 盘、还原 U 盘还是使用 DiskGenius 删除隐藏分区并重新分区，U 盘中原有的数据都会丢失，请在做此操作之前备份 U 盘中的重要数据。

第 **3** 章　vSphere 运行中碰到的问题

本章介绍 vSphere 使用和运行中碰到的问题以及解决方法，包括 vSAN 群集部分故障、虚拟机使用虚拟磁盘碰到的问题、为 ESXi 主机配置时间、ESXi 主机重新安装的问题、ESXi 6.5 主机不能上传文件内容、vSphere Web Client 不能显示中文界面的问题等。

3.1　vSAN 群集相关故障

在 vSphere 6.0 及其以前的版本中，虚拟化架构主要使用多台物理主机加共享存储的传统架构。vSphere 6.0 以后的版本，尤其是从 6.5 版本开始，vSAN 架构的优势越来越大，以后会有更多的用户迁移到 vSAN 架构。在 vSAN 架构的虚拟化环境中，用作缓存磁盘的 SSD 至关重要，一定要为缓存 SSD 选择数据中心级别的 SSD，不要用消费级或一般企业级 SSD。在 vSAN 架构中，虽然用作缓存的 SSD 不保存数据，但是，如果在工作过程中用作缓存的 SSD 损坏，则损坏 SSD 这一组对应的 HDD 的数据都会被声明的"脏"数据并不再有效，这一个磁盘组会失效，导致这一磁盘组中所有的 HDD 的数据将不能被使用。在 vSAN 架构中，损坏了一块数据磁盘，其影响仅限于这块数据磁盘所保存的数据；但如果损坏了一块缓存磁盘，则缓存磁盘所关联的磁盘组中的所有磁盘将一同失效。在 vSAN 架构中，要合理评估每天的数据写入量，从而正确的选择缓存 SSD。在 SSD 寿命预估到期的五分之一时间期间，使用一个时间周期逐一更换寿命即将到期的缓存磁盘。

3.1.1　vSAN 主机关闭与开启的正确方法与步骤

在 vSAN 架构中，突然的断电可能不会对整个系统造成大的损失。但不正常的关机有可能导致数据丢失。

在 vSAN 架构中，如果 vSAN 主机突然断电关机，在重新回电后服务器自动重新开机，在所有主机进入 ESXi 系统的过程中，vSAN 存储会自动重新连接、配置，vSAN 存储会恢复正常。在断电时正在运行的虚拟机，会自动重新启动、重新运行。这一事件的关键是同时断电、同时加电、同时开机，所以 ESXi 在进入控制台之前会重新连接 vSAN 群集。如果在断电关机后，不同 ESXi 主机开机时间相差太大，先开机的 ESXi 在重新连接 vSAN 群集时找不到对应的其他主机，会导致 vSAN

群集加载失败，这就可能会导致开机较早与较晚的 ESXi 主机造成"分区"的错误。

在 vSAN 架构中，如果是预期安排的系统维护或硬件更换，则一定要遵循正确的方法与步骤。

（1）单主机 vSAN 架构。如果 vSAN 环境中只有一台 ESXi 主机（单主机 vSAN 架构，实验或临时性质），这台 ESXi 主机重启或关闭时，应先关闭这个主机上所有运行的虚拟机，然后使用 vSphere Host Client 登录到 ESXi，将 vSAN 主机置于维护模式，在弹出的"确认维护模式更改"对话框中的"vSAN 数据迁移"中选择"不进行数据迁移"，如图 3-1-1 所示。等主机进行维护模式之后，关闭 ESXi 主机。当 ESXi 主机启动后，使用 vSphere Host Client 登录到 ESXi 主机，退出维护模式之后再启动虚拟机的运行。

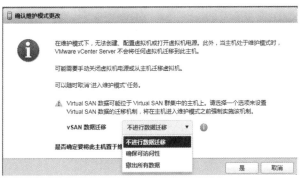

图 3-1-1　不进行数据迁移

（2）在多节点 vSAN 架构中，如果 vCenter Server 在 vSAN 群集之外，在关闭 vSAN 节点主机之前，应先关闭所有虚拟机，然后将所有 vSAN 节点主机进入维护模式，在"确认维护模式"中选择"不迁移数据"，取消选中"将关闭电源和挂起的虚拟机移动到群集中的其他主机上"复选框，如图 3-1-2 所示。等主机进行维护模式之后，使用 vSphere Web Client 关闭每台 ESXi 主机。

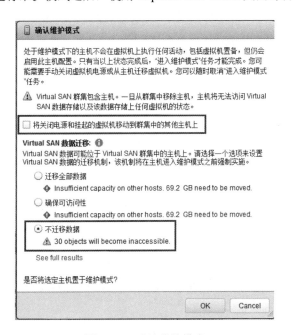

图 3-1-2　确认维护模式

（3）如果要启动多节点 vSAN 主机，应在很短的时间间隔内顺序打开每台主机的电源。等 ESXi 主机进入控制台之后，登录 vSphere Web Client，在"配置"→"vSAN"→"磁盘管理"中查看是否存在分区情况，只有所有主机都在"组 1"才正常，如图 3-1-3 所示。

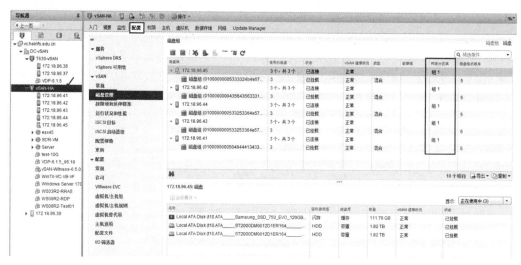

图 3-1-3　没有分区情况

（4）如果个别主机出现"分区"情况，既大多数的主机属于"组 1"但有的主机属于"组 2"时，检查属于组 2 的主机的网络及 vSAN 网络是否与其他主机能否进行通信。此时可以使用 ssh 登录分区的主机，使用 ping 命令，检查到其他主机管理网络（例如图 3-1-3 中的管理网络依次是 172.18.96.41、172.18.96.42、172.18.96.43、172.18.96.44、172.18.96.45）是否能 ping 通，检查到其他主机 vSAN 流量网络（图 3-1-3 中的主机的 vSAN 流量依次是 172.18.93.141、172.18.93.142、172.18.93.143、172.18.93.144、172.18.93.145）是否能 ping 通。如果不能 ping 通，请检查网络问题；当网络问题解决后，例如能 ping 通后，重新启动该主机，再次登录后分区问题即可解决。

在多节点 vSAN 架构中，如果 vCenter Server 部署在 vSAN 存储中，要关闭 vSAN 架构主机需要遵循如下步骤。

（1）关闭除 vCenter 虚拟机以外的其他所有虚拟机。

（2）关闭 vCenter Server 虚拟机，vSphere Web Client 将会断开连接。

（3）将所在主机置于维护模式、然后关机。可以使用 vSphere Host Client 分别登录每台主机进行，也可以使用 SSH 登录每台主机。如果使用 ssh 登录每台主机，则执行如下命令：

```
esxcli system maintenanceMode set -e true -m noAction
```

使用 vSphere Host Client 登录到每台主机之后，将主机置于维护模式并且不进行数据迁移，如图 3-1-1 所示。

（4）使用 vSphere Host Client 关闭每台主机。

vSAN 群集开机顺序如下。

（1）如果 vCenter Server 在 vSAN 群集之外的其他主机中，应先打开 vCenter Server 所在主机电源，并打开 vCenter Server 虚拟机。

（2）打开所有 ESXi 主机的电源，不要启动完一台再启动一台，应以很小的时间间隔依次按下每个服务器的电源开关按钮。

（3）如果 vCenter Server 在 vSAN 群集之中，使用 vSphere Host Client，将 vCenter Server 所在主机退出维护模式，启动 vCenter Server。

（4）登录 vSphere Web Client 检查 vSAN 状态。当 vSAN 状态正常后，启动其他虚拟机。

3.1.2　vSAN 健康状况不正常的解决方法

某个两节点 vSAN 延伸群集，其中每台节点主机配置了 1 个 CPU、16GB 内存、1 块万兆位网卡、2 块磁盘。在使用一段时间之后，其中一台节点主机出现问题，管理员进入控制台将这个主机进行了"系统重置"，重置之后，再次进入控制台，将 IP 地址、密码设置为的与原来相同，登录 vSphere Web Client 重新连接、配置主机之后，在"配置→磁盘管理"中看到，这台主机磁盘组的"vSAN 健康状况"为"—"，如图 3-1-4 所示。同时在"网络分区组"列表中，这台主机没有分区信息。

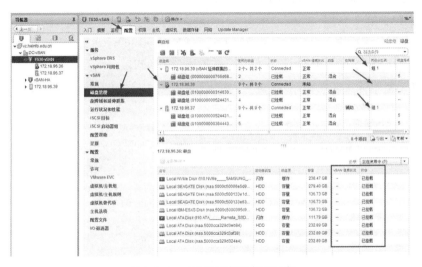

图 3-1-4　vSAN 健康状态不正常

正常情况下的"vSAN 健康状况"应该显示为"正常"，如图 3-1-5 所示。

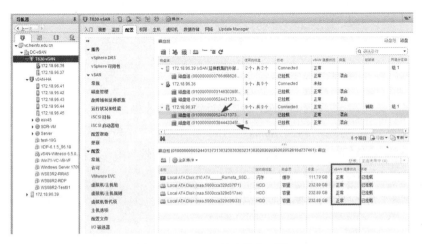

图 3-1-5　vSAN 健康状态正常

此时当前的 vSAN 数据存储容量降低了，如图 3-1-6 所示。

图 3-1-6　vSAN 存储容量

对于出现图 3-1-4 所示状态的故障，解决的思路如下。

（1）如果当前 vSAN 群集中有正在运行的虚拟机，重要的虚拟机可以备份或迁移到其他群集中继续运行。不太重要的虚拟机，可以暂时先关闭。

（2）禁用 HA。

（3）将出故障的主机进入维护模式（当前主机是 172.18.96.36），并从 vSAN 群集中移除。

（4）将 172.18.96.36 重新加入 vSAN 群集，并退出维护模式。

（5）重新启用 HA。

下面介绍详细步骤。

（1）在导航器中选中 vSAN 群集（当前群集名称为 T630-vSAN），在右侧单击"配置"→"故障域和延伸群集"，在"故障域/主机"中可以看到，当前缺少"首选"主机（或缺少辅助主机），如图 3-1-7 所示。

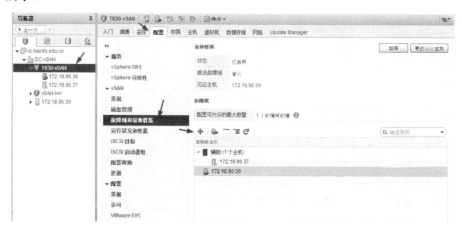

图 3-1-7　故障域中缺少首选主机

（2）在"配置"→"服务"→"vSphere 可用性"中单击"编辑"按钮，如图 3-1-8 所示。

（3）在打开的"编辑群集设置"对话框的"vSphere 可用性"中，取消选中"打开 vSphere HA"复选框，如图 3-1-9 所示，然后单击"确定"按钮。

（4）在 vSphere 导航器中，使故障主机进入维护模式，然后将其移除。移除完成之后如图 3-1-10 所示。

（5）将故障主机再次加入群集，并将故障主机退出维护模式，如图 3-1-11 所示。

图 3-1-8　编辑

图 3-1-9　禁用 vSphere HA

图 3-1-10　移除故障主机之后

图 3-1-11　退出维护模式

（6）在"配置→"vSAN"→"故障域和延伸群集"中单击按钮"+"，如图 3-1-12 所示。

图 3-1-12　添加故障域

（7）在"新建故障域"对话框中的"名称"文本框中为新添加的故障域设置缺失的故障域名称。根据图 3-1-12 所示，当前缺失"首选"故障域，故设置名称为首选，选中再次添加的主机 172.18.96.36，单击"确定"按钮，如图 3-1-13 所示。

（8）添加故障域之后，如图 3-1-14 所示。

图 3-1-13　新建故障域

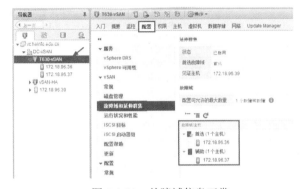

图 3-1-14　故障域信息正常

（9）为 172.18.96.36 的主机启用 ssh 服务，使用 xshell 登录到 172.18.96.36，执行如下命令，为

在 vmk0 添加 vSAN 见证流量。

```
esxcli vsan network ip add -i vmk0 -T=witness
```

（10）在"配置"→"vSAN"→"磁盘管理"中，可以看到 172.18.96.36 的主机磁盘组正常，如图 3-1-15 所示。

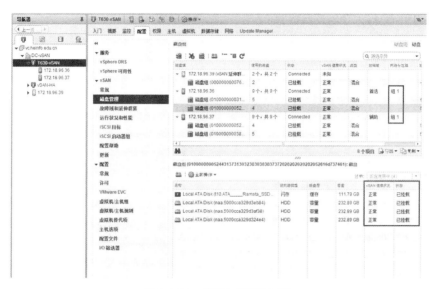

图 3-1-15　故障主机恢复正常

（11）在"数据存储"→"数据存储"中可以看到容量恢复正常（当前为 3.68TB），如图 3-1-16 所示。

图 3-1-16　vSAN 容量恢复正常

（12）在"配置"→"vSphere 可用性"中，启用 vSphere HA，如图 3-1-17 所示。

图 3-1-17　重新启用 vSphere HA

（13）在重新添加节点主机之后见证主机可能出错，这表示为在"配置→磁盘管理"中的"网络分区组"中，见证主机没有分组信息，vSAN 健康状况显示为"—"，如图 3-1-18 所示。

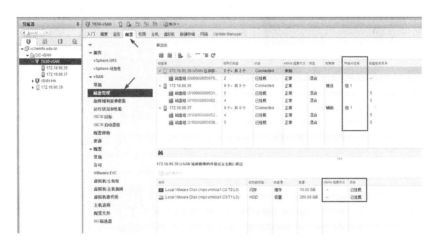

图 3-1-18　见证主机出错

对于这种问题，只要更改见证主机，并重新选择见证主机即可解决。

（1）在"配置"→"vSAN"→"故障域和延伸群集"中单击"更改见证主机"，如图 3-1-19 所示。

图 3-1-19　更改见证主机

（2）在"更改见证主机"对话框的"选择见证主机"选项中，仍然选择原来的见证主机 172.18.96.39，如图 3-1-20 所示。

图 3-1-20　选择见证主机

（3）重新选择见证主机之后，整个 vSAN 群集恢复正常，在"网络分区组"中可以看到每个节点主机及见证主机都在组 1，vSAN 健康状况为正常，如图 3-1-21 所示。

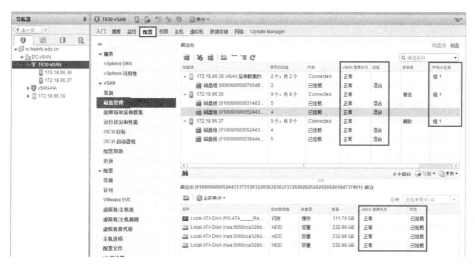

图 3-1-21　vSAN 磁盘正常

3.1.3　vSAN 中"磁盘永久故障"解决方法

对于出现永久故障的磁盘，如果该磁盘是容量磁盘，则需要从磁盘组中将该磁盘移除（不迁移数据）。在更换了新的磁盘之后，将新的磁盘添加到磁盘组；如果该磁盘是缓存磁盘（固态硬盘），则需要删除该磁盘组，在更换了新的固态硬盘之后，重新添加磁盘组。下面是更换容量磁盘的案例。

（1）一个 4 节点主机组成的 vSAN 环境中，某台主机出现红色的故障提示，在"监控"→"问题"→"已触发的警报"中，提示"Virtual SAN 主机磁盘出错"，如图 3-1-22 所示。

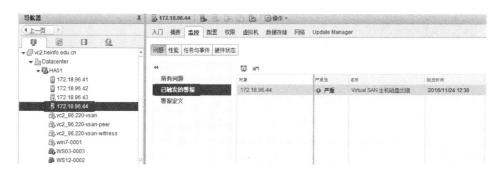

图 3-1-22　Virtual SAN 主机磁盘出错

（2）在"配置"→"Virtual SAN"→"磁盘管理"中，查看到其中的 1 块磁盘出现"永久磁盘故障"，如图 3-1-23 所示。

（3）选中出现故障的磁盘，单击"🖳"图标，从磁盘组中移除选定的磁盘，如图 3-1-24 所示。

（4）因为该磁盘已经损坏（永久故障），所以不能像正常一样从磁盘组撤出数据。在"移除磁盘"话框中，在"迁移模式"下拉列表中选择"不迁移数据"，如图 3-1-25 所示，然后单击"是"按钮。

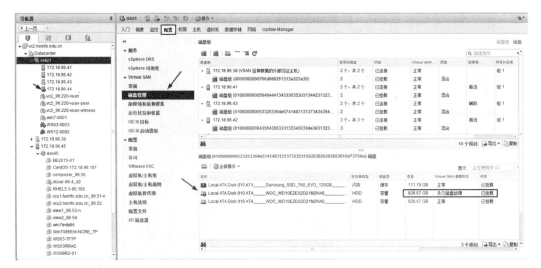

图 3-1-23　磁盘永久故障

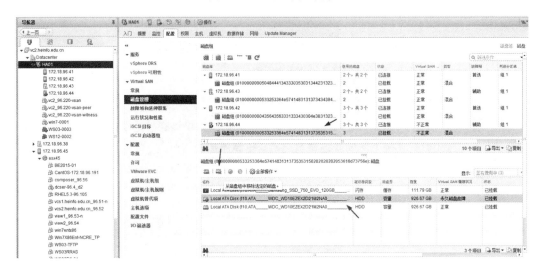

图 3-1-24　从磁盘组中移除选定的磁盘

图 3-1-25　不迁移数据

（5）在删除故障磁盘之后，移除故障磁盘（注意不要移除错误），添加新的磁盘。添加之后，将新的磁盘添加到磁盘组，添加之后如图 3-1-26 所示。

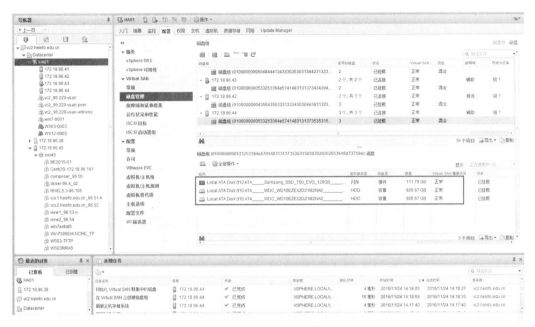

图 3-1-26　替换磁盘完成

3.2　虚拟机使用虚拟磁盘的相关问题

本节介绍 VMware 虚拟机硬盘格式转换、虚拟磁盘容量增加、上传文件到存储、使用共享磁盘、使用主机物理硬盘等方面的内容。

3.2.1　在虚拟机中使用 ESXi 物理主机硬盘用作备份

在单台主机的虚拟化环境中需要考虑"备份"。但是备份保存在相同存储是没有意义的，一个合理的方式是将备份保留到"其他位置"，这个其他位置最好网络中的其他主机。但在"单台主机"运营的情况下，将备份保存在主机以外的位置不太现实（如果主机托管到电信机房，并且机房带宽有限的情况下，将备份通过网络传输到外地不现实），此时要为备份提供"相对安全"的位置有如下几种方法：

（1）外置硬盘法。找一个较大容量（例如 4TB、6TB、8TB）的 USB 移动硬盘，将该移动硬盘连接到服务器用做备份。但移动硬盘长期供电并接在服务器上并不是一个好的选择。

（2）非 RAID 磁盘法。在服务器中剩余的磁盘槽位中，单独插一块较大容量的硬盘（例如 4TB），该硬盘不添加到 RAID 中，也不通过 ESXi 格式化为 VMFS 卷，而是分配给 ESXi 中的虚拟机直接使用（裸机映射的磁盘），这块硬盘将用做备份。例如，某台 DELL R730XD 的服务器配置了 12 块硬盘，这 12 块硬盘中的前 10 块配置成 RAID-50（见图 3-2-1），第 11 块磁盘作为"全局热备磁盘"（ID 为 10 的磁盘，ID 从 0 开始），第 12 块磁盘设置为"Non-RAID"磁盘（ID 为 11 的磁盘），这第 12 块磁盘就是用作数据备份的磁盘，如图 3-2-2 所示。

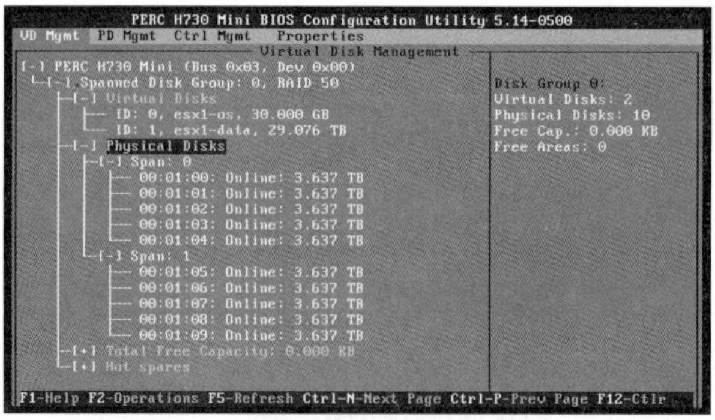

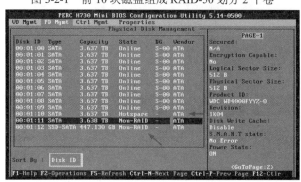

图 3-2-1　前 10 块磁盘组成 RAID-50 划分 2 个卷

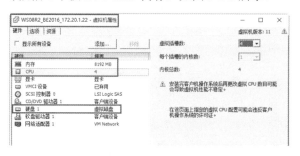

图 3-2-2　第 11 块为全局热备磁盘，第 12 块为 Non-RAID 磁盘

（3）在该 ESXi 主机上创建了名为"WS08R2_BE2016_172.20.1.22"的虚拟机，为该虚拟机分配 4 个 vCPU（4 个插槽，每插槽 1 个核心）、8GB 内存，如图 3-2-3 所示。

图 3-2-3　第一块硬盘

（4）第二块硬盘则直接使用 ESXi 物理主机的最后一块硬盘（即图 3-2-2 中的转换为 Non RAID 的磁盘），如图 3-2-4 所示。

图 3-2-4　第二块硬盘使用物理主机硬盘

　　默认情况下，ESXi 的虚拟机不能直接使用物理主机硬盘，需要使用 ssh 登录到 ESXi 中，将主机硬盘映射才能使用，主要步骤如下。

　　（1）使用 vSphereClient 登录到 ESXi，"配置"→"安全配置文件"中单击"属性"，如图 3-2-5 所示。

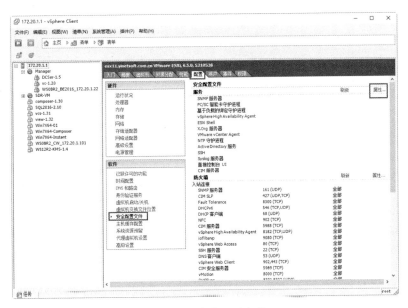

图 3-2-5　安全配置文件

　　（2）在"服务属性"中，将"SSH"服务启动，如图 3-2-6 所示。

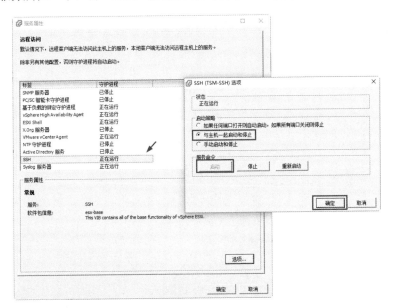

图 3-2-6　启动 SSH

　　（3）在"配置"→"存储器"→"设备"中，可以看到当前主机的设备，其中名称以 DELL 开头的则是用 RAID 卡划分的两个卷，而以 ATA 开头的则是在图 3-2-15 中配置为的 Non RAID 磁盘（相当于 HBA 直通)，右击这个设备，选择"将标识符复制到剪贴板"命令，如图 3-2-7 所示。

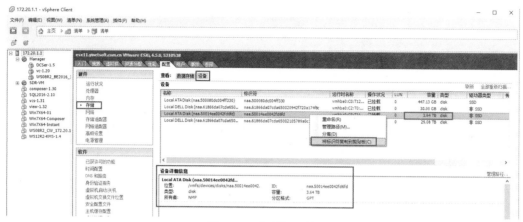

图 3-2-7　复制标识符

【说明】这个设备没有在 ESXi 添加为存储。单击"数据存储"可以看到当前添加了 3 个存储，图 3-2-7 中的 4TB 磁盘没有被添加为存储，如图 3-2-8 所示。将这个 4TB 的硬盘"挂载"在某个现有分区中，如图 3-2-8 中的 Datastore 分区。

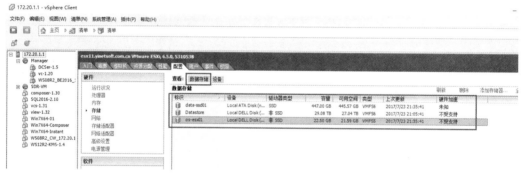

图 3-2-8　查看 VMFS 数据存储

（4）打开"记事本"，将上一步复制的标识符粘贴到"记事本"中，并保留 naa.500 等字符，如图 3-2-9 所示，然后再次将这个字符串复制。

图 3-2-9　标识符

（5）使用 ssh 工具（如 Xshell 5）登录到 ESXi 主机，执行

```
ls /vmfs/disks
```

命令查看当前的设备，可以看到图 3-2-9 中记录的标识符，如图 3-2-10 所示。

（6）执行以下命令，将物理磁盘添加到 ESXi 存储中，标识成一个虚拟磁盘。

```
vmkfstools -z /vmfs/devices/disks/<硬盘标识符>  /vmfs/volumes/datastore1/<目标RDM
磁盘名>.vmdk
```

在本示例中可以为

```
vmkfstools -z /vmfs/devices/disks/naa.50014ee0042fd6fd   /vmfs/volumes/Datastore
/WDC4TB.vmdk
```

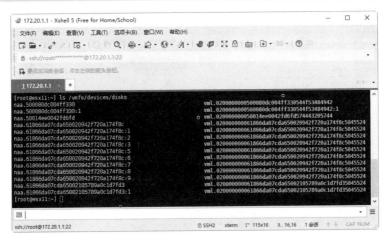

图 3-2-10　查看磁盘标识符

注意磁盘标识名与 vmfs 等命令参数间不能有英文的空格，其中 Datastore 是 29TB 分区名称。其中 WDC4TB 中的字母为大写，命令及执行过程如图 3-2-11 所示。

```
[root@esxll:~] vmkfstools -z /vmfs/devices/disks/naa.50014ee0042fd6fd   /vmfs/volumes/Datastore/WDC4TB.vmdk
[root@esxll:~]
```

图 3-2-11　为物理磁盘建立 RDM 映射

登录服务器 iDRAC，可以看到映射的这个 Non-RAID 磁盘的信息，如图 3-2-12 所示。

图 3-2-12　本节映射的物理磁盘信息

（7）返回到 vSphere Client，在"配置"→"存储器"中右击 Datastore 存储，选择"浏览数据存储"命令，如图 3-2-13 所示。

图 3-2-13　浏览数据存储

（8）在"数据存储浏览器"中可以看到图 3-2-11 映射的磁盘，如图 3-2-14 所示。

图 3-2-14　查看映射的 RDM 磁盘

（9）修改 WS08R2_BE2016_172.20.1.22 虚拟机的配置，添加硬盘设备，如图 3-2-15 所示。

（10）在"添加硬件"→"选择磁盘"中选中"使用现有虚拟硬盘"单选按钮，如图 3-2-16 所示。

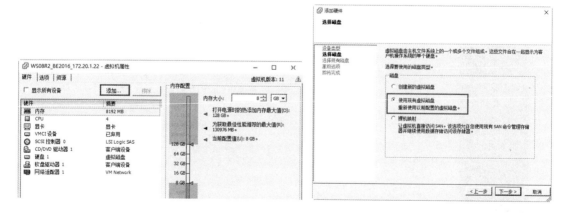

图 3-2-15　添加设备　　　　　　　　　图 3-2-16　使用现有虚拟硬盘

（11）在"浏览数据存储"中，浏览 Datastore 存储根目录选择 WDC4TB.vmdk 虚拟硬盘，如图 3-2-17 所示。

（12）其他选择默认值，在"即将完成"对话框中单击"完成"按钮，如图 3-2-18 所示。

图 3-2-17　选择 RDM 映射磁盘

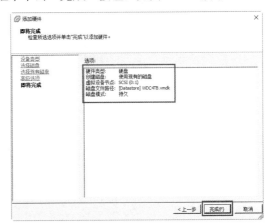

图 3-2-18　即将完成

（13）在虚拟机属性对话框可以看到添加的主机硬盘，如图 3-2-19 所示。

（14）打开虚拟机电源，进入设备管理器，可以看到映射的 4TB 的主机物理硬盘，如图 3-2-20 所示。

图 3-2-19　添加主机硬盘

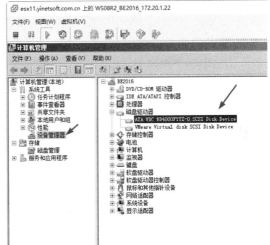

图 3-2-20　主机物理硬盘

（15）在"磁盘管理"中将新添加的 4TB 硬盘分区、格式化，设置盘符为 D，如图 3-2-21 所示。

（16）在备份虚拟机中安装 Veritas Backup Exec 2016（原 Symantec 公司的 Backup Exec，现已改名）或其他备份软件，如图 3-2-22 所示。

（17）使用 BE 2016，将其他虚拟机备份到 D 盘。图 3-2-23 是备份后的截图。

关于 Veritas Backup Exec 的安装、配置本书不做过多介绍，请自行配置。

【说明】将备份保存在单独的 4TB 的硬盘中，如果 ESXi 主机及 RAID 存储出现问题，可以取下 4TB 的磁盘，并将其挂在其他安装了 Veritas Backup Exec 2016 软件的计算机中，通过导入备份的方式，恢复虚拟机或数据，这是灾难恢复的一种方法。

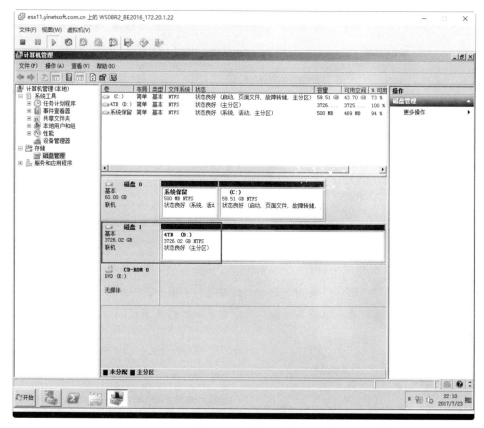

图 3-2-21　格式化

图 3-2-22　安装备份工具

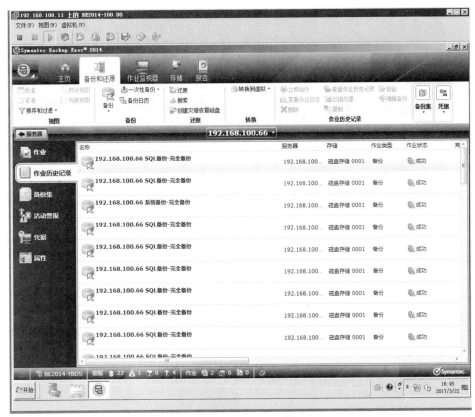

图 3-2-23　备份后的截图

3.2.2　在 vSphere 中为虚拟机创建共享磁盘

配置集群的时候需要用到共享磁盘。如果要用 VMware ESXi 虚拟机做测试，可以为虚拟机创建共享磁盘。下面通过示例介绍。

（1）新建两台虚拟机 A1、A2，最初虚拟机 A1、A2 各有一块磁盘，大小为 60GB，用来安装操作系统。也可以直接从模板部署两台安装好操作系统的虚拟机，这可根据实际情况选择。

（2）修改 A1 虚拟机配置，添加 2 块新硬盘（厚置备磁盘），大小分别为 1GB、500GB（其他大小也可以，根据实际情况创建即可）。

（3）修改 A2 虚拟机配置，添加第（2）步创建的两块硬盘，修改虚拟机配置，允许使用虚拟硬盘。

（4）配置群集，使用共享磁盘。

下面介绍关键的配置步骤，本文以 vSphere 6.5 为例。

（1）在 Windows 7 的管理工作站中使用 IE 11 登录 vSphere Web Client 6.5，选择配置好的 Windows Server 2016 模板部署虚拟机，如图 3-2-24 所示。

（2）为该虚拟机输入名称，在本示例虚拟机名称为 WS16R2-A1，如图 3-2-25 所示。

图 3-2-24　从模板部署虚拟机

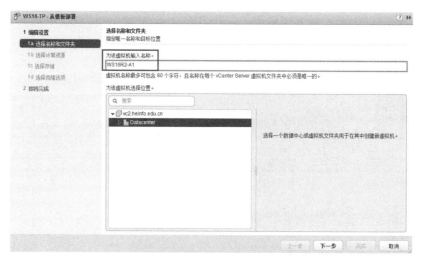

图 3-2-25　为虚拟机命名

（3）在"选择计算资源"对话框中为此虚拟机选择目标计算资源，如图 3-2-26 所示。

图 3-2-26　选择计算资源

（4）在"选择存储"对话框中为此虚拟机选择要存储配置和磁盘文件的数据存储，如图 3-2-27 所示。在此选择 VSAN 存储（当前 vSphere 6.5 是一个 VSAN 群集）。

图 3-2-27　选择存储

（5）在"选择克隆选项"对话框中选中"自定义操作系统""创建后打开虚拟机电源"复选框，如图 3-2-28 所示。

（6）在"自定义客户机操作系统"对话框中选择规范文件，如图 3-2-29 所示。

图 3-2-28　选择克隆选项　　　　　　　　　　图 3-2-29　选择部署配置文件

（7）在"用户设置"对话框中设置计算机名称，在此命名为 ServerA，如图 3-2-30 所示。

（8）在"即将完成"对话框中显示了部署选项，检查无误之后单击"完成"按钮，如图 3-2-31 所示。

图 3-2-30　设置计算机名称　　　　　　　　　图 3-2-31　即将完成

（9）参照步骤（1）～（8）从模板部署第二台虚拟机，设置虚拟机名称为 WS16R2-A2，如图 3-2-32 所示。

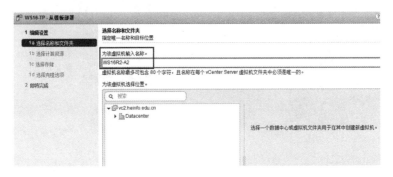

图 3-2-32　为虚拟机命名

（10）设置计算机名称为 ServerB，如图 3-2-33 所示。

图 3-2-33　设置计算机名称

其他设置则与部署第一台相同，不一一介绍。

（11）启动这两台虚拟机（见图 3-2-35），等系统定制完成之后，关闭这两台虚拟机的电源。

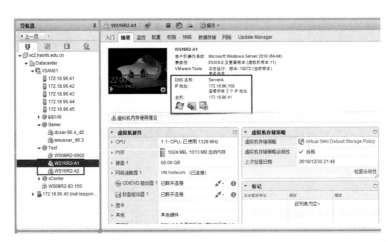

图 3-2-34　启动并定制虚拟机

（12）等虚拟机关闭之后，修改第一台虚拟机（名称为 WS16R2-A1）的配置，分别添加 1 块或多块磁盘。本示例中添加 1 块 1GB 和 1 块 500GB 大小的虚拟硬盘（1GB 用作仲裁磁盘。实际上在 Windows Server 2016 中做故障转移群集不需要仲裁磁盘），如图 3-2-35 所示，磁盘置备选择"厚置备置零"。

（13）检查"硬盘 1"的虚拟设备节点属性，默认情况下，硬盘 1 使用 SCSI 控制器 0 的"SCSI(0：0)"节点，如图 3-2-36 所示。

图 3-2-35　厚置备置零磁盘

图 3-2-36　检查硬盘 1 的节点

（14）在"新设备"下拉列表中选择"SCSI 控制器"，SCSI 总线共享为"虚拟"，如图 3-2-37 所示。

（15）修改 1GB 硬盘使用新添加的 SCSI 控制器，在"虚拟设备节点"下拉列表中选择"新 SCSI 控制器"，SCSI 选择 1：0，如图 3-2-38 所示。

图 3-2-37　添加 SCSI 控制器

图 3-2-38　为 1GB 选择 SCSI（1：0）

（16）修改 500GB 硬盘使用"新 SCSI 控制器""SCSI（1：1）"，如图 3-2-39 所示。设置完成后单击"确定"按钮保存退出。

（17）修改 WS16R2-A2 虚拟机的设置，添加"SCSI 控制器"，在"SCSI 总线共享"下拉列表中选择"虚拟"，如图 3-2-40 所示。

图 3-2-39　为 500GB 选择 SCSI（1∶1）

图 3-2-40　为第二台虚拟机添加 SCSI 控制器

（18）修改 WS16R2-A2 虚拟机的设置，添加硬盘选择"现有硬盘"，如图 3-2-41 所示。

（19）在"选择文件"对话框中选择 WS16R2-A1 虚拟机目录中的 WS16R2-A1_1.vmdk 虚拟硬盘文件，这是在 WS16R2-A1 虚拟机添加的大小为 1GB 的虚拟硬盘，如图 3-2-42 所示。

图 3-2-41　添加现有硬盘

图 3-2-42　选择 WS16R2-A1_1.vmdk 虚拟硬盘文件

（20）返回 WS16R2-A2 虚拟机设置对话框，添加了大小为 1GB 的现有硬盘文件，在"虚拟设备节点"选择"新 SCSI 控制器""SCSI（1∶0）"，如图 3-2-43 所示。

（21）为 WS16R2-A2 虚拟机添加现有硬盘，选择 WS16R2-A1 目录中的 WS16R2-A1_2.vmdk 文件，如图 3-2-44 所示。

图 3-2-43　选择 SCSI（1：0）　　　　　　　图 3-2-44　选择 WS16R2-A1_2.vmdk

（22）返回 WS16R2-A2 虚拟机设置对话框，添加了大小为 500GB 的现有硬盘文件，在"虚拟设备节点"选择"新 SCSI 控制器""SCSI（1：1）"，如图 3-2-45 所示。

（23）确认"SCSI 控制器 0"的"SCSI 总线共享"为"无"，"SCSI 控制器 1"的"SCSI 总线共享"为"虚拟"，如图 3-2-46 所示。单击"确定"按钮完成设置。

图 3-2-45　选择 SCSI（1：1）　　　　　　图 3-2-46　检查确认 SCSI 总线共享属性

（24）启动 WS16R2-A1、WS16R2-A2 虚拟机，启动时无报错表示设置正确。

当 WS16R2-A1、WS16R2-A2 两台虚拟机启动之后，可以做"共享磁盘"的实验。本节以"故障转移群集为例"，主要步骤如下。

（1）打开任意一台虚拟机的"计算机管理"→"存储"→"磁盘管理"，可以看到有两块新的磁盘，如图 3-2-47 所示。应将这两个磁盘联机、初始化、分区并使用 NTFS 文件系统格式化。

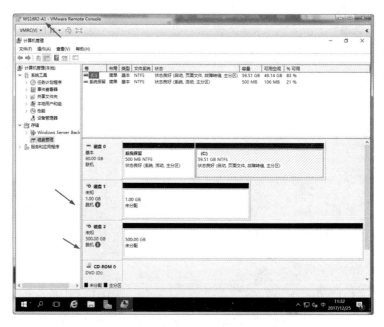

图 3-2-47　新添加的磁盘

（2）为两台虚拟机设置 IP 地址，本示例中为 WS16R2-A1 虚拟机设置 172.18.96.58 的 IP 地址，为 WS16R2-A2 虚拟机设置 172.18.96.59 的 IP 地址，如图 3-2-48 所示。

（3）为两台虚拟机编辑 c:\windows\system32\drivers\etc\hosts 文件，添加如下两行，如图 3-2-49 所示。

```
172.18.96.58  servera
172.18.96.59  serverb
```

图 3-2-48　设置 IP 地址

图 3-2-49　编辑 hosts 文件

（4）为这两台虚拟机安装"故障转移群集"功能，如图 3-2-50 所示。

（5）安装完成故障转移群集之后，打开"故障转移群集管理器"，新建群集，添加 ServerA 和

ServerB 两台服务器，如图 3-2-51 所示。

图 3-2-50　安装故障转移群集

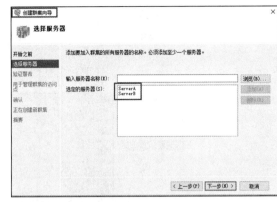

图 3-2-51　添加群集服务器

（6）在"验证警告"对话框中单击"是"按钮，如图 3-2-52 所示。

（7）在"测试选项"对话框中选择"运行所有测试"单选按钮，如图 3-2-53 所示。

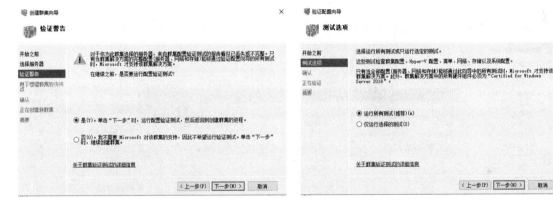

图 3-2-52　验证警告

图 3-2-53　测试选项

（8）在"用于管理群集的访问点"对话框中输入群集名称并设置群集的访问地址，在本示例中设置群集访问地址为 172.18.96.57，如图 3-2-54 所示。

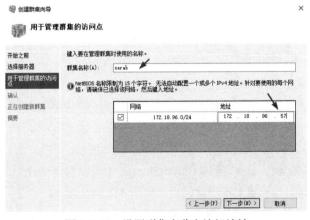

图 3-2-54　设置群集名称和访问地址

（9）在"摘要"对话框中单击"完成"按钮完成群集的创建，如图 3-2-55 所示。

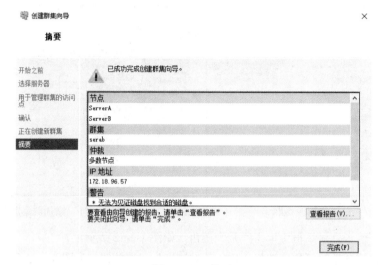

图 3-2-55　摘要

（10）在"存储"→"磁盘"中添加磁盘，添加之后如图 3-2-56 所示。

图 3-2-56　添加磁盘

（11）将添加的磁盘转换为"群集共享卷"，如图 3-2-57 所示。

（12）打开"资源管理器"，在 C 盘的 ClusterStorage 中可以看到 2 个目录，分别名为 Volume1 及 Volume2，这就是两块共享磁盘对应的访问点，如图 3-2-58 所示。

关于群集的使用以及其他的配置，本节不做过多介绍。

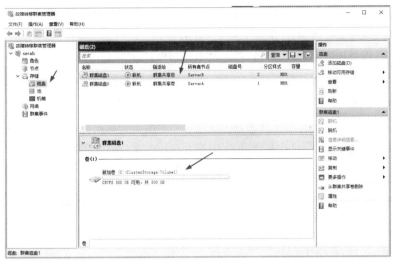

图 3-2-57　群集共享卷

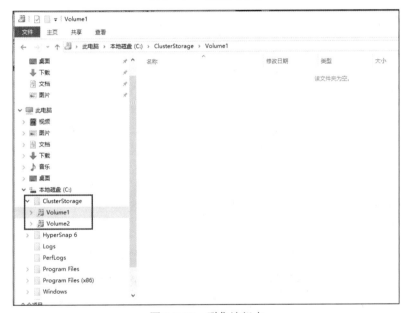

图 3-2-58　群集访问点

3.2.3　虚拟机使用超过 2TB 虚拟磁盘的问题

在企业应用中，创建虚拟机并为虚拟机安装操作系统的时候，一般遵循如下的原则。

（1）系统盘与数据盘分离的原则。生产环境中的虚拟机至少要有 2 块硬盘，第一块硬盘为安装操作系统的磁盘，第二块硬盘为保存数据的磁盘。每块硬盘只创建一个分区。

（2）操作系统的硬盘大小可以根据如下的公式进行估算：60～80GB＋虚拟机内存大小×1.5。例如一台 Windows Server 2008 R2 操作系统的虚拟机，分配了 32GB 内存，则系统盘大小＝（60~80）＋32×1.5 ＝108~128GB，即可选择 120GB 的系统盘。

（3）如果有多个应用，需要有多个不同的数据保存位置，建议为每个应用配置一块单独的磁盘。

例如，某台虚拟机既是 SQL Server 数据库服务器，又是文件夹共享服务器，可以将 SQL Server 数据库保存在第二块硬盘（盘符为 D），将共享文件夹保存在第三块硬盘（盘符为 E）。这样做的优点是，在后期可以根据数据量的大小对硬盘进行扩充而不需要停机。

本节通过一些案例应用进行介绍。

1. 系统盘与数据盘分离的虚拟机

生产环境中的虚拟机一般分配 2 块磁盘，第一块硬盘用来安装操作系统（如图 3-2-59 所示，本示例中操作系统磁盘大小为 100GB），第二块硬盘保存数据（见图 3-2-60，本示例中数据磁盘大小为 2TB）。

图 3-2-59 操作系统硬盘

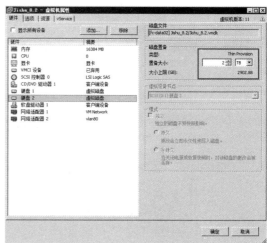

图 3-2-60 数据磁盘

进入虚拟机控制台，打开"服务器管理器"→"存储"→"磁盘管理"，可以看到，每块硬盘只创建了一个分区，如图 3-2-61 所示。

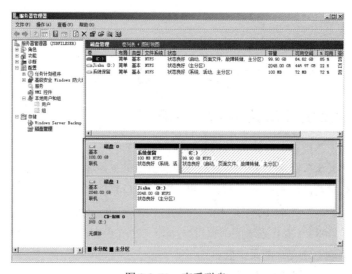

图 3-2-61 查看磁盘

打开"资源管理器"，查看每个分区的大小及可用空间，如图 3-2-62 所示。

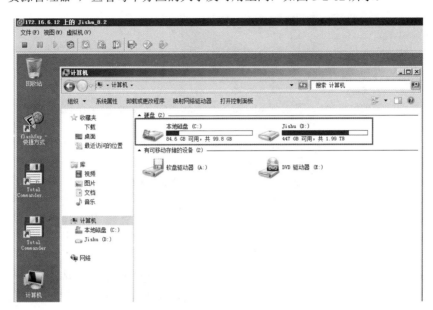

图 3-2-62　查看分区大小及可用空间

在当前的配置中，无论是扩充 C 盘还是 D 盘的空间，都可以做到在不关机、应用不中断的前提下动态扩充。下节介绍这方面内容。

2．虚拟机系统盘与数据盘扩充方法与步骤

对于采用上一节进行磁盘规划的虚拟机，当 C 盘、D 盘（或其他磁盘）空间不足时，可以先修改虚拟机的配置，增加虚拟磁盘的大小，然后再进入虚拟机中，为 C 盘、D 盘扩容。下面介绍主要的步骤。

（1）修改虚拟机的配置，调整硬盘的大小，在此硬盘空间只能增加不能减小，如图 3-2-63 所示。

图 3-2-63　增加磁盘的大小

（2）进入虚拟机系统，在"计算机管理"→"磁盘管理"中刷新磁盘，可以看到 C 盘后面新增加的"未分配"空间，右击 C 盘选择"扩展卷"，如图 3-2-64 所示。

（3）在"扩展卷向导"中，选择磁盘，在"选择空间量"中，输入要扩展的大小，一般选择默认值即可，如图 3-2-65 所示。

（4）在"完成扩展卷向导"对话框中单击"完成"按钮，完成磁盘扩展，如图 3-2-66 所示。

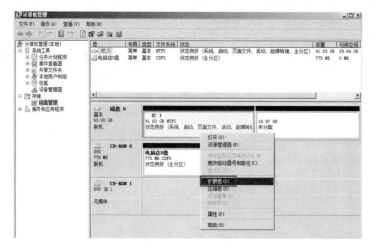

图 3-2-64　扩展卷

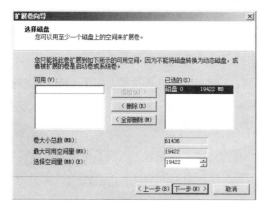

图 3-2-65　扩展卷

图 3-2-66　磁盘扩展

（5）返回到"计算机管理"→"存储"→"磁盘管理"，可以看到 C 盘空间已扩展，如图 3-2-67 所示。在扩展卷的过程中，系统不受影响，数据不丢，磁盘可用空间增加。D 盘、E 盘等的扩展与此类似，不一一介绍。

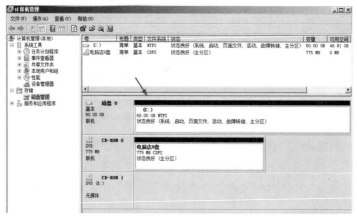

图 3-2-67　磁盘扩展完成

3. 超过 2TB 硬盘动态卷扩展问题

上一节介绍的方法适用于磁盘空间小于 2TB 的虚拟机。如果虚拟机的硬盘使用即将超过 2TB（见图 3-2-68，此时可用空间只有 12GB 可用），需要继续添加空间时，应采用如下的方法。

（1）修改虚拟机配置，添加一块新的虚拟磁盘（见图 3-2-69），本示例中新添加的虚拟硬盘大小为 200GB。

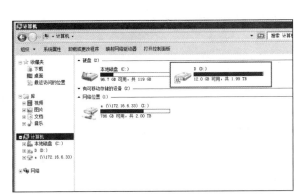

图 3-2-68　D 盘还剩余 12GB 可用

图 3-2-69　添加虚拟磁盘

（2）进入虚拟机控制台，打开"服务器管理器"→"存储"→"磁盘管理"，先将新添加的"磁盘 2""联机并初始化，然后右击 D 盘选择"扩展卷"（见图 3-2-70），扩展之后如图 3-2-71 所示。

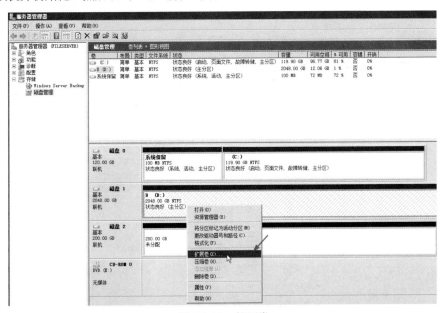

图 3-2-70　扩展卷

（3）打开"资源管理器"可以看到 D 盘可用空间已经从 12GB 扩展到 212GB，增加了 200GB，如图 3-2-72 所示。此检查表示磁盘扩充已经完成。

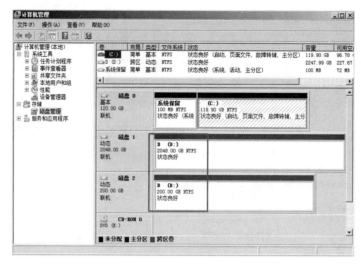

图 3-2-71　扩展卷之后截图

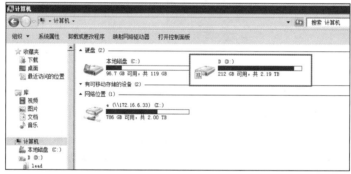

图 3-2-72　磁盘已经扩展

4．直接创建 3TB 硬盘安装操作系统的问题

在新建虚拟机的时候，如果添加的第一块硬盘（即用来安装操作系统的磁盘）大于 2TB，则最多只能使用 2TB，超过 2TB 的空间不能使用，可以通过下面的实验进行验证。

（1）在 vSphere Web Client 或 vSphere Client 中创建虚拟机，设置硬盘大小为 3000GB，如图 3-2-73 所示。

图 3-2-73　设置新硬盘大小为 3000GB

（2）在虚拟机中安装操作系统。安装完操作系统之后，打开"计算机管理"→"存储"→"磁盘管理"，可以看到，C 分区只有 2TB，而 2TB 后面剩余约 952GB，如图 3-2-74 所示。

（3）当前 2TB 的系统卷是最大值，右击 C 可以看到"扩展卷"选项为灰色不可选，如图 3-2-75 所示。

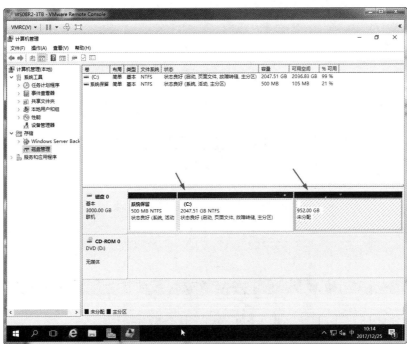

图 3-2-74　系统卷只有 2TB

图 3-2-75　不可扩展

（4）2TB 之后的空间也不能创建分区，如图 3-2-76 所示。

图 3-2-76　剩余空间不可操作

5．单一磁盘超过 2TB 的方法

如果虚拟机中想使用单一磁盘超过 2TB 的空间，则有两种方法（此处 2TB 硬盘为数据盘，不是系统磁盘）。

（1）新建虚拟硬盘，在创建虚拟硬盘的时候超过 2TB。

（2）如果创建硬盘的时候小于 2TB，当虚拟机中已经分区之后，再在虚拟机配置中修改硬盘大小并超过 2TB，则在虚拟机中只能删除已经创建的分区，将磁盘转换为 GPT 分区之后，再次创建分区才能超过 2TB。下面将通过实验验证。

（1）修改虚拟机配置，添加一块 5TB 大小的硬盘，如图 3-2-77 所示。

（2）启动虚拟机，打开"计算机管理"→"存储"→"磁盘管理"，将新添加的硬盘联机并初始化，初始化的时候选择 GPT 分区，如图 3-2-78 所示。

（3）之后分区格式化，如图 3-2-79 所示，这是格式化之后的截图。

图 3-2-77　硬盘大小为 5TB

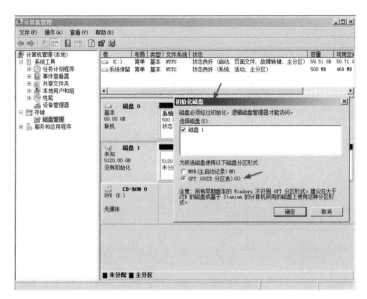

图 3-2-78　初始化为 GPT 分区

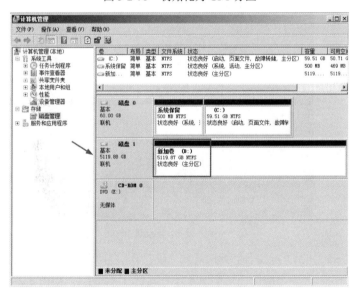

图 3-2-79　创建超过 2TB 的单一分区

6. Windows Server 2003 虚拟机中 C 盘空间调整方法

如果虚拟机操作系统安装的是 Windows Server 2003、Windows XP 等操作系统，当 C 盘空间不足时，可以通过修改虚拟机配置、增加硬盘的空间，然后使用 DiskGenius 软件调整。如果一块硬盘划分了 C、D 等多个分区，可以使用 DiskGenius 工具软件压缩 D 盘空间，扩充 C 盘空间。本例以图 3-2-80 磁盘为例进行介绍。

对于图 3-2-80 这种情况，无论操作系统是 Windows Server 2003 还是 Windows Server 2008、Windows 7、Windows 10，都可以使用 DiskGenius 软件在 DOS 模式下调整。调整前后 C、D 磁盘的数据不会丢失。下面介绍调整的方法与主要步骤。

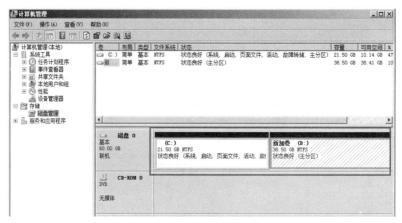

图 3-2-80　磁盘管理

（1）使用"电脑店 U 盘制作工具"制作启动 U 盘并启动服务器，选择"运行最新版 DiskGenius 分区工具"，如图 3-2-81 所示。对于虚拟机，可以使用电脑店 U 盘制作工具制作的 ISO 文件引导虚拟机，与工具 U 盘启动物理机效果相同。

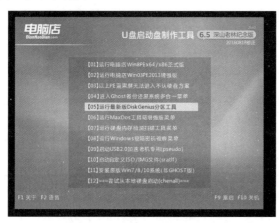

图 3-2-81　运行 DiskGenius

（2）进入 DiskGenius 的 DOS 界面，此时看到"硬盘 0"有两个分区，其中第二个分区有较多空间，在第二个分区右击，在弹出的快捷菜单中选择"调整分区大小"，如图 3-2-82 所示。

图 3-2-82　调整分区大小

（3）在"调整分区容量"对话框中，用鼠标拖动左侧的滑动条进行移动，让分区"前面"调整出空间，或者在"分区前部的空间"输入分区前剩余的空间，例如 19.05GB，然后单击"开始"按钮，此时 DiskGenius 会移动分区前面的数据，并在分区前压缩出指定大小的剩余空间，如图 3-2-83 所示。

图 3-2-83　调整分区大小

（4）DiskGenius 会弹出对话框，提示是否要立即调整此分区，单击"是"按钮继续，如图 1-7 所示。

图 3-2-84　确认调整

（5）DiskGenius 开始调整分区，调整时间视磁盘大小和需要移动的数据多少来定。在此期间不要断电、强制关机或重新启动计算机，有时候系统会和死机一样，应耐心多等一段时间，如图 3-2-85 所示。调整完成之后单击"完成"按钮。

（6）调整完成后在 C、D 之间多出一段"空闲"分区，这是压缩 D 分区获得的，右击第一个分区（C 盘），在快捷菜单中选择"调整分区大小"，如图 3-2-86 所示。

图 3-2-85　调整完成

图 3-2-86　调整 C 分区大小

（7）在"调整分区容量"对话框中，移动 C 分区右侧的滑动条向右侧空白的位置拖动，或者在"分区后部的空间"输入剩余的空间，如果输入为 0，则使用所有可用的空间，如图 3-2-87 所示，然后单击"开始"按钮，开始调整。

图 3-2-87　调整空间

（8）DiskGenius 开始调整分区大小，如图 3-2-88 所示。调整完成后单击"完成"按钮。

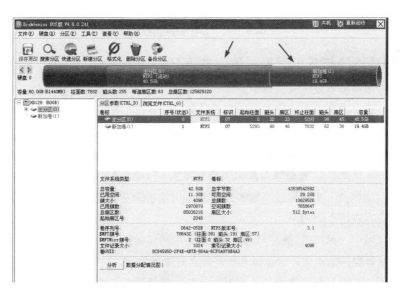

图 3-2-88　调整分区

（9）调整后可以看到 C 分区已经"增加"，C、D 之间的空闲分区已经没有，如图 3-2-89 所示。单击右上角的"重新启动"按钮，退出 DiskGenius 并重新启动计算机，拔下 U 盘（或断开 ISO 文件的连接）。

图 3-2-89　分区调整完成

（10）再次进入 Windows 操作系统，打开"计算机管理"，可以看到 C 盘增加，D 盘减小，如图 3-2-90 所示。

（11）打开"资源管理器"检查 D 盘上的数据是否正常，如图 3-2-91 所示。至此 C 盘扩容完成。

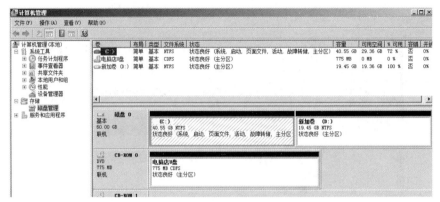

图 3-2-90　磁盘管理

图 3-2-91　D 盘数据仍在

3.2.4　磁盘格式转换与减小虚拟机硬盘的方法

VMware 虚拟机磁盘有厚置备、精简置备两种格式。精简置备磁盘按需增长，厚置备磁盘立刻分配所需空间。厚置备磁盘较之精简置备磁盘有较好的性能，但初始置备浪费的空间较多。

精简置备磁盘虚拟机时，如果频繁增加、删除、修改数据，精简置备磁盘实际占用的空间会超过为其分配的空间。例如，某个 VMware Workstation 或 VMware ESXi 的虚拟机，为虚拟硬盘分配了 40GB 的空间（精简置备）。如果这台虚拟机反复添加、删除数据，在虚拟机中看到硬盘剩余空间可能还有很多，例如剩余一半，但这个虚拟硬盘所占用的物理空间可能已经超过了 40GB，如果是厚置备磁盘则不会存在这个问题。

实际的生产环境中，虚拟机选择厚置备磁盘还是精简置备磁盘，要根据实际情况来定。如果虚拟机强调性能、并且数据量不大，则选择"厚置备立刻置零"，这将获得最好的性能。如果数据量持续增长、但变动不大，只是持续的增加，则可以选择"精简置备"磁盘。

【注意】厚置备磁盘只是针对于 HDD 传统"磁"存储介质，如果是闪存（SSD 或固态硬盘），则只推荐选择"精简置备"。虚拟机及虚拟硬盘保存在固态硬盘等存储介质时，使用精简置备可以获得较好的性能，同时也利于提高固态硬盘的使用寿命。在使用固态硬盘存储介质时，至少要为固态硬盘保留 20%～30% 的可用空间，如果固态硬盘可用空间长期少于 5% 甚至 3% 以下，则固态硬盘的寿命会飞速下降并导致固态硬盘过早失效与损坏。

关于固态硬盘的使用与性能测试的相关文章，可以参看作者博客。

VMware ESX 虚拟磁盘性能测试：http://blog.51cto.com/wangchunhai/1127415。

PCI-E SSD、M2 SSD 与 SATA SSD 性能测试测试：http://blog.51cto.com/wangchunhai/2051681?cid
=695254。

在生产环境中，为虚拟机分配厚置备磁盘，磁盘的大小以达到稳定工作时占用的实际空间的
1.5～2 倍为宜，例如虚拟机稳定工作后需要 400GB 的空间，则可为虚拟硬盘分配 600～800GB 空间。
空间不够可以再增加，但如果提前分配过多的空间无疑是一种浪费。因为无论是 VMware、Hyper-V
或其他虚拟化产品，虚拟磁盘的增加较容易但减少较难。如果要减少虚拟机硬盘大小，可以采用如
下的几种方法。

（1）Ghost 方法：修改虚拟机配置，添加相同或合适容量的厚置备或精简置备磁盘，重新启动
计算机，进入 Windows PE 或 DOS 界面，执行 Ghost 克隆。例如，某虚拟机有 2 块磁盘，第一块为
系统磁盘分配了 60GB；第二块为数据磁盘分配了 2TB 的厚置备磁盘，但实际只占用了 300GB 空间，
想将 2TB 硬盘改为 600GB 的厚置备或精简置备磁盘。则需要修改虚拟机配置，添加一块新的 600GB
的厚置备或精简置备的磁盘，重新启动虚拟机，用 Windows PE 的 ISO 引导，使用 Ghost 克隆 2TB
的硬盘到新的 600GB 的硬盘中。克隆完成后，修改虚拟机配置，将原来 2TB 的备磁盘移除（但不
删除），启动虚拟机，查看新克隆的数据是否正确，检查系统及数据无误之后，再删除原来 2TB 的
磁盘释放空间。在使用此种方法时，要记录原来 2TB 磁盘创建的分区及盘符，并为新的 600GB 硬
盘分配原来 2TB 使用的盘符。

（2）使用 vCenter Converter 转换。使用 VMware vCenter Converter 转换虚拟机的时候，可以将
源虚拟机、源虚拟硬盘迁移（实际上是"克隆"）到其他 vCenter 或 ESXi 主机上，在迁移转换的过
程中，可以修改目标虚拟机的硬盘大小、置备格式。

如果在创建虚拟机的时候，没有正确的选择虚拟硬盘格式，等虚拟机运行一段时间想要更改，
可以采用"迁移"并更改存储方法。即在 vCenter Server 管理的环境中（推荐将虚拟机关闭，也可
以不关闭），选择"迁移"，在"迁移"目标中选择"更改数据存储"，在更改数据存储中选择新的目
标，在磁盘格式中选择"厚置备立刻置零"或"厚置备延时置零"或"精简置备"，迁移之后磁盘格
式即可更改。

对于本节提到的这几种方法，下面通过实例进行演示。

1．Ghost 方法

当前虚拟机安装的 Windows Server 2008 R2 操作系统，该虚拟机有 2 块虚拟硬盘，第一块硬盘
安装的操作系统；第二块硬盘大小为 2TB，保存数据。

（1）关闭虚拟机并修改虚拟机配置，为虚拟机添加一块 600GB 的硬盘。

（2）加载 Windows PE 的 ISO 镜像。在"虚拟机选项"选项卡的"引导选项"→"强制执行 BIOS

设置"中选中"虚拟机下次引导时，强制进入 BIOS 设置屏幕"复选框，如图 3-2-92 所示。

（3）启动虚拟机并打开控制台，进入 BIOS 设置，在"Boot"菜单将"CD-ROM Drive"移动到第一项，按 F10 键保存退出，如图 3-2-93 所示。

图 3-2-92　引导选项

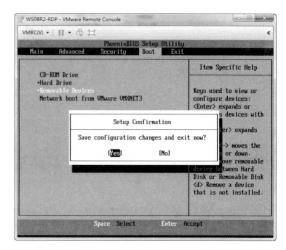

图 3-2-93　光盘最先引导

（4）使用电脑店 U 盘制作工具制作的 ISO 镜像引导计算机，选择第一项"运行电脑店 Win8PEx64/x86 正式版"，如图 3-2-94 所示。

图 3-2-94　Windows PE 引导

（5）进入 Windows PE，在"计算机管理"→"存储"→"磁盘管理"中，检查本次要克隆"源"硬盘的大小（本示例为 2048GB）及"目标"硬盘大小（本示例为 600GB），如图 3-2-95 所示。

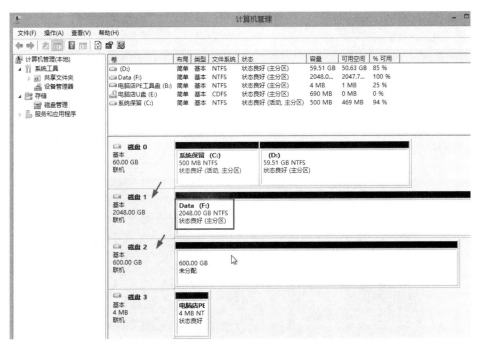

图 3-2-95　检查源和目标磁盘

（6）运行 Ghost，选择"Local"→"Disk"→"To Disk"命令，如图 3-2-96 所示。

（7）在"Select local source drive by clicking on the drive number"对话框中选择大小为 2TB 的硬盘[Size（MB）为 2097152，实际可能略有出入]，如图 3-2-97 所示。注意千万不要选错源盘和目标磁盘，否则会覆盖数据使数据丢失。

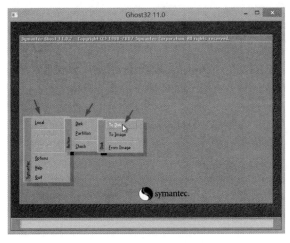

图 3-2-96　磁盘到磁盘克隆

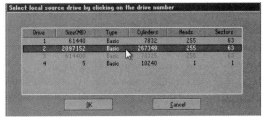

图 3-2-97　选择源盘

（8）在"Select local destination drive by clicking on the drive number"对话框选择目标磁盘，本示例选择 Size 为 614400 MB 的磁盘，如图 3-2-98 所示。

（9）在"Destination Drive Details"对话框选择默认值，如图 3-2-99 所示。

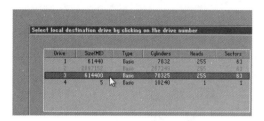

图 3-2-98　选择目标磁盘

图 3-2-99　目标分区

（10）开始克隆，克隆完成之后单击"Continue"按钮，如图 3-2-100 所示。

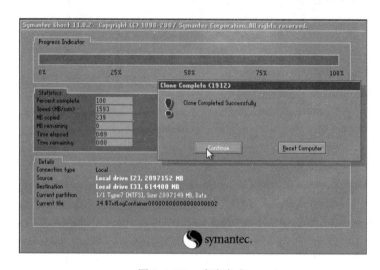

图 3-2-100　克隆完成

（11）断开 ISO 镜像文件的映射，修改虚拟机配置，选中 2TB 的磁盘单击右侧的叉号按钮（见图 3-2-101），在移除磁盘时不要选中"从数据存储删除文件"复选框，如图 3-2-102 所示。同时在图 3-2-101 中记录移除的磁盘文件名称（本示例为 WS08R2-RDP_3.vmdk），后文删除虚拟磁盘释放空间时需要用到。

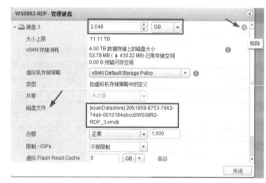

图 3-2-101　移除磁盘

图 3-2-102　不要选中从数据存储删除文件

（12）重新启动虚拟机并进入操作系统，检查克隆后的数据是否正常。打开"资源管理器"可以看到只有一个 C 盘，如图 3-2-103 所示。

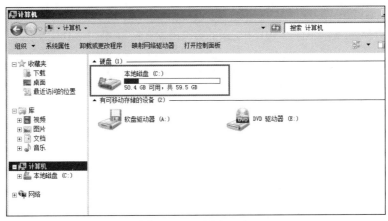

图 3-2-103　只有 C 盘

（13）打开"服务器管理器"→"存储"→"磁盘管理"，可以看到新添加的 600GB 硬盘没有联机，右击该磁盘，在弹出的快捷菜单中选择"联机"命令，如图 3-2-104 所示。

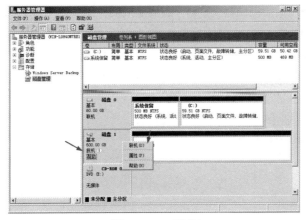

图 3-2-104　联机

（14）联机之后，分区可见，数据显示正常，如图 3-2-105 所示。可以将新添加的磁盘分配原来 2TB 硬盘所使用的分区。

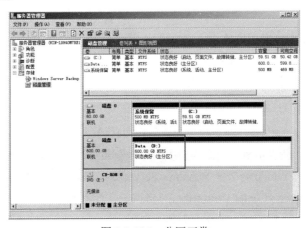

图 3-2-105　分区正常

（15）确认数据已经从 2TB 硬盘"克隆"到 600GB 的硬盘后，登录 vSphere Web Client，浏览当前虚拟机所在的存储器，删除图 3-2-101 中记录的虚拟硬盘文件，如图 3-2-106 所示，以释放磁盘空间。

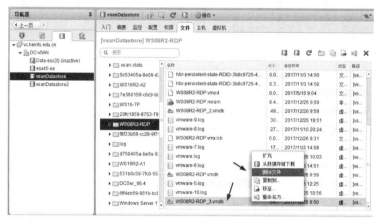

图 3-2-106　删除文件

（16）在删除不再使用的虚拟硬盘文件时，确认虚拟机正在运行，这样可以避免误删除有用的或正在使用的虚拟硬盘文件。例如，如果要删除正在使用的 600GB 的虚拟硬盘文件，如图 3-2-107 所示，则会弹出错误信息。

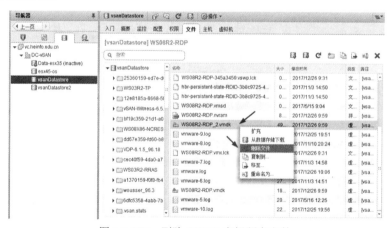

图 3-2-107　删除 600GB 虚拟硬盘文件

（17）因为该文件正在被虚拟机使用（虚拟机处于运行状态），此时删除会出错，并且提示"无法删除…WS08R2-RDP_2.vmdk"文件，如图 3-2-108 所示。本操作表示使用中的文件不会被删除，如果虚拟机关机或不再使用的文件可以被删除。

2. Converter 转换

本示例中，在 ESXi 环境中有一台虚拟机，配置了 3TB 的硬盘。使用 VMware Converter 转换（克隆）出一个新的虚拟机，新虚拟机具有源虚拟机的分区及数据，新虚拟机硬盘大小为 500GB。

（1）在网络中的一台 Windows 7 或 Windows Server 2008 R2 操作系统的计算机上安装 VMware Converter 6.0。在"VMware vCenter Converter Standalone"控制台单击"Convert machine"（转换计算机）按钮，进入转换计算机向导，如图 3-2-109 所示。

图 3-2-108　不能删除正在使用的虚拟机文件

图 3-2-109　转换计算机

（2）在源系统中选择"Powered off"→"VMware Infrastructure virtual machine"，在指定服务器连接信息对话框中，输入 vCenter Server 的 IP 地址（本示例 IP 地址为 172.18.96.10）管理员账户及密码，如图 3-2-110 所示。

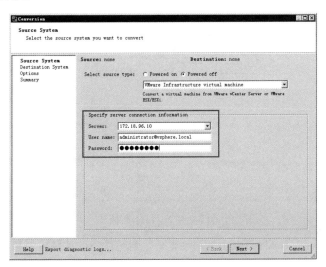

图 3-2-110　指定连接信息

（3）在"Source Machine"对话框的清单中选群集或 ESXi 主机，在列表中选中要转换的虚拟机（需要为关闭电源的虚拟机），如图 3-2-111 所示。

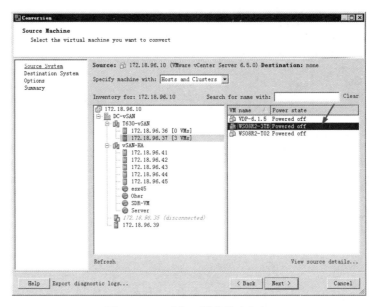

图 3-2-111　选择要转换的虚拟机

（4）在"Destination System"对话框，在"VMware Infrastructure virtual machine"中输入目标 ESXi 主机的 IP 地址 172.18.96.10、管理员账户及密码，如图 3-2-112 所示。

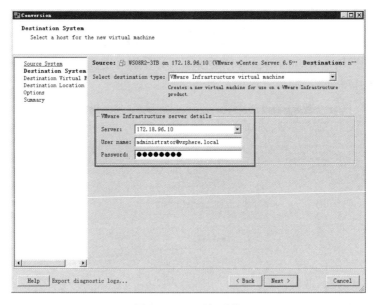

图 3-2-112　目标系统

（5）在"Destination Virtual Machine"对话框中指定转换后的计算机名称，如图 3-2-113 所示。

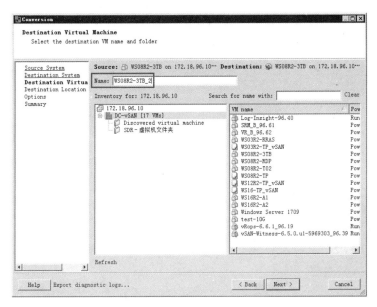

图 3-2-113　目标虚拟机名称

（6）在"Destination Location"对话框的清单中选择目标群集或主机，并在"Datastore"（存储）下拉列表中选择保存虚拟机位置的存储，在"Virtual machine version"（虚拟机版本）下拉列表中选择虚拟机的硬件版本（可以在 Version 4、7、8、9、10、11 之间选择），如图 3-2-114 所示。

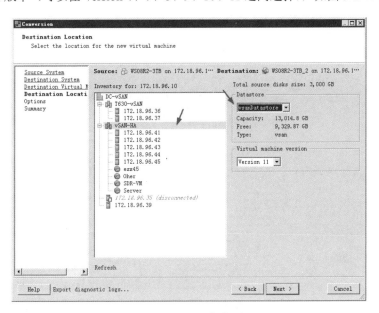

图 3-2-114　目标位置

（7）在"Options"对话框中配置目标虚拟机的硬件，可以选择目标计算机上要复制的数据、修改目标虚拟机 CPU 插槽与内核数量、为虚拟机分配内存、为目标虚拟机指定磁盘控制器、配置目标虚拟机的网络设置等参数，如图 3-2-115 所示，单击"Edit"进入编辑项。

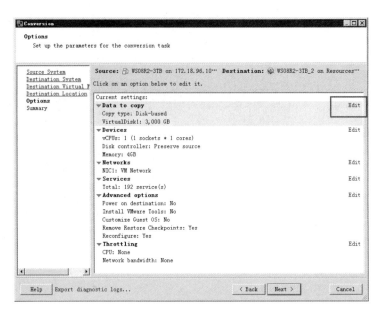

图 3-2-115　配置

（8）在转换向导的"选项"对话框中，首先进入"Data to copy"选项组。在默认情况下，Converter 转换向导复制所有磁盘并保持其布局。在"Data copy type"下拉列表中选择"Select volumes to copy"，单击"Advanced"按钮，如图 3-2-116 所示。

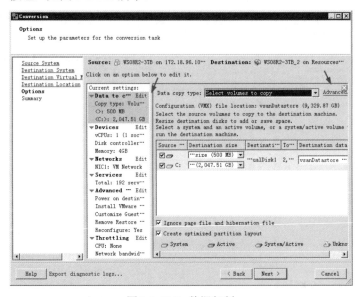

图 3-2-116　数据复制

（9）单击"Destination layout"选项卡，在"Size/Capacity"选项中，对应的每个磁盘下拉列表有 4 个选项"Maintain size"（保持原大小空间）、"Min size"（最小空间）、"Type size in GB"、"Type size in MB"。第一项为保持原来大小的空间，即源物理机分区容量多大，目标虚拟硬盘分区大小保持同样大；第二项为源物理分区已经使用的空间，即转换后目标分区需要占用的最小空间；第三项为管理员手动指定目标分区空间，单位为 GB；第四项为管理员手动指定目标分区空间，单位为

MB。可以直接输入目标分区的大小，本示例为 500GB（要保证源分区的数据量小于 500GB），如图 3-2-117 所示。在"Destination layout"选项卡中，还可以选择置备属性"Thick"（厚置备磁盘）、"Thin"（精简置备磁盘）。

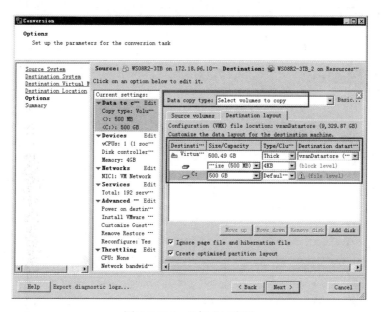

图 3-2-117　目标分区容量

（10）其他则根据需要进行选择，此处不一一介绍，选择完毕打开"Summary"对话框，如图 3-2-118 所示。

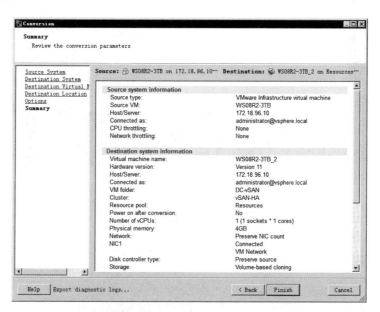

图 3-2-118　摘要

（11）开始转换，直到转换完成，这需要一段时间，如图 3-2-119 所示。

（12）启动转换后的虚拟机，打开"计算机管理"→"存储"→"磁盘管理"，可以看到 C 盘的空间是 500GB，如图 3-2-120 所示。

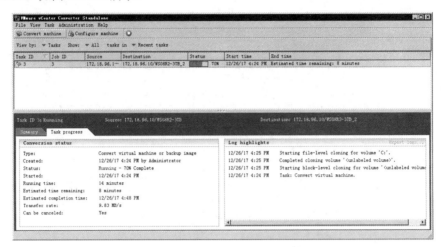

图 3-2-119　开始转换

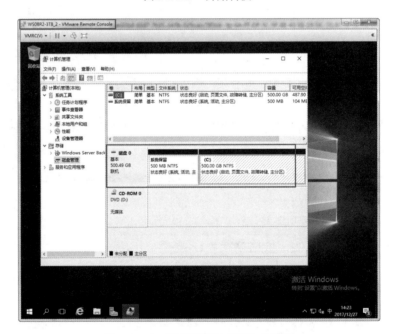

图 3-2-120　检查迁移完成后的虚拟机

检查迁移完成后的虚拟机，如果迁移后的虚拟机的数据中和应用程序与源虚拟机（分配硬盘比较大）相同，则可以删除源虚拟机，完成本次迁移。

3．迁移更改存储

如果不更改虚拟硬盘的大小而只是更改虚拟硬盘的属性，可以使用"存储迁移"的功能完成。

（1）在 vSphere Web Client 中，右击要更改硬盘格式的虚拟机（可以是正在运行的虚拟机），在弹出的快捷菜单中选择"迁移"命令，如图 3-2-121 所示。

（2）在"选择迁移类型"对话框中选择"仅更改存储"单选按钮，如图 3-2-122 所示。

图 3-2-121 迁移　　　　　　　　　　　　　图 3-2-122 仅更改存储

（3）在"选择存储"对话框中先选择迁移到的存储，然后在"选择虚拟磁盘格式"下拉列表中选择转换后的格式，可以在"厚置备延迟置零""厚置备置零""精简置备"之间选择，如图 3-2-123 所示。

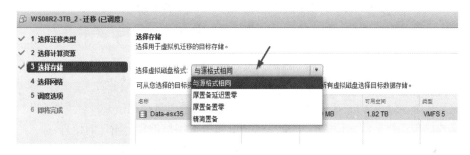

图 3-2-123 选择虚拟磁盘格式

（4）在"即将完成"对话框中单击"完成"按钮，如图 3-2-124 所示。迁移完成之后，虚拟机磁盘格式将会更改。

图 3-2-124 即将完成

3.2.5 虚拟机使用超过 2TB 单一硬盘的错误示例

有读者问过如下一个问题：为什么系统分区为 109.7GB 空间，系统自动产生一个 552GB 的分区还删除不了，并且发了一个图，如图 3-2-125 所示。

图 3-2-125　错误截图

在图 3-2-125 中可以看出以下几点：

（1）这是一个 VMware ESXi 的虚拟机，因为屏幕上方有"活动连接数目已更改。此控制台目前有 2 个活动连接"的提示，这是多个 vSphere Client 打开虚拟机控制台出现的信息。

（2）当前虚拟机只有一块硬盘，并且是一个 3TB 大小的虚拟硬盘。

（3）当前安装的是 Windows Server 2008 或 Windows Server 2008 R2 的操作系统。

在图 3-2-125 中，在新建 109.7GB 的分区时，为什么会自动产生 552GB 的分区，并且分区不能删除呢？要明白这些，需要了解硬盘分区的知识。

在使用新磁盘之前，必须对其进行分区。当前硬盘主要有两种分区：MBR（Master Boot Record）和 GPT（GUID Partition Table）。这些分区信息包含了分区从哪里开始的信息，这样操作系统才知道哪个扇区是属于哪个分区的，以及哪个分区是可以启动的。在磁盘上创建分区时，必须在 MBR 和 GPT 之间做出选择。

MBR 的意思是"主引导记录"，最早在 1983 年在 IBM PC DOS 2.0 中提出。之所以叫"主引导记录"，是因为它是存在于驱动器开始部分的一个特殊的启动扇区。这个扇区包含了已安装的操作系统的启动加载器和驱动器的逻辑分区信息。所谓启动加载器，是一小段代码，用于加载驱动器上其他分区上更大的加载器。如果安装了 Windows，Windows 启动加载器的初始信息就放在这个区域里——如果 MBR 的信息被覆盖导致 Windows 不能启动，就需要使用 Windows 的 MBR 修复功能来使其恢复正常。如果你安装了 Linux，则位于 MBR 里的通常会是 GRUB 加载器。

MBR 支持最大 2TB 磁盘，它无法处理大于 2TB 容量的磁盘。MBR 还只支持最多 4 个主分区——如果想要更多分区，需要创建"扩展分区"，并在其中创建逻辑分区。

GPT 意为 GUID 分区表。（GUID 意为全局唯一标识符）。这是一个正逐渐取代 MBR 的新标准。

它和 UEFI 相辅相成——UEFI 用于取代老旧的 BIOS，而 GPT 则取代老旧的 MBR。之所以叫作"GUID 分区表"，是因为驱动器上的每个分区都有一个全局唯一的标识符（Globally Unique IDentifier，GUID）——这是一个随机生成的字符串，可以保证为地球上的每一个 GPT 分区都分配完全唯一的标识符。

GPT 分区表没有扩展分区与逻辑分区的概念，所有分区都是主分区。对于 Windows 操作系统来说，一个物理硬盘最多可以划分出 128 个分区，足以满足实际需要。每个 GPT 分区的最大容量是 18EB（1EB＝1024PB，1PB＝1024TB）。

Windows 对 GPT 分区的支持情况：

（1）Windows 95/98/ME、Windows NT 4、Windows 2000、Windows XP 32 位版本不支持 GPT 分区，只能查看 GPT 的保护分区，GPT 不会被装载或公开给应用软件。

（2）Windows XP x64 版本只能使用 GPT 磁盘进行数据操作，只有基于安腾处理器 （Itanium）的 Windows 系统才能从 GPT 分区上启动。

（3）Windows Server 2003 32 bit Server Pack 1 以后的所有 Windows 2003 版本都能使用 GPT 分区磁盘进行数据操作，只有基于安腾处理器（Itanium）的 Windows 系统才能从 GPT 分区上启动。

（4）Windows Vista 和 Windows Server 2008 的所有版本都能使用 GPT 分区磁盘进行数据操作；但只有基于 UEFI 主板的系统支持从 GPT 启动。

对于 Windows 操作系统来说，支持 GPT 数据盘与系统盘如表 3-2-1 所列。

表 3-2-1　Windows 操作系统 GPT 数据盘与系统盘关系列表

操作系统	系 统 盘	数 据 盘
Windows XP 32 位	不支持 GPT 分区	不支持 GPT 分区
Windows XP 64 位	不支持 GPT 分区	支持 GPT 分区
32 位 Windows Vista 及其以上	不支持 GPT 分区	支持 GPT 分区
64 位 Windows Vista 及其以上	GPT 分区需要 UEFI BIOS	支持 GPT 分区
Windows Server 2003 SP1 及其以上		支持 GPT 分区
Linux	GPT 分区需要 UEFI BIOS	支持 GPT 分区

3.3　为 VMware ESXi 服务器配置时间

实际使用中计算机的时间比较重要，单位考勤、业务文档的生成都依据计算机以及服务器的时间。越来越多的服务器已经迁移到虚拟机中运行，而虚拟机的时间依赖于主机的时间，如果 ESXi 主机的时间不正确，则虚拟机的时间也不正确，这样在实际生产中会造成问题。安装 VMware ESXi 之后，要调整或修改 VMware ESXi 的时间配置，让 VMware ESXi 的时间与服务器所在的时区同步。通常来说，如果网络中有"NTP 服务器"，如管理配置 Microsoft 的 Active Directory 服务器作为 NTP 服务器，则可以配置 VMware ESXi 使用局域网中的"NTP 服务器"进行时间的同步；如果当前网络中没有 NTP 服务器，但 VMware ESXi 的配置可以连接到 Internet，则可以采用 Internet 上提供的 NTP 服务器，例如 VMware 官方提供的 4 台 NTP 服务器：0.vmware.pool.ntp.org、1.vmware.pool.ntp.org、2.vmware.pool.ntp.org、3.vmware.pool.ntp.org。

说明：NTP 是 Network Time Protocol 的简称，是用来使计算机时间同步化的一种协议，它可以使计算机对其服务器或时钟源（如石英钟，GPS 等）做同步化，可以提供高精准度的时间校正（局域网中与标准时间差小于 1 ms，广域网上与标准时间差为几十毫秒）。

3.3.1　NTP 服务器的两种模型

本节通过图 3-3-1 的拓扑介绍 ESXi 中 NTP 时间服务器的配置。

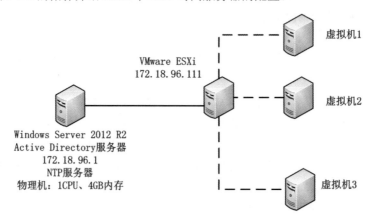

图 3-3-1　NTP 服务器是网络中的一台物理服务器

在图 3-3-1 中，作为 NTP 时间服务器的是网络中一台独立的物理机，这台物理机与 ESXi 主机属于同一个网络。NTP 是用的 Windows Server 2012 R2 的 Active Directory 服务器（在将 Windows 升级到 Active Directory 服务器后，自动会启用 NTP 服务）。在配置之后，ESXi 主机会通过 172.18.96.1 的 NTP 进行同步，而 ESXi 中的虚拟机，例如"虚拟机 1""虚拟机 2""虚拟机 3"这些运行在 ESXi 主机中的虚拟机，则会从 ESXi 主机进行同步。

如果作为 NTP 服务器的 Active Directory，同时也是 ESXi 中的一台虚拟机，那就存在一个"循环"的问题。虚拟机会从 ESXi 主机同步，而 ESXi 会从 NTP 同步，但作为 NTP 服务器的计算机又是 ESXi 中的一个虚拟机。因为同步是有周期的，如果在 ESXi 主机时间不对的情况下，作为 NTP 服务器的虚拟机从 ESXi 获得了不正确的时间，稍后 ESXi 从 NTP 同步，又会获得错误的时间，这就造成"死循环"，如图 3-3-2 所示。

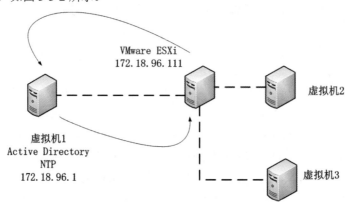

图 3-3-2　NTP 服务器是 ESXi 中的一台虚拟机

对于这种情况，就需要修改作为 NTP 服务器的虚拟机，不让虚拟机与 ESXi 主机同步时间。

3.3.2　在虚拟机与主机之间完全禁用时间同步

在默认情况下，即使未打开周期性时间同步，虚拟机有时也会与主机同步时间。若要完全禁用时间同步，则必须对虚拟机配置文件中的某些属性进行设置。此时，需要关闭虚拟机的电源，修改虚拟机的配置文件（.vmx），为时间同步属性添加配置行，并将属性设置为 FALSE。

```
tools.syncTime = "FALSE"
time.synchronize.continue = "FALSE"
time.synchronize.restore = "FALSE"
time.synchronize.resume.disk = "FALSE"
time.synchronize.shrink = "FALSE"
time.synchronize.tools.startup = "FALSE"
```

如果虚拟机是 VMware Workstation，则可以直接用"记事本"修改虚拟机配置文件，添加以上六行代码。如果虚拟机是 VMware ESXi，则需要按照如下步骤操作。

（1）使用 vSphere Client 连接到 ESXi，关闭想禁用时间同步的虚拟机，编辑虚拟机设置，如图 3-3-3 所示。

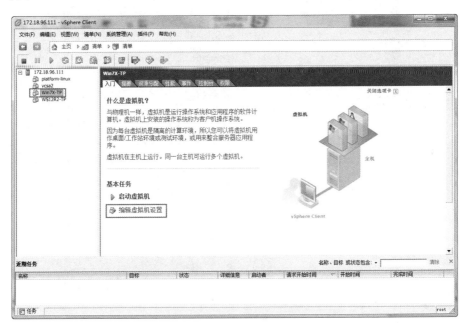

图 3-3-3　编辑虚拟机设置

（2）打开虚拟机属性后，在"选项"→"高级"→"常规"中，单击"配置参数"按钮，如图 3-3-4 所示。

（3）单击"添加行"，会添加一个空行，在"名称"及"值"处输入配置参数（一行一个，需要按照上述的六行代码进行添加，注意不要添加＝和英文的双引号）。添加之后如图 3-3-5 所示。

（4）添加后单击"确定"按钮返回虚拟机配置，再次单击"确定"按钮完成设置，如图 3-3-6 所示。

图 3-3-4　配置参数

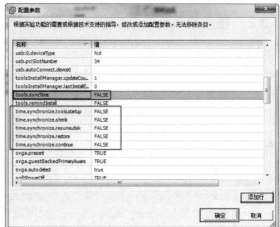

图 3-3-5　添加时间同步属性配置行

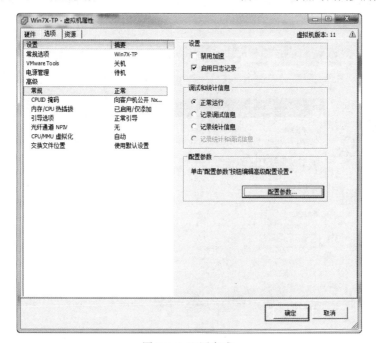

图 3-3-6　配置完成

（5）启动虚拟机，在虚拟机中调整时间，可以看到虚拟机的时间与 ESXi 主机时间已经不一致，如图 3-3-7 所示。即使虚拟机重新启动或重新开机，虚拟机时间会以此时间为基准，不再与主机同步。

作为 NTP 服务器的 Active Directory，则可以参照本节内容操作，这样 NTP 服务器会与 Internet 时间同步，ESXi 主机与 NTP 同步，ESXi 中的其他虚拟机则与 ESXi 主机同步，这样就能保证时间的正确。

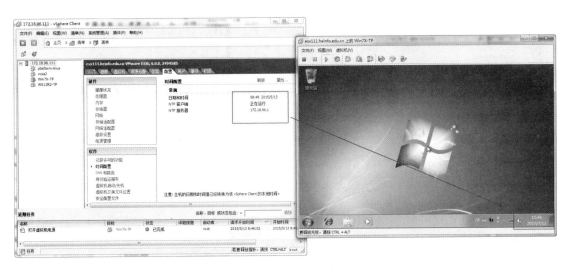

图 3-3-7　虚拟机时间与主机已经不再同步

3.3.3　将 Windows Server 配置为 NTP 时间服务器

如果 NTP 工作不正常，可以参考本节内容一一检查或配置。下面介绍将 Windows Server（例如 Windows Server 2008 R2、Windows Server 2012、Windows Server 2016）配置为 NTP 时间服务器的内容。

（1）运行 regedit，打开"注册表编辑器"，定位到 HKEY_LOCAL_MACHINE\SYSTEM\CurrentControlSet\Services\W32Time\Parameters，双击 Type 查看参数是否为 NTP，如果不是请改为 NTP，如图 3-3-8 所示。

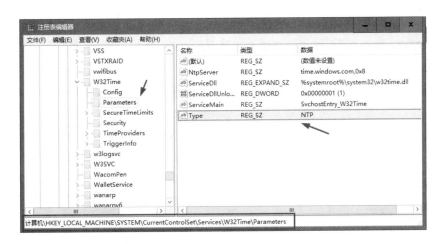

图 3-3-8　查看 Type 参数

（2）双击 NtpServer，为当前的 Windows Server 指定上游的 NTP 服务器（当前这台即将配置为 NTP 服务器的计算机，使用的基准时间服务器，可以通过网络访问到），通常情况下 Windows 操作系统使用的 NTP 服务器是 time.windows.com，如图 3-3-9 所示。可以双击 NtpServer 进行查看与修改，如图 3-3-10 所示。

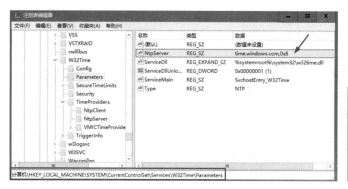

图 3-3-9　查看上游 NTP 配置

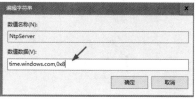

图 3-3-10　指定上游 NTP 服务器

（3）修改 HKEY_LOCAL_MACHINE\SYSTEM\CurrentControlSet\Services\W32Time\Config 注册表项中 AnnounceFlags 的值为 5，如图 3-3-11 所示。

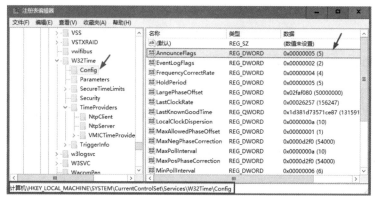

图 3-3-11　AnnounceFlags 项

（4）定位到 HKEY_LOCAL_MACHINE\SYSTEM\CurrentControlSet\Services\W32Time\Time\Providers\NtpClient，修改 SpecialPollInterval 为十进制的 600（即 10 分钟），如图 3-3-12 所示。修改后如图 3-3-13 所示。

图 3-3-12　修改 SpecialPollInterval

图 3-3-13　修改参数后截图

（5）在"服务"中修改"Windows Time"的"启动类型"为"自动（延迟启动）"，并重新启动 Windows Time 服务器，如图 3-3-14 所示。

图 3-3-14　启动 Windows 时间服务器

经过上述设置，这台 Windows Server 即可用作 NTP 服务器。

3.3.4　使用 vSphere Client 启用 SSH 服务

要为 ESXi 指定 NTP 还需要修改配置文件。为了修改 ESXi 配置文件，需要使用 SSH 客户端登录到 ESXi，要先启用 VMware ESXi 的 SSH 服务。

（1）使用 vSphere Client 登录到 vCenter Server 或 ESXi 主机，在 "配置" → "安全配置文件"中单击 "属性"，如图 3-3-15 所示。

图 3-3-15　安全配置文件属性

（2）打开 "服务属性" 对话框后，在列表中选中 "SSH"，单击 "选项" 按钮，如图 3-3-16 所示。

（3）在 "SSH（TSM-SSH）选项" 对话框中，在 "服务命令" 列表中，单击 "启动" 按钮，启动 SSH 服务，如图 3-3-17 所示。

图 3-3-16　SSH 选项　　　　　　　　　　　　　图 3-3-17　启动 SSH 服务

（4）返回到"服务属性"之后，可以看到 SSH 服务已经运行，如图 3-3-18 所示。

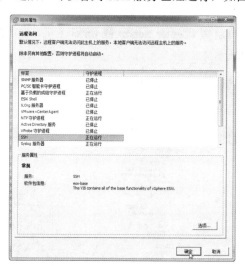

图 3-3-18　启用 SSH 服务

3.3.5　修改配置文件

在启用 SSH 服务之后使用 SSH 客户端，登录到 ESXi 主机，修改以下配置文件。

（1）使用 Xshell 5 登录到 ESXi 主机，进入 ESXi 的 Shell 后，执行 vi /etc/npt.conf 命令，如图 3-3-19 所示。

（2）用 vi 编辑器打开 ntp.conf 配置文件后，按 Insert 键进入编辑模式，移动光标到最后一行最后一个字符，按回车键新添加一行，输入以下内容：（全部为小写）

```
tos maxdist 30
```

添加之后按 Esc 键，输入："wq"，按回车键存盘退出，如图 3-3-20 所示。

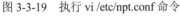

图 3-3-19　执行 vi /etc/npt.conf 命令　　　　　　图 3-3-20　修改 ntp.conf 文件

（3）如果是 ESXi 5.5 的主机，还需要修改/etc/likewise/lsassd.conf 文件，去掉#sync-system-time
的注释，并设置：

```
sync-system-time = yes
```

ESXi 6.0 主机则没有此项设置。

3.3.6　为 ESXi 主机指定 NTP 服务器

在 ESXi 中，管理员可以手动配置主机的时间设置，也可以使用 NTP 服务器同步主机的时间
和日期。在大多数的情况下，第一次配置的时候应先调整主机的时间，然后再使用 NTP 进行同步。

（1）选择"配置"→"时间配置"，单击右上角的"属性"按钮，在弹出的"时间配置"对话框
中，调整 VMware ESXi 主机的时间与你所在时区当前时间相同，然后单击"确定"按钮，如图 3-3-21
所示。

图 3-3-21　设置主机时间

（2）如果要设置 VMware ESXi 的 NTP "时间服务器"，可以在图 3-3-21 中单击"选项"按钮，在弹出的"NTP 守护进程（ntpd）选项"对话框中，选择"NTP 设置"，单击"添加"按钮，添加 NTP 服务器。如果 ESXi 主机可以连接到 Internet，则推荐采用 VMware 提供的 NTP 服务器（见图 3-3-22）：

```
0.vmware.pool.ntp.org
1.vmware.pool.ntp.org
2.vmware.pool.ntp.org
3.vmware.pool.ntp.org
```

如果使用 vSphere Client 添加 NTP 服务器，则每行添加一个；如果使用 vSphere Web Client 添加 NTP 服务器，则可以同时添加多台 NTP 服务器，NTP 服务器之间需要用英文的逗号分隔。

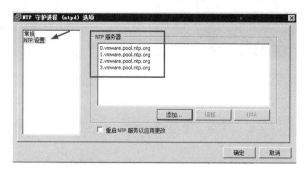

图 3-3-22　添加 VMware 官方推荐的 NTP 服务器

（3）可以使用局域网中配置的 NTP 服务器，例如本示例中，采用网络中的 Active Directory 服务器作为时间服务器，其地址为 172.18.96.1，添加之后如图 3-3-23 所示。

（4）在添加 NTP 服务器之后，可以在"常规"选项中，选择"与主机一起启动和停止"单选按钮，如图 3-3-24 所示。设置之后单击"确定"按钮。

图 3-3-23　添加 NTP 服务器　　　　　图 3-3-24　自动启动 NTP 守护进程

结过上述配置后，ESXi 主机会从指定的 NTP 服务器进行时间同步，如图 3-3-25 所示。右下角为 172.18.96.1 的 Active Directory 服务器的时间，而图中的 ESXi 的时间已经同步。

【说明】在使用 vSphere Client、vSphere Web Client 查看 ESXi 主机的时间时，显示的时间与当前时区的时间相同（见图 3-3-26），而使用 vSphere Host Client 登录到 ESXi 查看主机时间时显示的是 UTC 时间（见图 3-3-27），请注意，这只是不同的计时方式（如下午 3 点也被称为 15 点），虚拟机的时间仍然是正确的。

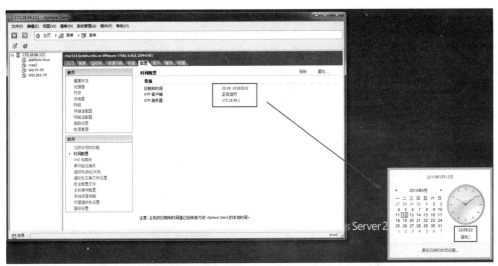

图 3-3-25　ESXi 时间已经同步

图 3-3-26　vSphere Client 显示的时间

图 3-3-27　vSphere Host Client 显示的时间

3.4　ESXi 服务器使用中碰到问题

本节整理总结了一些 ESXi 使用中碰到的问题及解决方法。

3.4.1 vSphere 6.5 密码正确不能登录解决方法

ESXi 6.5 中有一个小 bug，部分服务器安装 ESXi 6.5 后，使用 vSphere Client 登录时提示密码不对（密码正确），但并不是所有的主机都会碰到这个问题。

在安装 VMware ESXi 6.5 的系统时，密码仍然用的习惯采用的密码。但在使用中，无论是使用 vSphere Client 连接，还是在 vCenter Server 中添加这台 ESXi 系统，都提示密码不正确，最后重置系统设置（密码清空），通过在 vSphere Client 设置新的密码的方法解决。下面简单回顾一下问题的现象及解决过程。

（1）使用 vSphere Client 登录新安装的 ESXi 6.5，提示密码不正确，如图 3-4-1 所示。

（2）使用 VMware Host Client 登录，仍然提示密码不正确，如图 3-4-2 所示。

图 3-4-1 提示密码不正确　　　　　　　　　　图 3-4-2 提示密码不对

（3）在控制台前登录，密码是正确的。因为是新安装的，当前也没有进行其他配置。进入控制台，选择 "Reset System Configuration" 选项重置系统配置，在弹出的对话框中按 F11 键，如图 3-4-3 所示。重置系统之后，ESXi 重新启动。

（4）再次进入系统之后，使用空密码登录，选择 "Configure Management Network" → "IPv4 Configuration" 重新设置管理地址，如图 3-4-4 所示，设置之后保存退出，不要在控制台设置新密码。

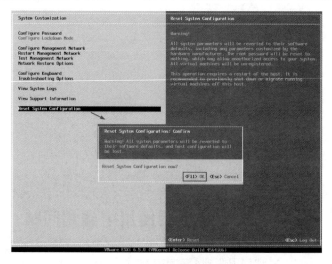

图 3-4-3 重置系统

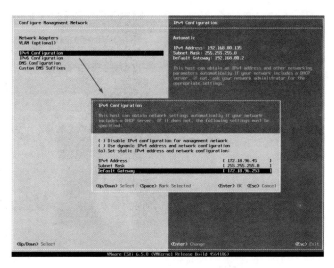

图 3-4-4　设置 ESXi 管理地址

（5）返回到管理端，使用 vSphere Client 再次登录 ESXi，输入用户名 root，密码为空，登录，如图 3-4-5 所示。

（6）在"基本任务"中单击"更改默认密码"，在弹出的"更改管理员密码"对话框中，提示"此 ESXi 主机上的管理员或'根'密码未设置，请输入一个新密码"，如图 3-4-6 所示。

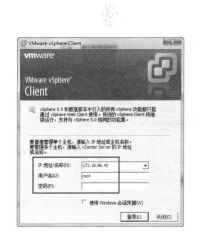

图 3-4-5　使用空密码登录

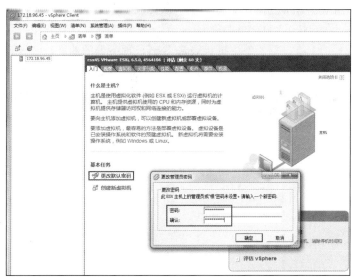

图 3-4-6　设置密码

然后在 vCenter Server 中添加 ESXi 主机，添加成功，相关操作不再介绍。

3.4.2　证书问题导致在 vSphere 6.5 中上传文件到存储设备失败

vSphere 6.5 舍弃传统的 vSphere Client 而采用全新的 vSphere Web Client 进行管理，在使用 vSphere Web Client 管理 vCenter Server 6.5 及 ESXi 时，如果想上传文件（或文件夹）到 vSphere 存储设备时出错，提示为"由于不确定的原因，操作失败……"，如图 3-4-7 所示。

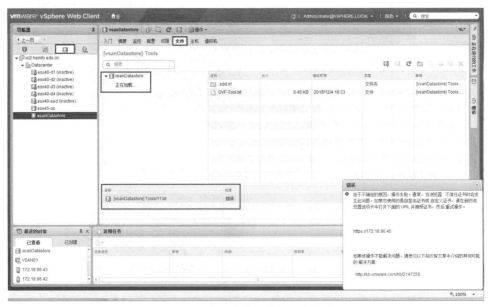

图 3-4-7　上传文件到存储设备失败

　　造成这一问题的原因当前计算机没有"信任"为 vCenter Server 服务器颁发证书的 CA，只要下载并信任根 CA 即可。如果当前 vCenter Server 采用自签名证书，可在浏览器中以 https://vCenter 的计算机名称或 IP 地址，下载并信任根证书即可，主要步骤如下。（以当前 vCenter Server 的计算机名称为 vc2.heinfo.edu.cn 为例）

　　（1）在浏览器中访问 vCenter Server 服务器的地址，例如 https://vc2.heinfo.edu.cn 打开之后，单击右侧的"下载受信任的 root CA 证书"链接以下载根证书文件，如图 3-4-8 所示。

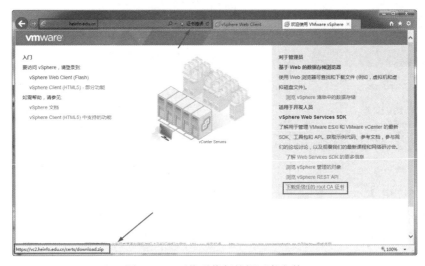

图 3-4-8　下载受信任的根证书文件

　　当鼠标移动到"下载受信任的 root CA 证书"链接时，左下解会有根证书文件的下载链接，请直接下载此链接，不要用"迅雷"下载。另外，由于当前计算机没有信任根证书，在地址栏中会提示"证书错误"。

（2）下载根证书文件后（文件名为 download.zip），将其解压缩并展开，在证书文件的 certs\win 目录中，双击扩展名为.crt 的根证书文件，如图 3-4-9 所示。（如果当前资源管理器没有显示扩展名，请修改配置显示文件扩展名。）

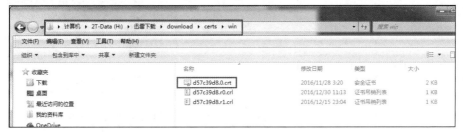

图 3-4-9　双击根证书

（3）在"证书"对话框的"常规"选项卡中可以看到"证书信息"为"此 CA 根目录证书不受信任"，单击"安装证书"按钮，如图 3-4-10 所示。

（4）在"证书导入向导"→"证书存储"对话框中选择"将所有的证书放入下列存储"，单击"浏览"按钮选择"受信任的根证书颁发机构"，如图 3-4-11 所示。

图 3-4-10　安装证书

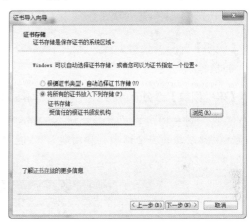

图 3-4-11　证书存储

（5）在"安全性警告"对话框中单击"是"按钮，如图 3-4-12 所示。

（6）返回到图 3-4-10 的"证书"对话框，单击"确定"按钮，完成证书的安装，如图 3-4-13 所示。

图 3-4-12　确认安装

图 3-4-13　安装证书完成

（7）关闭浏览器，重新打开 vSphere Web Client 并登录，此时可以看到证书已经被信任，上传文件可以顺利完成，如图 3-4-14 所示。

图 3-4-14　上传完成

【说明】如果要使用上传功能，需要在每台使用 vSphere Web Client 的管理工作站完成"证书信任"的操作。

【事件回放】为企业实施 vSAN，当所有主机加入 vCenter Server 之后，因为没有"信任" vCenter Server 的"根证书"，在浏览器中输入 vSphere Web Client 的登录地址时，由于没有"信任"根证书会提示"此网站的安全证书存在问题"，只能"单击此处关闭该网页"链接关闭该网页，如图 3-4-15 所示。

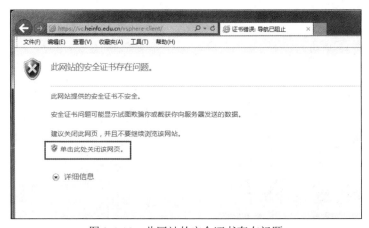

图 3-4-15　此网站的安全证书存在问题

因为知道根证书的下载地址（https://vc.heinfo.edu.cn/certs/download.zip，其中 vc.heinfo.edu.cn 是 vCenter Server 服务器的 IP 地址），直接下载了并信任了根证书之后，vSphere Web Client 即可登录。如果你的企业中碰到类似问题，在浏览器中输入 https://vc_ip 地址/certs/download.zip 下载根证书并导入信任列表即可解决问题。

3.4.3 Dell 服务器安装 ESXi 6.5 死机问题

1 台新配置的 Dell R730XD（配有 2 个 Intel E5-2640 V4 的 CPU、128GB 内存、H730 的 RAID 卡、12 块 4TB 的 SATA 硬盘、2 个 495W 电源），在安装 VMware ESXi 6.5.0（d）版本后，部分虚拟机经常死机，表现为当虚拟机死机时，在 vSphere Client 或 vSphere Web Client 控制台中，无法操作该虚拟机，重新启动该虚拟机亦无响应。有时登录到 ESXi 控制台，按 F2 或 F12 也没有反应。在 vSphere Client 中查看死机的虚拟机的状态，CPU 使用率为 0 或很低（状态为打开电源），如图 3-4-16、图 3-4-17 所示。

图 3-4-16　主机 CPU 使用为 0

图 3-4-17　虚拟机正在运行

通过查看 Dell 的官方网站，此问题应该是 BIOS 的问题。（BIOS 更新说明链接页为 http://www.dell.com/support/home/cn/zh/cndhs1/Drivers/DriversDetails?driverId=6YDCM&fileId=3659251001&osCode=W12R2&productCode=poweredge-r730xd&languageCode=cs&categoryId=BI。）

该补丁说明如下：

```
Dell Server BIOS R630/R730/R730XD Version 2.4.3
R630/R730/R730XD BIOS 版本 2.4.3

补丁和增强功能

修复
• 高速非易失性存储器 (NVMe) 人机接口基础架构 (HII) 中的导出日志问题。
• 基于英特尔至强处理器 E5-2600 v4 的系统在闲置时可能出现 CPU 内部错误 (iERR) 和机器检查错误。
• 在极少情况下，系统可能会在引导过程中由于电源故障停止响应。
• 手动划分插槽分支的功能不起作用。
```

估计这个问题与 BIOS 更新中说明的"CPU 内部错误"有关。下载 BIOS 升级文件，下载链接为 https://downloads.dell.com/FOLDER04142427M/1/BIOS_6YDCM_WN64_2.4.3.EXE。

这是一个 EXE 可执行程序，该程序应该可以在 64 位 Windows Server 中运行，但当前的计算机已经安装了 VMware ESXi 6.5，故决定采用其他的方法更新。升级有多种，本节介绍使用 iDRAC 的方式升级。

（1）重新启动服务器检查 BIOS 版本，当前 BIOS 版本为 2.2.5，如图 3-4-18 所示。

图 3-4-18　BIOS 版本

（2）登录 iDRAC，选择"iDRAC 设置"→"更新和回滚"，在"固件"选项卡中选择"更新"，浏览选择下载的 BIOS 升级文件（本示例中文件名为 BIOS_6YDCM_WN64_2.4.3.EXE，大小 21.7MB，戴尔更新包为原生微软 64 位格式），单击"上载"按钮，如图 3-4-19 所示。

图 3-4-19　浏览选择更新包并上传

（3）上传完成后，在"更新详细信息"中显示了上传的 BIOS 更新文件的状态及版本号，选中上传的更新文件，单击"安装并重新引导"，将会立即安装更新并重新引导服务器，如图 3-4-20 所示。

图 3-4-20　安装并重新引导

（4）此时会弹出"系统警报"对话框，单击"确定"按钮，如图 3-4-21 所示。

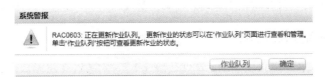

图 3-4-21　系统警报

（5）重新启动服务器，进入 BIOS 更新任务应用程序，如图 3-4-22 所示。

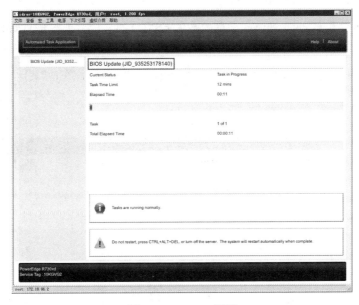

图 3-4-22　BIOS 更新

（6）在 iDRAC 中选择 "概览"→"服务器"→"作业队列"，显示 BIOS 更新的任务，如图 3-4-23 所示。

图 3-4-23　作业队列

（7）更新 BIOS 完成后，系统会重新启动，此时可以看到 BIOS 版本升级到 2.4.3，如图 3-4-24 所示。

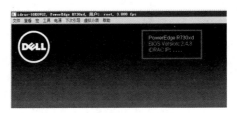

图 3-4-24　BIOS 升级后的版本

（8）升级之后，VMware ESXi 系统不需要重新安装或升级，即可以解决"虚拟机死机"与"ESXi 控制台失去响应"等问题。升级后使用良好，一切正常。

3.4.4 主机关机或重新启动问题（虚拟机跟随主机启动）

在运行中，如果 ESXi 主机重新启动，在默认情况下，当 ESXi 主机重新启动时，在其上运行的虚拟机会"强制断电"，这相当于普通的计算机直接拔下电源，这种操作对虚拟机有一定的危险，有可能导致虚拟机丢失数据。另外，当 ESXi 主机重新回电时，ESXi 主机上的虚拟机不会"自动启动"，需要管理员手动启动。如果要避免这个问题，需要由管理设置"虚拟机启动/关机"项。

【说明】此项用于无 vCenter Server 管理的单台 ESXi 主机，或者虽然有 vCenter Server 但未为 ESXi 主机配置"群集"的情况。在为 vCenter Server 配置了群集之后该项将失去作用。

使用 vSphere Client 登录 ESXi，在"配置"→"虚拟机启动/关机"中，单击"属性"，如图 3-4-25 所示。

图 3-4-25　虚拟机启动

选中"允许虚拟机与系统一起自动启动和停止"复选框，将 vCenter、财务软件、备份软件、即时消息等虚拟机设置为"自动启动"，在"关机操作"中选择"挂起"，如图 3-4-26 所示。设置完成之后单击"确定"按钮。这样当 ESXi 主机关机时，虚拟机将会挂起，当 ESXi 主机打开电源时，这些"挂起"的虚拟机将会自动启动并恢复关机前的状态，以继续提供服务。

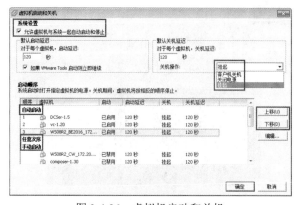

图 3-4-26　虚拟机启动和关机

在"启动顺序"中有"自动启动""任意次序""手动启动"三项，其中在"自动启动"列表中的虚拟机将按照启用顺序启动，在"任意次序"列表中的虚拟机将会随机自动启动，而处于"手动启动"列表中的虚拟机，不会跟随主机启动，需要由管理员手动启动。

在"关机操作"中有三个选项，分别是"客户机关机""关闭电源""挂起"，选择"客户机关机"，当 ESXi 主机正常关闭时，正在运行的虚拟机执行"客户机关机"操作，相当于 Windows 操作系统，选择"开始"菜单执行"关机"操作，这是一个正常的操作系统；选择"关闭电源"，相当于直接按下电源开关，这是一个危险的行为，有可能导致虚拟机丢失数据；选择"挂起"，相当于执行"休眠"操作，等主机再次开机时，如果启动"休眠"的虚拟机，虚拟机将会从恢复，这是一个比较快速的关机、开机并保持关机前状态的操作，一般可以选择此项。

返回到 vSphere Client，在"启动顺序"中可以看到配置后的情况，如图 3-4-27 所示。

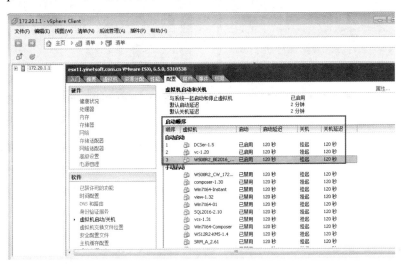

图 3-4-27　启动顺序

小经验：一个网友说他的环境中有 2 台 ESXi 主机，经常发现上面的虚拟机自动关机，但主机没事。我远程检查之后没有发现主机问题，我分析并不是虚拟机"自动关机"了，而是主机重新启动了。那怎么检测这个问题呢？答案就在图 3-4-27，每台 ESXi 主机中都有一些正在运行的虚拟机，根据图 3-4-27 设置"启动顺序"，设置虚拟机跟随主机启动，但只设置其中的几台（例如正在运行 5 台虚拟机，但只设置其中的 3 台跟随主机启动），等过了两天之后，他告诉我，果然是主机的问题，因为发现，设置成"自动启动"的虚拟机，已经启动了，但没有设置成"自动启动"的虚拟机"关机"了，实际上是开机之后没有启动。另外在"自动启动"的虚拟机中，查看网卡的连通时间（见图 3-4-28），再根据当前的时间计算，得知服务器重新启动的时间，估计服务器重新启动是由于当时电压不稳、主机电源有故障、其他原因造成的。

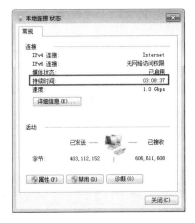

图 3-4-28　计算机（虚拟机）网络连通时间

3.4.5　ESXi 主机重新安装后将原来虚拟机添加到清单的问题

当 ESXi 主机出现问题，并且通过控制台"重置"仍然不能解决时（图 2-5-17 所示），或者 ESXi 主机所在的系统磁盘出现故障导致 ESXi 系统不能启动时（例如将 ESXi 安装在 U 盘，U 盘损坏；或者 ESXi 安装的硬盘损坏，或者误格式化、误分区导致 ESXi 不能启动），可以为 ESXi 主机更换新的引导设置（例如 U 盘或新的硬盘），重新安装 ESXi 系统。在安装的时候，请选择新的引导磁盘（见图 3-4-29），并且在弹出的对话框中，选择"Install ESXi, preserve VMFS datastore"，如图 3-4-30 所示。

图 3-4-29　选择安装磁盘

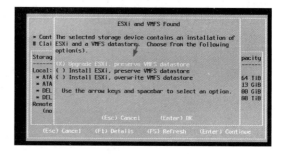

图 3-4-30　全新安装，保留 VMFS 数据库

（1）进入 ESXi 后浏览保存 ESXi 虚拟机的数据存储，如图 3-4-31 所示，右击存储器，选择"浏览数据存储"。

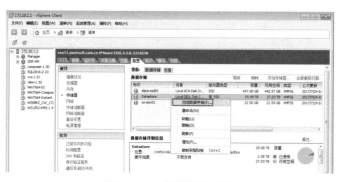

图 3-4-31　浏览数据存储

（2）打开"数据存储浏览器"后，在左侧浏览选择虚拟机目录，在右侧浏览选择扩展名为.vmx 文件右击，在弹出的对话框中选择"添加到清单"命令，如图 3-4-32 所示。

图 3-4-32　添加到清单

（3）在弹出的"名称"对话框中输入此虚拟机的名称，一般选择默认值即可，如图 3-4-33 所示。

（4）在"资源池"对话框中选择虚拟机的放置位置，如图 3-4-34 所示。

图 3-4-33　设置虚拟机名称　　　　　　　　　　　图 3-4-34　资源池

（5）在"即将完成"对话框中单击"完成"按钮，完成虚拟机从存储器到 ESXi 清单的添加，如图 3-4-35 所示。

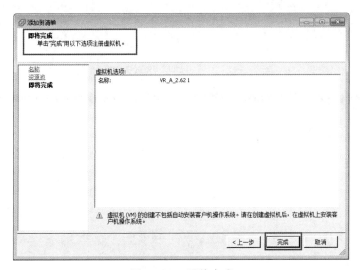

图 3-4-35　即将完成

（6）然后返回到图 3-4-32 的"数据存储浏览器"窗口，继续浏览选择.vmx 文件，直到将所有虚拟机添加到清单，这些不一一介绍了。

3.4.6　删除无用虚拟机的问题

虚拟机使用一段时间之后可能会造成虚拟机的"泛滥"，因为创建虚拟机很容易，但不用的虚拟机，人们也都会放置让其运行，或者虽然将虚拟机关机，但不用的虚拟机一般也不会从 ESXi 中删除。这些虚拟机会占用主机 CPU 资源与存储资源。那么，怎样识别并清除不用的虚拟机、释放被占用的主机磁盘（或存储）空间呢？

（1）请检查 ESXi 主机的时间是否正确（见图 3-4-36），如果不正确，请参照"3.3 为 VMware ESXi 服务器配置时间"一节内容，正确调整并配置主机的时间。如果原来的 ESXi 主机时间不正确，则 ESXi 中正在运行的虚拟机时间也不会正确。

（2）如果 ESXi 主机时间正确，请浏览存储器，检查存储中虚拟机的最后使用时间，对于超过 1 年以上不使用的，在联系相关部门确认后可以将其删除。如果刚刚调整了 ESXi 主机时间，请至少等待 1 周以上再次执行检查。如图 3-4-37 所示，浏览存储器、查看 VMDK 的最后"修改时间"，并与当前时间对比。

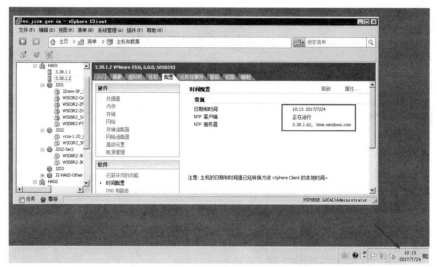

图 3-4-36 当前 ESXi 主机时间与 vSphere Client 时间一致

图 3-4-37 检查关机的 VMDK 的最后修改时间

（3）当 ESXi 主机有多个存储器时，打开两个 vSphere Client 并连接到 ESXi 或 vCenter Server，在其中一个窗口中定位到"主页"→"清单"→"数据存储和数据存储群集"，在左侧选中某个存储，在右侧单击"虚拟机"选项卡，可以看到当前所选存储器中已经注册的虚拟机（在 ESXi 或 vCenter 清单中）；然后在另一个 vSphere Client 中，浏览当前存储器，对比虚拟机文件夹，不在"虚拟机清单"但在"存储"中存在文件夹的则是孤立的虚拟机，如图 3-4-38 所示。

对比检查 ESXi 清单中的虚拟机，以及存储器中的虚拟机，对于不在 ESXi（或 vCenter Server）清单中，但在存储中存在的孤立虚拟机，如果已经长时间不用（超过 1 年），可以认为不再会使用，可以将其删除。

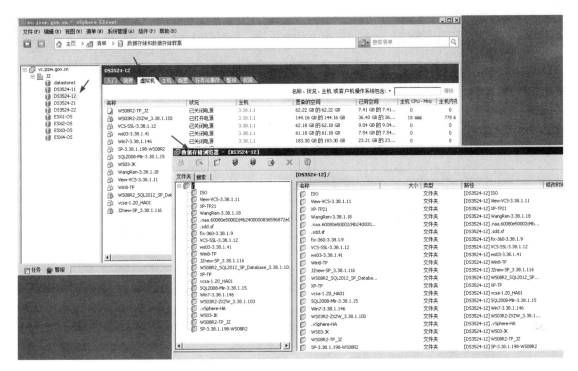

图 3-4-38　使用两个 vSphere Client 以不同方式浏览数据存储

（4）在浏览存储器时，如果发现孤立的文件夹中只有 VMDK 文件，并且时间较长时，可以认为是无用的虚拟机或无用文件，可以将这个 VMDK 及所在的文件夹删除，如图 3-4-39 所示。

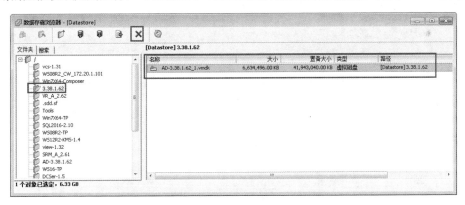

图 3-4-39　删除孤立的 VMDK 及所在文件夹

（5）对于 ESXi 或 vCenter Server 清单中的虚拟机，请一一记录并核实使用部门，对于没有明确使用部门，进入虚拟机之后查看虚拟机桌面、C 盘、D 盘等认为没有有用数据的，可以关机一段时间，在"无人认领"后，将这些虚拟机删除。

【注意】删除虚拟机是一件非常慎重的事情，只有确认虚拟机不再使用，并且虚拟机中不存在有效数据时，才可将其删除。如果虚拟机虽然不再使用，但虚拟机中有重要的、需要备份的数据，请将数据备份到安全位置之后，再将其删除。

对于不再使用的虚拟机，如果在 ESXi 清单中，请将虚拟机关机后，右击虚拟机，在弹出的快捷菜单中选择"从磁盘中删除"命令，如图 3-4-40 所示，并根据提示单击"是"按钮将其删除。

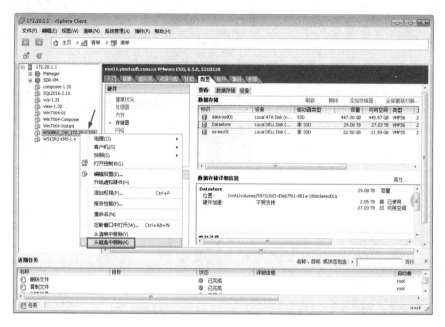

图 3-4-40   从磁盘删除虚拟机

对于孤立的虚拟机，则在"数据存储浏览器"的左侧选中要删除的文件夹，然后单击工具栏上的"×"按钮将其删除，如图 3-4-41 所示。

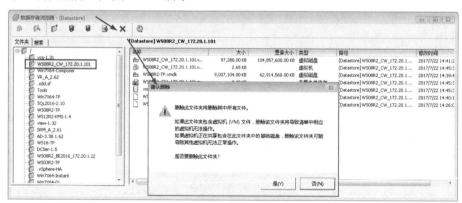

图 3-4-41   删除不需要的文件夹

如果存储器中有其他数据，例如上传的不需要的 ISO 或其他文件，也可以一同删除，这些不再一一介绍。

3.4.7   ESXi 服务器不能识别某些 USB 加密狗的解决方法

1 台 DELL R710 服务器，安装了 VMware ESXi 6.0 系统，创建了 Windows Server 2008 R2 的虚拟机，在该服务器上修改虚拟机配置，添加 USB 控制器、添加 USB 设备时，找不到 ESXi 主机上财务软件的 USB 加密狗，这种情况怎么处理？

对于不能被 ESXi 识别的 USB 加密狗，可以将主机的 USB 接口以 "直连" 方式映射到虚拟机中，供虚拟机使用。虽然 ESXi 不能识别 USB 端口上的加密狗，但直接将加密狗所在的 USB 接口以 PCI 设备的方式分配给虚拟机使用，就可以使用该 USB 接口上的加密狗。下面介绍解决的方法。

（1）进入 BIOS 设置，注意 "VT-D"（如果是 AMD 的 CPU 则需要启用 AMD-Vi）为选中状态，否则 "直通" 功能将不能使用，如图 3-4-42 所示。

图 3-4-42　直通

（2）使用 vSphere Client 连接到 ESXi 主机，在 "配置" → "高级设置" 中，单击右侧的 "编辑" 按钮，如图 3-4-43 所示。

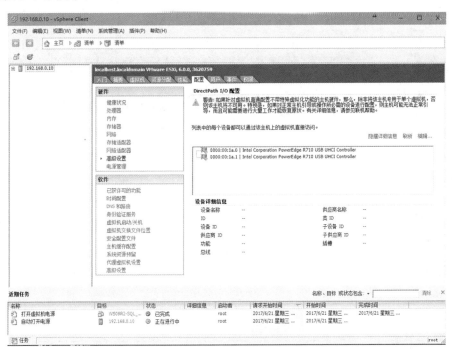

图 3-4-43　编辑

（3）在 "将设备标记为可直通" 对话框中，选择所有的 USB 控制器（因为我们不清楚，这些 USB 端口与服务器机箱上 USB 端口的对应关系，所以开始全部选中），如图 3-4-44 所示。

（4）返回到 vSphere Client，如图 3-4-45 所示。

图 3-4-44　将设备标记为可直通　　　　　　　图 3-4-45　添加 USB 直通

（5）将正在运行的虚拟机关机，然后重新启动 ESXi 主机。

（6）等服务器启动之后，再次进入"配置"→"硬件"→"高级设置"中，可以看到列表中每个设备可以通过该主机上的虚拟机直接访问，如图 3-4-46 所示。

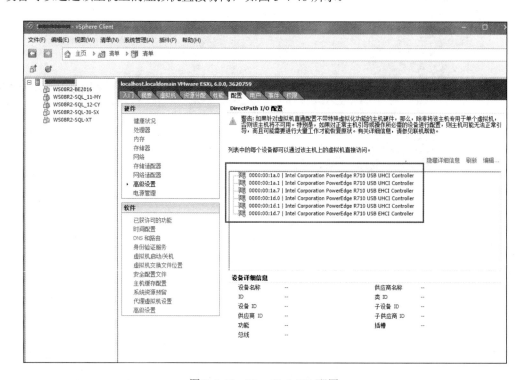

图 3-4-46　DirectPath I/O 配置

（7）关闭（想添加 USB 加密狗）虚拟机，修改虚拟机配置，单击"添加"按钮，如图 3-4-47 所示。

（8）在"设备类型"中选择"PCI 设备"，如图 3-4-48 所示。

图 3-4-47　修改虚拟机配置

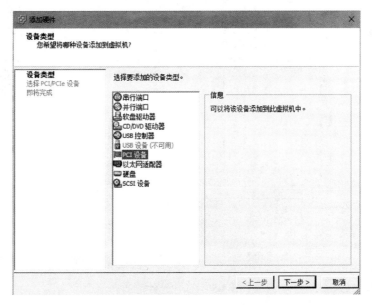

图 3-4-48　添加 PCI 设备

（9）在"选择 PCI 设备"下拉列表中，选择要连接的 PCI 设备，如图 3-4-49 所示。

（10）在"即将完成"对话框中单击"完成"按钮，如图 3-4-50 所示。

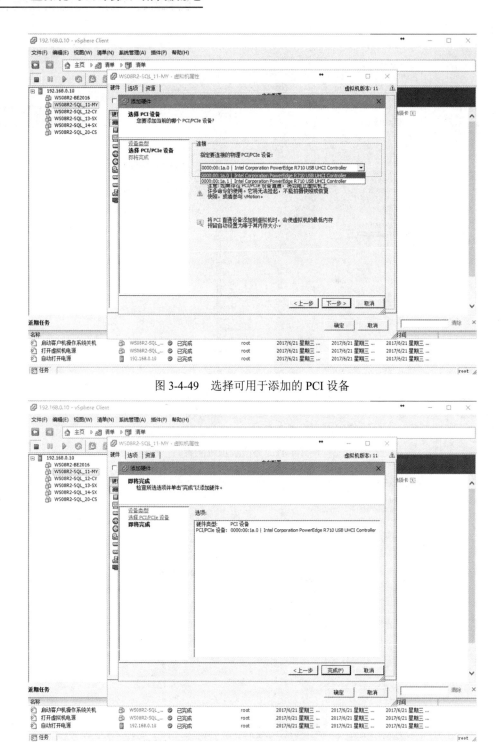

图 3-4-49　选择可用于添加的 PCI 设备

图 3-4-50　添加设备完成

（11）返回到虚拟机属性对话框，从清单中可以看到已经添加了一个 PCI 设备，如图 3-4-51 所示。

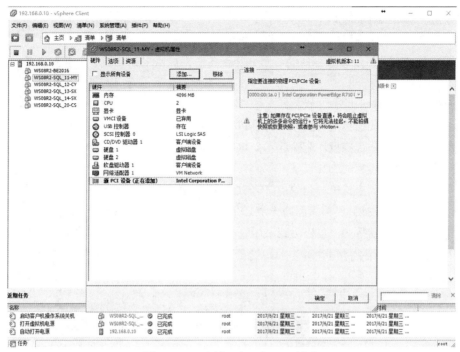

图 3-4-51　添加了一个 PCI 设备

（12）因为不清楚 PCI 设备与 USB 端口的对应关系，可以多次尝试确认找到对应的设备。在图 3-4-51 中单击"添加"按钮，参照步骤（9）～（11），添加 3 个 PCI 设备到虚拟机配置中，如图 3-4-52 所示。

【说明】每个 PCI 设备只能添加一次，并且只能添加给一台虚拟机。同一个 PCI 设备不能添加多次，也不能分配给多台虚拟机。或者说这些 PCI 设备是"独占"式进行分配，不是"共享"式进行分配。添加设备完成后，单击"确定"按钮。

一共 6 个 PCI 设备，对应服务器上的 4 个 USB 接口（应该有 2 个 USB 接口在主板

图 3-4-52　添加所有 PCI 设备

上，没有用数据线接出来）。为了更快区分这 6 个 PCI 设备与服务器上 4 个 USB 接口的对应关系，可以按照如下顺序：

① 在 USB 加密狗插在服务器后面的 USB 接口上。

② 修改虚拟机添加，添加 4 个 PCI 设备，开机，看添加的这 4 个 PCI 设备是否包括第（1）步中的 USB 端口。

如果包括，则关闭虚拟机，删除其中的 2 个 PCI 设备，再次开机。

如果包括，则关机，删除其中一个设备。

如果包括，则找到对应的 PCI 设备。

如果不包括，则关闭虚拟机，删除当前的 PCI 设备，添加剩余一个设备。

如果不包括，则关机，删除当前的 2 个 PCI 设备，添加原来删除的 2 个 PCI 设备中的一个，开机。

如果包括，则找到对应的 PCI 设备。

如果不包括，则关闭虚拟机，删除当前的 PCI 设备，添加剩余一个设备。

如果不包括，则关闭虚拟机，删除这 4 个 PCI 设备，添加剩余的 1 个 PCI 设备，再次开机。

如果包括，则找到对应的 PCI 设备。

如果不包括，则关闭虚拟机，删除当前的 PCI 设备，添加剩余一个设备。

（13）将 USB 加密狗插到机箱后面的一个 USB 接口，然后打开虚拟机电源，进入"设备管理器"，在"通用串行总线控制器"中，可以看到添加的 PCI 设备（USB 控制器），如图 3-4-53 所示。

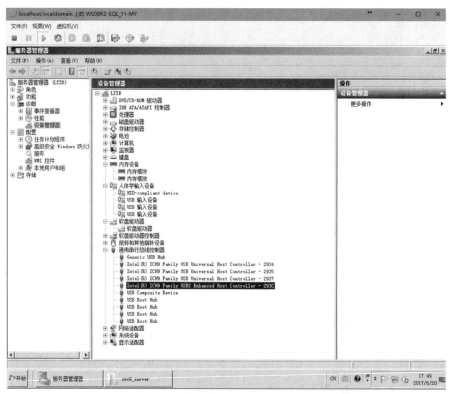

图 3-4-53　添加的 USB 设备

（14）此时系统已经检测到加密狗，管理系统可用，如图 3-4-54 所示。

当管理系统可用后，关闭虚拟机，删除 2 个 PCI 设备，再看 USB 加密狗是否可用。

如果不可用，请关闭虚拟机，删除当前的 2 个 PCI 设备，添加剩余的一个 PCI 设备。重新定位。

如果可用，请关闭虚拟机，删除其中一个 PCI 设备，检测剩余的一个 PCI 设备是否可用。

通过多次删除、添加，就可以找到当前 USB 加密狗对应的 PCI 设备编号，并且将其记录下来。这些不一一介绍。

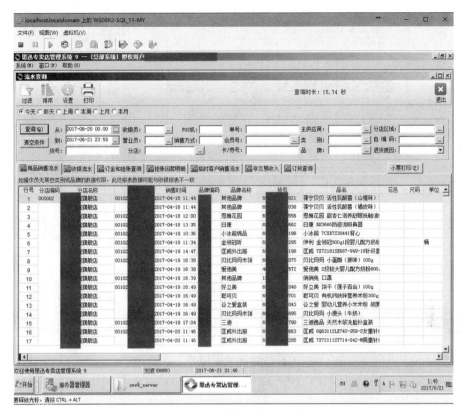

图 3-4-54　管理系统可用

3.4.8　为 ESXi 添加其他管理员账户

在安装完 ESXi 之后，默认情况下管理员账户是 root，如图 3-4-55 所示，在登录的时候，需要使用 root 登录。

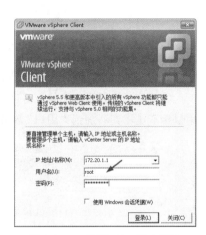

图 3-4-55　使用 SSL 账户登录

如果要为 ESXi 添加其他管理员账户，其操作方法如下。

（1）使用使用 root 账户登录 ESXi，进入 vSphere Client 界面之后，在左侧选中 ESXi 主机，在右侧单击"用户"选项卡，在空白位置右击，在弹出的快捷菜单中选择"添加"命令，如图 3-4-56 所示。

（2）在弹出的"新增用户"对话框中，在"用户信息"中，在"登录"与"用户名"中输入要添加的用户名，例如 admin，然后在"输入密码"中输入密码，如图 3-4-57 所示，单击"确定"按钮。

（3）添加用户之后单击"权限"选项卡，在右侧空白位置右键单击，在弹出的快捷菜单中选择"添加权限"，如图 3-4-58 所示。

（4）打开"分配权限"对话框，在"分配的角色"下拉列表中选择"管理员"，单面 左侧的"添加"按钮，如图 3-4-59 所示。

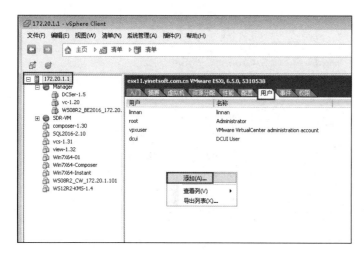

图 3-4-56　添加

图 3-4-57　新增用户

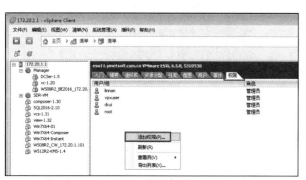

图 3-4-58　权限

图 3-4-59　添加

（5）在"选择用户和组"对话框中，在清单中选择图 3-4-57 中新增的用户，如图 3-4-60 所示，用鼠标双击将其添加到"用户"清单中，然后单击"确定"按钮。

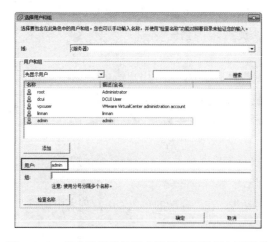

图 3-4-60　将本地管理员及本地管理员组添加到清单

（6）返回到"分配权限"对话框，可以看到在"用户和组"中已经添加了 Administrator 及 Administrators，而"角色"是"管理员"，"传播"选项为"是"，确认"传播到子对象"为选中状态，单击"确定"按钮，如图 3-4-61 所示。

图 3-4-61　分配权限

（7）返回到 vSphere Client，在"权限"选项卡中可以看到，已经将新增加的用户 admin 添加到列表中，如图 3-4-62 所示。

（8）关闭并退出 vSphere Client，再次使用 vSphere Client 登录 ESXi，此时即可以使用新增加的账户 admin 登录，如图 3-4-63 所示。

图 3-4-62　权限列表

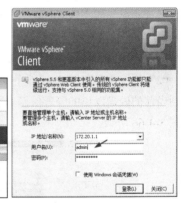

图 3-4-63　使用 vCenter Server 本地
管理员账户登录

使用新增加的用户也可以管理 ESXi。

3.4.9　查看服务器健康状况

在企业运维中，一般情况下要定期"巡检"：查看机房中服务器、存储、网络设备、空调等设备的状况是否正常，其中存储的控制器、硬盘，以及服务器的硬盘是最重要的。正常情况下，如果服务器与存储设备正常，则会显示"绿色"的指示灯或不显示；如果设备有故障，会显示"黄色"的报警灯或"红色"的故障灯。如果有警告或故障应该及时检查、维修与排除。

如果不方便定期去机房，例如服务器托管到电信机房，则可以通过软件的方法来检查。例如，可以使用 vSphere Client 连接到 ESXi 主机，在"配置"→"健康状况"（vSphere 6.0 版本）或"配置"→"运行状况"（vSphere 6.5 版本）中查看设备的状态，正常情况下为"正常"，如图 3-4-64 所示。

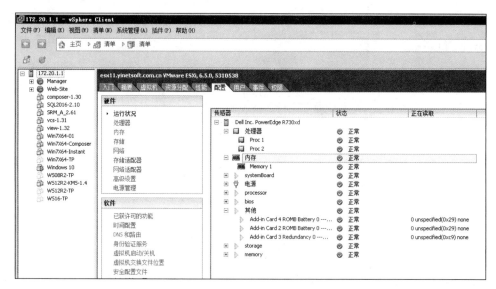

图 3-4-64　运行状况

1. 新配置 RAID 后硬盘后台初始化

如果是新配置的服务器，在配置了 RAID 卡之后安装 ESXi，在 RAID 卡初始化没有完成前，查看"运行状况"或"健康状况"，会显示"警告"。

（1）如图 3-4-65 所示，这是一台刚配置完 RAID，随后安装 ESXi 6.0 的服务器，安装完成后使用 vSphere Client 连接到 ESXi 主机，单击"配置"→"健康状况"的截图。

（2）依次单击图 3-4-65 中的"处理器""存储器""底盘"等前面的+号，在"存储器"中可以看到当前的硬盘发出的警告信息，当 RAID 卡在后台初始化时（刚配置完 RAID）则会显示此信息，如图 3-4-66 所示。

图 3-4-65　查看健康状况

图 3-4-66　硬盘后台初始化

等经过一段时间之后，RAID 初始化完成后，警报取消，状态正常，如图 3-4-67 所示。以后检查服务器"健康状况"都显示"正常"表示硬件无故障。

图 3-4-67　系统正常

2. 更换硬盘后提示 Rebuid

在检查一台 ESXi 主机时发现红色的"警示"提示，如图 3-4-68 所示。

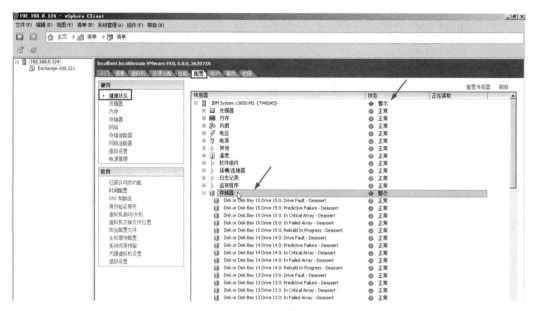

图 3-4-68　警示

经过检查发现第 5 块磁盘出现故障，在换上同型号、同容量的磁盘后，数据同步，在 ESXi 中可以看到该磁盘有"Rebuild"的操作，如图 3-4-69 所示。重新同步之后恢复正常。

图 3-4-69　磁盘 Rebuild

【说明】只能使用 vSphere Client 直接连接到 ESXi 才能查看"健康状况"，如果使用 vSphere Client 登录到 vCenter Server 再查看 ESXi 的"健康状况"，是没有这个选项的。

3. 查看"事件"

也可以在"事件"中查看 ESXi 主机发生的事件。例如，如果存储器配置较低、同时运行的虚拟机数量较多时，当存储响应较慢时，在"事件"中可以看到"设备××××性能降低。I/O 滞后时间已从平均值×××微秒增加到××××微秒"的提示，如图 3-4-70 所示。

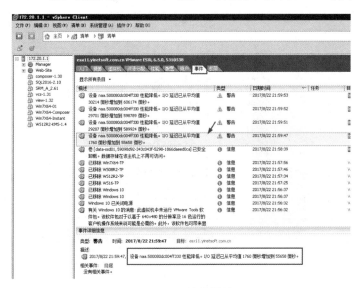

图 3-4-70　性能降低

当 ESXi 主机频繁出现这种提示时，并且滞后时间越来越长时，请检查存储性能降低的原因：是由于磁盘故障，例如替换磁盘后，数据同步引发的，还是由于接口或线路问题造成的，抑或是由于同时运行的虚拟机过多造成的，对于此种问题应该尽快解决。

当问题解决之后，可以看到 I/O 延迟已从××××降低为××××的提示，如图 3-4-71 所示。

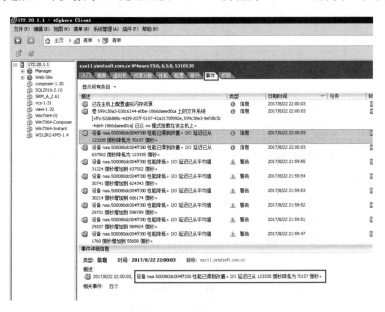

图 3-4-71　存储性能改善

3.4.10 VMware ESXi 中不能显示 CPU 及内存使用情况的解决方法

一个网友问我，他管理的机房有 4 台 ESXi 5.1 的服务器，其中 3 台 ESXi Server 不能显示各台虚拟机占用的 CPU、内存情况了，如图 3-4-72 所示。

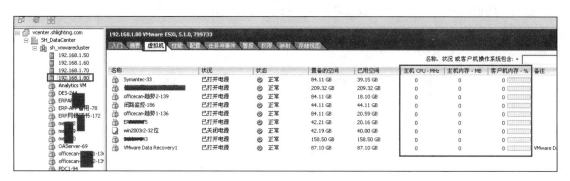

图 3-4-72　在"虚拟机"选项卡中不能显示每个启动虚拟机的资源占用情况

另外，在 VMware ESXi 的"摘要"中，CPU 与内存的使用情况也统计出错，如图 3-4-73 所示。

图 3-4-73　摘要统计出错

在出现这个问题时，各个 ESXi Server 上的虚拟机可以正常启动、关闭，并且各虚拟机运行的系统及应用不受影响。

从上面两个图可以看到，在正常情况下每台 VMware ESXi，还应该有"Hardware Status"（硬件状态）选项卡，从中可以看到该服务器的处理器、内存、风扇、电源等情况，如图 3-4-74 所示。

通过使用 QQ 远程协助，检查"插件管理器"，看到"vCenter 硬件状态"插件已经被禁用，如图 3-4-75 所示。

如果硬件状态没有被禁用，在出现图 3-4-72 与图 3-4-73 的错误提示时，则会在"Hardware Status"选项卡中显示当前服务器已关闭电源，但服务器实际上正在运行。

当出现这种情况时，会有什么后果呢？管理员可能会误以为，只是 vCenter Server 统计出错，不会影响实际使用。但是在虚拟化的数据中心中，当多台主机组成群集时，如果出现这种错误，当群集中的某台主机意外死机时，正常情况下，出现故障的主机上的虚拟机会在群集中其他主机重新启动，但由于 vCenter Server 统计或者"认为"其他主机已经处于"关机"状态，则 vCenter Server 会认为群集中没有可用的主机，不会在其他主机上重新启动这些虚拟机，造成业务长时间中断。

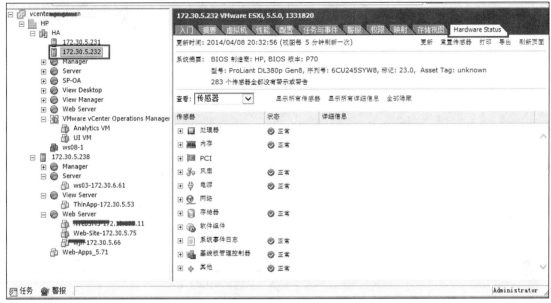

图 3-4-74　正常情况下可以看到"Hardware Status"（硬件状态）选项卡

图 3-4-75　vCenter Server 中硬件状态插件已经被禁用

怎么解决这个问题呢？如果要永久解决，可重新安装 vCenter Server、重新配置群集、重新将 VMware ESXi 添加到数据中心，这也是最好的方法。如果没有时间重新安装 vCenter Server，也可以将出现故障的 ESXiServer，从 vCenter Server 中"移除"，然后再将其添加进来，问题就可以解决。主要解决步骤如下。

（1）先将出现故障上的 ESXi 主机中的虚拟机，迁移到其他主机。

（2）当所有虚拟机迁移完成后，将当前主机置于"维护模式"，然后从 vCenter Server 清单中"移除"该 ESXi 主机，如图 3-4-76 所示。

图 3-4-76　进入维护模式、从清单中移除主机

（3）当主机移除之后，重新添加该主机到 vCenter Server，问题即可解决，如图 3-4-77 所示。

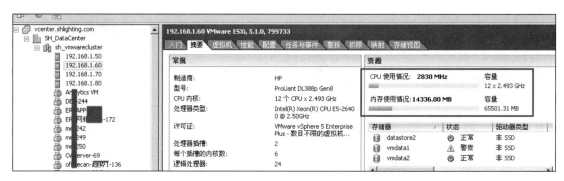

图 3-4-77　问题解决后截图

3.4.11　VMware 虚拟机隐藏右下角安全删除硬件图标

VMware Horizon 虚拟桌面右下角单击 "　" 图标会有 "弹出 vmxnet3 Ethernet Adapter" 之类的提示，如果用户不小心移除了网卡则虚拟桌面会由于网络断开而导致不能使用，如图 3-4-78 所示。

对于这种问题，在置备虚拟机的时候，通过为 ESXi 虚拟机添加参数解决。

（1）编辑虚拟机设置，在 "选项" 选项卡的 "高级" → "常规" 中单击 "配置参数" 按钮，如图 3-4-79 所示。

（2）单击 "添加行"，在左侧输入 devices.hotplug，在右侧输入 false，单击 "确定" 按钮完成设置，如图 3-4-80 所示。

图 3-4-78　安全移除设备

图 3-4-79　配置参数

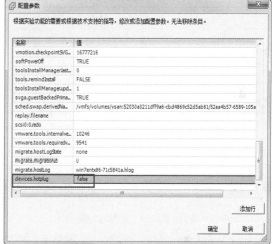

图 3-4-80　添加行

（3）保存退出，再次启动虚拟机，可以看到""图标已经被隐藏，如图 3-4-81 所示。

图 3-4-81　安全删除硬件图标被隐藏

（4）如果是 VMware Workstation 虚拟机，也可以关闭虚拟机，打开虚拟机配置文件（扩展名为.vmx 的文件），添加如下一行代码：

```
devices.hotplug = "false"
```

保存退出后即可解决问题。

3.4.12　为什么不能启动 FT 的虚拟机

有读者问我一个问题：目前两台服务器，一共跑了十台虚拟机，总内存用了 30GB，两台服务器物理内存是每台 48GB，共 96GB，但当做到第四个 FT 的时候就提示资源不足，做不了了，不知道是什么原因？

经过询问，其配置的每个 FT 的虚拟机是什么配置。读者回答每台虚拟机都配置的 2 个 CPU，内存从 2GB 到 4GB 不等，加起来共 30GB。然后问虚拟机的硬盘配置多大，回答配置的三个 FT 的虚拟机，用作图片服务器的分配的是 5TB，用作 MySQL 的虚拟机是 3TB。

问到这里就知道原因了：FT 对虚拟机的配置，无论是内存大小、CPU 数量、硬盘大小都有限制，发表 3-4-1 所列。

表 3-4-1　vSphere 6.0 与 6.5 版本中 Fault Tolerance 最高配置

项　　目	限　　制
虚拟磁盘数量	16 个
每块磁盘大小	不超过 2TB
每台虚拟机的虚拟 CPU 数量	最大 4 个
每台 FT 虚拟机的内存	最大 64GB

对于用户的需求，如果是 5TB 的硬盘，则可以配置 3 块 2TB 的硬盘；如果是 3TB 的虚拟机，则可以配置 2 块 1.5TB 的虚拟磁盘。

3.4.13　vSphere Web Client 英文界面问题

vSphere Web Client 支持中文、英文、日文等多语言并自适应浏览器客户端。但在某些时候，vSphere Web Client 侦测失败时会显示英文。例如在中文的 Windows 10 中，使用 Chrome 浏览器时，显示为英文界面。

在浏览器登录时后面加入一个参数/? locale=en_US 或者/? locale=zh_CN 即可。例如：https://hostname/vsphere-client/?locale=en_US 可以使用英文显示（见图 3-4-82）；https://hostname/vsphere-client/?locale=zh_CN 可以使用中文显示（如图 3-4-83 所示）。

在 Windows 10 操作系统中，如果使用 IE 浏览器登录 vSphere Web Client 显示英文，打开"控制面板"→"所有控

图 3-4-82　英文显示

制面板选项"→"语言"，单击"高级设置"（见图 3-4-84），在"Web 内容语言"选中"不允许网站访问我的语言列表。转而使用我的日期、时间和数字格式的语言"复选框，单击"确定"按

钮完成设置，如图 3-4-85 所示。

图 3-4-83　中文显示

图 3-4-84　高级设置

图 3-4-85　Web 内容语言

3.4.14　ESXi 服务器误删除存储 VMFS 卷怎么办

如果不小心误删除了 VMFS 卷，使用 partedUtil 命令恢复即可。partedUtil 是 VMware ESXi 的命令行实用程序，可以在 ESXi 上直接操作本地和远程 SAN 磁盘的分区表。

【说明】只有 ESXi 5.x 上的磁盘分区才支持使用 partedUtil 命令行。命令行实用程序 fdisk 不能用于采用 VMFS5 格式的 LUN。本文用于 VMware ESXi 5.x、VMware ESXi 6.0 格式化为 VMFS 5 的卷。

当前有一台 DELLR730XD 的服务器，其中 10 块硬盘使用 RAID-50 划分为 2 个卷，第 1 个卷 30GB，安装 ESXi 6.5.0 系统，第 2 个卷使用剩余空间，大小 29.08TB，如图 3-4-86 所示。

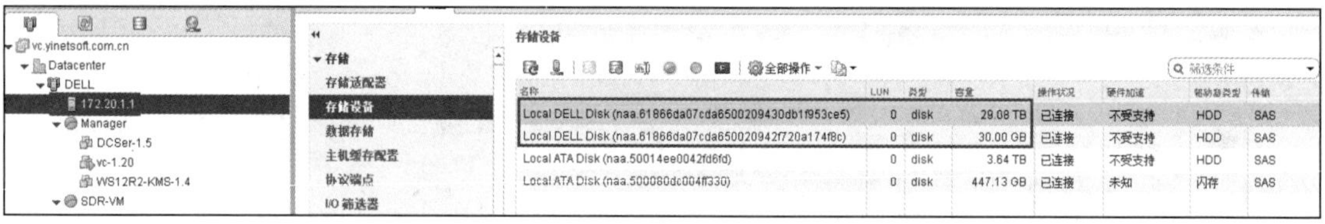

图 3-4-86　VMFS 卷

从图 1-1 中可以看到，这个 29.08TB 的设备名称为 naa.61866da07cda6500209430db1f953ce5；30GB 的设备名称是 61866da07cda650020942f720a174f8c。

下面我们模拟这个操作，请注意当前是测试机器，请勿在有重要数据的机器上实验，否则由此造成的损失，本书无法负责。

（1）在"存储设备"中右击 29.08TB 的存储，右击并选择"删除数据存储"命令，如图 3-4-87 所示。

图 3-4-87　删除数据存储

（2）在弹出的"确认删除数据存储"对话框中，单击"是"按钮，如图 3-4-88 所示。

图 3-4-88　确认删除数据存储

（3）此时在"数据存储"列表中已经没有该存储设备，如图 3-4-89 所示。

图 3-4-89　无 29.08TB 的存储设备

（4）但在"存储设备"列表中仍然可以看到该存储容量及设备名称，如图 3-4-90 所示。

图 3-4-90　存储设备查看名称

使用 SSH 登录到 ESXi 主机，通过命令查看磁盘列表、查看分区信息然、创建分区表。下面一一介绍。

（1）查看磁盘列表，在命令提示符中执行：

```
ls /vmfs/devices/disks
```

命令结果如图 3-4-91 所示。

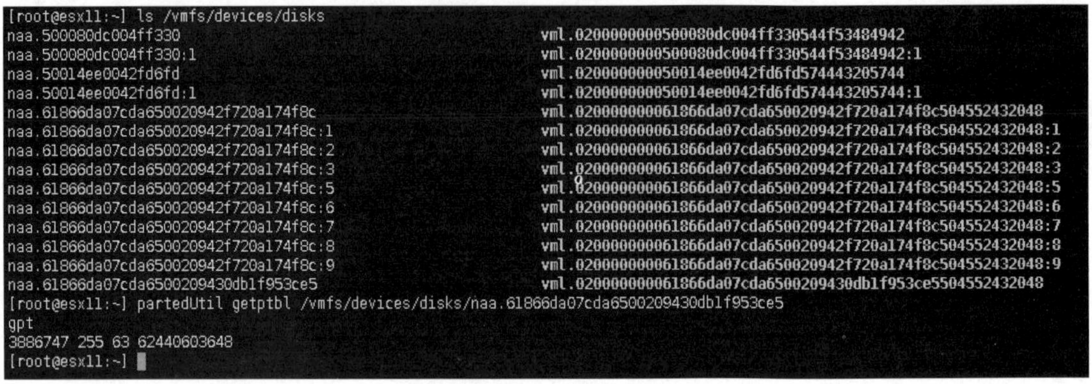

图 3-4-91　查看磁盘列表

此时可以看到设备名为"naa.61866da07cda6500209430db1f953ce5"已经无分区表，如果有分区表，例如设备名"naa.61866da07cda650020942f720a174f8c"（这是 ESXi 系统卷，该卷有多个分区），后面会有":1"的分区数目及 vlm 的名称。如果我们要恢复，只要为这个 29.08TB 创建分区表即可。

【说明】在图 3-4-91 中看到的"naa.500080dc004ff330"是图 3-4-86 中的大小为 447GB 的 SSD 磁盘，而"naa.500080dc004ff330:1"表示这个磁盘的第 1 个分区，对应图 3-4-89 中的 data-ssd01 卷。图 3-4-91 中的磁盘列表、分区列表与图 3-4-86、图 3-4-89 的对应关系如表 3-4-2 所列。

表 3-4-2　设备标识符、设备名称、数据存储名称说明

ESXi 中设备标识符	图 3-4-86 中的"设备"名称	图 3-4-89 中的数据存储名称	说　明
naa.500080dc004ff330	SSD、447GB		一个 500GB 的固态硬盘
naa.500080dc004ff330:1		data-ssd01	
naa.50014ee0042fd6fd	非 SSD、4TB		1 个 4TB 的 Non-RAID 磁盘
naa.50014ee0042fd6fd:1		VMFS-Backup-4TB	
naa.61866da07cda650020942f720a174f8c	非 SSD、30GB		RAID 卡划分的第 1 个卷，安装 ESXi 系统
naa.61866da07cda650020942f720a174f8c:1			systemPartition，系统分区
naa.61866da07cda650020942f720a174f8c:2			旧版 MBR，linuxNative
naa.61866da07cda650020942f720a174f8c:3		os-esx01	vmfs
naa.61866da07cda650020942f720a174f8c:5			旧版 MBR，linuxNative
naa.61866da07cda650020942f720a174f8c:6			旧版 MBR，linuxNative
naa.61866da07cda650020942f720a174f8c:7			VMware 诊断，vmkDiagnostic

续表

ESXi 中设备标识符	图 3-4-86 中的“设备”名称	图 3-4-89 中的数据存储名称	说　明
naa.61866da07cda650020942f720a174f8c:8			旧版 MBR，linuxNative
naa.61866da07cda650020942f720a174f8c:9			VMware 诊断，vmkDiagnostic
naa.61866da07cda6500209430db1f953ce5	非 SSD、29TB		RAID 卡划分的第 2 个卷，用于保存虚拟机

【说明】设备名为 naa.61866da07cda650020942f720a174f8c 的 30GB 的卷一共划分了 8 个分区（没有“:4”的分区），这是安装 ESXi 的过程中创建的多个分区，有 Linux 引导分区、VMware 诊断分区，这些大约占用 7556MB，而剩余的空间则划分为 VMFS 文件系统卷，剩余的卷在第 3 个分区，剩余容量大约 22.5GB。

（2）使用 partedUtil getptbl 分别查看 447GB、3.64TB、29.08TB 磁盘的分区信息，对比差别。命令分别如下。

```
partedUtil getptbl /vmfs/devices/disks/naa.500080dc004ff330
partedUtil getptbl /vmfs/devices/disks/naa.50014ee0042fd6fd
partedUtil getptbl /vmfs/devices/disks/naa.61866da07cda6500209430db1f953ce5
```

查看分区信息，如图 3-4-92、图 3-4-93 所示。

```
[root@esx11:~] partedUtil getptbl /vmfs/devices/disks/naa.500080dc004ff330
gpt
58369 255 63 937703088
1 2048 937701375 AA31E02A400F11DB9590000C2911D1B8 vmfs 0
[root@esx11:~] partedUtil getptbl /vmfs/devices/disks/naa.50014ee0042fd6fd
gpt
486401 255 63 7814037168
1 2048 7814035455 AA31E02A400F11DB9590000C2911D1B8 vmfs 0
```

图 3-4-92　有分区表的两个卷

```
[root@esx11:~] partedUtil getptbl /vmfs/devices/disks/naa.61866da07cda6500209430db1f953ce5
gpt
3886747 255 63 62440603648
```

图 3-4-93　29.08TB 卷已经无分区表

对比图 3-4-92、图 3-4-93 可以看出，“naa.61866da07cda6500209430db1f953ce5”（29.08TB 卷）已无分区表。

（3）为 29.08TB 的卷创建分区表，命令及参数如下。

```
partedUtil setptbl "/vmfs/devices/disks/ naa.61866da07cda6500209430db1f953ce5"
gpt "1 2048 62440603614AA31E02A400F11DB9590000C2911D1B8 0"
```

上述命令中的 1 表示第一个分区，是主分区。2048 表示 vmfs-5 分区开始扇区 。AA31E02A400F11DB9590000C2911D1B8 是 VMFS GUID ，而 62440603648 是 29.08TB 卷的扇区数即图 3-4-93 中的 62440603648 再减去 34 得到。

命令及命令执行结果如图 3-4-94 所示。

图 3-4-94　创建分区

【说明】在本示例中，VMware ESXi 卷被格式化为 VMFS-5。对于 VMFS-6 的卷，其扇区差异可能不全是 34，例如可能是 1713，需要进一步查参数。

（4）然后在 vSphere Client 中重新扫描存储，可以看到原来被删除的存储已经出现，只是显示为"灰色"，右击该存储器选择"挂载"命令，如图 3-4-95 所示。

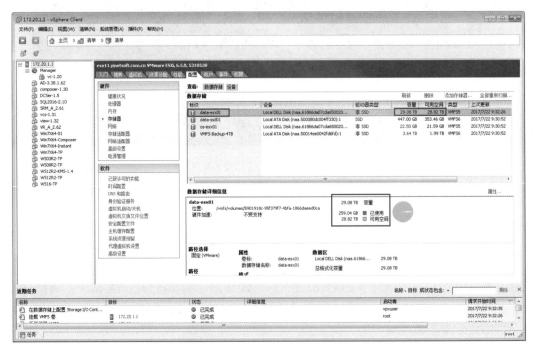

图 3-4-95　挂载非活动存储

（5）存储挂载完成，并且可以看到存储的信息，如图 3-4-96 所示。

图 3-4-96　被删除的 VMFS 卷恢复

（6）可以看到数据仍然存在，如图 3-4-97 所示。至此存储恢复完成。

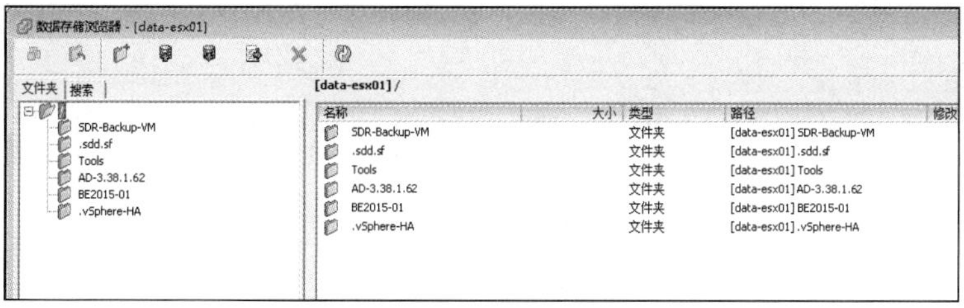

图 3-4-97　存储恢复成功

总结：vSphere 的用户，在管理 ESXi 与 vCenter Server 服务器的时候，在对虚拟机、存储进行操作，例如扩容、删除这些有一定"危险性"的操作时，一定要多次确认，只有确认虚拟机不再使用时，才可以删除。只有确认存储设备上的数据已经迁移完成并且没有有用数据时，才能删除。如果误操作删除了存储或虚拟机，第一时间用正确的方法恢复，数据一般不会丢失。

3.4.15　vSphere Web Client 出现 Internet Explorer 已停止工作的解决方法

Adobe Flash Player 27 ActiveX 控件与 vSphere Web Client 有冲突导致 IE 停止工作，卸载高版本的 Flash 之后，不能直接安装低版本的 Flash，需要在注册表中清除 Flash 安装信息才能重新安装。

在 Internet Explorer 登录 vSphere Web Client 时，出现"Internet Explorer 已停止工作"的错误提示，单击"查看问题详细信息"时，显示问题事件名称为"APPCRASH"，如图 3-4-98 所示。

图 3-4-98　IE 停止工作

另外，在部分计算机上，登录 vSphere Web Client 之后，出现"无法返回到×××"的错误提示，如图 3-4-99 所示。

这两个问题是新版本的 Adobe Flash Player 27.0.0 版本的插件造成的，卸载 27.0.0 版本的 Flash 插件，安装以前版本的即可。

（1）打开"控制面板"→"所有控制面板"→"程序和功能"，找到 Adobe Flash Player 27 ActiveX，右击选择"卸载"命令，如图 3-4-100 所示。

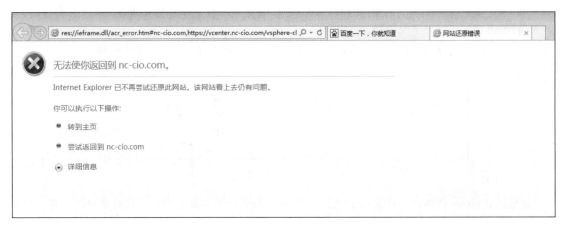

图 3-4-99　网站还原错误

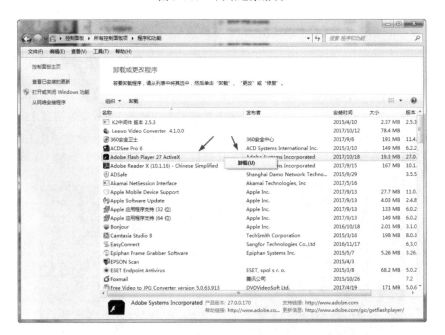

图 3-4-100　卸载 Flash Player 插件

（2）卸载界面如图 3-4-101 所示。

图 3-4-101　卸载 Flash

（3）卸载之后再登录 vSphere Web Client，此时 IE 浏览器不会出错，如图 3-4-102 所示。但由于当前计算机没有安装 Flash 插件，所以也不能管理 vSphere Web Client。

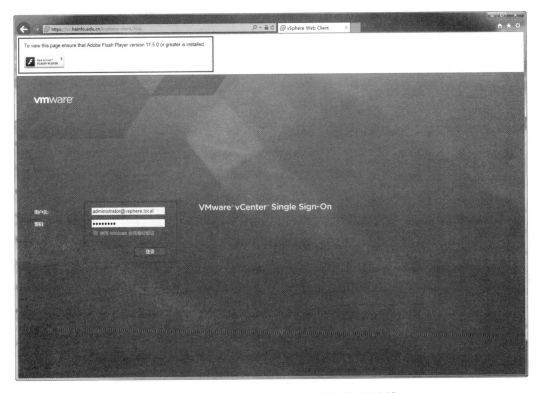

图 3-4-102　vSphere Web Client 登录界面不再出错

但是，如果安装以前版本的 Flash，会提示"您尝试安装的 Adobe Flash Player 版本不是最新版本"，如图 3-4-103 所示，此时安装不能继续。

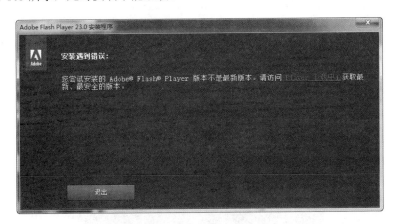

图 3-4-103　不能安装低版本的 Flash

（1）运行 regedit，查找 Flashplayer 键值，将"HKEY_LOCAL_MACHINE\SOFTWARE\Macromedia\FlashPlayer"中的 SaveVersions 键值删除，如图 3-4-104 所示。

图 3-4-104　删除键值

（2）如果是 64 位 Windows，还需要删除"HKEY_LOCAL_MACHINE\SOFTWARE\Wow6432Node
\Macromedia\FlashPlayer"中的 SaveVersions 键值，如图 3-4-105 所示。

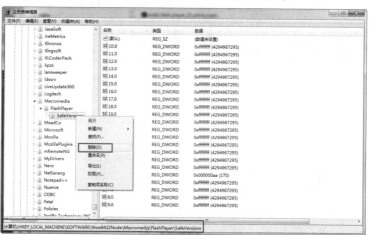

图 3-4-105　删除键值

（3）删除后即可以安装以前版本的 Flash 插件，如图 3-4-106 所示。

图 3-4-106　Adobe Flash Player 23.0 安装程序

（4）安装完成后，登录 vSphere Web Client 正常，如图 3-4-107 所示。

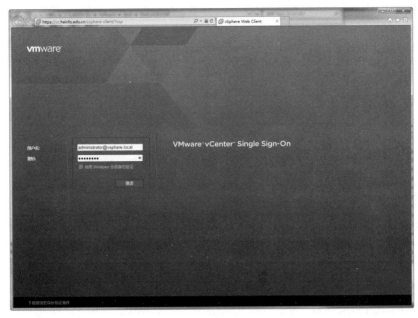

图 3-4-107　登录 vSphere Web Client

（5）登录 vCenter Server，如图 3-4-108 所示。

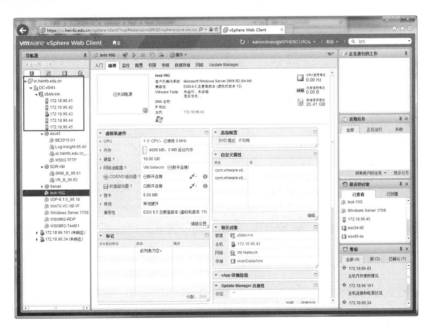

图 3-4-108　登录 vSphere Web Client

3.4.16　一台服务器能带多少个虚拟机的问题

经常有网友或学生问我，一台服务器能带多少个虚拟机。碰到这个问题我很无奈：一台服务器能带多少虚拟机，除了与主机的配置（存储器、内存、CPU）有关，还要看这个主机上的虚拟机都"跑"哪些应用。换句话说，一个电梯能拉多少人，除了与电梯本身（空间、载重量）有关外，还要看进入电梯的人的体重。

所以一个主机能带多少虚拟机的问题，最好在实际的生产环境中进行实际的测试。但是，主机能跑多少虚拟机也与主机的配置（存储或硬盘、内存、CPU）是否搭配有关。

在虚拟化中，最先不能满足需求的可能是存储与内存，所谓存储不能满足需求，并不是说存储的空间不够，而是说存储的 I/O 已经不能满足需求，其次是内存。而在大多数的情况下，CPU 差不多都能满足需求。

一个 10 000 r/min 的 SAS 硬盘，能同时提供 4～6 台 Windows Server 2003 或 Windows XP 级别的虚拟机运行，能同时提供 3～4 台 Windows Server 2008 R2 或 Windows 7 级别的虚拟机运行。所以，服务器配置的磁盘的数量决定了能同时运行的虚拟机的数量。例如在一台配置了 4 个 SAS 硬盘的服务器中，单独从硬盘来看，可以同时运行 10～15 台左右的虚拟机。

其次是内存，在一台配置了 128GB 内存的 ESXi 主机中，单独从内存来看可以同时运行 30 台左右的 Windows 7 虚拟机。

最后是 CPU，大多数的情况下，物理机（CPU 核心）与虚拟机（vCPU）的提供比可以做到 1：30～1：10，当然具体情况下要看虚拟机运行负载。一台配置了 2 个 8 核心的 2U 机架式服务器，可以同时提供 160～400 个 vCPU，如果每个虚拟机分配 2 个 vCPU，则可以同时提供 80～200 个虚拟机。

根据上述的经验算法，一台 2U、8 核心的服务器，配置 256～512GB 内存、24 块 SAS 磁盘，差不多可以达到充分发挥主机硬件性能的目的，可以同时跑 100～200 个一般应用的虚拟机（每个虚拟机 2～4 个 vCPU、2～4GB 内存、40～80GB 硬盘空间）。

3.4.17 关于 Windows 系统的 SID 问题

从同一块硬盘"克隆"的操作系统具有相同的 SID，为了避免 SID 重复，可以使用对应版本的 sysprep 程序重新生成。对于 Windows XP、Windows Server 2003 及其以前的操作系统（例如 Windows 2000），sysprep 在安装光盘中提供；从 Windows Vista 开始，sysprep 会集成到 Windows 操作系统中（默认保存在 c:\windows\system32\sysprep 文件夹）。每一个克隆的虚拟机，只需要运行一次，即可生成新的 SID，运行的"时机"主要有两种：

（1）对于"模板"虚拟机，在模板虚拟机关机之前执行 sysprep，在执行 sysprep 之后关机，不要再次开机重新进入系统。之后将 VMDK 复制到新计算机。新计算机第一次启动时会自动执行 sysprep 的后续步骤。

例如，你可以在模板虚拟机中，以"管理员身份"进入命令提示符，执行如下命令：

```
c:\windows\system32\sysprep\sysprep /generalize /shutdown
```

执行该命令后，sysprep 在第一阶段执行完成后将会自动关闭虚拟机。

（2）如果"模板"虚拟机关机前没有执行 sysprep，或者执行后重新打开过电源（sysprep 执行过了后续步骤），那么则可以在新的虚拟机克隆完成之后，进入系统之后执行 sysprep。在执行 sysprep 时需要添加 generalize 的参数。

```
c:\windows\system32\sysprep\sysprep /generalize /reboot
```

执行该命令后虚拟机将重新启动，再次进入系统后将执行 sysprep 的后续步骤。

第 **4** 章　Horizon 虚拟桌面安装配置须知与常见故障

VMware Horizon 虚拟桌面涉及到虚拟化、网络、Active Directory、证书等多个方面技术的综合应用，所以安装配置过程比较繁琐，但整体来说是比较简单的。只要规划配置正确、安装配置顺序与步骤正确、硬件配置足够、网络规划正确，配置虚拟桌面肯定是可以成功的。本章介绍安装配置 Horizon 虚拟桌面中的注意事项与碰到的常见故障及解决方法。

4.1　Horizon 虚拟桌面常见问题概述

Horizon 虚拟桌面经常出问题的几种情况：

（1）父虚拟机配置问题。在准备父虚拟机时，只为父虚拟机划分一个 C 分区，不要划分多个分区（如划分多个分区分配 D、E 等盘符），否则在生成虚拟桌面的时候会出错。因为在配置基于 Composer 的克隆链接的虚拟桌面时，会为虚拟桌面添加 D 盘（永久磁盘）及用户交换文件与临时文件磁盘（默认为 E 盘）），如果父虚拟机有多个分区会由于盘符冲突造成虚拟桌面生成失败。

（2）桌面池置备时自动删除问题。

① DHCP 获得 DNS 出错问题：Horizon 桌面池虚拟机应该从 DHCP 自动获得 IP 地址及 DNS 参数。如果桌面池虚拟机从 DHCP 获得 IP 地址时获得的 DNS 地址不是 Active Directory 域服务器的地址，虚拟桌面在加入 Active Directory 的过程中由于联系不到正确的 DNS 服务器会导致失败。

② 共享存储问题。在将虚拟桌面分配到多主机的群集环境中，虚拟桌面应该保存在共享存储，如果为虚拟桌面选择了 ESXi 主机的本地存储会导致虚拟桌面部署失败。

（3）Horizon 7 即时克隆桌面出错可能的原因：vCenter Server 的问题导致，为 Horizon 7 父虚拟机安装的 Horizon Agent 选项错误。

（4）Horizon 虚拟桌面黑屏。Horizon 连接服务器与安全服务器配置错误导致。

（5）VPN 客户端不能登录 Horizon 虚拟桌面。VPN 客户端获得的 DNS 地址应该是 Active Directory 服务器的 IP 地址，否则会由于域名解析出错而导致不能连接虚拟桌面。

（6）证书过期问题。在替换了 Horizon 安全服务器与连接服务器的默认证书之后，使用 Windows Server 证书服务器颁发的证书默认一年后失效。在证书失效后，或者没有"信任"根证书颁发机构时不能访问 Horizon 安全服务器与连接服务器，导致不能使用虚拟桌面。

（7）许可问题。Horizon 的父虚拟机（基准镜像）应该使用 Windows 7 专业版、Windows 7 企业版、Windows 8 或 Windows 8.1、Windows 10 的专业版、企业版、教育版，并采用 KMS 激活，不能使用 MAK 密钥激活或使用工具破解，否则在部署基于 Composer 的克隆链接的虚拟桌面时提示"View Composer agent initialization error (16): Failed to activate license (waited 1235 seconds)"，如图 4-1-1 所示。

图 4-1-1　Failed to activate license

在 VMware 的 KB 2088091 中有详细介绍，详细参见 https://kb.vmware.com/s/article/2088091。对于以下问题将详细介绍。

4.1.1　用于 Composer 的父虚拟机不能创建多个分区

用于 Composer 的父虚拟机不要使用多块虚拟硬盘，也不要在一块硬盘上创建多个分区，只需要使用 C 分区盘符即可，如图 4-1-2 所示。

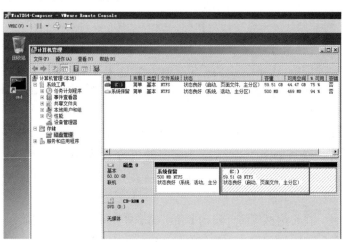

图 4-1-2　父虚拟机配置一块硬盘并创建一个分区

【说明】图 4-1-2 中 C 分区前面的引导分区不计算在内，因为该分区是系统保留的引导分区，不保存数据，不分配盘符。

只有创建一个 C 分区时，使用 Horizon Administrator 创建基于 Composer 的克隆链接的桌面池时，添加 D、E 分区才会成功。图 4-1-3 所示为 Horizon Client 登录基于 Composer 克隆链接虚拟桌面的截图。

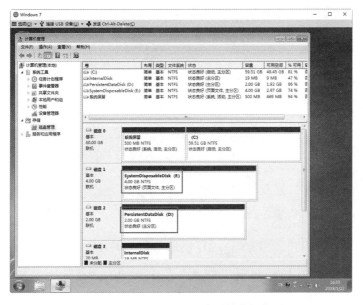

图 4-1-3　Horizon Client 登录的虚拟桌面

4.1.2　Horizon 的虚拟桌面需要自动获得 IP 地址和 DNS 地址

Horizon 虚拟桌面计算机需要"自动获得 IP 地址"和"自动获得 DNS 服务器地址"（见图 4-1-4），并且 DHCP 服务器指定的 DNS 地址需要是 Active Directory 域控制器服务器的 IP 地址。所以，这需要确认父虚拟机（用作虚拟桌面的基础镜像虚拟机）所使用的虚拟网卡端口组所属的网络应该能从 DHCP 服务器获得正常的 IP 地址及 DNS 地址。

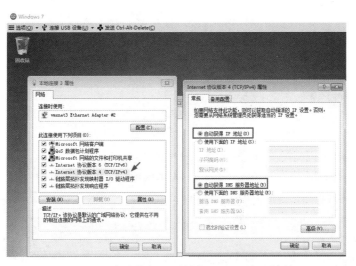

图 4-1-4　自动获得 IP 地址与 DNS 服务器地址

许多初学者经常犯的一个错误是，在家里使用自己的服务器做实验，虽然也配置了 DHCP 服务器，但虚拟机获得的 IP 地址与 DNS 地址是家庭宽带路由器分配的 IP 地址，这就导致实验失败。图 4-1-5 是某个网友的实验拓扑。正常情况下，虚拟桌面获得的 DNS 地址应该是 192.168.0.4，但如果从路由器获得 IP 地址，默认的 DNS 地址应该是 192.168.0.1。

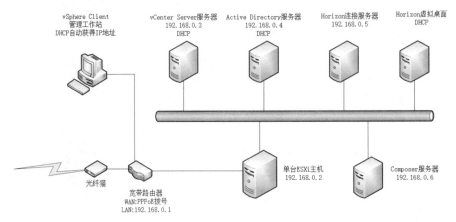

图 4-1-5　单台 ESXi 主机实验环境

大多数初学者的实验环境比较简单：一台高配置的 PC 用作服务器，一台笔记本用作管理工作站。在高配置的 PC 上直接安装 VMware ESXi 以期获得较好的性能，然后再在 ESXi 中创建 vCenter Server 的虚拟机、Active Directory 域服务器、Horizon 连接服务器以及虚拟桌面的父虚拟机。之后登录 Horizon Administrator 创建克隆链接的桌面池，但在生成桌面池的时候出错，在"资源"→"计算机"的"vCenter 虚拟机"列表中，看到正在创建的虚拟桌面的"状态"为"错误"，如图 4-1-6 所示。

图 4-1-6　状态错误

（1）单击"错误"弹出"状态"对话框，提示"No network communication between the View Agent and Connection Server. Please verify that the virtual desktop can ping the Connection Server via the FQDN"，配对状态为"正在配对"，如图 4-1-7 所示。

（2）切换到 vSphere Web Client 或 vSphere Client，打开正在置备的虚拟桌面的控制台，进入命令提示窗口，可以看到当前计算机未获得 IP 地址（或获得以 169.254.××

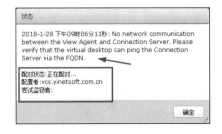

图 4-1-7　错误状态

×.×××的 IP 地址，见图 4-1-8 所示），这表示当前计算机所在网络没有 DHCP 或没有从 DHCP 获得 IP 地址；或者虽然获得了 IP 地址，但 DNS 地址不对（不是 Active Directory 服务器的 IP 地址），如图 4-1-9 所示。

图 4-1-8　没有获得 IP 地址　　　　　图 4-1-9　获得 IP 地址但 DNS 不正确

（3）打开"控制面板"→"所有控制面板"→"系统"窗口，在"计算机名称"中看到虚拟桌面的计算机名称已经更改，但没有加入域，如图 4-1-10 所示。另外，如果显示"剩余 3 天可以自动激活"，也表示当前的虚拟机无法联系到 KMS 服务器并没有从 KMS 服务器激活。当网络配置正确的时候，当前虚拟机会加入域并且可以自动激活，如图 4-1-11 所示。

图 4-1-10　未加入到域、未激活

（4）在命令提示窗口中，执行 slmgr /dlv，可以查看当前计算机是否采用 KMS 激活，并且可以显示 KMS 服务器的 IP 地址及端口，如图 4-1-12 所示。

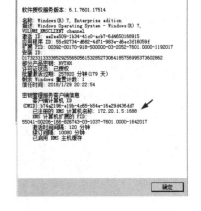

图 4-1-11　已经加入到域并激活　　　　　　　　　　图 4-1-12　显示激活详细信息

（5）当置备虚拟桌面出错后，在 Horizon Administrator 的"资源"→"计算机"中，置备出错的虚拟桌面会自动删除，如图 4-1-13 所示。

图 4-1-13　置备出错的虚拟桌面会被删除

当出现上述这些情况后，可以暂停桌面池的置备或者删除出错的桌面池，检查当前网络架构、相关服务器的配置。如果是图 4-1-5 的家庭实验环境，可以登录路由器的配置，暂时停用路由器的 DHCP 服务，而在 Active Directory 服务器中配置 DHCP 服务器；或者修改路由器的 DHCP 服务，设置正常的 DNS 地址（将默认值由 192.168.0.1 改为正确的地址，本示例为 192.168.0.4）。

图 4-1-14　数据存储

　　另外，在单台 ESXi 主机的实验条件下，由于没有配置"共享存储"，在为虚拟桌面选择"数据存储"（见图 4-1-14），在"选择链接克隆数据存储"对话框中选中本地存储（见图 4-1-15），会弹出图 4-1-16 所示的警告信息，此信息如果是出现在单台 ESXi 主机中则可以单击"确定"按钮继续。如果出现在由多台 ESXi 主机组成的环境中，则需要单击"取消"按钮返回到图 4-1-15 所示的对话框，重新选择共享存储而不是本地存储，否则置备克隆链接的虚拟桌面时也会出错。

图 4-1-15　选择本地存储　　　　　　　　　　图 4-1-16　警告

4.1.3　VPN 用户不能登录 Horizon 虚拟桌面的问题

　　某个单位配置了 Horizon 虚拟桌面，局域网使用正常。但厂域网用户使用 VPN 拨号登录时，提示用户名或密码错误。

　　（1）用户移动办公，Windows 客户端拨 VPN 连接内网的 Horizon 虚拟桌面。在 Horizon Client 中添加连接服务器的 IP 地址，如图 4-1-17 所示。

　　（2）进入登录界面，如图 4-1-18 所示。

图 4-1-17　添加连接服务器　　　　　　　　　图 4-1-18　进入登录界面

　　（3）输入正确的用户名和密码后提示"未知用户名或错误密码"，如图 4-1-19 所示。

　　（4）随后弹出错误对话框，提示"无法解析服务器地址；不知道这样的主机"，如图 4-1-20 所示。

　　对于这种问题，是 VPN 客户端没有获得 DNS 服务器地址（应该是虚拟桌面所在的 Active Directory 域服务器的 IP 地址），所以不能将 Horizon 连接服务器的域名解析成正确的 IP 地址。解决的方法比较有两种：第一种方法是配置 VPN 服务器，为 VPN 客户端分配 IP 地址时，指定 DNS 地址为 Active Directory 的服务器的 IP 地址；第二种方法是编辑 %SystemRoot%\system32\drivers\etc\hosts，将 Horizon 连接服务器的 DNS 名称解析成正确的 IP 地址（Horizon 连接服务器的内网 IP 地址）。

图 4-1-19　未知用户名或错误密码

图 4-1-20　提示无法解析服务器地址

4.2　VMware Horizon 虚拟桌面"黑屏"问题

在部署 VMware Horizon 虚拟桌面的时候，初学者最容易碰到的一个问题是"黑屏"：连接到发布的虚拟桌面后，会显示为黑屏，等待一会儿之后自动断开连接。对于 Horizon 桌面的黑屏，主要原因就是 Horizon 安全服务器、Horizon 连接服务器及防火墙映射的端口不正确造成的。为了详细地说明这个问题，我们选几个案例进行介绍，读者可以参考案例提到的拓扑、计算机名称、域名、IP 地址，对比你的网络，例如，对于第 1 个案例的记录如表 4-2-1 所示。在后面的操作中，用你的 IP 地址、域名、代替文中的 IP 地址、域名即可。

表 4-2-1　示例 IP 地址或域名与用户（你）的信息

域名、计算机名	示例 IP 地址或域名	你的 IP 地址或域名（例）
Horizon 桌面外网域名	view.heuet.com	view.msft.com
防火墙（或路由器）外网	222.223.233.162	111.222.000.111
防火墙（或路由器）内网	172.30.6.254	192.168.1.254
Horizon 安全服务器地址	172.16.17.51	192.168.1.1
Horizon 安全服务器计算机名	security	vpc01
Horizon 连接服务器计算机名	vcs.heuet.com/	vpc01.msft.com
Horizon 连接服务器 IP 地址	172.30.6.2	192.168.1.2

4.2.1　单线单台连接服务器与路由器映射

在图 4-2-1 的案例中，heuet.com 是在 Internet 申请的合法域名，其中名为 view 的 A 记录，指向防火墙外网的 IP 地址 222.223.233.162。在 Horizon 连接服务器所在的企业局域网内，也使用域名 heuet.com，内部 DNS 地址为 172.30.6.1。Horizon 连接服务器加入到 heuet.com 的域，是域中的成员服务器，而 Composer 与 Horizon 安全服务器，则不需要加入域。Horizon 连接服务器、安全服务器、Composer 服务器都是一个网卡。

【说明】许多初学者在规划网络的时候，将"Horizon 安全服务器"配置为两个网卡，一个网卡配置局域网的 IP 地址，另一个网卡配置广域网的 IP 地址，连接 Internet。在这种规划中，将 Horizon 安全服务器当成 NAT 设备，这样的规划是不正确的。Horizon 安全服务器需要由出口的防火墙进行转发，而不是处于网络的边缘。

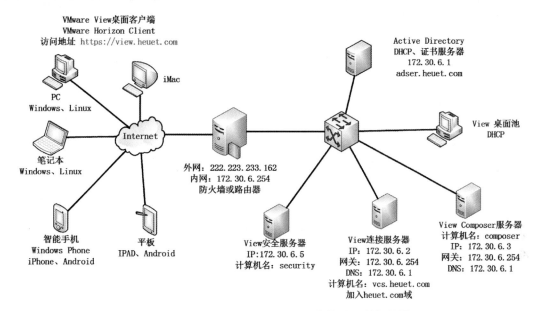

图 4-2-1　单台 Horizon 连接服务器、单外网 IP 的拓扑图

在图 4-2-1 中，处于 Internet 的用户，如果希望访问 Horizon 桌面，则需要通过两种方式：

（1）以 HTML 的 Web 方式访问：https://view.heuet.com。

（2）使用 Horizon Client，则登录地址为 view.heuet.com。

Internet 的用户，需要将 view.heuet.com 的域名解析成 222.223.233.162，如果你的 DNS 解析不能生效，可以通过编辑本机 hosts 文件强制解析。hosts 文件默认保存在 c:\windows\system32\drivers\etc\hosts，用"记事本"打开并添加以下一行代码。

```
222.223.233.162 View.heuet.com
```

对于局域网内的用户，只要 DNS 设置为 172.30.6.1，则可以使用 vcs.heuet.com 访问 Horizon 桌面，此时只需要"Horizon 连接服务器"，不需要 Horizon 安全服务器。在局域网内，vcs.heuet.com 会解析到 172.30.6.2。

了解了拓扑关系，下面我们分别介绍 Horizon 连接服务器、防火墙（或路由器）的配置。

1. 在 View Administrator 界面配置

在安装好 Horizon 安全服务器之后，登录 View Administrator 管理界面，检查并配置 Horizon 连接服务器、Horizon 安全服务器，主要步骤如下。

（1）登录 View Administrator，在"View 配置"→"服务器"清单中，打开"连接服务器"选项卡，单击"编辑"按钮，如图 4-2-2 所示。

（2）在"编辑 Horizon 连接服务器设置"对话框，在"标记"文本框中为 View 连接服务器设置一个标记，如 vcs。Horizon 连接服务器为局域网用户提供服务的配置如图 4-2-3 所示，设置之后单击"确定"按钮。

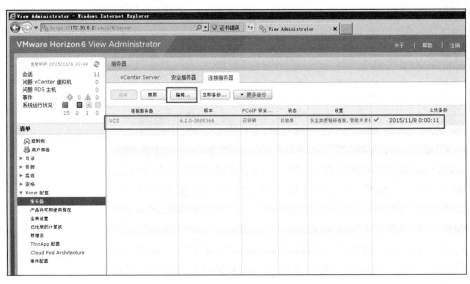

图 4-2-2　编辑连接服务器

【注意】在输入 IP 地址及端口时，以及用到的冒号（：）都应该是英文半角字符，不能使用中文或全角字符。

选中"使用安全加密链路连接计算机"复选框，在"外部 URL"中输入当前 Horizon 连接服务器的 DNS 名称，在此为 https://vcs.heuet.com:443，必须要使用域名。

选中 "使用 PCoIP 安全网关与计算机建立 PCoIP 连接"复选框，在"PCoIP 外部 URL"中输入连接服务器的 IP 地址，在本示例为 172.30.6.2:4172。

选中"使用 Blast 安全网关对计算机进行 HTML Access"复选框，在"Blast 外部 URL"中以 Horizon 连接服务器域名方式输入，本示例为 https://vcs.heuet.com:8443。

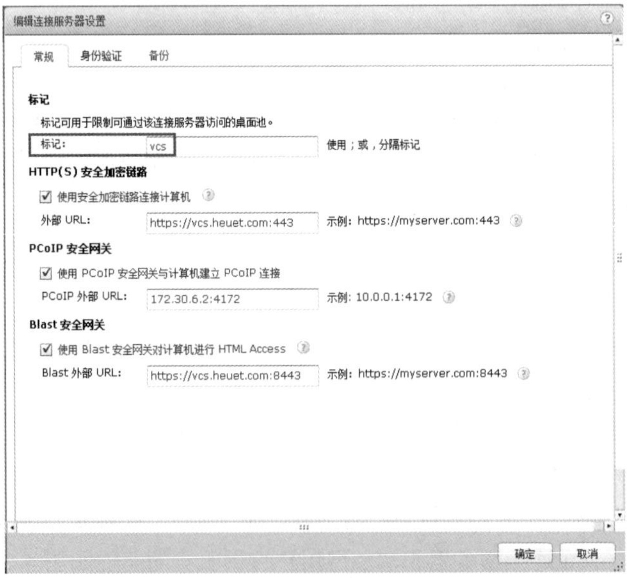

图 4-2-3　编辑连接服务器设置

（3）返回到 View Administrator，在"安全服务器"中单击"编辑"按钮，如图 4-2-4 所示。

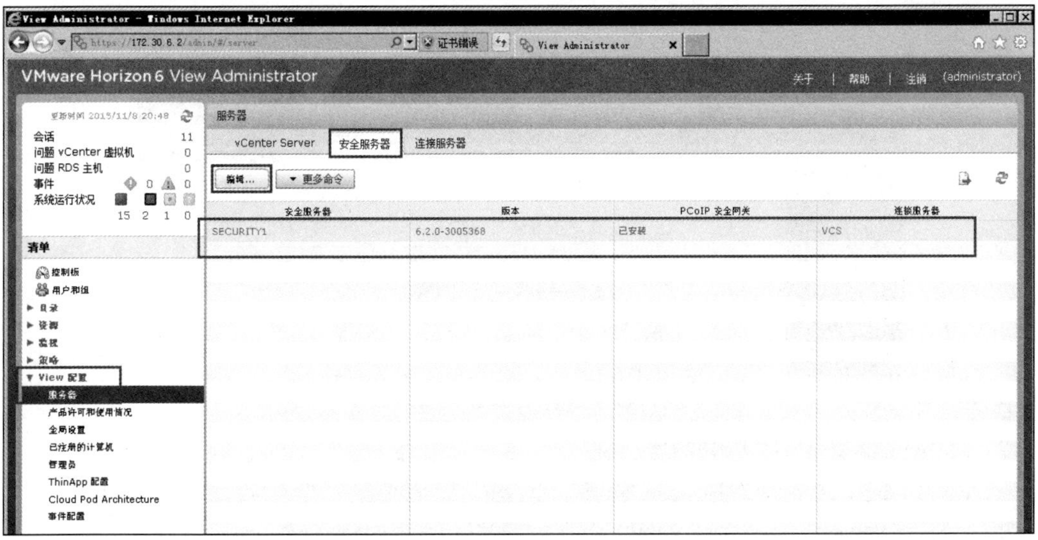

图 4-2-4　编辑安全服务器

（4）打开"编辑安全服务器"对话框。

在"HTTP(S)安全加密链路"选项中，以域名的方式，输入发布到 Internet 的域名及端口，在此输入 https://view.heuet.com:443。

在"PCoIP 安全网关"选项中，以 IP 地址的方式，输入外部 URL，在本示例中为 222.223.233.162:4172。

在"Blast 安全网关"选项中，以域名的方式输入，本示例为 https://view.heuet.com:8443。

设置之后，单击"确定"按钮，如图 4-2-5 所示。

图 4-2-5　编辑 Horizon 安全服务器

2. 修改路由器发布 Horizon 安全服务器到 Internet

最后设置防火墙或路由器，将 TCP 的 443、8443 端口，TCP 与 UDP 的 4172 端口映射到 Horizon 安全服务器的 IP 地址，本例为 172.16.17.51，以 TP-LINK 路由器为例进行介绍。

（1）登录路由器的管理界面，在"转发规则"→"拟服务器"中，单击"添加新条目"按钮，如图 4-2-6 所示。

图 4-2-6　添加新条目

（2）在"服务器端口号"文本框中输入第一个映射的端口 443，IP 地址为 Horizon 安全服务器的地址 172.30.6.5，协议选择 TCP，然后单击"保存"按钮，如图 4-2-7 所示。

也有的 TP-LINK 路由器，在做端口转发的时候，可以设置"外部端口""内部端口"及端口范围，例如 TL-ER5120，外部端口（外网 IP 映射的端口，本示例中为 222.223.233.162）为"443-443"（表示只使用 443 这个端口），内部端口（映射到的内部 IP 地址，本示例中为 172.30.6.5）为"443-443"，如图 4-2-8 所示。

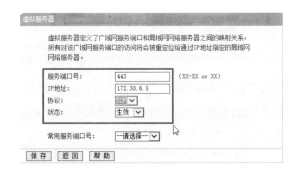

图 4-2-7　添加 443 端口的映射

图 4-2-8　外部端口、内部端口

此功能可以将外部端口映射到内部不同的端口。例如你可以将外网 222.223.233.162 的 1234 映射到内网 172.30.6.5 的 2345。如果进行此类映射，则访问 222.223.233.162:1234 将访问 172.16.17.51 的 2345 端口。

（3）之后再添加 4172、8443 到 172.30.6.5 的映射，其中在添加端口 4172 的映射时需要选择 ALL（包括 TCP 与 UDP 协议），添加之后如图 4-2-9 所示。

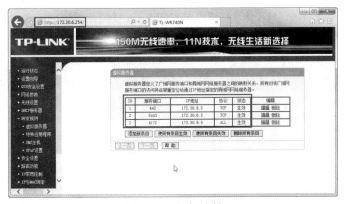

图 4-2-9 添加映射

经过这样设置，Horizon Client，在使用域名 view.heuet.com 访问 View 桌面时，只要 view.heuet.com 域名能正确解析、网络连接正常，就可以访问到路由器后面的 Horizon 桌面。这些内容不再介绍。

4.2.2 双线 2 台连接服务器配置

如果你的网络有多条出口线路，例如，大多数的单位分别有电信与联通的出口。在这种情况下，网络规划的原则是让电信线路的用户，以电信的地址访问 Horizon 桌面；而网通线路的用户则以网通的地址访问 Horizon 桌面。每个"Horizon 安全服务器"只能指定一个外网的 IP 地址，所以，对于有两个不同出口的 Horizon 桌面，则需要配置 2 个 Horizon 安全服务器。在图 4-2-10 是这个配置的简单拓扑图，其中的防火墙是采用的 Forefront TMG 2010，这个 TMG 配有 3 块网卡，一块网卡设置 110.249.253.163 的 IP 地址，一块网卡设置 110.249.253.164 的 IP 地址（在实际的生产环境中，在此应该配置另一个出口线路的 IP 地址），第三块网卡用于局域网，设置为 172.16.17.254 的 IP 地址，如图 4-2-10 所示。

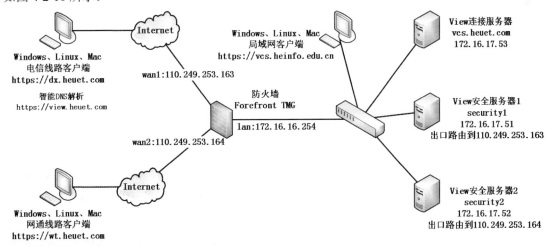

图 4-2-10 双线出口的 Horizon 桌面拓扑

【说明】在我们这个示例中，用的是同一网段的两个公网的 IP 地址，而在实际的生产环境中，这两个公网的 IP 地址应该是不同网段的 IP 地址，具有不同的网关。

两个 Horizon 安全服务器的 IP 地址分别是 172.16.17.51、172.16.17.52，Horizon 连接服务器的 IP

地址是 172.16.17.53。在本示例中，发布到 Internet 的 Horizon 桌面使用两个域名，分别是 dx.heuet.com，解析到 110.249.253.163；另一个域名是 wt.heuet.com，解析到 110.249.253.164。如果你的域名支持 DNS 智能解析，你也可以采用一个域名例如 view.heuet.com，并将该域名指向 110.249.253.163 与 110.249.253.164 这两个 IP 地址。本示例中相关计算机名称、域名、IP 地址如表 4-2-2 所列。

表 4-2-2　双线 Horizon 桌面相关域名与 IP 地址

	域名或计算机名称	IP 地址
Horizon 桌面外网域名	view.heuet.com	110.249.253.163 110.249.253.164
Horizon 桌面外网域名	dx.heuet.com	110.249.253.163
Horizon 桌面外网域名	wt.heuet.com	110.249.253.164
防火墙（或路由器）外网		110.249.253.163 110.249.253.164
防火墙（或路由器）内网		172.16.16.254
Horizon 安全服务器 1	security1	172.16.17.51
Horizon 安全服务器 2	security2	172.16.17.52
Horizon 连接服务器	vcs.heuet.com	172.16.17.53

在安装好 1 台 Horizon 连接服务器、2 台安全服务器之后，登录 View Administrator，配置 Horizon 连接服务器及安全服务器。主要步骤如下。

（1）登录 View Administrator，在"View 配置"→"服务器"清单中，打开"连接服务器"选项卡，单击"编辑"按钮，如图 4-2-11 所示。

图 4-2-11　编辑连接服务器

（2）在"编辑 Horizon 连接服务器设置"对话框的"标记"文本框中为 Horizon 连接服务器设置一个标记，如 vcs，Horizon 连接服务器为局域网用户提供服务的配置截图如图 4-2-12 所示，设置之后单击"确定"按钮。

【注意】在输入 IP 地址及端口时，用到的冒号（:）都应该是英文半角字符，不能使用中文或全角字符。

选中"使用安全加密链路连接计算机"复选框，在"外部 URL"中输入当前 Horizon 连接服务器的 DNS 名称，在此为 https://vcs.heuet.com:443，必须要使用域名。

选中"使用 PCoIP 安全网关与计算机建立 PCoIP 连接"复选框,在"PCoIP 外部 URL"中输入连接服务器的 IP 地址,在本示例为 172.16.17.53:4172。

选中"使用 Blast 安全网关对计算机进行 HTML Access"复选框,在"Blast 外部 URL"中以 Horizon 连接服务器域名方式输入,本示例为 https://vcs.heuet.com:8443。

图 4-2-12　编辑连接服务器设置

(3)返回到 View Administrator,在"安全服务器"中,列出了当前系统中安装的安全服务器,在此有两个安全服务器,需要一一修改配置。先选中 SECURITY1 的安全服务器,单击"编辑"按钮,如图 4-2-13 所示。

图 4-2-13　编辑安全服务器

(4)在"编辑安全服务器"对话框中,在"HTTP(S)安全加密链路"选项中,以域名的方式,输入发布到 Internet 的域名及端口。

如果你的域名支持 DNS 智能解析,你采用了一个域名,则这两个安全服务器,都采用同一个域名,例如 view.heuet.com,则在此输入 https://view.heuet.com:443。如果你采用的是两个域名,例如 dx.heuet.com 与 wt.heuet.com,若第 1 个安全服务器对应 dx.heuet.com,则输入 https:/ /dx. heuet. com:443。

在"PCoIP 安全网关"选项中,以 IP 地址的方式,输入外部 URL,在本示例中为 110.249. 253. 163:4172。

在"Blast 安全网关"选项中，以域名的方式输入，在本示例中为 https://view.heuet.com:8443。此域名要与"外部 URL"的域名相同。设置之后，单击"确定"按钮，如图 4-2-14 所示。

【说明】在图 4-2-14 中，在"HTTP(S)安全加密链路"选项中，输入的是 https://view.heuet.com:8442，在此采用的是 8442 而不是 443 端口，是因为当前示例中采用的 Forefront TMG 防火墙并采用 SSL Web 站点转发的原因。如果使用的是普通的路由器，路由器到内网 IP 采用的是 443 端口的映射，则可以采用 443 端口。

（5）返回到 View Administrator，修改第 2 个安全服务器的对外域名、IP 地址。

在"HTTP(S)安全加密链路"选项中，输入 https://view.heuet.com:443 或 https://wt.heuet.com:443。

在"PCoIP 安全网关"选项中，以 IP 地址的方式，输入外部 URL，在本示例中为 110.249.253.164:4172。

在"Blast 安全网关"选项中，以域名的方式输入，在本示例中为 https://view.heuet.com:8443 或 https://wt.heuet.com:8443，如图 4-2-15 所示。

图 4-2-14　编辑 Horizon 安全服务器　　　图 4-2-15　第 2 个安全服务器

4.2.3　在 Forefront TMG 中发布 Horizon 安全服务器

对于发布双线 Horizon 桌面，需要理解如下的关系。

Internet 用户以"view.heuet.com"访问 Horizon 桌面，该域名要解析成 110.249.253.163 与 110.249.253.164；或者 Internet 用户访问 dx.heuet.com 解析成 110.249.253.163；访问 wt.heuet.com 解析成 110.249.253.164。

对于防火墙来说，需要将 110.249.253.163 的 TCP 的 443 端口、TCP 与 UDP 的 4172 端口、8443 端口映射到第 1 台 Horizon 安全服务器的地址 172.16.17.51；需要将 110.249.253.164 的 TCP 的 443 端口、TCP 与 UDP 的 4172 端口、8443 端口映射到第 2 台 Horizon 安全服务器的地址 172.16.17.52。

对于局域网用户，则需要访问 vcs.heuet.com，该域名解析到 172.16.17.53。

在本示例中，以防火墙是 Forefront TMG 为例进行介绍。

【说明】以 Forefront TMG 作为外部防火墙时，因为可以对 443 端口以"域名"的方式，进行多次映射，所以要为 Forefront TMG 申请"通配符证书，在本示例中为*.heuet.com"，但这个证书映射到安全服务器的证书为 view.heuet.com，这会导致使用 Horizon Client 使用 443 进行转发时失败（见图 4-2-16），为了解决这个问题，我们除了将 443 端口以 view.heuet.com 映射到 172.16.17.51 与 172.16.17.52 之外，为 Horizon 安全服务器指定了另一个端口 8442，这样在进行验证验证时使用 8442（端口一对一映射，直接使用 Horizon 安全服务器证书进行验证），不存在通配符证书的验证问题。如果你是使用普通的路由器，并且采用端口映射的方式，可以使用 443 而不是使用本示例中的另一个端口 8442。当然，如果你的 Forefront TMG 专门为安全服务器配置，不采用通配符证书，并且直接使用 443 端口进行映射，也不需要将端口修改为 8442。

图 4-2-16　证书不匹配造成身份验证失败

1. 映射 8443 与 4172 端口

登录 Forefront TMG 防火墙，将 TCP 的 8442 端口、TCP 与 UDP 的 4172 端口、8443 端口映射到 Horizon 安全服务器的地址，本例为 172.16.17.51、172.16.17.52，主要步骤如下。（本例以 Forefront TMG 2010 防火墙为例介绍）

（1）在 Forefront TMG 控制台中，右击"防火墙策略"，选择"新建"→"非 Web 服务器协议发布规则"命令，如图 4-2-17 所示。

（2）在"欢迎使用新建服务器发布规则向导"对话框中，为规则设置个名称，在此设置为"view.heuet.com_163->172.16.17.51"，如图 4-2-18 所示。

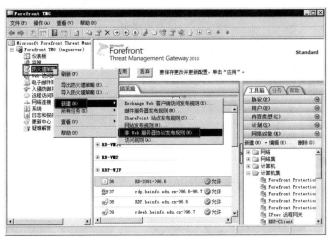

图 4-2-17　新建防火墙策略

图 4-2-18　设置规则名称

（3）在"选择服务器"对话框中，设置要发布的服务器地址，在此设置 Horizon 安全服务器的地址 172.16.17.51，如图 4-2-19 所示。

（4）在"选择协议"对话框中，单击"新建"按钮，如图 4-2-20 所示，为 8442、4172 端口新建协议。

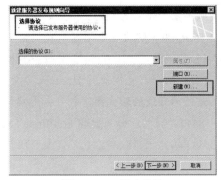

图 4-2-19 选择服务器 图 4-2-20 新建协议

（5）在"欢迎使用新建协议定义向导"对话框中，设置协议名称，在此设置名称为 View-4172_8443，表示新建协议使用端口 4172 与 8443，如图 4-2-21 所示。

（6）在"首要连接信息"对话框中，单击"新建"按钮，添加协议类型为 TCP，方向为"入站"的 4172、8443 协议，添加协议类型为 UDP，方向为"接收发送"的 4172 协议，如图 4-2-22 所示。

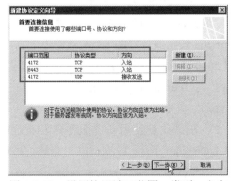

图 4-2-21 新建协议向导 图 4-2-22 设置协议端口范围、类型、方向

（7）返回到"选择协议"对话框，选择前文创建的协议，如图 4-2-23 所示。

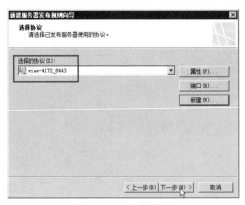

图 4-2-23 选择协议

（8）在"网络侦听器 IP 地址"对话框中，选择"外部"，单击"地址"，在弹出的"外部网络侦听器 IP 选择"对话框中，将 110.249.253.163 添加到"选择的 IP 地址"列表中，如图 4-2-24 所示。进行此项设置，表示将 110.249.253.163 映射到 172.16.17.51。

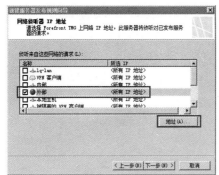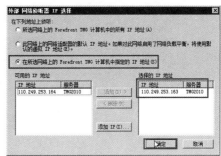

图 4-2-24　选择侦听器地址

（9）在"正在完成新建服务器发布规则向导"
对话框中，单击"完成"按钮，如图 4-2-25 所示。

之后参照上面的步骤，为另一台服务器创建服务器
发布规则，将 110.249.253.164 映射到 172.16.17.52，这
些不一一介绍。

2. 映射 8442 到安全服务器的 443 端口

参照上面的步骤，新建规则，将 TCP 的 8442
转发到 172.16.17.51 的 443 端口，主要步骤如下。（下
面只介绍与上文不同的地方，相同地方则不再介绍）

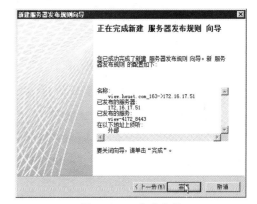

图 4-2-25　完成向导

（1）新建非 Web 服务器发布规则，设置规则名
称为"view_163:8442->172.16.17.51:443"，如图 4-2-26 所示。

（2）新建一个协议，设置协议端口范围为 8442，协议类型为 TCP，方向为入站，如图 4-2-27
所示。

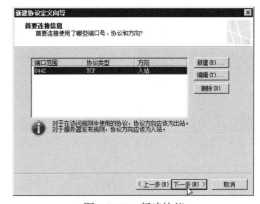

图 4-2-26　设置规则名称　　　　　　　　　　图 4-2-27　新建协议

（3）在"选择协议"对话框中，选择新建的协议，单击"端口"按钮，弹出"端口"对话框，
在"发布的服务器端口"选项中，选中"将请求发送到发布的服务器上的此端口"单选按钮，修改
端口为 443，如图 4-2-28 所示。

（4）在"网络侦听器 IP 地址"对话框，选择"外部"，同样选择绑定 110.249.253.163 的 IP 地址
（参看图 4-2-24）。

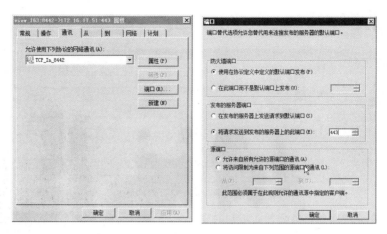

图 4-2-28 修改服务器发布端口

之后参照上面的步骤，为另一台服务器，创建服务器发布规则，将 110.249.253.164 映射到 172.16.17.52，这些不一一介绍。

3. 创建 SSL 侦听器

如果在你的 Forefront TMG 中，TCP 的 443 端口要"复用"，即 443 端口除了发布 Horizon 桌面，还用于其他 Web 服务器的身份验证，则需要创建"网站发布规则"。如果 443 端口只用于 Horizon 桌面，则可以依照前面的内容，创建"非 Web 服务器协议发布规则"，将"HTTPS 服务器"发布到 172.16.17.52（同样绑定 110.249.253.164 的 IP 地址）。本节介绍"网站发布规则"。

（1）在 Forefront TMG 控制台中，找到"防火墙策略"节点，在右侧的"工具箱"选项卡中，单击"新建"菜单，选择"Web 侦听器"命令，如图 4-2-29 所示。

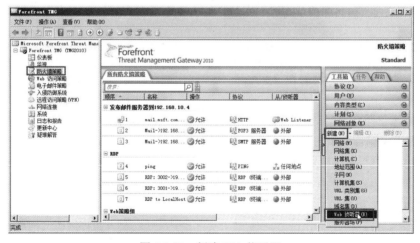

图 4-2-29 新建 Web 侦听器

（2）弹出"欢迎使用新建 Web 侦听器向导"对话框，在"Web 侦听器名称"文本框中，为新建的 Web 侦听器设置一个名称，在本示例中为"SSL Web-164"，如图 4-2-30 所示。

（3）在"客户端连接安全设置"对话框，单击"需要与客户端建立 SSL 安全连接"单选按钮，如图 4-2-31 所示。

图 4-2-30　设置侦听器名称

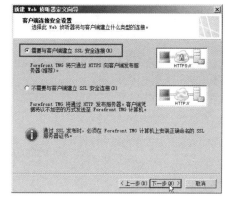

图 4-2-31　需要与客户端建立 SSL 安全连接

（4）在"Web 侦听器 IP 地址"对话框中选择"外部"复选框，单击"选择 IP 地址"按钮，在弹出的"外部网络侦听器 IP 选择"对话框中，选择 110.249.253.164，如图 4-2-32 所示。

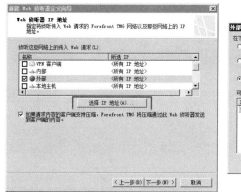

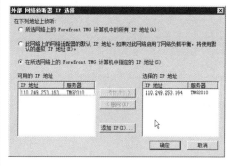

图 4-2-32　选择一个 IP 地址

（5）在"侦听器 SSL 证书"对话框，单击"选择证书"按钮，弹出"选择证书"对话框，从列表中选择一个证书，在本示例中，该证书为*.heuet.com，这是一个"通配符"证书，用以映射所有域名为 heuet.com 的网站。

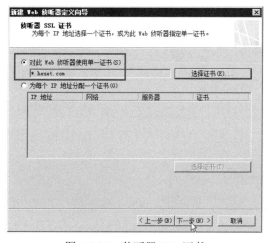

图 4-2-33　侦听器 SSL 证书

【说明】需要申请一个名为*.heuet.com 的服务器证书，并且保存在"计算机存储"而不是"用户存储"中。

（6）在"选择 Web 侦听器"对话框中，选择新建的 Web 侦听器，如图 4-2-34 所示。

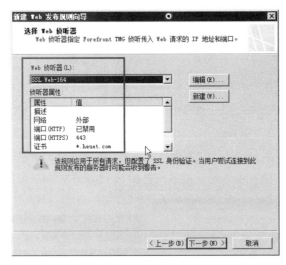

图 4-2-34　选择侦听器

（7）弹出"身份验证设置"对话框，在"选择客户端将如何向 Forefront TMG 提供凭据"下拉列表中选择"无身份验证"，如图 4-2-35 所示。

（8）在"正在完成新建 Web 侦听器向导"对话框中单击"完成"按钮，侦听器创建完成，如图 4-2-36 所示。

图 4-2-35　身份验证设置

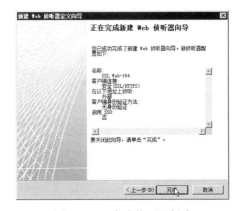

图 4-2-36　完成侦听器创建

之后参照上面的步骤，为另一台服务器创建侦听器，侦听地址是 110.249.253.163，这里不再一一介绍。

4．创建 Web 服务器发布规则

在完成 SSL Web 侦听器创建后，就可以发布 SSL Web 站点了，步骤如下。

（1）在 Forefront TMG 控制台中，右击"防火墙策略"，在弹出的快捷菜单中选择"新建"→"网站发布规则"命令，如图 4-2-37 所示。

图 4-2-37　新建网站发布规则

（2）在"欢迎使用新建 Web 发布规则向导"对话框中为 Web 发布规则设置一个名称，在此为"view.heuet.com->172.16.17.52"，如图 4-2-38 所示。

（3）在"发布类型"对话框中选择"发布单个网站或负载平衡器"单选按钮，如图 4-2-39 所示。

图 4-2-38　新建 Web 发布规则

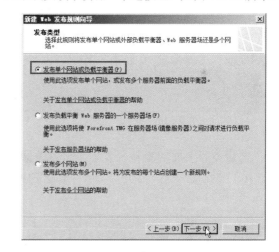

图 4-2-39　发布单个网站或负载平衡器

（4）在"服务器连接安全"对话框中选择"使用 SSL 连接到发布的 Web 服务器或服务器场"单选按钮，如图 4-2-40 所示。

（5）在"内部发布详细信息"对话框中输入内部站点名称 view.heuet.com，并选中"使用计算机名称或 IP 地址连接到发布的服务器"复选框，并指定服务器的 IP 地址为 172.16.17.52，如图 4-2-41 所示。

（6）在"公共名称细节"对话框中输入公共名称 view.heuet.com，如图 4-2-42 所示。

（7）在"选择 Web 侦听器"对话框中选择"SSL Web-164"，如图 4-2-43 所示。

（8）其他选择默认值，直到发布规则创建完成，最后单击"应用"按钮，让设置生效。

图 4-2-40　服务器连接安全

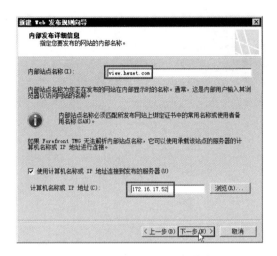

图 4-2-41　内部发布详细信息

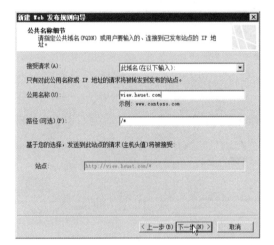

图 4-2-42　公共名称细节

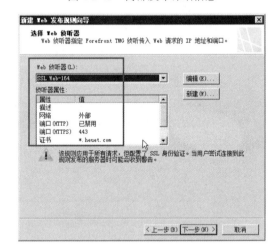

图 4-2-43　选择 Web 侦听器

之后参照上面的步骤，为另一台服务器创建服务器发布规则，将 110.249.253.163 映射到 172.16.17.51，这些不一一介绍。全部配置完成之后如图 4-2-44 所示。

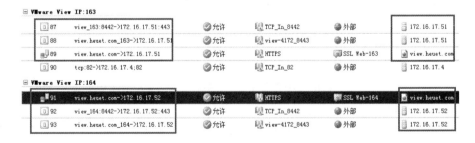

图 4-2-44　设置完成

4.2.4　为 TMG 选择出口线路

在做了端口映射之后还需要修改 Forefront TMG 的网络规则，让 172.16.17.51 的出口使用

110.249.253.163，让 172.16.17.52 的出口使用 110.249.253.164，这样才能实现从外网到内网地址的双向映射（即 Internet 的用户，从哪个公网的地址进来，服务器返回的就是哪个出口的 IP 地址）。

在 Microsoft Forefront TMG 2010 中，可以通过创建网络访问规则、并指定 NAT 转换地址的方法解决，步骤如下。

（1）在 Microsoft Forefront TMG 2010 中，打开 Forefront TMG 控制台，右击"网络连接"，在弹出的快捷菜单中选择"新建"→"网络规则"命令，如图 4-2-45 所示。

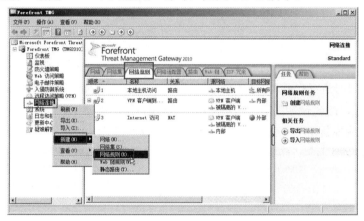

图 4-2-45　新建网络规则

（2）在"网络规则名称"页，为新建的规则设置一个名称，例如"172.16.17.51->110.249.253.163"，如图 4-2-46 所示。

（3）在"网络通讯源"页，新建计算机规则元素，为"View 安全服务器 1"添加"计算机"实体，该计算机对应的 IP 地址为 172.16.17.51，然后将添加到规则源，如图 4-2-47 所示。

图 4-2-46　新建网络规则　　　　图 4-2-47　添加 View 安全服务器 1 的 IP 地址作为规则源

（4）在"网络通讯目标"页，添加"外部"，如图 4-2-48 所示。

（5）在"网络关系"页，选择"网络地址转换"单选按钮，如图 4-2-49 所示。

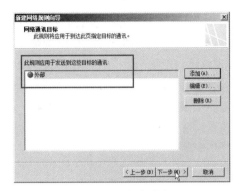

图 4-2-48　添加外部

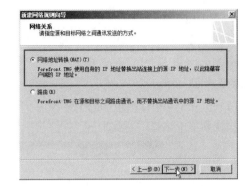

图 4-2-49　网络地址转换

（6）在"NAT 地址选择"页，选择"使用指定的 IP 地址"，并且选择要为"View 安全服务器 1"指定的出口 IP 地址，在本示例中为 110.249.253.163，如图 4-2-50 所示。

（7）在"正在完成新建网络规则向导"对话框中单击"完成"按钮，如图 4-2-51 所示。

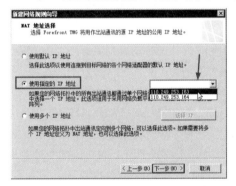

图 4-2-50　为安全服务器 1 指定出口地址

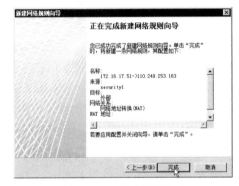

图 4-2-51　创建规则完成

之后参照（1）～（7）的内容，添加 172.16.17.52 到 110.249.253.164 的出口规则，这里不一一介绍了。

然后定位到"网络连接"→"网络规则"页，如果新添加的规则在"Internet 访问"规则后面，则将其移动到"Internet 访问规则"前面，因为在"Internet 访问规则"中的"内部"包括了 View 安全服务器的地址，如图 4-2-52 所示。

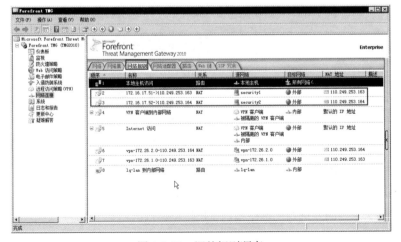

图 4-2-52　调整规则顺序

配置完成之后，在 172.16.17.51 与 172.16.17.52 的计算机上，打开 IE 浏览器，登录 www.ip138.com，可以看到这两台机器显示的 IP 地址分别是 110.249.253.163 和 110.249.253.164，如图 4-2-53 和图 4-2-54 所示。

图 4-2-53　安全服务器 1 出口 IP 地址

图 4-2-54　安全服务器 2 出口 IP 地址

经过上述设置，Horizon 桌面（Internet 用户）即不会出现"黑屏"现象了。

4.3　为 Horizon 配置网络负载均衡

经常有朋友问我，如果虚拟桌面中"安全服务器"或"连接服务器"出现问题怎么办，怎么为 VMware 安全服务器与连接服务器配置负载均衡。如果虚拟桌面数量较多，单位网络规模较大的时候，可以使用专业的网络负载均衡设备；如果单位网络较小，并且预算有限时，可以使用 Windows Server 自带的 NLB（网络负载均衡）来实现，本例将介绍这方面的内容。

在正常的规划设计中，从 Internet 到单位内部虚拟桌面的网络拓扑如图 4-3-1 所示。

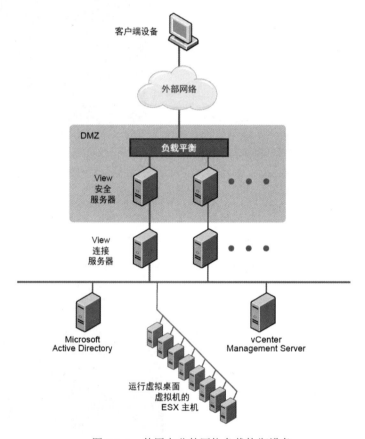

图 4-3-1　使用专业的网络负载均衡设备

在本节的操作中，将分别为 Horizon 安全服务器、连接服务器配置网络负载均衡（NLB），并通过防火墙发布出去（在本例中，防火墙是"单点"故障点，如果采用 Forefront TMG 作为防火墙，可以组成 Forefront TMG 的阵列提供冗余）。这样，无论是在局域网内使用 Horizon 连接服务器，还是在 Internet 中使用 Horizon 安全服务器，都有冗余。整个拓扑如图 4-3-2 所示。

其中 Internet、Horizon 安全服务器、Horizon 连接服务器等效示意图如图 4-3-3 所示。

在图 4-3-3 中，两台 Horizon 连接服务器及两台 Horizon 安全服务器分别组成 NLB（网络负载均衡）群集，其中两台 Horizon 安全服务器组成 NLB 之后群集对外提供的 IP 地址是 172.18.96.55，在这里充当防火墙的是 Forefront TMG，在转发 Horizon 安全服务器的端口时，转发的目标地址是 Horizon 安全服务器 NBL 群集的 IP 地址 172.18.96.55，由 NLB 再决定是由这两台 Horizon 安全服务

器中的那一台提供服务；而 Horizon 安全服务器再把外网的 Horizon 桌面连接请求转发到由两台
Horizon 连接服务器（一台是 Horizon 连接服务器、一台是副本服务器）组成的 NLB 群集 IP 地址
172.18.96.50，再由群集决定转发到这两台 Horizon 连接服务器中的一台。在这个拓扑中，除了
Forefront TMG 防火墙是单点外，从 Internet 到 Horizon 安全服务器、连接服务器都有冗余。而局域
网中则是直接访问 Horizon 连接服务器，所以局域网中亦有冗余。

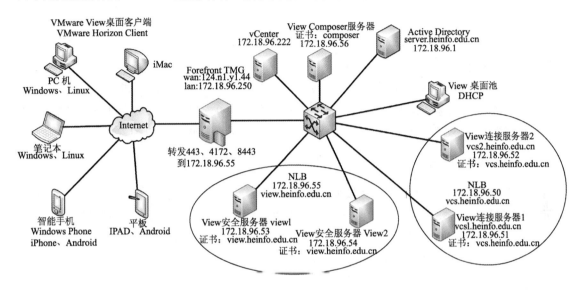

图 4-3-2　Horizon 7 的 NLB 网络拓扑

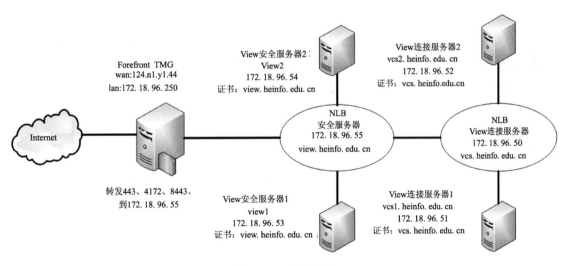

图 4-3-3　逻辑等效

　　在本节的示例中，假设 Horizon 连接服务器、Horizon 副本服务器、两台 Horizon 安全服务器都
已经参照图 4-3-3 安装配置完成，各个 Horizon 连接服务器、安全服务器、群集的地址、对外域名等
信息如表 4-3-1 所示。

表 4-3-1　各个 Horizon 连接服务器、安全服务器、群集的地址、对外域名等信息

服务器	计算机名	IP 地址	对外域名	对外 IP 地址
安全服务器 1	view1	172.18.96.53	view.heinfo.edu.cn	124.n1.y1.44
安全服务器 2	view2	172.18.96.54	view.heinfo.edu.cn	124.n1.y1.44
安全服务器 NLB	view.heinfo.edu.cn	172.18.96.55	view.heinfo.edu.cn	124.n1.y1.44
连接服务器 1	vcs1.heinfo.edu.cn	172.18.96.51	vcs.heinfo.edu.cn	172.18.96.50
连接服务器 2	vcs2.heinfo.edu.cn	172.18.96.52	vcs.heinfo.edu.cn	172.18.96.50
连接服务器 NLB	vcs.heinfo.edu.cn	172.18.96.50	vcs.heinfo.edu.cn	172.18.96.50

下面的示例将介绍在 Horizon 连接服务器、安全服务器配置 Windows 网络负载均衡的方法，以及对应的 View Administrator 及安全服务器的配置，本文不介绍 Horizon 安全服务器、连接服务器的安装。在下面的示例中，Horizon 连接服务器、Horizon 安全服务器都安装在 Windows Server 2008 R2 企业版中。

4.3.1　Horizon 连接服务器的安装与配置

在本案例中，将配置两台 Horizon 连接服务器，其中第一台是 Horizon 连接服务器，另一台是 Horizon 连接服务器的"副本"服务器，这两台服务器将保持同步，只要任意一台服务器在线，即可保证 Horizon 桌面的使用（局域网中）。假设 Horizon 连接服务器、Horizon 副本服务器已经安装完成。

1. 为连接服务器安装"网络负载平衡"功能

首先在 Horizon 连接服务器中，安装"网络负载平衡"功能，并创建 NLB 群集。主要步骤如下。

（1）以域管理员的身份登录 Horizon 连接服务器，打开"系统"对话框，查看计算机名称，如图 4-3-4 所示。

（2）进入命令窗口（或 IP 地址设置对话框），检查当前的 IP 地址，在本示例中此 IP 地址为 172.18.96.51，如图 4-3-5 所示。

图 4-3-4　查看计算机名称

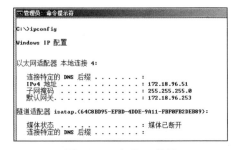

图 4-3-5　查看 IP 地址

（3）打开"服务器管理器"，右击"功能"选择"添加功能"命令，或者在右侧窗格中单击"添加功能"链接，如图 4-3-6 所示。

（4）在"选择功能"对话框中，选中"网络负载平衡"复选框，如图 4-3-7 所示。

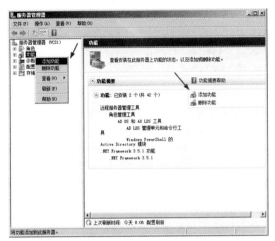

图 4-3-6　添加功能

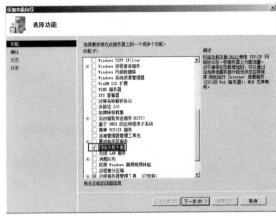

图 4-3-7　网络负载平衡

（5）在"确认安装选择"对话框中单击"安装"按钮，如图 4-3-8 所示。

（6）安装完成后单击"关闭"按钮，如图 4-3-9 所示。安装网络负载平衡之后，不需要重新启动。

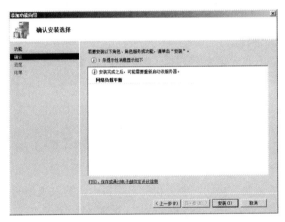

图 4-3-8　安装

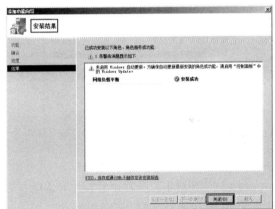

图 4-3-9　安装完成

2. 在 Horizon 连接服务器上创建群集

在安装完"网络负载平衡"之后，从"管理工具"中运行"网络负载平衡管理器"，如图 4-3-10 所示。

创建群集，步骤如下。

（1）在"网络负载平衡管理器"窗口中，右击"网络负载平衡群集"，在弹出的快捷菜单中选择"新建群集"命令，如图 4-3-11 所示。

（2）弹出"新建群集：连接"对话框，在"主机"中输入第一个群集主机的 IP 地址，然后单击"连接"按钮，在"可用于配置新群集的接口"列表中列出了主机 IP 地址之后，之后单击"下一步"按钮，如图 4-3-12 所示。

（3）弹出"新群集：主机参数"对话框，在"优先级"下拉列表中选择单一主机标识符，对于群集中第一个节点主机，默认选择 1，如图 4-3-13 所示。

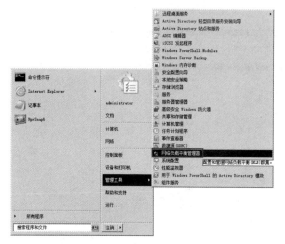

图 4-3-10　网络负载平衡管理器　　　　　　　图 4-3-11　新建群集

图 4-3-12　新群集　　　　　　　　　　　　图 4-3-13　优先级

（4）在"新群集：群集 IP 地址"对话框中单击"添加"按钮，在弹出的对话框中，输入规划的群集 NLB 的 IP 地址，在本示例中为 172.18.96.50，子网掩码为 255.255.255.0，如图 4-3-14 所示。

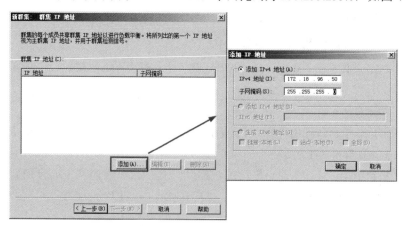

图 4-3-14　添加群集 IP 地址

（5）弹出"新群集：群集参数"对话框中，在"完整 Internet 名称"，输入规划的 Horizon 连接服务器的域名，在本示例中为 vcs.heinfo.edu.cn，需要在域 DNS 中添加 vcs 的 A 记录，并指向群集 IP 地址 172.18.96.50，在"群集操作模式"中，选择"多播"单选按钮，如图 4-3-15 所示。

（6）在"新群集：端口规则"对话框中定义规则描述，在此选择默认值，如图 4-3-16 所示。

图 4-3-15　群集参数

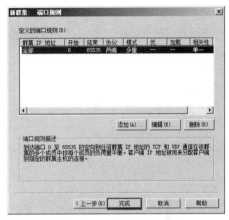

图 4-3-16　群集端口规则

（7）创建群集之后，返回到网络负载平衡管理器，如图 4-3-17 所示。此时群集中只有一台主机。

（8）执行 ipconfig 命令，可以看到当前网络已经添加了群集 IP 地址，如图 4-3-18 所示。此时除了有 172.18.96.51 这个原来的 IP 地址，还添加并绑定了群集 IP 地址 172.18.96.50。同时使用 ping vcs.heinfo.edu.cn 命令，查看是否解析正确。

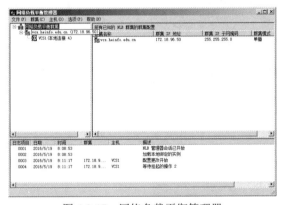

图 4-3-17　网络负载平衡管理器

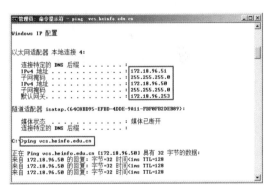

图 4-3-18　群集 IP 地址已经添加

（9）打开"本地连接"属性，可以看到，当前网络已经添加了"网络负载平衡（NLB）"服务，如图 4-3-19 所示。

3. 为 Horizon 连接服务器申请证书

在安装 Horizon 连接服务器、安全服务器、Composer 服务器时，安装程序会创建"自签名"的证书。在实际的生产环境中，应该替换这些证书。在大多数的企业中都是组建自己的证书服务器。在本示例中，使用 Windows Server 2012 R2 自带的"证书服务"，安装的"独立"证书服务器，申请证书。

图 4-3-19　绑定并添加了 NLB 服务

在 Horizon 7.0 中，推荐采用密钥大小为 2048 位的证书。

（1）登录企业内部证书颁发机构，为 Horizon 连接服务器申请"服务器身份验证证书"，根据规划时的配置，申请名称为 vcs.heinfo.edu.cn，如图 4-3-20 所示，并且在申请时，选中"标记密钥为可导出"复选框。

（2）申请证书时，在"好记的名称"处设置名称为 vdm，如图 4-3-21 所示。

图 4-3-20　申请证书　　　　　　　　　　图 4-3-21　好记的名称为 vdm

（3）申请证书并安装之后，运行 mmc，添加"证书-当前用户"及"证书（本地计算机）"管理单元，并在"证书-当前用户"中，导出申请的名为 vcs.heinfo.edu.cn 的证书，并且导出时导出私钥。将导出的证书在"证书（本地计算机）"管理单元中导入，导入时，选中"标志此密钥为可导出的密钥。这将允许您在稍后备份或传输密钥"复选框，如图 4-3-22 所示。

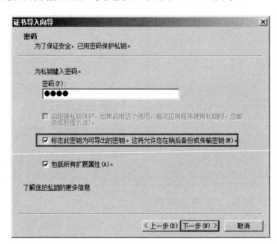

图 4-3-22　导入证书

（4）导入之后，在"证书（本地计算机）"→"个人"→"证书"右侧将会有两个证书，分别是安装 Horizon 连接服务器时安装程序自建的名为 vcs1.heinfo.edu.cn 的证书，还有刚刚导入的证书，如图 4-3-23 所示。

图 4-3-23　两个证书

（5）右击 vcs1.heinfo.edu.cn 证书，并将其删除。最后重新启动 Horizon 连接服务器。

4.3.2　为 Horizon 副本服务器配置 NLB

下面在第二台 Horizon 连接服务器（安装了 Horizon 副本服务器的计算机）上，安装 NLB 并加入现有阵列，主要步骤如下。

（1）以域管理员方式登录第二台 Horizon 连接服务器，查看系统属性，如图 4-3-24 所示。

（2）进入命令窗口，执行 ipconfig 查看当前 IP 地址，如图 4-3-25 所示。

图 4-3-24　查看系统属性

图 4-3-25　查看 IP 地址

（3）参照上一节的步骤，安装"网络负载平衡功能"。

（4）在安装网络负载平衡功能完成之后，从"管理工具"中执行"网络负载平衡管理器"，右击"网络负载平衡管理器"，在弹出的快捷菜单中选择"连接到现存的"命令，如图 4-3-26 所示。

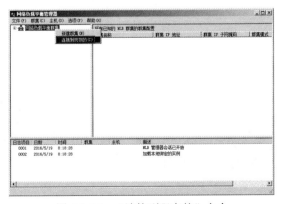

图 4-3-26　"连接到现存的"命令

（5）弹出"连接到现有群集：连接"对话框，在"主机"中输入群集中第一个主机的 IP 地址 172.18.96.51，然后单击"连接"按钮，当主机出现在"群集"列表之后单击"完成"按钮，如图 4-3-27 所示。

（6）在连接到现有群集之后，右击群集名称，在本示例中为 vcs.heinfo.edu.cn(172.18.96.50)，右击，在弹出的快捷菜单中选择"添加主机到群集"命令，如图 4-3-28 所示。

（7）在"将主机添加到群集：连接"对话框中，输入第 2 台主机的 IP 地址 172.18.96.52，然后单击"连接"按钮，之后单击"下一步"按钮，如图 4-3-29 所示。

图 4-3-27　连接到现有群集

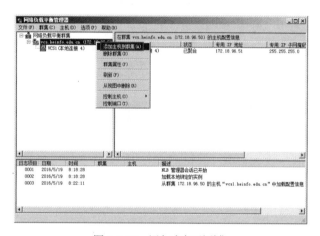

图 4-3-28　添加主机到群集

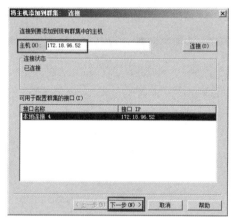

图 4-3-29　将主机添加到群集

（8）在"将主机添加到群集：主机参数"对话框中，优先级选择"2"，如图 4-3-30 所示。

（9）在"将主机添加到群集：端口规则"对话框中单击"完成"按钮，如图 4-3-31 所示。

图 4-3-30　选择优先级

图 4-3-31　端口规则

（10）刚添加之后，新添加的主机状态为"挂起"，如图 4-3-32 所示。

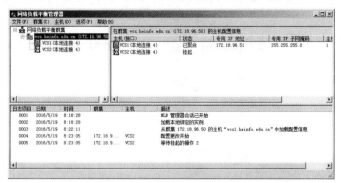

图 4-3-32　主机状态

（11）之后状态为"已聚合"，如图 4-3-33 所示，表示配置完成。

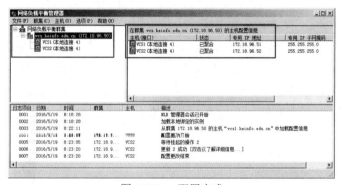

图 4-3-33　配置完成

（12）进入命令提示符窗口，查看 IP 地址，可以看到当前主机的 NLB 地址已经添加，如图
4-3-34 所示。

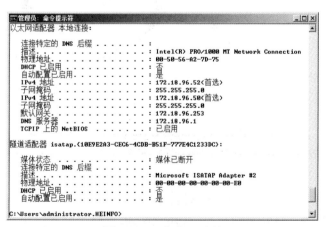

图 4-3-34　查看 IP 地址

（13）将上一节中申请并导出的 vcs.heinfo.edu.cn 的证书导入第二台连接服务器（Horizon 副本
服务器），然后删除系统自带的名为 vcs2.heinfo.edu.cn 的证书，如图 4-3-35 所示。之后重新启动
Horizon 副本服务器完成配置。

图 4-3-35　删除系统默认的证书

4.3.3　配置 Horizon 连接服务器

等第一台、第二台 Horizon 连接服务器重新启动，并且 Horizon 连接服务器相关服务都启动之后，登录 View Administrator，在此，可以登录第一台 Horizon 连接服务器（登录地址 https://172.18.96.51/admin），也可以登录第二台 Horizon 连接服务器（副本服务器，登录地址 https: //172.18.96.52/admin），登录之后，在"Horizon 配置"→"服务器"→"连接服务器"中，分别修改 VCS1 与 VCS2 的配置，如图 4-3-36 所示。

图 4-3-36　两台连接服务器

（1）首先选中第一台连接服务器，即名为 VCS1 的计算机，单击"编辑"按钮，进入"编辑连接服务器设置"对话框，其默认的 URL 采用的域名是当前 Horizon 连接服务器的名称 vcs1.heinfo.edu.cn，如图 4-3-37 所示。

（2）因为配置了网络负载平衡，所以需要将默认的 vcs1.heinfo.edu.cn 的名称改为群集 IP 地址对应的域名，在此修改为 vcs.heinfo.edu.cn，当然对应的端口不能变。在"外部 URL"处输入 https://vcs.heinfo.edu.cn:443，在"Blast 外部 URL"处输入 https://vcs.heinfo.ecu.cn:8443，并且选中"使用的 PCoIP 安全网关与计算机建立 PCoIP 连接"复选框，在此的 IP 地址则仍然采用第一台连接服务器的 IP 地址 172.18.96.51:4172，如图 4-3-38 所示。同时在"标记"文本框中，为第一台 Horizon 连接服务器设置标志，例如 vcs1。

图 4-3-37　默认的第一台连接服务器的配置

（3）同样在图 4-3-36 中，选中第二台 Horizon 连接服务器并单击"编辑"按钮，打开第二台 Horizon 连接服务器的设置对话框，将默认的名称由 vcs2.heinfo.edu.cn 修改为 NLB 的阵列对应的域名 vcs.heinfo.edu.cn，同样"PCoIP 外部 RUL"的 IP 地址及端口为 172.18.96.52:4172，并添加标记为 vcs2，如图 4-3-39 所示。

图 4-3-38　修改 URL 名称

图 4-3-39　修改第二台 Horizon 连接服务器的配置

经过上述配置，局域网中，使用 Horizon 桌面，在配置 Horizon 连接服务器的地址时，采用 vcs.heinfo.edu.cn 即可，如图 4-3-40 所示。

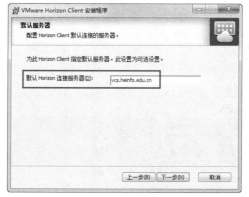

图 4-3-40　指定 Horizon 连接服务器的默认名称

对于 Horizon 连接服务器虚拟机所在的主机，修改虚拟交换机的端口配置，并启用"混杂模式"。如果 Horizon 连接服务器保存在共享存储设备中，则要对当前群集中所有主机、虚拟机端口组所对应的虚拟交换机进行配置。

（1）使用 vSphere Client 登录到 vCenter Server，选中 Horizon 连接服务器所在主机，在"配置"→"网络"中选中 Horizon 连接服务器虚拟网卡所使用的虚拟交换机，单击"属性"按钮，如图 4-3-41 所示。

图 4-3-41　修改虚拟交换机

（2）在"vSwitch 属性"对话框中，选中 vSwitch，单击"编辑"按钮，如图 4-3-42 所示。

（3）在弹出的"vSwitch 属性"对话框中，选择"安全"选项卡，在"混杂模式"下拉列表中选择"接受"，如图 4-3-43 所示。

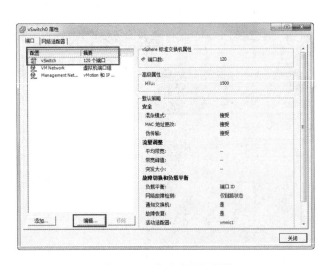

图 4-3-42　修改交换机属性

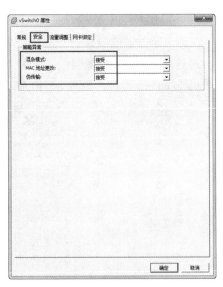

图 4-3-43　接受混杂模式

单击"确定"按钮保存设置退出。

4.3.4　配置 Horizon 安全服务器

在配置了 Horizon 连接服务器并且为 Horizon 连接服务器配置证书及网络负载平衡之后，下面是配置两台 Horizon 安全服务器，并为这两台 Horizon 安全服务器安装网络负载平衡、创建 NLB、并配置 Horizon 安全服务器。主要步骤与为 Horizon 连接服务器配置类似，下面我们介绍主要步骤。

在本示例中，我们以第一台 Horizon 安全服务器的配置为例进行介绍。

（1）设置计算机名称为 view1，当前计算机不需要加入域，如图 4-3-44 所示。

图 4-3-44　设置计算机名称

（2）设置 IP 地址为 172.18.96.53，DNS 为 172.18.96.1（Active Directory 域的 DNS 地址），如图 4-3-45 所示。

（3）安装 Horizon 安全服务器，如图 4-3-46 所示。

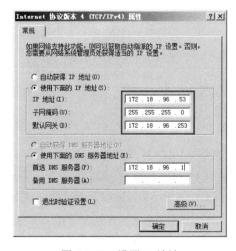

图 4-3-45　设置 IP 地址

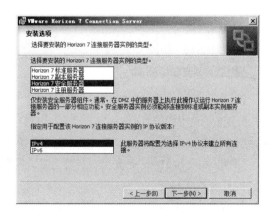

图 4-3-46　安装 Horizon 安全服务器

（4）在安装的过程中，指定 Horizon 7 连接服务器时，使用 vcs.heinfo.edu.cn，如图 4-3-47 所示。

（5）在指定安全服务器配置的时候，可以直接用前文规划的 Horizon 安全服务器的阵列地址，在此为 view.heinfo.edu.cn，并输入防火墙的外网地址 124.n1.y1.44，如图 4-3-48 所示。

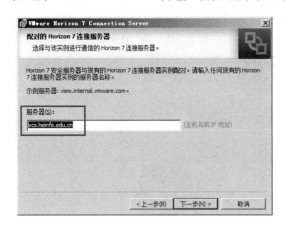
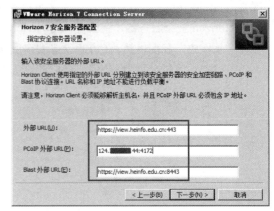

图 4-3-47　指定 Horizon 连接服务器的域名或 IP 地址　　　　图 4-3-48　指定外部 URL 及 IP 地址

之后根据向导完成 Horizon 安全服务器的安装。同样网络中第二台 Horizon 安全服务器也应该这样安装。如果在安装 Horizon 安全服务器的时候没有参照图 4-3-48 指定外部 URL 域名及 IP 地址，也可以在 View Administrator 管理界面中，在"View 配置"→"服务器"→"安全服务器"中，选中安全服务器，单击"编辑"按钮进行修改，如图 4-3-49 所示。

图 4-3-49　安全服务器

分别依次选中每个 Horizon 安全服务器，打开"编辑安全服务器-VIEW1"或"编辑安全服务器-VIEW2"对话框，修改 URL 为 view.heinfo.edu.cn，外网 IP 地址为 124.n1.y1.44，如图 4-3-50 所示。

同样，在安装 Horizon 安全服务器之后，需要信任根证书、申请名为 View.heinfo.edu.cn 的域名，并替换系统默认的证书，这些不一一介绍了。

最后，等两台 Horizon 安全服务器都配置完成之后，创建网络负载平衡，设置群集的域名为 view.heinfo.edu.cn，设置 NLB 地址为 172.18.96.55，并将这两台 Horizon 连接服务器添加到阵列中，如图 4-3-51 所示。

图 4-3-50 修改 URL

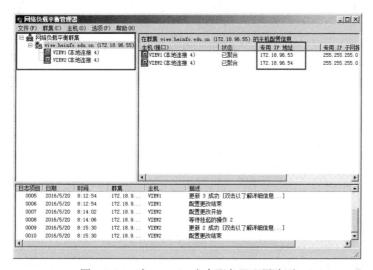

图 4-3-51 为 Horizon 安全服务器配置阵列

4.3.5 发布 Horizon 安全服务器到 Internet

最后，在防火墙（或路由器）中，将 Horizon 安全服务器发布到 Internet。在 Horizon 5.x 与 Horizon 6.x 中发布 TCP 的 443 端口，可以采取发布 Web 服务器的方式，而在 Horizon 7.0 中只能进行 TCP 端口的转发，而不能以发布 Web 站点的方式发布，否则发布的 Horizon 桌面不能使用。

发布 Horizon 安全服务器，只需要发布 TCP 的 443、4172、8443 端口及 UDP 的 4172 端口即可。并且发布的目标地址是 Horizon 安全服务器网络负载平衡阵列的 IP 地址，而不是第一台或第二台 Horizon 安全服务器的 IP 地址。如图 4-3-52 所示，发布 HTTPS 服务器（使用 TCP 的 443 端口）及自定义的策略，并发布 Horizon 安全服务器的 NLB 地址 172.18.96.55 到 Internet。

□ view.heinfo.edu.cn						
13	ssl:443->96.55	允许	HTTPS 服务器	外部	172.18.96.55	阵列
14	view->172.18.96.55	允许	View-4172_8443	外部	172.18.96.55	55->53/54	阵列

图 4-3-52 发布 Horizon 安全服务器阵列地址

而发布 4172 及 8443 自定义的策略配置如图 4-3-53 所示。

经过上述发布之后，Internet 用户在连接 Horizon 桌面时，使用 view.heinfo.edu.cn 的域名即可访问。

4.3.6　客户端使用说明

VMware Horizon 客户端分为两种，即基于 Web 访问的 HTML 客户端和 VMware Horizon Client。对于前者，局域网用户只需要访问 https://vcs.heinfo.edu.cn 并输入用户名与密码即可登录，Internet 用户只需要访问 https://view.heinfo.edu.cn 即可登录，如图 4-3-54 所示。

图 4-3-53　安全服务器端口策略

图 4-3-54　使用 Web 方式访问

（1）对于 VMware Horizon Client，如果是局域网访问（访问地址 vcs.heinfo.edu.cn），在访问 Horizon 桌面时，可以使用 PCoIP、VMware Blast、Microsoft RDP 三种协议中的任意一种登录，如图 4-3-55 所示。

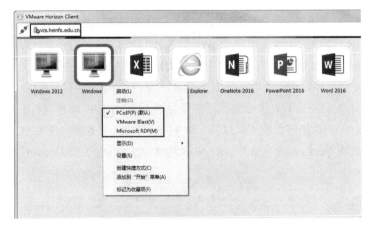

图 4-3-55　局域网可以使用任意协议

（2）对于 Internet 用户，在访问 Horizon 桌面时，在采用网络负载均衡之后，则只能使用 VMware Blast 或 Microsoft RDP 协议，如图 4-3-56 所示。如果使用 PCoIP 协议，登录的 Horizon 桌面会出现"黑屏"后断开。

图 4-3-56　Internet 不要使用 PCoIP 协议

因为在 View Administrator 的配置界面中，明确提出"PCoIP 外部 URL 不得进行负载平衡"，如图 4-3-57 所示。另外，从 Horizon 7 开始，VMware 开始支持 VMware Blast 协议，以后也会发展这个协议。如果不使用负载均衡，则仍然可以使用 PCoIP 协议。

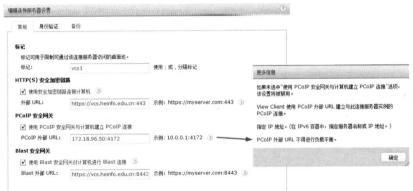

图 4-3-57　PCoIP 外部 URL 不得进行负载平衡

4.4　为 Horizon 服务器申请多域名证书

在配置 Horizon 连接服务器、安全服务器、Composer 服务器的时候，需要为每台服务器都申请一个同名的证书，例如表 4-4-1 为各服务器的计算机名（或域名）及需要申请的证书名称。

表 4-4-1　Horizon 连接服务器、安全服务器、Composer 服务器的计算机名（或域名）及需要申请的证书名称

服务器用途	服务器计算机名（或域名）	申请的证书名称
连接服务器	vcs.heuet.com	vcs.heuet.com
Composer 服务器	composer	compose
安全服务器	view	view.heuet.com

如果有多个连接服务器、多个安全服务器，还需要为不同的连接服务器、安全服务器申请不同的证书（与其对外标示名称相同）。实际上，如果你的企业环境配置了"企业证书服务器"，则可以在 MMC 控制台中，申请多域名证书。本节以表 4-4-1 中需要申请的多个证书为例，通过申请一个多域名证书的方式，申请一个包含多个不同计算机名称的证书，同时用于多台服务器。

【说明】本操作在客户端是 Windows Server 2008 R2、Windows Server 2012 R2，操作系统是 Windows Server 2012 R2 安装的独立证书服务器上测试通过。

（1）在一台 Windows Server 2008 R2 或 Windows Server 2012 R2 的计算机中，以管理员账号登录，运行 MMC，添加"证书"→"本地计算机"管理单元，选择"证书（本地计算机）"→"个人"→证书"，在弹出的菜单中选择"所有任务"→"高级操作"→"创建自定义请求"命令，如图 4-4-1 所示。

图 4-4-1　创建自定义请求

（2）在"证书注册"对话框中单击"下一步"按钮，如图 4-4-2 所示。

（3）在"选择证书注册策略"对话框中选择"自定义请求"，如图 4-4-3 所示。

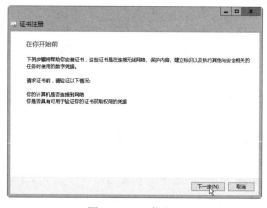

图 4-4-2　证书注册

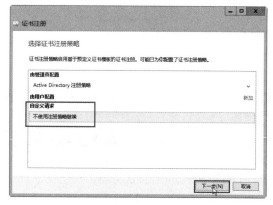

图 4-4-3　自定义请求

（4）在"请求格式"中选择 CMC 或"PKCS #10"单选按钮，如图 4-4-4 所示。

（5）在"证书信息"对话框中，展开"详细信息"，单击"属性"按钮，如图 4-4-5 所示。

（6）选择"常规"选项卡，在"友好名称"处输入申请证书的友好名称，例如本节输入 view，如图 4-4-6 所示。

（7）选择"使用者"选项卡，在"使用者名称"→"类型"下拉列表中选择"完成 DN"，在"备用名称"→"类型"下拉列表中选择 DNS，在"值"中输入要申请的证书的名称，单击"添加"按钮将其添加到右侧的 DNS 列表中，可以多次添加，将所需要的多个域名依次添加到右侧的列表中，如图 4-4-7 所示。

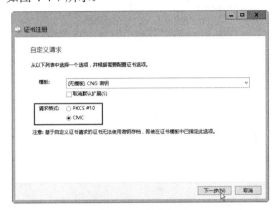

图 4-4-4　请求格式　　　　　　　　　　图 4-4-5　证书信息

图 4-4-6　友好名称　　　　　　　　　　图 4-4-7　添加 DNS 名称

（8）在"扩展信息"选项卡中，展开"扩展的密钥用法"，在"可用选项"中双击"服务器身份验证"，将其添加到右侧的"选定的选项"列表中，如图 4-4-8 所示。

（9）在"私钥"选项卡中，展开"密钥选项"，选中"使私钥可以导出"复选框，如图 4-4-9 所示。然后单击"确定"按钮。

（10）返回到"证书信息"对话框，单击"下一步"按钮，如图 4-4-10 所示。

（11）弹出"你想将脱机请求保存到何处"对话框，在"文件名"中单击"浏览"按钮，选择一个保存脱机证书请求文件位置及名称，在"文件格式"中选择"Base 64"单选按钮，然后单击"完成"按钮，如图 4-4-11 所示。

（12）之后用"记事本"打开上一节保存的证书请求文件，复制脱机请求内容，如图 4-4-12

所示。

图 4-4-8　扩展信息

图 4-4-9　使私钥可以导出

图 4-4-10　证书信息

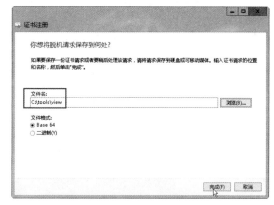

图 4-4-11　保存证书请求文件

图 4-4-12　打开并复制脱机请求内容

然后登录证书服务器申请证书，主要步骤如下。

（1）在 IE 浏览器中登录证书申请页面，在"选择一个任务"中单击"申请证书"，如图 4-4-13 所示。

（2）在"申请一个证书"对话框中，单击"高级证书申请"链接，如图 4-4-14 所示。

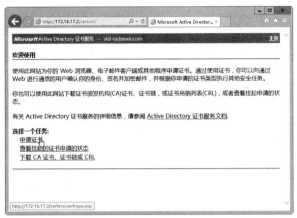

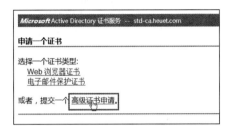

图 4-4-13　申请证书　　　　　　　　　　　　图 4-4-14　高级证书申请

（3）在"高级证书申请"对话框中，单击"使用 Base64 编码的 CMC 或……"链接，如图 4-4-15 所示。

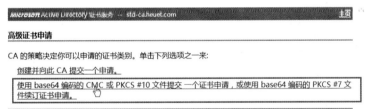

图 4-4-15　高级证书申请

（4）在"提交一个证书申请或续订申请"对话框中，粘贴图 4-4-12 中复制的内容，然后单击"提交"按钮，如图 4-4-16 所示。

（5）在"证书已颁发"对话框中，单击"下载证书"链接，下载证书，并将其保存，如图 4-4-17 所示。

图 4-4-16　提交证书申请　　　　　　　　　　图 4-4-17　下载并保存证书

在申请并下载证书之后，返回到 MMC 控制台，导入保存的证书文件。

（1）选择"证书"→"个人"→"证书"并右击，在弹出的快捷菜单中选择"所有任务"→"导入"命令，如图 4-4-18 所示。

图 4-4-18　导入

（2）在"欢迎使用证书导入向导"对话框中单击"下一步"按钮继续，如图 4-4-19 所示。

（3）在"要导入的文件"对话框中，单击"浏览"按钮，选择图 4-4-17 中下载保存的文件，如图 4-4-20 所示。

图 4-4-19　证书导入向导　　　　　　　图 4-4-20　选择要导入的文件

（4）在"证书存储"对话框中选择默认值"将所有的证书都放入下列存储"及"个人"，如图 4-4-21 所示。

（5）在"正在完成证书导入向导"对话框中单击"完成"按钮，如图 4-4-22 所示。

（6）证书导入完成，如图 4-4-23 所示。

（7）双击导入的证书，在"常规"中查看证书的用途、颁发者名称、颁发给的目标用户，如图 4-4-24 所示。

（8）弹出"详细信息"选项卡，在"使用者可选名称"中可以看到，当前这是一个"多域名"证书，在此可以看到可用的名称，这正是图 4-4-7 中添加的名称，如图 4-4-25 所示。

图 4-4-21　证书存储

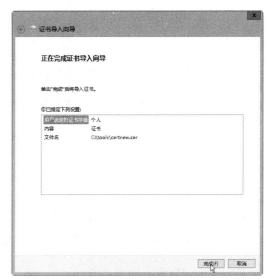

图 4-4-22　正在完成证书导入向导

图 4-4-23　完成证书导入

图 4-4-24　证书信息

图 4-4-25　查看使用者名称

4.5 其他虚拟桌面问题

本节介绍修改证书颁发机构签发证书终止日期、移除孤立虚拟桌面等问题。

4.5.1 更改 Windows Server 证书颁发机构所签发证书的终止日期

上一节介绍了为 Horizon 虚拟桌面申请多域名证书的方法和步骤。但在默认情况下，独立证书颁发机构 CA 签发的证书的有效期是一年。一年之后证书即过期，其使用将不再受信任，必须重新申请证书，这样无论对于管理还是使用都不方便。本节介绍修改发证 CA 所签发的证书的默认终止日期。单击"开始"，然后单击"运行"命令。

（1）以管理员账号登录证书服务器，运行 regedit 程序，找到并随后单击下面的注册表项：

```
HKEY_LOCAL_MACHINE\System\CurrentControlSet\Services\CertSvc\Configuration\<CAN
ame>
```

（2）在右窗格中，双击"ValidityPeriod"，在"数值数据"框中，输入时间单位之一（可在 Days、Weeks、Months、Years 之间选择，本示例选择 Years），然后单击"确定"按钮，如图 4-5-1 所示。

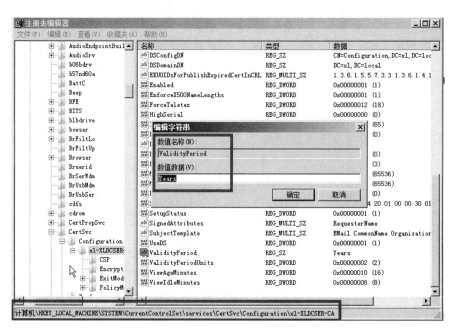

图 4-5-1 修改 ValidityPeriod 数值

（3）在右窗格中，双击"ValidityPeriodUnits"，在"数值数据"框中，输入希望的数值，然后单击"确定"按钮。在本示例中输入 10，如图 4-5-2 所示。

（4）关闭注册表编辑器，重新启动"证书服务"服务。进入命令提示窗口，依次执行如下命令（见图 4-5-3）。

```
net stop certsvc
net start certsvc
```

图 4-5-2 修改 ValidityPeriodUnits 数据

图 4-5-3 重新启动证书服务

4.5.2 一个规划不当的虚拟桌面案例

某个客户说他的 Horizon 桌面在外网访问时,虚拟桌面黑屏并断开连接,该用户的拓扑如图 4-5-4 所示。

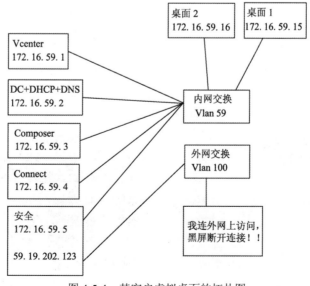

图 4-5-4 某客户虚拟桌面的拓扑图

出现黑屏的主要原因是 Horizon 安全服务器、Horizon 连接服务器配置的域名、IP 地址或端口不正确导致，但这个客户的问题则是安全服务器的配置问题，在图 4-5-4 中，该客户将安全服务器当成防火墙或 NAT 设备来使用了。正确的安全服务器应该处于防火墙后面，并且安全服务器配置的是内网的 IP 地址，由防火墙将安全服务器所需要的端口映射到 Internet。

4.5.3 "零客户端可能与主机会话协商密码设置不兼容"的解决方法

WYSE D200 终端在登录连接 Horizon 7.0 的虚拟桌面时，提示"会话协商失败。零客户端可能与主机会话协商密码设置不兼容"，不能登录。

这个问题的原因是：WYSE D200 终端，使用 PCoIP 协议连接 Horizon 桌面时，使用的是 TLS 1.0，而 Horizon 7.0 连接服务器与 Horizon 桌面，默认使用的是 TLS 1.1 与 1.2，不使用 TLS 1.0。要想让 WYSE D200 终端使用 Horizon 7 的虚拟桌面，必须修改 Horizon 连接服务器、Horizon 桌面以启动 TLS 1.0 协议。

要修改 Horizon 桌面，有两种办法：一种是在配置 Horizon 桌面时，直接在"父虚拟机"中修改，另一种是使用 ADM 模板文件 pcoip.adm，使用组策略修改替换 Horizon 桌面。下面我们回顾一下故障过程，并介绍解决方法与步骤。

1．WYSE D200 终端登录 Horizon 桌面出错

下面是 WYSE D200 登录到 Horizon 连接服务器，连接虚拟桌面并出错的过程。

（1）WYSE D200 登录 Horizon 连接服务器，当前实验环境中 Horizon 连接服务器的 IP 地址是 172.20.2.51，如图 4-5-5 所示。

（2）登录之后，选择可用桌面并连接，如图 4-5-6 所示。

图 4-5-5　连接服务器

图 4-5-6　登录到桌面

（3）开始连接到桌面，如图 4-5-7 所示。

（4）出现"会话协商失败"的错误，如图 4-5-8 所示。

图 4-5-7　正在准备桌面

图 4-5-8　会话协商失败

2．加载 pcoip.adm 文件并修改

在下面的配置中，以域管理员身份登录到域控制器，在域控制器为 Horizon 桌面加载并修改 pcoip.adm 文件。为了避免组策略覆盖非 Horizon 桌面的计算机，一般情况下，在配置 Horizon 桌面池时，要为 Horizon 桌面单独指定一个"组织单位"，在本示例中，在"Active Directory 用户和计算机"中，为所有的 Horizon 桌面创建了一个名为"Win7X-PC"的组织单位，如图 4-5-9 所示。

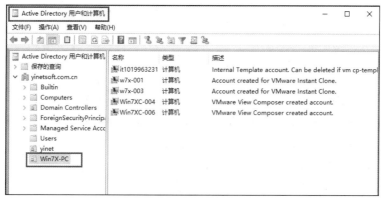

图 4-5-9　为 Horizon 桌面创建 OU

当前配置的 Horizon 桌面版本是 7.1.0，下载的 ADM 模板文件名是"VMware- Horizon-Extras-Bundle-4.4.0-5171611.zip"，大小为 2.73MB，将其解压缩到一个文件夹，例如 D 盘 TEMP 文件夹，如图 4-5-10 所示。

图 4-5-10　解压缩 ADM 文件

（1）打开"组策略管理"，为"Win7X-PC"组织单位创建组策略，如图 4-5-11 所示，右击并选择"编辑"命令。

（2）打开 Win7X-PC 的组策略编辑顺，在"计算机盏"→"策略"中右击"管理模板"，选择"添加/删除模板"命令，如图 4-5-12 所示。

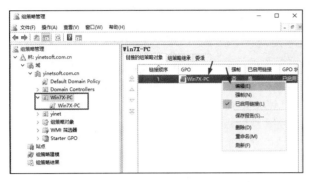

图 4-5-11　创建组策略

图 4-5-12　添加模板

（3）在打开的"添加/删除模板"对话框中，单击"添加"按钮，选择图 4-5-10 中解压缩展开的 ADM 文件，从中选择 pcoip.adm，如图 4-5-13 所示，然后单击"关闭"按钮。

（4）展开"管理模板"→"管理模板"→"PCoIP Session Variables"→"Overridable Administrator Default"，双击右侧的"Configure SSL protocols"，如图 4-5-14 所示。

图 4-5-13　添加 pcoip.adm 文件

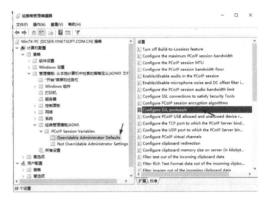

图 4-5-14　配置 SSL 协议

（5）在"Configure SSL protocols"对话框中选中"已启用单选按钮"，在"Configure SSL protocols"文本框中输入"TLS1.0:TLS1.1:TLS1.2"，然后单击"确定"按钮，如图 4-5-15 所示。

（6）关闭组策略编辑器，执行 gpupdate /force 更新组策略，如图 4-5-16 所示。

图 4-5-15　配置 SSL 协议

图 4-5-16　更新组策略

【说明】Horizon PCoIP 会话变量 ADM 模板文件（pcoip.adm）包含与 PCoIP 显示协议有关的策略设置。可以将设置配置为可被管理员覆盖的默认值，或配置为不可覆盖的值。

此 ADM 文件在一个名为 VMware-Horizon-View-Extras-Bundle-x.x.x-yyyyyyy.zip 的.zip 捆绑包文件中提供，可以从 VMware Horizon（包含 Horizon）下载站点下载，网址为 http://www.vmware.com/go/downloadview。

Horizon PCoIP 会话变量 ADM 模板文件包含两个子类别：

（1）管理员可覆盖的默认值。指定 PCoIP 会话变量的默认值。这些设置可被管理员覆盖。这些设置将注册表项值写入 HKLM\Software\Policies\Teradici\PCoIP\pcoip_admin_defaults 中。

（2）管理员不可覆盖的设置。包含与"管理员可覆盖的默认值"相同的设置，但这些设置不能被管理员覆盖。这些设置将注册表项值写入 HKLM\Software\Policies\Teradici\PCoIP\pcoip_admin 中。

3. 修改 Horizon 连接服务器

登录到 Horizon 连接服务器，执行 regedit 程序，定位到 HKLM\SOFTWARE\Teradici\Security Gateway，在右侧右击，选择新建"字符串值"，名称为 SSLProtocol，数据为 tls1.2:tls1.1:tls1.0，如图 4-5-17 所示。

4. 修改 Horizon 父虚拟机

如果不修改组策略，也可以修改 Horizon 父虚拟机（包括 Windows VDI 桌面计算机、RDS 桌面或远程应用程序的 Windows RDS 主机等）。

打开注册组编辑器，定位到 HKLM\Software\Teradici\PCoIP\，新建字符串值，名称是 pcoip.ssl_protocol，数据是 TLS1.0:TLS1.1:TLS1.2，如图 4-5-18 所示。

图 4-5-17　添加字符串值

图 4-5-18　创建字符串值

经过上述修改后，WYSE 终端即可以登录 Horizon 桌面。如果不能登录，请将所有的 Horizon 桌面虚拟机重新启动并应用组策略即可。

4.5.4　在 VMware Horizon 6.1 中支持 Windows XP

VMware Horizon 6.1、6.2 不支持 Windows XP，如果需要使用 Windows XP 的 Horizon 桌面，则需要在 Windows XP 的虚拟机中安装 Horizon Agent 6.02，然后配合 Horizon 6.1、Horizon 6.2 的连接服务器。

如果你的 Horizon 6.2 是从 6.0 的版本升级而来，则配置使用 Windows XP 的 Horizon 桌面没有任何问题，但如果你的 Horizon 6.1 或 6.2 是全新安装，则在添加 Windows XP 的桌面池后，置备 XP 的桌面时，出现"No network communication between the View Agent and Connection Server. Please verify that the virtual desktop can ping the Connection Server via the FQDN"的错误，如图 4-5-19 所示。

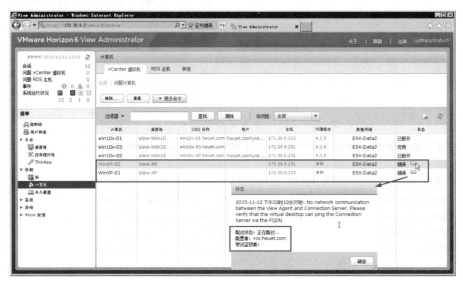

图 4-5-19　提示出现错误

出现这一问题的原因，是 Horizon 6.1 默认将"消息安全模式"（Message Security Mode）设置为 Enhanced，而且无法通过 View Administrator 控制台界面或者 vdmutil 进行更改，如图 4-5-20 所示。

图 4-5-20　全新安装的 Horizon 6.2 连接服务器配置选项

而升级到 Horizon 6.2 的连接服务器，选择"View 配置"→"全局设置"，在安全性设置中，该项为消息安全模式，如图 4-5-21 所示。

在全新安装的 Horizon 6.1（或 6.2）的连接服务器中，将此项改为"已启用"即可。解决方法是使用 adsiedit.msc 进行更改。

在下面的操作中，Horizon 6.2 是全新安装，其计算机名称为 vcs，加入名为 heuet.com 的域，计算机属性如图 4-5-22 所示。

图 4-5-21　升级到 Horizon 6.2 版本连接服务器默认项　　图 4-5-22　示例 Horizon 连接服务器计算机名称

（1）以管理员的身份登录到 Horizon 6.2 连接服务器，打开"运行"对话框，输入 adsiedit.msc，然后回车键，如图 4-5-23 所示。

（2）打开"ADSI 编辑器"之后，右击 ADSK 编辑器，在弹出的对话框中选择"连接到"命令，如图 4-5-24 所示。

图 4-5-23　运行 adsiedit.msc

图 4-5-24　连接到

（3）在弹出的"连接设置"对话框中，在"连接点"处选中"选择或键入可分辨名称或命名上下文"单选按钮，并在栏目中输入 DC=vdi,DC=vmware,DC=int（英文输入，此名称与你的 Active Directory 域名无关），在"计算机"处单击"选择或键入域或服务器"，输入 localhost:389（见图 4-5-25），或者输入你的计算机名称及端口号，例如本示例中为 vcs.heuet.com:389（见图 4-5-26），之后单击"确定"按钮。

图 4-5-25　连接设置

图 4-5-26　连接设置

（4）返回到 ADSI 编辑器，依次展开"OU=Properties"→"OU=Global"，然后双击右侧的 CN=Common,如图 4-5-27 所示。

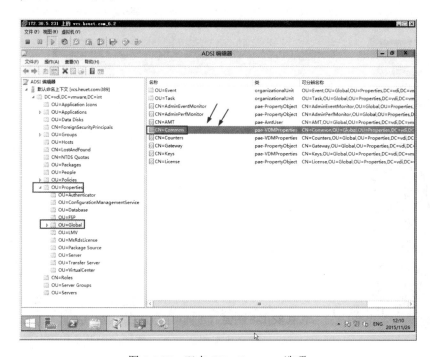

图 4-5-27　双击 CN＝Common 选项

（5）将 CN=Common 里面的 pae-MsgSecMode 值由默认的 ENHANCED 改为 ON。注意：是大写的字母 O，不是数字 0，如图 4-5-28 所示。

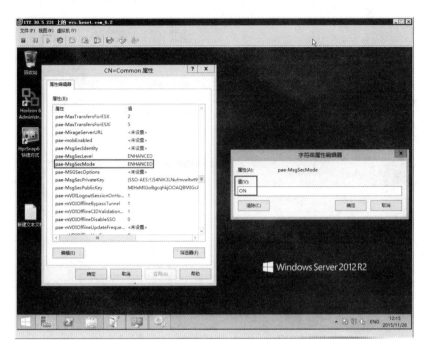

图 4-5-28　更改 pae-MsgSecMode

（6）右击"默认命名上下文"命令，在弹出的快捷菜单中选择"现在更新架构"命令，如图 4-5-29 所示。

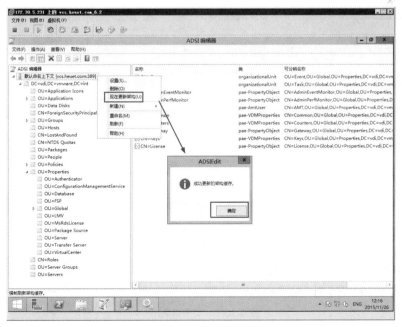

图 4-5-29　更新架构

（7）打开"服务"，重新启动 VMware Horizon View 连接服务器，如图 4-5-30 所示。

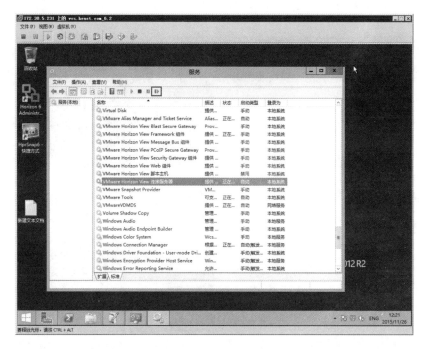

图 4-5-30　重新启动 Horizon 连接服务器

（8）再次登录 View Administrator，选择"View 配置"→"全局设置"，单击"安全性"选项组中的"编辑"按钮查看"安全性设置"，此时默认值已改为"已启用"，如图 4-5-31 所示，并且该项为选择项。

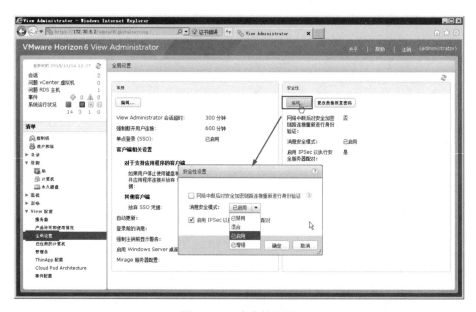

图 4-5-31　安全性配置

经过这样配置，Horizon 6.1（或 6.2）即可以支持安装了 View Agent 6.02 版本的 Windows XP 的

Horizon 桌面。

4.5.5　移除孤立的虚拟桌面

在使用 VMware Horizon 桌面的过程中，如果由于某种原因（如重新安装了 vCenter Server）导致 Horizon 桌面池丢失，想要在 View Administrator 中删除这些孤立的虚拟机与桌面池，可以使用如下的方法。

1. 登录 View Composer 删除孤立虚拟机

进入 Horizon Composer 的服务器，打开 Horizon Composer 安装位置，复制该路径，如图 4-5-32 所示。默认情况下，此路径为 C:\Promram Files (x86)\VMware\VMware View Composer。

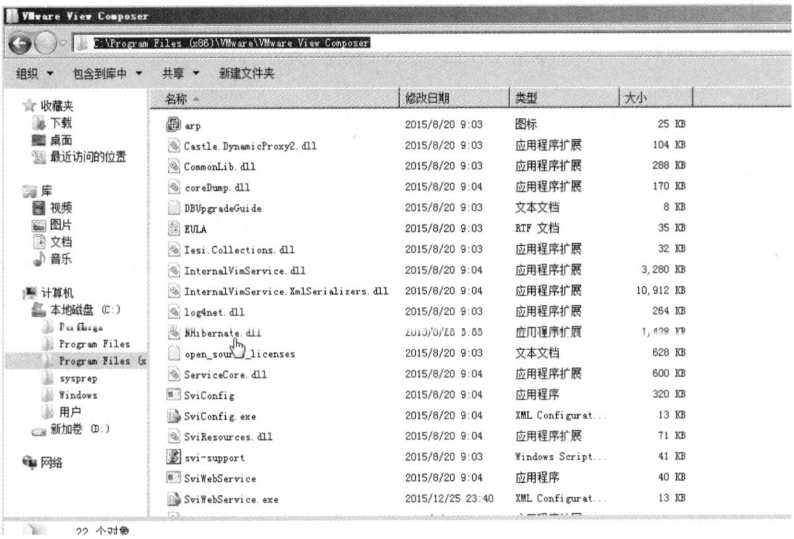

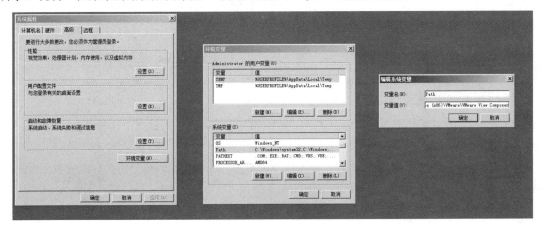

图 4-5-32　复制路径

打开"系统属性"→"环境变量"→"系统变量"，将该路径添加到 PATH 路径最后，如图 4-5-33 所示。说明，在原来的路径后面添加一个英文的分号（;），再粘贴此路径。

图 4-5-33　添加到系统变量

之后进入提示符，使用 sviconfig 命令，删除 Horizon Administrator 中孤立的虚拟机，在此需要删除的虚拟机名称是 win7x-001、win7x-002 等，每条命令删除一台虚拟机。命令如下。

```
sviconfig -operation=removesviclone -VmName=win7x-001
Enter View Composer admin password:**************
Get clone ID.
Remove linked clone.
RemoveSviClone operation completed successfully.
```

其中，在删除虚拟机的时候，需要输入 Horizon Composer 的管理员密码，如图 4-5-34 所示。

```
C:\>sviconfig -operation=removesviclone -VmName=win7x-001
Enter View Composer admin password:**************
Get clone ID.
Remove linked clone.
RemoveSviClone operation completed successfully.
```

图 4-5-34　删除孤立的虚拟机

之后依次使用命令，删除这些孤立的虚拟机，如图 4-5-35 所示。

2. 登录 Horizon 连接服务器删除数据库

之后登录 Horizon 连接服务器，使用 adsiedit.msc，删除虚拟机池。

（1）以管理员的身份登录到 Horizon 连接服务器，打开"运行"对话框，输入 adsiedit.msc，然后按回车键，如图 4-5-36 所示。

```
C:\>sviconfig -operation=removesviclone -VmName=win7x-002
Enter View Composer admin password:**************
Get clone ID.
Remove linked clone.
RemoveSviClone operation completed successfully.

C:\>sviconfig -operation=removesviclone -VmName=win7x-004
Enter View Composer admin password:**************
Get clone ID.
Remove linked clone.
RemoveSviClone operation completed successfully.

C:\>sviconfig -operation=removesviclone -VmName=win7x-007
Enter View Composer admin password:**************
Get clone ID.
Remove linked clone.
RemoveSviClone operation completed successfully.

C:\>sviconfig -operation=removesviclone -VmName=win7x-008
Enter View Composer admin password:**************
Get clone ID.
Remove linked clone.
RemoveSviClone operation completed successfully.

C:\>sviconfig -operation=removesviclone -VmName=win7x-009
Enter View Composer admin password:**************
Get clone ID.
Remove linked clone.
RemoveSviClone operation completed successfully.
```

图 4-5-35　删除其他虚拟机

图 4-5-36　运行 adsiedit.msc

（2）打开"ADSI 编辑器"之后，右击 ADSK 编辑器，在弹出的对话框中选择"连接到"命令，如图 4-5-37 所示。

（3）弹出"连接设置"对话框，在"连接点"处单击"选择或输入可分辨名称或命名上下文"，并在栏目中输入 DC=vdi,DC 搜索=vmware,DC=int（此名称与 Active Directory 域名无关），在"计算机"处单击"选择或键入域或服务器"，输入 localhost:389（见图 4-5-38），或者输入你的计算机名称及端口号，例如本示例中为 vcs.heuet.com:389（见图 4-5-39），之后单击"确定"按钮。

图 4-5-37　连接到

图 4-5-38　连接设置（1）

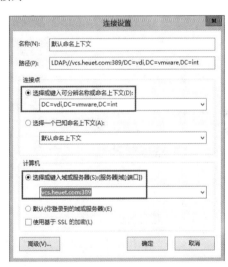

图 4-5-39　连接设置（2）

（4）返回到 ADSI 编辑器，依次展开 OU=Server Groups，然后删除孤立的虚拟机桌面池，在此为 CN＝Win7x，如图 4-5-40 所示。

（5）之后展开 OU＝Applications，删除 CN＝Win7x，如图 4-5-41 所示。

再次登录 View Administrator，可以看到孤立的虚拟机桌面池已经被删除，如图 4-5-42 所示。

在"资源"→"计算机"中可以看到，孤立的虚拟机已经被删除，如图 4-5-43 所示。

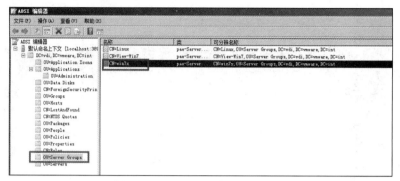

图 4-5-40　删除孤立虚拟机桌面池

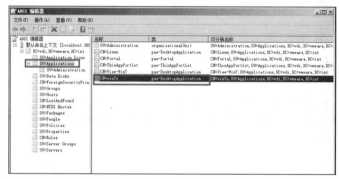

图 4-5-41　删除孤立的桌面池

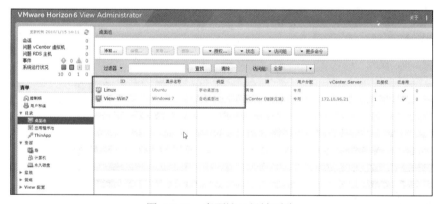

图 4-5-42　桌面池已经被删除

图 4-5-43　孤立虚拟机已经被删除

4.5.6　在 Horizon 中无法添加 vCenter Server

在 Horizon 中添加 vCenter Server 服务器时，需要使用 administrator@vsphere.local 账号及密码，如果使用 Administrator 账号，则会出现"由于名称或密码无效，无法验证 View Storage Accelerator"的错误提示，如图 4-5-44 所示。

图 4-5-44　无法验证 View Storage Accelerator

当出现此错误时，单击"上一步"按钮返回到"vCenter Server 设置"对话框，在"用户名"中使用 administrator@vsphere.local 账号并输入对应的密码（见图 4-5-45），即可完成添加，如图 4-5-46 所示。

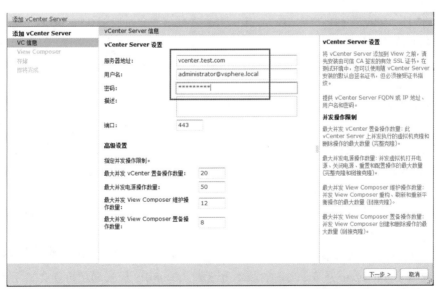

图 4-5-45　使用 SSO 账号及密码

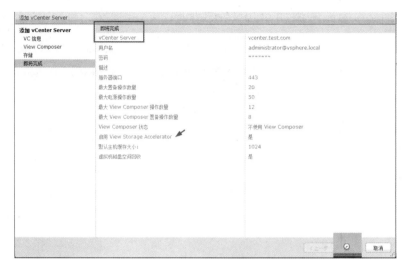

图 4-5-46　添加完成

4.6　VMware Horizon 虚拟桌面的升级

本节以案例的方式，介绍从 VMware Horizon 6.2 升级到 7.0 的内容，本节内容同样适用于从 VMware Horizon 5.x 版本（包括 5.1.3、5.2、5.3.4），VMware Horizon 6.1.x、6.2 版本升级到 VMware Horizon 7。

4.6.1　Horizon 升级概述

升级企业 Horizon 部署涉及多项任务。升级是一个包含多个阶段的过程，必须按照特定顺序执行各个过程。升级注意事项如下。

（1）在升级 Horizon 连接服务器和其他 Horizon server 之前需要先升级 Horizon Composer。

（2）升级到此版本后，请先升级容器中的所有 Horizon 连接服务器实例，然后再开始升级 Horizon Agent。

（3）如果在安装 Horizon Agent 时选择"扫描仪重定向"安装选项，可能会严重影响主机整合率。为了实现最佳主机整合，请确保仅为需要"扫描仪重定向"安装选项的用户启用此选项。（默认情况下，在安装 Horizon Agent 时，不会选择"扫描仪重定向"选项。）对于需要"扫描仪重定向"功能的特定用户，请配置单独的桌面池，并只在该池中选择此安装选项。

（4）Horizon 7 仅使用 TLSv1.1 和 TLSv1.2。在 FIPS 模式下，它仅使用 TLSv1.2。除非应用 vSphere 修补程序，否则可能无法连接到 vSphere。

（5）6.2 以前的版本不支持 FIPS 模式。如果在 Windows 中启用 FIPS 模式，并将 Horizon Composer 或 Horizon Agent 从 6.2 之前的版本升级到 7.0，FIPS 模式选项可能会显示为可用。但不能选择 FIPS 模式选项，因为它不支持从非 FIPS 模式升级到 FIPS 模式。用户须执行全新安装，而不是在 FIPS 模式下安装 Horizon 7。

（6）对于 VMware Blast 显示协议，Linux 桌面使用端口 22443。

4.6.2　备份或创建快照

在升级期间，Horizon 不支持 Horizon Composer 置备和维护操作。如果有 Horizon server 仍在运行早期版本，则在过渡期间不支持置备及重构链接克隆桌面等操作。只有在 Horizon 连接服务器和 Horizon Composer 的所有实例都进行了升级后，才能成功执行这些操作。

用户必须按特定顺序完成升级过程。每个升级阶段中的操作顺序也很重要。

【注意】在升级 Horizon Composer、Horizon 连接服务器、Horizon 安全服务器之前，一定要备份这些服务器。如果这些服务器是虚拟机，用户可以完全克隆出一个新的服务器用于备份，如果升级成功，并在检查无误之后，删除这些备份。如果升级失败，请关闭升级失败的服务器虚拟机，然后启动备份，并对其再次备份之后，开始升级，直到升级完成，或者放弃升级为止。

如果不想通过"克隆"的方式，对这些虚拟机进行备份，作为一个"折中"方案，也可以为这些虚拟机创建"快照"，如果升级成功，删除创建的快照。如果升级失败，则恢复到"快照"时的状态。图 4-6-1、图 4-6-2、图 4-6-3 分别是 Horizon Composer 服务器、Horizon 连接服务器、Horizon 安全服务器创建的快照。

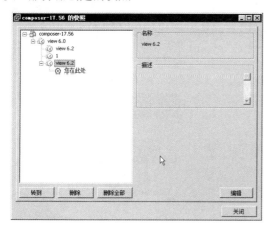

图 4-6-1　Horizon Composer 服务器快照

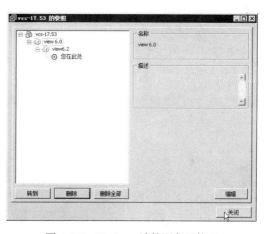

图 4-6-2　Horizon 连接服务器快照

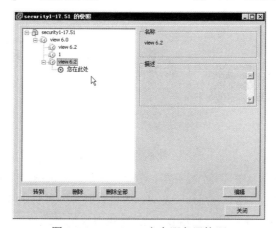

图 4-6-3　Horizon 安全服务器快照

在本节中，我们以图 4-6-4 的环境为例，介绍将当前环境中 Horizon 6.2 升级到 Horizon 7.0 的内容。在原来的环境中，Horizon 6.2 运行在 vSphere 6.0 的主机中。

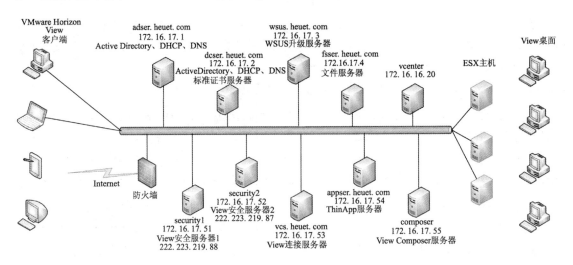

图 4-6-4　vSphere 与 Horizon 7 的环境拓扑

将图 4-6-4 简化，主要有两台 Horizon 安全服务器（IP 地址分别是 172.16.17.51 与 172.16.17.52），一台 Horizon 连接服务器（IP 地址为 172.16.17.53），一台 Composer 服务器（IP 地址为 172.16.17.56），如图 4-6-5 所示。

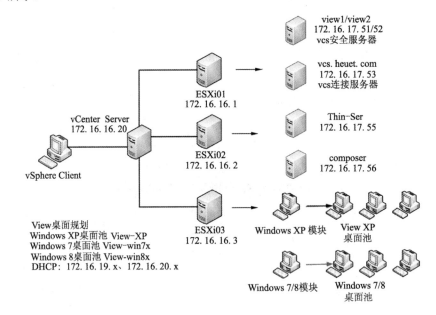

图 4-6-5　Horizon 6.0 环境拓扑

在当前的 Horizon 6.2 环境中，安全服务器、连接服务器、Composer 服务器都是运行在 Windows Server 2008 R2 企业版操作系统中。在升级之前，要检查所要升级的环境，是否符合升级后的版本的运行需求，如果不满足，请先升级 Horizon 所在的虚拟机（或物理机）操作系统以及数据库（Composer 需要）达到所需要的版本为止。

　　在开始升级之前，登录 Horizon Administrator，在 "View 配置" → "服务器" 中，查看当前连接服务器的版本，当前版本为 6.2.0，如图 4-6-6 所示。

图 4-6-6　查看连接服务器版本

　　在 "安全服务器" 选项卡中，可以看到当前有两个安全服务器，如图 4-6-7 所示。当前版本为 6.20-3005368。

图 4-6-7　查看 Horizon 安全服务器

　　在 "目录" → "桌面池" 中，可以看到当前发布的桌面池及 Horizon Agent 的版本，如图 4-6-8 所示。

图 4-6-8　查看发布的桌面池

　　当然，管理员也可以检查或查看其他的配置，例如发布的应用程序池、ThinApp 配置等。

　　下面我们介绍具体的升级过程与步骤，如果在实际环境中，需要将 Horizon 升级到最新版本，可以参考以下的过程与步骤。

4.6.3　升级 Horizon Composer

　　首先需要升级 Horizon Composer，之后升级 Horizon 连接服务器，最后升级 Horizon 安全服务器，这是服务器端的升级过程，前后顺序不能调整。在升级 Horizon 服务器之后，可以升级 Horizon 桌面代理（Horizon Agent），并重新创建快照、重构虚拟桌面。

　　在升级过程中，不支持 Horizon Composer 置备和维护操作。如果有 Horizon server 仍在运行早期版本，则在过渡期间不支持置备及重构链接克隆桌面等操作。只有在 Horizon 连接服务器、Horizon Composer 的所有实例均已升级至最新版本后，才可成功执行这些操作。

在升级之前，确保你的 Horizon Composer 虚拟机（或物理机）符合 Horizon Composer 7 运行的需求，如果系统或数据库不符合要求，请先升级服务器操作系统及数据库版本（及补丁），满足需求之后，再执行升级操作。

检查将要升级的 Horizon Composer 服务器，在符合要求之后，运行 Horizon Composer 的安装程序，开始升级，主要步骤如下。

（1）打开 Horizon Composer 虚拟机控制台（或使用远程桌面登录），运行 Horizon Composer 7.0 安装程序，如图 4-6-9 所示。

（2）在"License Agreement"对话框中，接受许可协议，如图 4-6-10 所示。

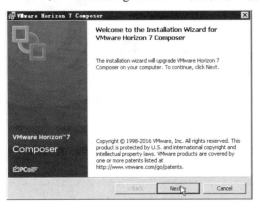

图 4-6-9　运行安装程序　　　　　　　　图 4-6-10　接受许可协议

（3）在"Destination Folder"对话框，保持默认文件夹，如图 4-6-11 所示。

（4）在"Database Information"对话框，保持默认值，系统会自动读取当前 ODBC 配置，如图 4-6-12 所示。

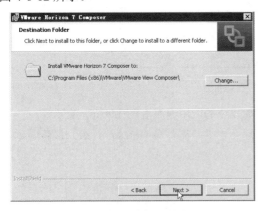
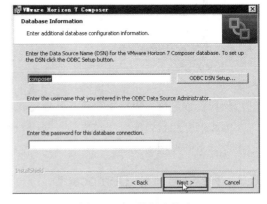

图 4-6-11　目标文件夹　　　　　　　　　图 4-6-12　数据库信息

（5）在"VMware Horizon 7 Composer Port Settings"对话框，保持默认值，如图 4-6-13 所示。

（6）弹出"Installer Completed"对话框，表示安装完成，如图 4-6-14 所示。

（7）安装完成之后，根据提示，重新启动虚拟机，如图 4-6-15 所示。

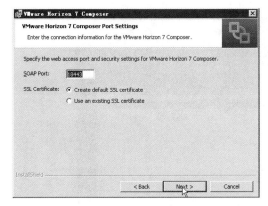

图 4-6-13　Composer 端口设置

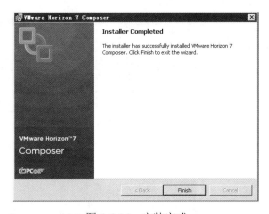

图 4-6-14　安装完成

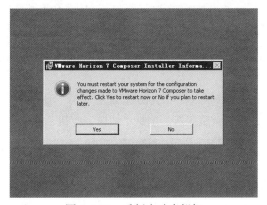

图 4-6-15　重新启动虚拟机

（8）再次进入系统之后，打开"服务"，检查 VMware Horizon 7 Composer 服务是否已经启动，当服务启动之后，进行后续的操作，如图 4-6-16 所示。

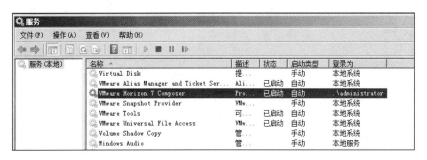

图 4-6-16　查看 Composer 服务是否启动

在安装 Horizon Composer 之后，证书会替换为默认的证书"Composer"，如图 4-6-17 所示。

如果在安装 Horizon Composer 后想使用新证书替换现有证书或默认的自签名证书，必须导入新证书并运行 SviConfig ReplaceCertificate 实用程序，以将新证书与 Horizon Composer 使用的端口绑定。

如果在同一 Windows Server 计算机上安装 vCenter Server 和 Horizon Composer，它们可以使用相同的 SSL 证书，但必须单独为每个组件配置证书。

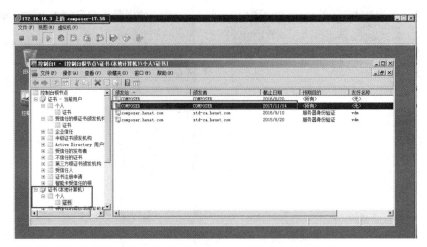

图 4-6-17　Horizon Composer 默认证书

在升级 Horizon Composer 之后，登录 Horizon Administrator，复查 Composer 设置并接受新的证书，主要步骤如下。

（1）登录 Horizon Administrator，选择"Horizon 配置"→"服务器"，在"vCenter Server"选项卡中，选中列表中的 vCenter Server 服务器，单击"编辑"按钮，如图 4-6-18 所示。

图 4-6-18　编辑 vCenter Server 服务器

（2）弹出"编辑 vCenter Server"对话框，在"Horizon Composer Server 设置"选项中单击"编辑"按钮，如图 4-6-19 所示。

（3）在"检测到无效的证书"对话框中，单击"查看证书"按钮，如图 4-6-20 所示。

（4）在"证书信息"对话框，查看证书名称、主题、有效期等参数，之后单击"接受"按钮，如图 4-6-21 所示。

（5）在"Horizon Composer 设置"对话框中，单击"验证服务器信息"，如图 4-6-22 所示。如果 Horizon 服务器地址更换，应在"独立的 Horizon Composer Server"选项中更新信息。

（6）验证之后，显示"域"信息，并显示为 Horizon Composer 指定的域用户及当前 Horizon Composer 中的桌面池，如图 4-6-23 所示，单击"确定"按钮，完成验证。

（7）返回到"编辑 vCenter Server"对话框，单击"确定"按钮，完成设置，如图 4-6-24 所示。

图 4-6-19　Horizon Composer Server 设置

图 4-6-20　检测到无效的证书

图 4-6-21　接受证书

图 4-6-22　H1orizon Composer 设置

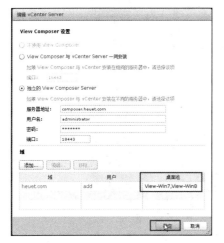

图 4-6-23　验证成功

图 4-6-24　完成配置

4.6.4 升级 Horizon 连接服务器

本节介绍 Horizon 连接服务器的系统需求，以及升级的步骤。

在升级 Horizon Composer 服务器完成之后，升级 Horizon 连接服务器，主要步骤如下。

（1）切换到 Horizon 连接服务器虚拟机，打开"控制台"，并添加"证书"→"本地计算机"管理组件，在"个人"→"证书"中，查看当前证书有效，并且只有一个证书，如图 4-6-25 所示。

图 4-6-25　检查证书

（2）打开"服务"，查看 Horizon Horizon 各项服务状态，都是"已启动"即可，如图 4-6-26 所示。

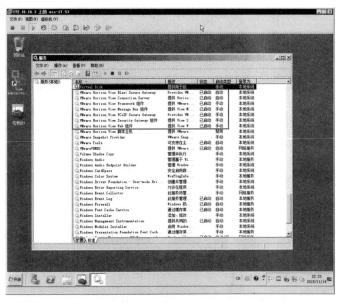

图 4-6-26　检查服务

（3）之后开始运行 VMware Horizon 7.0 连接服务器安装程序，如图 4-6-27 所示。

（4）在"许可协议"对话框中接受许可协议，如图 4-6-28 所示。

图 4-6-27　运行 VCS 安装程序

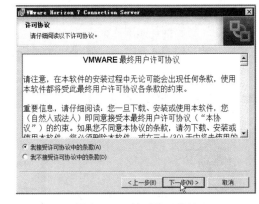

图 4-6-28　接受许可协议

（5）在"准备安装程序"对话框中单击"安装"按钮，如图 4-6-29 所示。

（6）之后开始安装，直到安装完成，如图 4-6-30 所示。

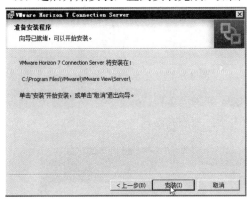

图 4-6-29　准备安装

图 4-6-30　安装完成

（7）安装完成之后，不需要重新启动，在"服务"中刷新，检查 VMware Horizon View 相关服务，都启动即可，至此升级完成，如图 4-6-31 所示。

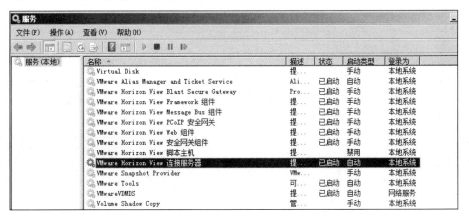

图 4-6-31　检查 Horizon View 服务

在升级之后，要打开 Horizon Administrator，需要修改浏览器的设置，启用 TLS 1.1 及 TLS 1.2 才可以登录。

（1）打开 IE 浏览器，打开"Internet 选项"，在"高级"选项卡中，选中"使用 TLS1.1"及"使用 TLS 1.2"复选框，如图 4-6-32 所示。

（2）因为是跨版本升级，还需要在"Horizon 配置"→"产品许可和使用情况"中，单击"Edit License（编辑许可证）"，添加新的许可证，如图 4-6-33 所示。原来的 6.X 的许可证在升级之后将不能使用。

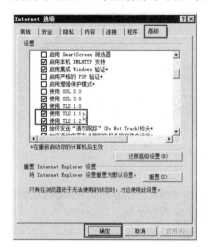

图 4-6-32　修改 Internet 选项

图 4-6-33　更新许可证

（3）如果有其他 Horizon 连接服务器，例如 Horizon 副本服务器，请依次升级。升级之后，在"Horizon 配置"→"服务器"的"连接服务器"选项卡中，看到升级后的版本，如图 4-6-34 所示。

图 4-6-34　升级之后版本

如果 Horizon 连接服务器升级失败，通过备份虚拟机或快照，可恢复到安装前的状态。在以域管理员身份登录时，会提示"此工作站和主域间的信任关系失败"，如图 4-6-35 所示。

对于此类错误，请将当前 Horizon 连接服务器从域中脱离，并重新加入域即可，主要步骤如下。

（1）进入系统属性页，在"计算机名/域更改"中，将隶属于"域"，选择"工作组"，并随意设置一个工作组，

图 4-6-35　域间信息关系失败

例如 DDDD，如图 4-6-36 所示。之后重新启动虚拟机。

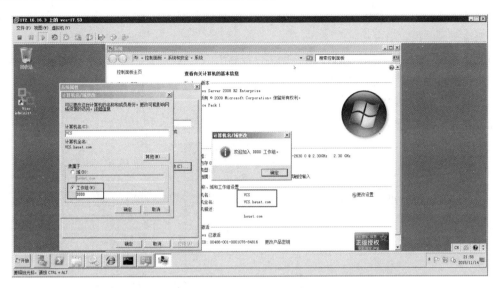

图 4-6-36　从域中脱离

（2）进入系统之后，将计算机加入原来的域（不要改名，使用原来的名称），如图 4-6-37 所示。

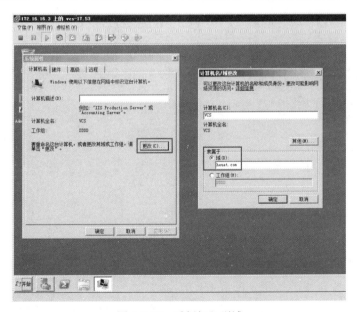

图 4-6-37　重新加入到域

再次进入系统之后，Horizon 连接服务器恢复成功。

4.6.5　升级安全服务器

如果部署使用负载平衡器来管理多个安全服务器，则可以在零停机时间的情况下执行连接服务器基础架构升级。

如果有多个"安全服务器"，必须逐一升级安全服务器，下面以其中一台为例进行介绍。

1. 在 Horizon Administrator 设置重新安装安全服务器

在重新安装 Horizon 安全服务器或升级安全服务器之前，必须在 Horizon Administrator 中指定升级安全服务器，并指定配置密码。

（1）登录 Horizon Administrator，选择"View 配置"→"服务器"，在"安全服务器"选项卡中，从列表中选择将要升级的安全服务器，然后单击"更多命令"，在弹出的快捷菜单中选择"准备升级或重新安装"，如图 4-6-38 所示。

（2）在弹出的"警告"对话框，单击"确定"按钮，如图 4-6-39 所示。

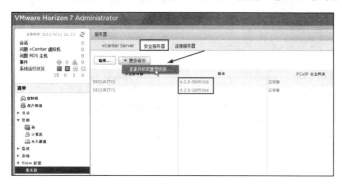

图 4-6-38　准备升级或重新安装

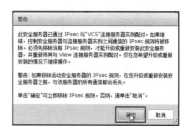

图 4-6-39　警告

（3）在"连接服务器"选项卡中，选中"VCS"连接服务器，然后单击"更多命令"，选择"指定安全服务器配对密码"，如图 4-6-40 所示。

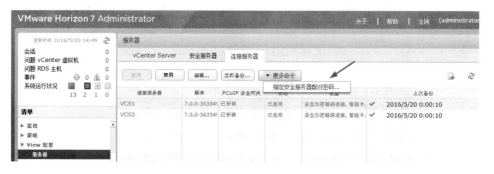

图 4-6-40　指定安全服务器配对密码

（4）在"指定安全服务器配对密码"对话框中为将要重新安装或升级安全服务器指定配置密码，如图 4-6-41 所示。请注意，此密码只能使用一次，如果你有多个安全服务器，应在升级每一个安全服务器中，一一指定。不能一次指定多个，如果指定多次，则以最后的密码为准。

2. 升级安全服务器

在 View Administrator 配置之后，即可以重新安装或升级 Horizon 安全服务器，主要步骤如下。

图 4-6-41　指定配对密码

（1）打开 Horizon 安全服务器控制台，以管理员身份登录，首先打开"控制台"并添加"证书"→"本地计算机"管理组件，在"证书（本地计算机）"→"个人"→"证书"中查看当前证书有效，并且只有一个证书，如图 4-6-42 所示。

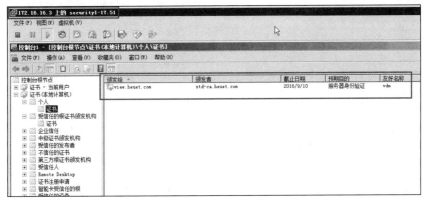

图 4-6-42　查看证书

（2）在"服务"中确认 Horizon 安全服务器及其相关服务状态为"已启动"，如图 4-6-43 所示。

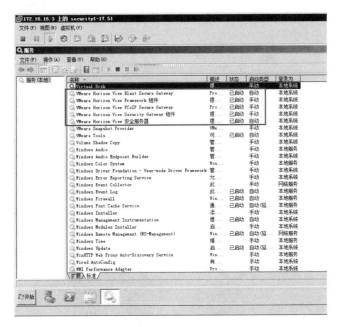

图 4-6-43　检查服务状态

（3）之后运行 Horizon 连接服务器安装程序（安全服务器与安全服务器是同一个安装程序），如图 4-6-44 所示。

（4）在"配对的 Horizon 7 连接服务器"对话框，系统自动读取当前配置，并指定连接服务器的名称，如图 4-6-45 所示。

（5）在"配对的 Horizon 7 连接服务器密码"对话框，输入 Horizon Administrator 中重新安装安全服务器指定的配套密码，如图 4-6-46 所示。

（6）在"Horizon 7 安全服务器配置"对话框中会读取当前配置，如图 4-6-47 所示。一般情况下，不需要更改。

图 4-6-44　运行安装程序

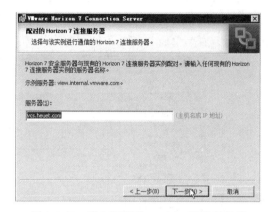

图 4-6-45　指定配置的 Horizon 连接服务器

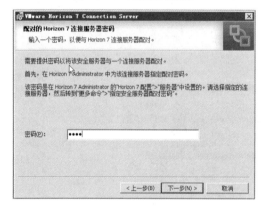

图 4-6-46　输入配对密码

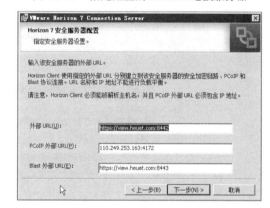

图 4-6-47　指定安全服务器设置

（7）在"防火墙配置"对话框中选择"自动配置 Windows 防火墙"，如图 4-6-48 所示。

（8）之后开始安装，直到安装完成，如图 4-6-49 所示。

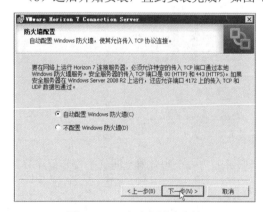

图 4-6-48　自动配置防火墙

图 4-6-49　安装完成

安装完成之后，不需要重新启动。返回到 Horizon Administrator，在"Horizon 配置"→"服务器"→"安全服务器"选项中，可以看到升级之后的 Horizon 安全服务器，如图 4-6-50 所示，在"版本"中亦会显示正确的版本 7.0.0-3633490。

图 4-6-50　升级其中一台安全服务器完成

之后参照上面的步骤，升级网络中其他的 Horizon 安全服务器，升级之后，在 Horizon Administrator 中查看，如图 4-6-51 所示。在"Horizon 配置"→"服务器"→"安全服务器"中可以看到升级之后的两台安全服务器，并且显示版本号。

图 4-6-51　升级 Horizon 安全服务器完成

4.6.6　后续步骤

在分别升级 Composer 服务器、连接服务器、安全服务器之后，可以打开原来预留的各个虚拟桌面的父虚拟机，启动这些父虚拟机，并安装最新的 Horizon Agent，然后在 Horizon Administrator 中，重构这些虚拟机。最后登录 Horizon Client，或者以 HTML 方式访问并检查 Horizon 桌面。

（1）登录 Horizon 安全服务器或连接服务器，访问 VMware Horizon HTML Access，如图 4-6-52 所示。

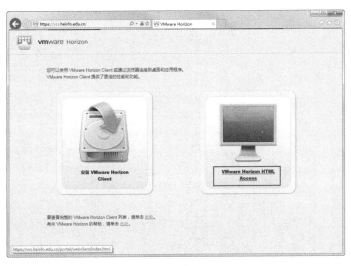

图 4-6-52　登录 Horizon 桌面

（2）输入用户名与密码登录，如图 4-6-53 所示。

图 4-6-53　输入用户名密码验证

（3）查看可用桌面，如图 4-6-54 所示。表示 Horizon 连接服务器及其服务器配置正常。

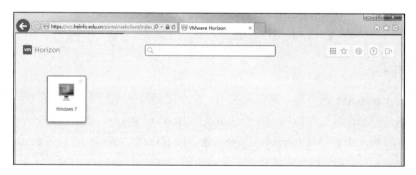

图 4-6-54　查看可用桌面

第**5**章 vSphere 管理维护常见
问题与解决方法

本章将介绍 vSphere 管理维护中碰到的常见问题以及解决方法，这些内容包括将不同年代的 CPU 的不同的 EVC 配置到同一群集中；部分 vSAN 故障与解决方法；ESXi 主机忘记 root 密码的解决方法；vCenter Server 忘记 root 或（与）SSO 密码的解决方法等。

5.1 在 vSphere 群集中配置 EVC 的注意事项

在为 VMware vSphere 虚拟化环境配置高可用群集（HA）时，有一个重要的参数：EVC 配置。如果加入群集的主机具有相同的配置（关键是 CPU 相同），则配置较为方便。如果混合使用新、旧不同的服务器，服务器的 CPU 型号不一致时，则加入同一群集时，配置 EVC 就较为麻烦，本例将介绍这一问题。

5.1.1 VMware EVC 概述

EVC 是 Enhanced vMotion Compatibility 的简称，是 VMware 群集功能的一个参数。EVC 允许在不同代 CPU 之间迁移虚拟机

EVC 不允许 AMD 和 Intel CPU 与 vMotion 兼容。已启用 EVC 的群集仅允许来自群集中单个供应商的 CPU。vCenter Server 不允许将来自不同 CPU 供应商的主机添加到已启用 EVC 的群集。

因为 EVC 允许在不同代 CPU 之间迁移虚拟机，因此凭借 EVC，管理员可以在同一群集里混合使用较旧和较新的服务器，并且可以在这些主机之间使用 vMotion 迁移虚拟机。这使得管理员可以更轻松地将新硬件添加到现有基础架构中，并有助于扩展现有主机的价值。凭借 EVC，无须任何虚拟机停机即可实现完整群集升级。在将新主机添加到群集时，可以将虚拟机迁移到新主机并停用旧主机。

在启用 EVC 后，群集中所有主机运行的虚拟机使用由用户选择的处理器类型的 CPU 功能。这可确保 vMotion 的 CPU 兼容性，即使基础硬件可能由于主机不同而有所不同。会向虚拟机（无论其

在哪个主机上运行）公开相同的 CPU 功能，因此虚拟机可以在群集中的任何主机之间进行迁移。

配置了 HA，在配置并启用了 DRS 或 DPM 功能之后，自动或手动在不同主机之间迁移正在运行的虚拟机（以平衡资源）都会使用 VMotion 技术。vCenter Server 使用 vMotion 在不同 ESXi 主机之间传输虚拟机的运行状况。vCenter Server 在迁移正在运行或已挂起的虚拟机前会执行兼容性检查，以确保虚拟机与目标主机兼容。

成功的实时迁移要求：目标主机的处理器能够在迁移之后向虚拟机提供与源主机的处理器在迁移之前所提供的相同的指令。源处理器和目标处理器之间的时钟速度、缓存大小以及核心数量可以不同，但处理器必须属于相同的供应商类别（AMD 或 Intel），以便与 vMotion 兼容。

已挂起的虚拟机的迁移还要求虚拟机能够使用等效指令在目标主机上恢复执行。

通过 vMotion 迁移"正在运行"或"已挂起"虚拟机的迁移时，迁移虚拟机向导会检查目标主机的兼容性，如果有阻碍迁移的兼容性问题存在，向导会生成错误消息。

在打开虚拟机电源时，确定可供操作系统以及虚拟机中运行的应用程序使用的 CPU 指令集。VMware 根据以下项目确定此 CPU "功能集"：

- 主机 CPU 系列和型号。
- BIOS 中可能禁用 CPU 功能的设置。
- 在主机上运行的 ESX/ESXi 版本。
- 虚拟机的虚拟硬件版本。
- 虚拟机的客户机操作系统。

要提高具有不同 CPU 功能集的主机之间的 CPU 兼容性，可通过将主机置于增强型 vMotion 兼容性（EVC）群集中来"隐藏"虚拟机中一些主机的 CPU 功能。

5.1.2 为相同 CPU 的主机配置 EVC

如果是相同型号的主机（主要是 CPU 相同）加入同一群集，则只要查看其中一台主机能支持到的最高 EVC 参数，用此参数配置群集 EVC 设置，然后将所有主机加入群集即可。本节将介绍这一内容。

1. 向数据中心中添加主机

使用 vSphere Web Client 登录到 vCenter Server，创建数据中心，将主机先加入"数据中心"查看 EVC 资料后，再创建群集，设置群集 EVC 参数为第一台主机所查看到的 EVC 参数，然后将主机移入"群集"，并向群集添加其他主机。

（1）在 vSphere Web Client 中，导航到数据中心、群集或数据中心中的文件夹。在本示例中，导航到"vCenter.heinfo.edu.cn（vCenter Server）"→"Datacenter（数据中心）"，在中间窗格中单击"添加主机"链接，在"添加主机"对话框中，键入主机的 IP 地址或名称，在本示例中，要添加的主机 IP 地址为 172.18.96.34（见图 5-1-1），然后单击"下一步"按钮，在"连接设置"中，键入 ESXi 主机管理员账户 root 及密码。

（2）在"安全警示"对话框中，显示"vCenter Server 的证书存储无法验证该主机"，单击"是"按钮，添加并替换此主机的证书并继续工作。

（3）在"主机摘要"对话框，显示了要添加主机的信息、供应商、型号及 ESXi 版本，以及当前主机中的创建或加载的虚拟机。

图 5-1-1　添加主机名称或 IP 地址

（4）弹出"分配许可证"对话框，从"许可证"列表中，为当前添加的主机选择许可。

（5）在"锁定模式"中，可选择锁定模式选项以禁用管理员账户的远程访问。一般情况下，要"禁用"这一选项。

（6）在"即将完成"对话框中显示了新添加主机的信息，如图 5-1-2 所示。单击"完成"按钮。

图 5-1-2　即将完成

（7）在将主机添加到数据中心之后，在"导航器"中单击主机，在"摘要"选项卡中，单击展开"配置"选项，在"支持的 EVC 模式"中，记录主机所能支持的 EVC 模式，并以最后一个为准，如图 5-1-3 所示。

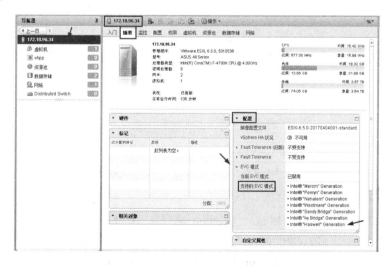

图 5-1-3　查看主机支持的 EVC 模式

在记录每个主机能支持的 EVC 模式中，排列在后面的需要的 CPU "越新"。当群集中有多个不同 CPU 的主机时，其 EVC 模式以最后一个相同的为准。

2．创建群集

群集是一组主机。将主机添加到群集时，主机的资源将成为群集资源的一部分。群集管理其中所有主机的资源。群集启用 vSphere High Availability (HA)、vSphere Distributed Resource Scheduler (DRS) 和 VMware Virtual SAN 功能。

（1）在 vSphere Web Client 导航器中，浏览到数据中心，在中间窗格中单击"创建群集"，如图 5-1-4 所示。

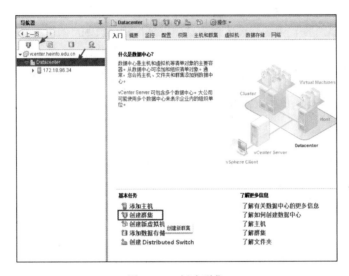

图 5-1-4　创建群集

（2）在"名称"文本框中，设置新建群集的名称，例如设置名称为 HA01。之后根据需要启用群集的名称，例如，如果要启用 DRS，应在"DRS"后面的方框单击并选中。如果要启用"vSphere HA"应在其后选中。大多数的情况下，DRS 与 vSphere HA 是必选项。

在启用 DRS 时，选择一个自动化级别和迁移阈值。在启用 HA 时，选择是否启用"主机监控"和"接入控制"，如果启用接入控制，请指定策略。

在"虚拟机监控"选项中，选择一台虚拟机监控选项，并指定虚拟机监控敏感度，在此设置为"低"。

【说明】在"vSphere HA"功能中，有"启用主机监控"，当有 HA 中的主机死机或其他故障导致主机不能使用时，原来主机上运行的虚拟机，会在其他主机注册并重新启动。如果 HA 中的主机没有故障，但某台虚拟机出现问题，例如某虚拟机"蓝屏"死机，如果要检测这种故障并将"蓝屏"的虚拟机重新启动，则在"虚拟机监控状态"中选择"仅虚拟机监控"，并在"监控敏感度"选项中选择"低、中、高"，一般选择"低"即可。

（3）在"EVC 模式"中，选择增强型 vMotion 兼容性（EVC）设置。EVC 可以确保群集内的所有主机向虚拟机提供相同的 CPU 功能集，即使这些主机上的实际 CPU 不同也是如此。这样可以避免因 CPU 不兼容而导致通过 vMotion 迁移失败。在右侧的下拉列表中，根据你的主机的 CPU

型号、支持功能，选择 EVC 模式，如图 5-1-5 所示。根据图 5-1-3 的检查，在本示例中 EVC 选择 Intel "Haswell" Generation，如图 5-1-6 所示。

图 5-1-5　启用 DRS 及 HA 功能

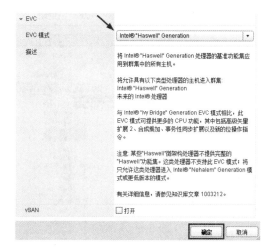

图 5-1-6　EVC 模式

在"vSAN"功能处，选择是否启用"vSAN" 群集功能。关于"虚拟 SAN"，本章暂时不做介绍。之后单击"确定"按钮，完成群集的创建。

【说明】在不同版本的 ESXi 中，EVC 模式不同，在 ESXi 6.5 中，Intel CPU 支持的选项如下。

```
Intel Merom Generation
Intel Penryn Generation
Intel Nehalen Generation
Intel Westmere Generation
Intel Sandy Bridge Generation
Intel ivy Bridge Generation
Intel Haswell Generation
Intel Broadwell Generation
```

AMD 支持 CPU 支持的选项如下。

```
AMD Opteron Generation 1 ("Rev. E")
AMD Opteron Generation 2 ("Rev. F")
AMD Opteron Generation 3 ("Greyhound") (不支持 3DNow)
AMD Opteron Generation 3 ("Greyhound")
AMD Opteron Generation 4 ("Bulldozer")
AMD Opteron "Piledriver" Generation
AMD Opteron "Steamroller" Generation
```

当网络中有多台不同型号的 ESXi 主机时，如果主机相同，则记下"支持的 EVC 模式"列表中最后一项。当具有不同 EVC 模式支持的主机，创建成同一个群集时，其 EVC 选项支持以最少的一台主机的最后一项为准。

3. 将主机添加到群集

在记录每个主机的 EVC 并根据记录的 EVC 创建群集之后，下面的操作是将主机"移入"群集，或者向群集中添加其他未添加到 vCenter Server 中的主机（这些主机与已经添加到 vCenter Server 中的部分主机具有相同的 CPU，所以无须事先全部添加，而是在等待创建群集之后再次添加）。将主机移入群集或向群集中添加主机的操作比较简单，管理员即可以用鼠标选中主机，将其"拖动"并移动到群集，也可以右击 ESXi 主机，选择"移至"命令（见图 5-1-7），并在随后"移至"对话框中，选择移入的群集，并单击"OK"按钮。

图 5-1-7　移至

　　添加之后可以将其他 ESXi 主机"移入"此群集，也可以在"导航器"中选中群集，在右侧单击"添加主机"链接，向群集中添加其他 ESXi 主机（没有添加到 vCenter Server 清单中的 ESXi 主机）。

　　在将 ESXi 主机移入群集时，主机会配置"vSphere HA"代理，此时主机前面会有一个"黄色"的感叹号，等配置 vSphere HA 完成后，状态正常。之后在"导航器"中选中某个主机，在"摘要"→"配置"→"EVC 模式"中，可以看到当前 EVC 模式及支持的 EVC 模式，如图 5-1-8 所示。

图 5-1-8　查看 EVC 模式

5.1.3　为不同主机启用 EVC 实验

如果 CPU 不同的主机加入同一群集，需要以 EVC 最低支持主机为准。为了演示这些功能，本节以图 5-1-9 所示环境为例进行介绍。

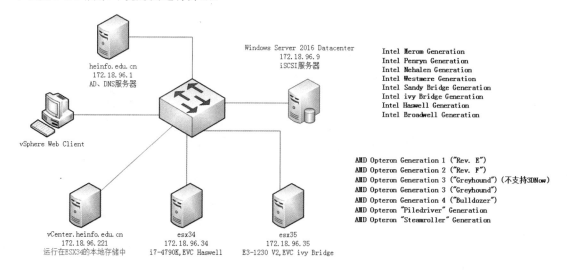

图 5-1-9　vSphere HA 实验环境

为了充分体验 VMotion 的功能，以及为了解决实际中碰到的困难，我们设计如下的实验环境：

（1）2 台 ESXi 主机，其中每台主机的 CPU 不同，其支持的 EVC 功能不一致。其中支持较高 EVC 功能的主机（172.18.96.34，i7-4790K，支持 Haswell）已经加入了群集，需要将另一台支持较低 EVC 功能的 ESXi 主机（172.18.96.35，E3-1230 v2，支持 ivy Bridge）加入群集。但如果直接将主机加入群集，则会弹出图 5-1-10 所示错误。

图 5-1-10　低 EVC 支持的主机加入高 EVC 配置的群集的错误提示

（2）所以低 EVC 支持的 ESXi 主机要加入高 EVC 支持的群集，需要修改群集设置将 EVC "降级"。如果要将群集支持的 EVC 降级，降级之前当前群集中的主机，如果存在运行的虚拟机，将不能降级。此时错误信息如图 5-1-11 所示。

（3）由于 172.18.96.34 已经运行了虚拟机，并且是 vCenter Server 的虚拟机，当前 vCenter Server 不能关机，因为关机之后，vSphere Web Client 将不能工作（群集功能是 vCenter Server 所支持的）。

图 5-1-11　尝试降低 EVC 时的错误提示

1. vCenter 保存在共享存储中

对于此类问题，如果 vCenter Server 保存在共享存储中，解决思路如下。

（1）使用 vSphere Client 或 vSphere Host Client 登录（EVC 支持高的）172.18.96.34，将 vCenter Server 关机，并将 vCenter Server 虚拟机从 ESXi 清单中"移除"。

（2）使用 vSphere Client 或 vSphere Host Client 登录（EVC 支持低的）172.18.96.35，浏览存储，将 vCenter Server 添加到清单。之后打开 vCenter Server 虚拟机的电源。

（3）等 vCenter Server 启动之后，使用 vSphere Web Client 登录 vCenter Server，关闭（EVC 支持高的）172.18.96.34 主机上所有正在运行的虚拟机，如果有"休眠"的虚拟机，请将休眠的虚拟机"打开电源"，之后再关闭这些虚拟机的电源。否则，如果高 EVC 支持的主机上有正在运行的虚拟机或者休眠的虚拟机，在尝试加入更低 EVC 配置的群集时，会弹出"无法允许主机进入群集当前的增强型 VMotion 兼容模式。主机上已打开电源或已挂起的虚拟机正在使用该模式所隐藏的 CPU 功能"的错误提示，如图 5-1-12 所示。

图 5-1-12　高 EVC 支持的主机上有运行或休眠的虚拟机不能加入低 EVC 配置的群集

等所有虚拟机关闭并且没有休息的虚拟机时，修改群集中 EVC 设置，从原来支持 Haswell 改为 ivy Bridge，并将 172.18.96.35 加入群集。

2. vCenter 保存在本地存储中，无共享存储

如果 vCenter Server 保存在本地存储中，并且当前环境中没有共享存储，解决思路如下：

（1）使用 vSphere Web Client，将（EVC 支持低的）172.18.96.35 添加到"数据中心"根目录，但不要将 172.18.96.35 加入群集，此时不能加入。

（2）右击正在运行的 vCenter Server 虚拟机（本示例为 vCenter-172.18.96.221），选择"克隆到虚拟机"（见图 5-1-13），设置克隆后虚拟机的名称为其他名称，本示例为 vcenter_96.221（见图 5-1-14），目标选择 172.18.96.35 主机（见图 5-1-15），存储选择 172.18.96.35 的本地存储（见图 5-1-16）。

（3）等虚拟机克隆完成之后，在清单中可以看到克隆前正在运行的 vCenter 虚拟机（名称为 vCenter-172.18.96.221）、克隆成功后状态为关闭的虚拟机（名称为 vCenter_96.221），如图 5-1-17 所示，请关闭在 172.18.96.34 主机上运行的 vCenter Server 虚拟机 vCenter-172.18.96.221。等待（EVC 支持高的）172.18.96.34 主机上的 vCenter Server 虚拟机关闭后，使用 vSphere Client 或 vSphere Host Client 登录（EVC 支持低的）172.18.96.35，打开克隆后的 vCenter Server 虚拟机（名称为 vCenter_96.221）的电源。

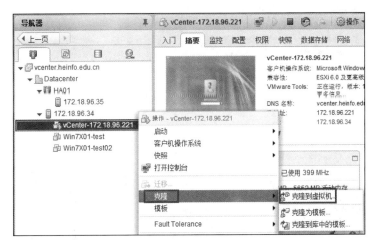

图 5-1-13　克隆到虚拟机

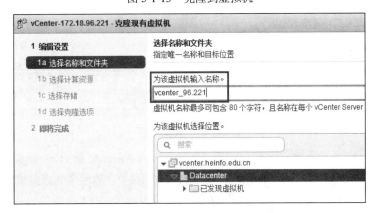

图 5-1-14　设置克隆后虚拟机名称

图 5-1-15　选择 172.18.96.35 为目标主机

图 5-1-16　选择 172.18.96.35 的本地存储器为目标存储器

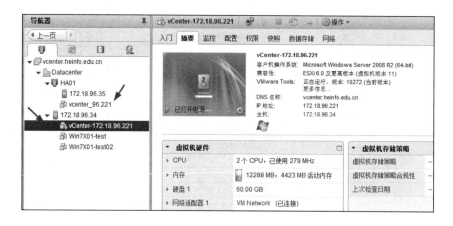

图 5-1-17　克隆完成

（4）等待 vCenter Server 启动之后，使用 vSphere Web Client 登录 vCenter Server，关闭（EVC 支持高的）172.18.96.34 主机上所有正在运行的虚拟机，如果有"休眠"的虚拟机，请将休眠的虚拟机"打开电源"，之后再关闭这些虚拟机的电源。然后修改群集中 EVC 设置，从原来支持 Haswell 改为 ivy Bridge（见图 5-1-18），并将 172.18.96.35 加入群集，如图 5-1-19 所示。

图 5-1-18　更改 EVC 模式

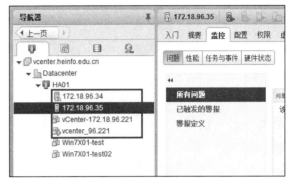

图 5-1-19　将另一个主机加入到群集

3. vCenter 保存在本地存储器，有共享存储器

如果 vCenter Server 保存在本地存储器中，当前环境中有共享存储器，此时 vCenter Server 运行在（EVC 支持高的）172.18.96.34 主机上。解决思路如下。

（1）使用 vSphere Web Client 登录 vCenter Server，选中正在运行的 vCenter Server 虚拟机，右击选择"迁移"，选择"更改存储"命令，将 vCenter Server 的存储从 172.18.96.34 更改，连接到 172.18.96.34 的共享存储器。

（2）等更改存储完成后，再参照前文介绍的步骤操作（vCenter Server 关机，从高 EVC 支持的 ESXi 清单移除，添加到低 EVC 支持的 ESXi，重新打开 vCenter Server 电源，重新连接 vCenter Server，重新配置群集，将低 EVC 支持的 ESXi 主机加入群集），这里不一一介绍了。

5.2　部分 vSAN 管理与维护经验

本节介绍管理与使用 VMware vSAN 群集中可能碰到的一些故障及解决方法。

5.2.1　两节点 vSAN 群集 vSAN 健康状况不正常的解决方法

一个两节点的 vSAN 延伸群集，节点主机配置了 1 个 CPU、16GB 内存、1 块万兆网卡、2 个磁盘组组成两节点直连的 vSAN 延伸群集。在使用一段时间之后，其中一个节点主机出现问题，管理员进入控制台将这个主机进行了"系统重置"，重置之后，再次进入控制台，将 IP 地址、密码设置为的与原来相同，登录 vSphere Web Client 重新连接、配置主机之后，在"配置"→"磁盘管理"中看到，这台主机磁盘组的"vSAN 健康状况"为"—"，如图 5-2-1 所示。同时在"网络分区组"列表中，这台主机没有分区信息。

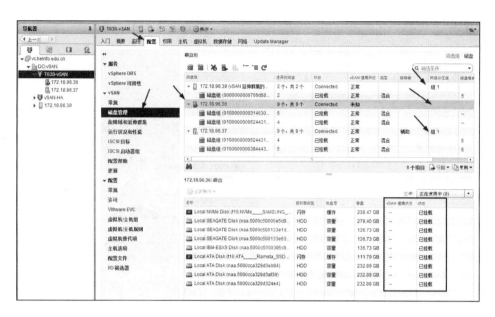

图 5-2-1　vSAN 健康状态不正常

正常情况下的"vSAN 健康状况"应该显示为"正常"，如图 5-2-2 所示。

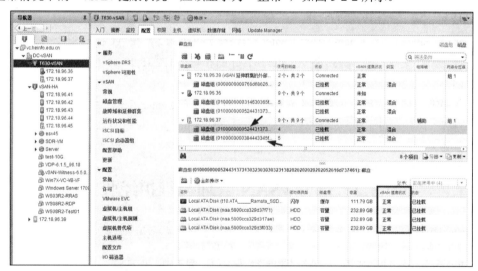

图 5-2-2　vSAN 健康状态正常

此时，当前的 vSAN 数据存储容量降为原来的 60% 左右，如图 5-2-3 所示。

图 5-2-3　vSAN 存储容量

对于出现图 5-2-1 所示状态的故障，解决的思路如下。

（1）如果当前 vSAN 群集中有正在运行的虚拟机，重要的虚拟机可以备份或迁移到其他群集中继续运行。不太重要的虚拟机，可以暂时先关闭。

（2）禁用 HA。

（3）将出故障的主机进入维护模式（当前主机是 172.18.96.36），并从 vSAN 群集中移除。

（4）将 172.18.96.36 重新加入 vSAN 群集，并退出维护模式。

（5）重新启用 HA。

下面介绍详细步骤。

（1）在导航器中选中 vSAN 群集（当前群集名称为 T630-vSAN），在右侧单击"配置"→"故障域和延伸群集"，在"故障域/主机"中可以看到，当前缺少"首选"主机（或缺少辅助主机），如图 5-2-4 所示。

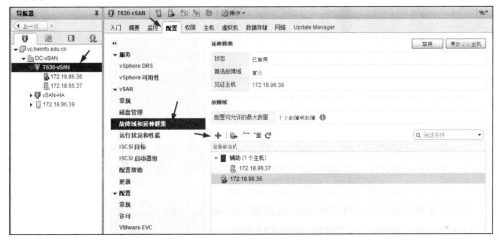

图 5-2-4　故障域中缺少首选主机

（2）在"配置"→"服务"→"vSphere 可用性"中单击"编辑"按钮，如图 5-2-5 所示。

图 5-2-5　编辑

（3）在打开的"编辑群集设置"对话框的"vSphere 可用性"中，取消选中"打开 vSphere HA"复选框，如图 5-2-6 所示，然后单击"确定"按钮。

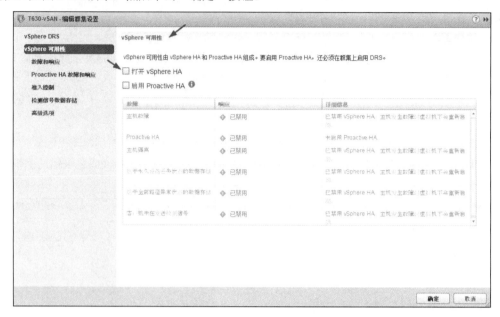

图 5-2-6　禁用 vSphere HA

（4）在 vSphere 导航器中，选择故障主机，进入维护模式，然后将其移除。移除完成之后如图 5-2-7 所示。

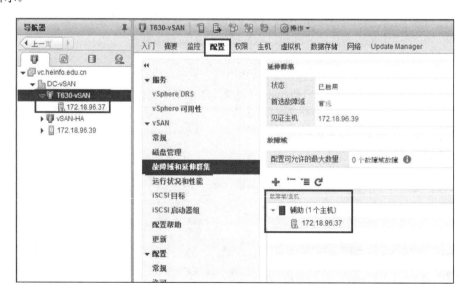

图 5-2-7　移除故障主机之后

（5）将故障主机再次加入群集，并将故障主机退出维护模式，如图 5-2-8 所示。

（6）在"配置"→"vSAN"→"故障域和延伸群集"中单击+号按钮，如图 5-2-9 所示。

图 5-2-8　退出维护模式

图 5-2-9　添加故障域

（7）在"新建故障域"对话框中的"名称"文本框中为新添加的故障域设置缺失的故障域名称。根据图 5-2-9 所示，当前缺失"首选"故障域，故设置名称为"首选"，选中再次添加的主机 172.18.96.36，单击"确定"按钮，如图 5-2-10 所示。

图 5-2-10　新建故障域

（8）添加故障域之后，如图 5-2-11 所示。

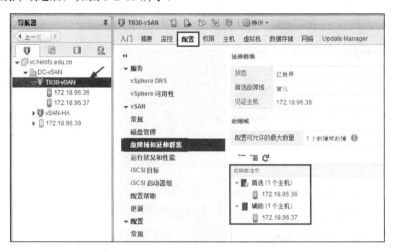

图 5-2-11　故障域信息正常

（9）为 172.18.96.36 的主机启用 ssh 服务，使用 xshell 登录到 172.18.96.36，执行如下命令，为在 vmk0 添加 vSAN 见证流量。

```
esxcli vsan network ip add -i vmk0 -T=witness
```

（10）在"配置"→"vSAN"→"磁盘管理"中，可以看到 172.18.96.36 的主机磁盘组正常，如图 5-2-12 所示。

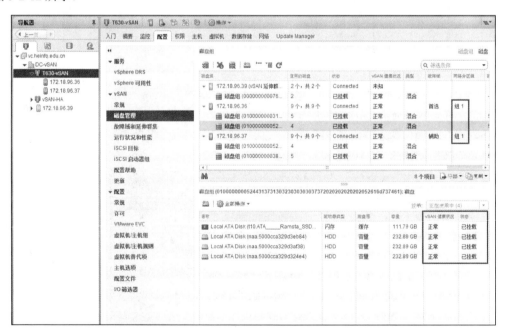

图 5-2-12　故障主机恢复正常

（11）在"数据存储"→"数据存储"中可以看到容量恢复正常（当前为 3.68TB），如图 5-2-13 所示。

图 5-2-13　vSAN 容量恢复正常

（12）在"配置"→"vSphere 可用性"中，启用 vSphere HA，如图 5-2-14 所示。

图 5-2-14　重新启用 vSphere HA

（13）在重新添加节点主机之后见证主机可能出错，这表示为在"配置"→"磁盘管理"的"网络分区组"中，见证主机没有分组信息，vSAN 健康状况显示为"—"，如图 5-2-15 所示。

图 5-2-15　见证主机出错

对于这种问题，只要更改见证主机，并重新选择见证主机即可解决。

（1）在"配置"→"vSAN"→"故障域和延伸群集"中单击"更改见证主机"，如图 5-2-16 所示。

（2）在"更改见证主机"对话框的"选择见证主机"选项中，仍然选择原来的见证主机 172.18.96.39 即可，如图 5-2-17 所示。

图 5-2-16　更改见证主机

图 5-2-17　选择见证主机

（3）重新选择见证主机之后，整个 vSAN 群集恢复正常，在"网络分区组"中可以看到每个节点主机及见证主机都在组 1，vSAN 健康状况为正常，如图 5-2-18 所示。

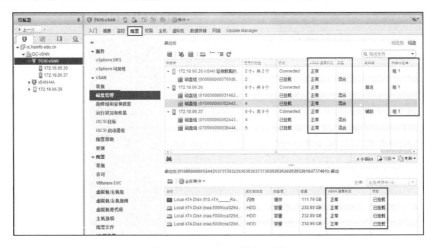

图 5-2-18　vSAN 磁盘正常

5.2.2　vSAN 中"磁盘永久故障"解决方法

对于出现永久故障的磁盘，如果该磁盘是容量磁盘，则需要从磁盘组中将该磁盘移除，在更换了新的磁盘之后，将新的磁盘添加到磁盘组；如果该磁盘是缓存磁盘（固态硬盘），则需要删除该磁盘组，在更换了新的固态硬盘之后，重新添加磁盘组。下面是更换容量磁盘的案例。

（1）一个 4 节点主机组成的 vSAN 环境中，某台主机出现红色的故障提示，在"监控"→"问题"→"已触发的警报"中，提示"Virtual SAN 主机磁盘出错"，如图 5-2-19 所示。

图 5-2-19　Virtual SAN 主机磁盘出错

（2）在"配置"→"Virtual SAN"→"磁盘管理"中，查看到其中的 1 块磁盘出现"永久磁盘故障"，如图 5-2-20 所示。

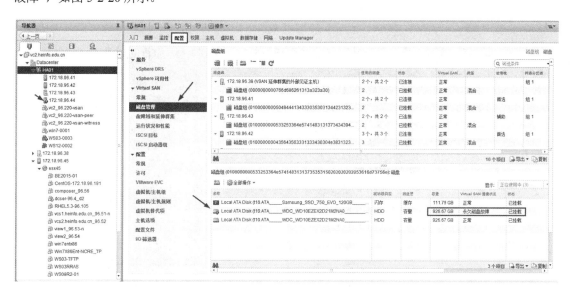

图 5-2-20　磁盘永久故障

（3）选中出现故障的磁盘，单击"🖳"图标，从磁盘组中移除选定的磁盘，如图 5-2-21 所示。

（4）因为该磁盘已经损坏（永久故障），所以不能像正常时一样从磁盘组撤出数据。弹出"移除磁盘"对话框，在"迁移模式"下拉列表中选择"不迁移数据"，如图 5-2-22 所示，然后单击"是"按钮。

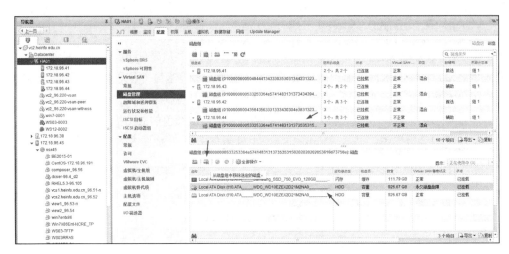

图 5-2-21　从磁盘组中移除选定的磁盘

图 5-2-22　不迁移数据

（5）在删除故障磁盘之后，移除故障磁盘（注意不要移除错误），添加新的磁盘。添加之后，将新的磁盘添加到磁盘组，添加之后如图 5-2-23 所示。

图 5-2-23　替换磁盘完成

5.2.3　在 vSAN 中初始化已经使用的硬盘

在配置 vSAN 的时候，我们知道，组成 VSAN 服务器中的本地硬盘，应该是未使用的。如果硬盘已经使用过，需要使用工具删除原来硬盘上所有分区，才能被 vSAN 分配使用。如果配置了 vSAN 之后，在 vSAN 中"看"不到硬盘或硬盘数量不对，则表示硬盘未被初始化。在新的 vSAN 6.2 中，在 vSphere Web Client 中，可以初始化这些硬盘。下面通过具体的案例进行介绍。

（1）在一个 vSAN 群集中，172.18.96.44 的主机有 1 个 120GB 的 SSD、2 个 1TB 的 HDD，系统装在一个 2GB 的 U 盘中，如图 5-2-24 所示。

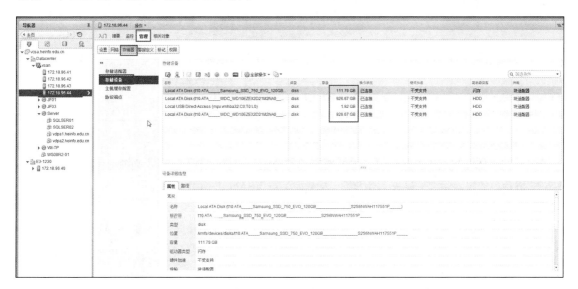

图 5-2-24　当前主机存储设备状态

（2）但是在"vsan"→"管理"→"设置"→"磁盘管理"中，172.18.96.44 只识别出 1 块 1TB 的硬盘，如图 5-2-25 所示。

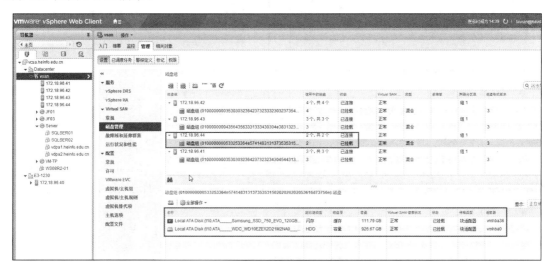

图 5-2-25　磁盘组中的磁盘

（3）选中 172.18.96.44，在"管理"→"存储器"→"存储设备"选项中，先选中一个 1TB 的硬盘，单击"全部操作"，在下拉菜单中选择"清除分区"，如图 5-2-26 所示。

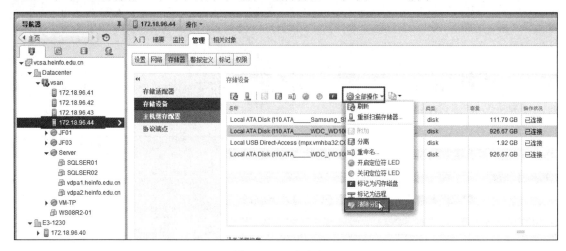

图 5-2-26　清除分区

（4）在"您即将永久删除该设备上的所有现有分区"对话框中，显示了当前分区的信息，如图 5-2-27 所示。如果显示"VSAN 元数据"，表示这是被 VSAN 正确识别并使用的磁盘，单击"取消"按钮，取消本此操作。

（5）再次返回"存储设备"列表，选择另一个磁盘，选择"清除分区"，如果显示了与图 5-2-27 不同的分区信息，例如本次显示"HPFS/NTFS"信息，表示这个磁盘以前是由 Windows 使用的，单击"确定"按钮，清除该设备上的所有现有分区，如图 5-2-28 所示。

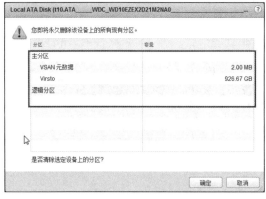

图 5-2-27　查看分区信息

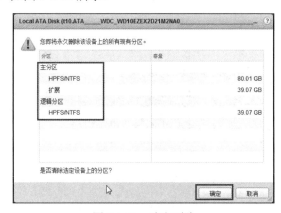

图 5-2-28　确定删除

（6）返回到 vSAN 磁盘管理界面，可以看到 172.18.96.44 的磁盘组，已经正确识别了这块磁盘，如图 5-2-29 所示。如果 vSAN 是"手动"模式，需要手动向磁盘组中添加这块磁盘，这些基本操作就不再介绍了。

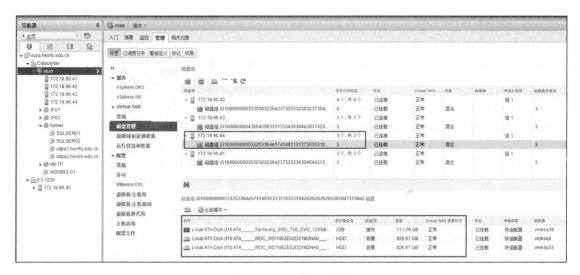

图 5-2-29   正确识别磁盘

5.3   忘记 ESXi 主机 root 密码的解决方法

VMware vSphere 是非常稳定的虚拟化平台，ESXi 物理主机服务器经常几年不关机、不重启，管理员平常很少登录 ESXi 主机进行维护，这就导致一个问题：时间长了，ESXi 的密码忘记了。当忘记 ESXi 主机密码的时候，有以下两种情况：

（1）ESXi 主机没有加入 vCenter Server，ESXi 是独立使用的。

（2）ESXi 主机加入 vCenter Server。因为 vCenter Server 经常使用，所以 vCenter Server 管理员账号与密码没有忘记，只是 ESXi 主机的密码忘记了。

对于以上两种忘记 ESXi 主机密码的情况，本例分别介绍解决方法。

5.3.1   独立 ESXi 主机忘记密码的解决方法

如果 ESXi 主机忘记 root 密码，又没有其他管理员账号与密码，并且当前 ESXi 主机没有加入 vCenter Server，要想恢复对 ESXi 主机的控制，有如下两种办法：

第一种方法：重新安装 ESXi 系统，保留 VMFS 数据库。重新安装 ESXi 系统后，原来的虚拟机列表及网络配置等都会被清空。管理员使用 vSphere Client 或 vSphere Host Client 浏览 ESXi 存储，将虚拟机添加到清单，并重新配置 ESXi 网络。

第二种方法：使用 Linux 启动光盘进入恢复模式，重置并清空 root 密码。使用此种方法，虚拟机清单不丢失、虚拟机的网络配置都会被保留。

本例介绍第二种方法。

（1）使用 Linux 安装光盘启动 ESXi 主机，可以将 Linux 的安装光盘刻录成光盘，也可以制作工具 U 盘加载 Linux 的 ISO 文件，或者使用 KVM、服务器底层控制台程序（例如 HP 的 iLO、DELL 的 iDRAC、IBM 的 iMM）加载 Linux 的 ISO 文件引导。本节使用 CentOS 6 的镜像文件（文件名为 CentOS-6.0-i386-netinstall.iso，大小为 173MB），如图 5-3-1 所示。

名称	修改日期	类型	大小
CentOS-6.0-i386-bin-DVD.iso	2011/7/14 12:03	Virtual CloneDrive	4,595,172 KB
CentOS-7-x86_64-DVD-1503-01.iso	2015/10/24 22:16	Virtual CloneDrive	4,209,664 KB
CentOS-6.0-x86_64-bin-DVD1.iso	2011/7/11 10:38	Virtual CloneDrive	4,139,450 KB
CentOS-7-i386-DVD-1503.iso	2015/10/25 11:38	Virtual CloneDrive	4,081,206 KB
CentOS-6.7-i386-bin-DVD1.iso	2015/10/25 11:29	Virtual CloneDrive	3,697,664 KB
CentOS-6.7-i386-bin-DVD2.iso	2015/10/25 11:44	Virtual CloneDrive	1,350,460 KB
CentOS-6.0-x86_64-bin-DVD2.iso	2011/7/12 10:45	Virtual CloneDrive	1,154,980 KB
CentOS-7-x86_64-Minimal-1503-01.iso	2015/10/24 22:03	Virtual CloneDrive	651,264 KB
CentOS-6.0-x86_64-netinstall.iso	2011/7/12 21:09	Virtual CloneDrive	216,064 KB
CentOS-6.0-i386-netinstall.iso	2011/7/12 10:53	Virtual CloneDrive	177,152 KB

图 5-3-1　部分 CentOS 的镜像文件及大小

（2）启动之后在"Welcome to CentOS 6.0"对话框中，选择"Rescue installed system"，如图 5-3-2 所示。

（3）在"Choose a Language"（选择语言）对话框中选择 English，如图 5-3-3 所示。

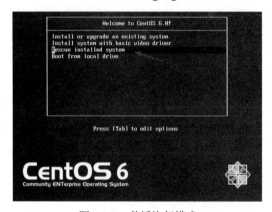

图 5-3-2　救援恢复模式　　　　　　　　　　　　　　图 5-3-3　英语

（4）在"Keyboard Type"（键盘属性）对话框中选择 us，如图 5-3-4 所示。

（5）在"Rescue Method"对话框中选择"Local CD/DVD"，如图 5-3-5 所示。

图 5-3-4　键盘　　　　　　　　　　　　　　　　图 5-3-5　本地光驱

（6）在"Setup Networking"对话框中选择"No"，如图 5-3-6 所示。

（7）在"Rescue"对话框中选择"Continue"，如图 5-3-7 所示。

图 5-3-6　不设置网络

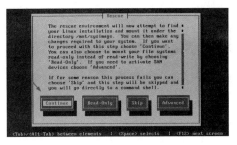

图 5-3-7　继续

（8）在"Rescue Mode"对话框中单击"OK"按钮，如图 5-3-8 所示。

（9）在"First Aid Kit quickstart menu"对话框中选择"Shell Start shell"，如图 5-3-9 所示。

图 5-3-8　单击"OK"按钮

图 5-3-9　启动 shell

（10）进入命令提示符下，依次执行如下命令，如图 5-3-10 所示。

```
mkdir   /mnt/sda5
mount   /dev/sda5   /mnt/sda5
cp    /mnt/sda5/stage.tgz   /tmp/
cd /tmp
tar xvfz stage.tgz
tar xvfz local.tgz
vi /tmp/etc/passwd
```

图 5-3-10　执行命令

（11）使用 vi 编辑器打开 passwd 文件之后，移动光标到 root 及第一个英文冒号之后，按 x 键，将第一个英文冒号与第二个英文冒号之间的所有字符删除，这是 root 账号密码加密后的字符序列。删除前后如图 5-3-11、图 5-3-12 所示。

图 5-3-11　删除字符

图 5-3-12　删除之后

（12）删除之后，按一下 Esc 键，然后输入 wq，再按回车键退出，如图 5-3-13 所示。

（13）执行 cat shadow 命令查看 shadow 文件检查删除的字符是否正确，如图 5-3-14 所示。

图 5-3-13　保存退出

图 5-3-14　检查 shadow 文件

（14）然后依次执行如下命令，如图 5-3-15 所示。

```
rm /tmp/stage.tgz    /tmp/local.tgz
tar czvf local.tgz   etc/
tar czvf stage.tgz   local.tgz
cp stage.tgz  /mnt/sda5/
```

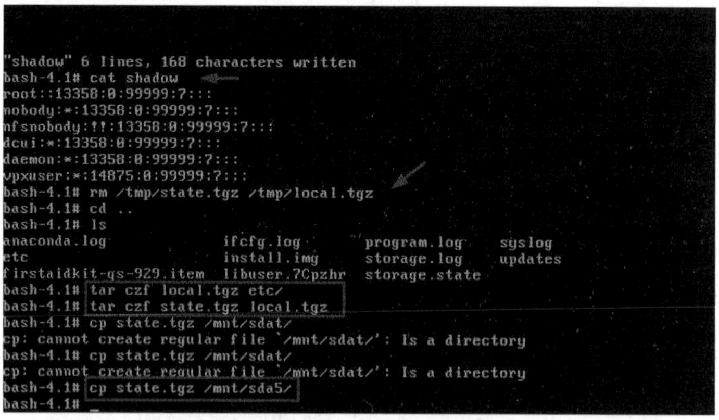

图 5-3-15　执行命令

（15）输入 exit 按回车键返回 "First Aid Eit quickstart menu" 对话框，选择 "Reboot Reboot" 重新启动服务器，取出光盘或工具 U 盘，如图 5-3-16 所示。

（16）等服务器重新启动之后，使用 vSphere Client 或 vSphere Host Client 登录，密码为空，如图 5-3-17 所示。

图 5-3-16　重新启动

图 5-3-17　使用空密码登录

（17）登录之后，在"基本任务"中单击"更改默认密码"，在弹出的"更改管理员密码"对话框中，为 ESXi 服务器设置新密码，如图 5-3-18 所示。设置之后，密码重设成功。

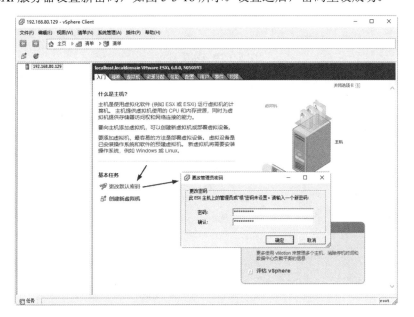

图 5-3-18　设置密码

5.3.2　使用主机配置文件重置 ESXi 主机密码

如果 ESXi 主机加入 vCenter Server，可以使用 vCenter Server 的"主机配置文件"重置 ESXi 主机的密码，下面通过具体的实例介绍。

（1）当前的演示环境中，一个 vCenter Server 管理了两台 ESXi 主机，如图 5-3-19 所示，两台 ESXi 主机的 IP 地址分别是 192.168.80.11 和 192.168.80.12。

（2）使用 vSphere Client 登录到 vCenter Server，单击"主页"，在"管理"中双击"主机配置文件"，如图 5-3-20 所示。

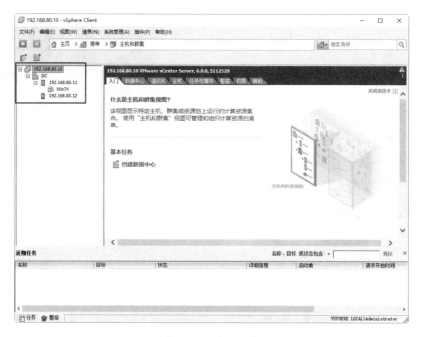

图 5-3-19　实验环境

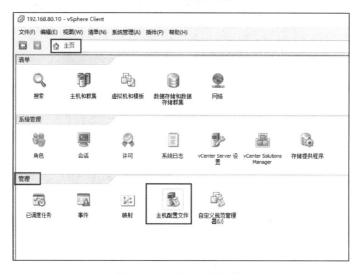

图 5-3-20　主机配置文件

（3）在"主机配置文件"的"入门"选项卡中单击"创建主机配置文件"，如图 5-3-21 所示。

（4）在"选择创建方式"对话框中选择"从现有主机中创建配置文件"单选按钮，如图 5-3-22 所示。

（5）在"指定引用主机"对话框中选择用于创建主机配置文件的主机，如图 5-3-23 所示。虽然主机配置文件可以通用，并且在 A 主机上创建的主机配置文件可以用于 B 主机，但是，最好是为哪一台主机重置密码，就选择哪一台主机。可以重复创建多个主机配置文件，并且将主机配置文件用于对应的主机。如果当前环境中 ESXi 主机配置相同，可以从任意一个主机创建配置文件并应用于其他主机。在此选择 192.168.80.11 这台主机。

（6）在"配置文件详细信息"对话框的"名称"文本框中输入新建配置文件的名称，本示例中名称为 config-80.11，如图 5-3-24 所示。

图 5-3-21　创建主机配置文件

图 5-3-22　从现有主机中创建配置文件

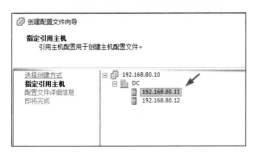

图 5-3-23　指定引用主机

图 5-3-24　输入配置文件名称

（7）在"即将完成配置文件"对话框中单击"完成"按钮，如图 5-3-25 所示。

图 5-3-25　完成配置文件创建

（8）在创建主机配置文件完成后，左侧导航器中选择新创建的配置文件，在右侧"入门"选项卡中单击"编辑主机配置文件"，如图 5-3-26 所示。

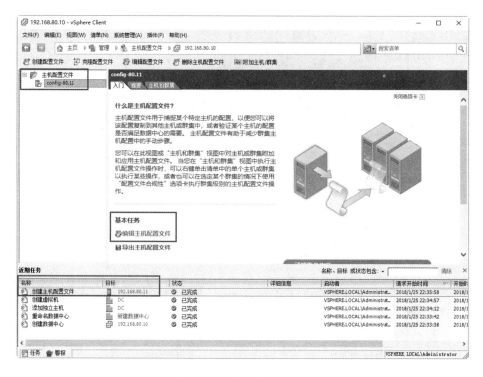

图 5-3-26　编辑主机配置文件

（9）在"编辑配置文件"对话框中选择"配置文件/策略"→"安全配置"→"管理员密码"，在"管理员密码应该是什么"下拉列表框中选择"配置固定的管理员密码"，然后在"用此密码配置主机"与"用此密码配置主机（确认）"密码框中分两次输入密码，此密码将用来重置 ESXi 系统，该密码一定要符合密码复杂性的要求（至少 8 个字符同时包含大写字母、小写字母、数字、特殊字符），否则应用此配置文件重置主机密码时会失败，如图 5-3-27 所示。

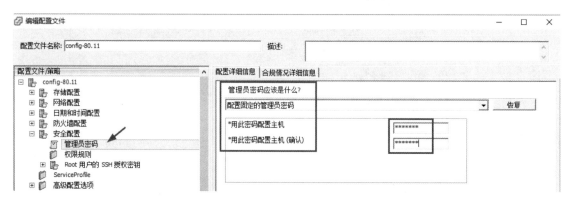

图 5-3-27　配置固定的管理员密码

（10）将需要重置密码的主机置于维护模式，然后管理并应用配置文件。右击 192.168.80.11 主机，在弹出的快捷菜单中选择"主机配置文件"→"管理配置文件"，如图 5-3-28 所示。

（11）在"附加配置文件"对话框中选择 config-80.11，然后单击"确定"按钮，如图 5-3-29 所示。

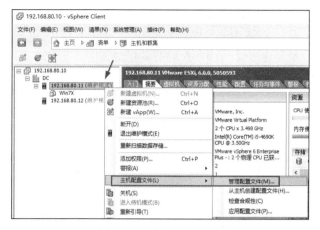

图 5-3-28　管理配置文件　　　　　　　　　　　　图 5-3-29　附加配置文件

（12）在附加配置文件之后需要应用配置文件。右击 192.168.80.11 主机，在弹出的快捷菜单中选择"主机配置文件"→"应用配置文件"，如图 5-3-30 所示。

（13）在"应用配置文件：192.168.80.11"对话框中显示"管理员密码将被更改"，如图 5-3-31 所示。单击"完成"按钮，ESXi 主机密码将被重置为图 5-3-27 中所设置的密码。

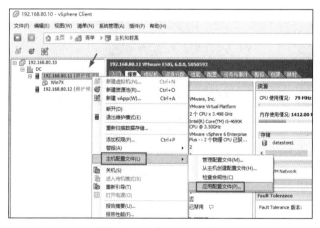

图 5-3-30　应用配置文件　　　　　　　　　　　图 5-3-31　管理员密码被更改

（14）如果在图 5-3-27 中设置的密码不符合复杂性标准，则会弹出"无法应用主机配置"的错误提示，如图 5-3-32 所示，此时 ESXi 主机密码没有被重置，需要重新修改主机配置文件、设置复杂密码、重新应用主机配置文件。

图 5-3-32　无法应用主机配置

（15）主机配置文件应用成功之后，将 ESXi 主机退出维护模式。在应用密码的过程中，ESXi 主机不会从 vCenter Server 断开。在应用密码之后，ESXi 主机到 vCenter Server 的连接密码会同步更新，不需要管理员单独操作。在应用密码之后可以使用 vSphere Client 登录 ESXi 主机，或者在 ESXi 主机控制台前操作。有关这些操作不再介绍。

（16）如果环境中有其他 ESXi 主机，密码也需要重置，可以使用相同的配置文件，也可以重新创建新的主机配置文件、重新应用，这些操作步骤也不再介绍。

5.4 重置 vCenter Server 管理员密码的方法与步骤

如果忘记了 SSO 密码（默认为 administrator@vsphere.local），可以使用 vdcadmintool 工具重置 SSO 密码，本节介绍这一内容。

5.4.1 重置 vCenter Server Appliance 的 SSO 密码

重置 vCenter Server Appliance 的 SSO 密码的前提是，需要知道 root 账户密码，如果 root 账户密码也一同忘记（在部署 vCenter Server Appliance 的时候，root 账户密码一般也与 SSO 账户密码相同），请参照下一节内容先重置 root 账户密码。

（1）打开 vCenter Server Appliance 虚拟机控制台，按 F2 键，输入 root 账户密码登录，如图 5-4-1 所示。

（2）在"Troubleshooting Mode Options"中，将 SSH 设置为 Enable，如图 5-4-2 所示。

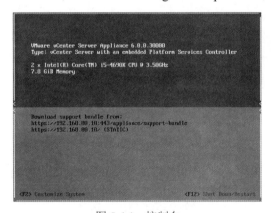

图 5-4-1　控制台

图 5-4-2　允许 ssh

（3）使用 ssh 客户端例如 xShell 登录 vCenter Server Appliance，添加新连接，输入 vCenter Server Appliance 的 IP 地址，如图 5-4-3 所示。

（4）在"请输入登录的用户名"中输入 root，如图 5-4-4 所示。然后根据提示输入 root 密码登录。

（5）登录到 vCenter Server Appliance，在 Command> 提示符后面输入英文小写的 shell 并按回车键，如图 5-4-5 所示，启用对 Bash shell 的访问。

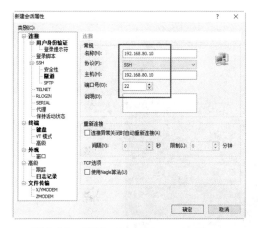

图 5-4-3　连接 vCenter Server Appliance

图 5-4-4　输入用户名

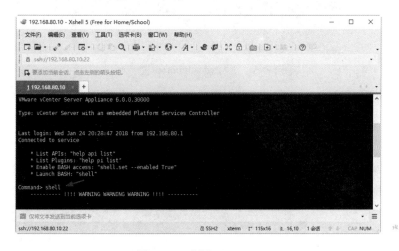

图 5-4-5　启用 Bash shell

（6）在 localhost:~ # 提示符后面输入：

```
/usr/lib/vmware-vmdir/bin/vdcadmintool
进入 vdcadmintool，该控制台显示如下信息：
==================
Please select:
0. exit
1. Test LDAP connectivity
2. Force start replication cycle
3. Reset account password
4. Set log level and mask
5. Set vmdir state
==================
```

输入数字 3 重置 SSO 账户密码，在 "Please enter account UPN :" 后面输入 SSO 账户默认账户名 administrator@vsphere.local 并按回车键，生成新的密码，在本示例中，生成的新密码为

```
c7"$@t5_fc-3oV ?O2vH
```

如图 5-4-6 所示。注意密码可能会包括空格等字符，可以用鼠标选中之后进行复制。

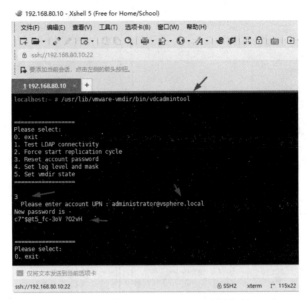

图 5-4-6　使用 vdcadmintool 重置密码

（7）使用 vSphere Web Client 登录，使用用户名 administrator@vsphere.local、图 5-4-6 中新生成的密码（最后使用复制粘贴的方式输入），如图 5-4-7 所示。

图 5-4-7　使用新生成的密码登录

（8）登录到 vSphere Web Client 之后，选择"系统管理"→"Single Sign-On"→用户和组，在"用户"选项卡中右击 Administrator，在弹出的快捷菜单中选择"Edit User"，如图 5-4-8 所示。

（9）在"Administrator-编辑"对话框中，在"当前密码"文本框中输入图 5-4-6 中重置的密码，然后在"密码"与"确认密码"中设置新的密码，单击"确定"按钮完成密码的设置，如图 5-4-9 所示。

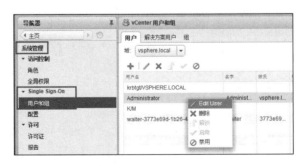

图 5-4-8　编辑用户

图 5-4-9　重新设置密码

（10）记住图 5-4-9 中设置的密码，以后使用此密码管理。

如果用户的 root 密码也忘记怎么办呢？

5.4.2　重置 vCenter Server Appliance 的 root 账户密码

当忘记 vCenter Server Appliance 的 root 账户密码时，可以参考 Linux 操作系统忘记用户名与密码的方法，进入单用户模式恢复。但是 vCenter Server Appliance 无法直接进入单用户模式，在进入单用户模式之前有一层用户密码验证，需要使用 Linux 安装光盘进入救援模式清除 GRUB 菜单密码。

（1）使用 Linux 安装光盘镜像启动 vCenter Server Appliance 的虚拟机，本节使用 CentOS 6 的镜像文件，文件名为 CentOS-6.0-i386-netinstall.iso，大小为 173MB。

（2）启动之后在 "Welcome to CentOS 6.0" 对话框中，选择 "Rescue installed system"，如图 5-4-10 所示。

（3）在 "Choose a Language"（选择语言）对话框选择 English，如图 5-4-11 所示。

图 5-4-10　救援恢复模式

图 5-4-11　选择英语

（4）在 "Keyboard Type"（键盘属性）对话框中选择 "us"，如图 5-4-12 所示。

（5）在"Rescue Method"对话框中选择"Local CD/DVD"，如图 5-4-13 所示。

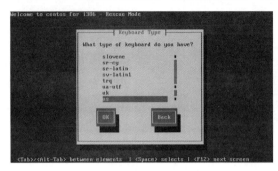

图 5-4-12　选择键盘

图 5-4-13　选择本地光驱

（6）在"Setup Networking"对话框中选择"No"，如图 5-4-14 所示。

（7）在"Rescue"对话框中选择"Continue"，如图 5-4-15 所示。

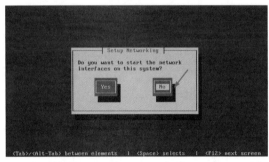

图 5-4-14　不设置网络

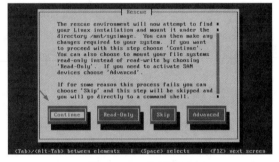

图 5-4-15　选择继续

（8）在"Rescue"对话框提示系统已经加载到/mnt/sysimage，选择"OK"，如图 5-4-16 所示。

（9）在"First Aid Kit quickstart menu"对话框选择"Shell Start shell"，如图 5-4-17 所示。

图 5-4-16　选择"OK"

图 5-4-17　启动 shell

（10）当 vCenter Server Appliance 的文件系统被挂载后，进入命令提示符，依次执行如下命令：

```
cd  /mnt/sysimage/
cd  boot
cd grub
vi menu.lst
```

期间也可以执行 lst –lrt 列目录命令，如图 5-4-18 和图 5-4-19 所示。

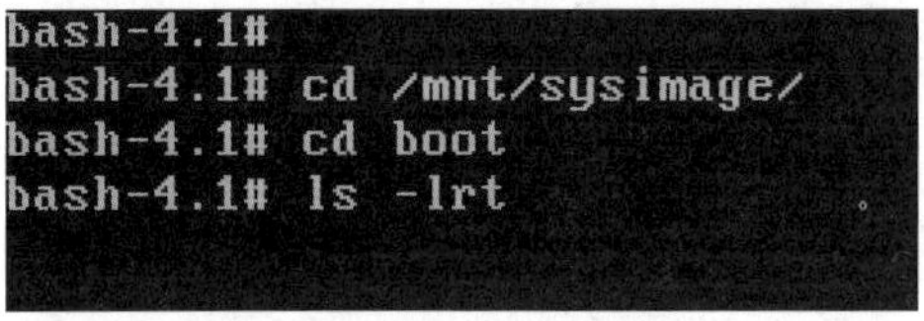

图 5-4-18　进入目录 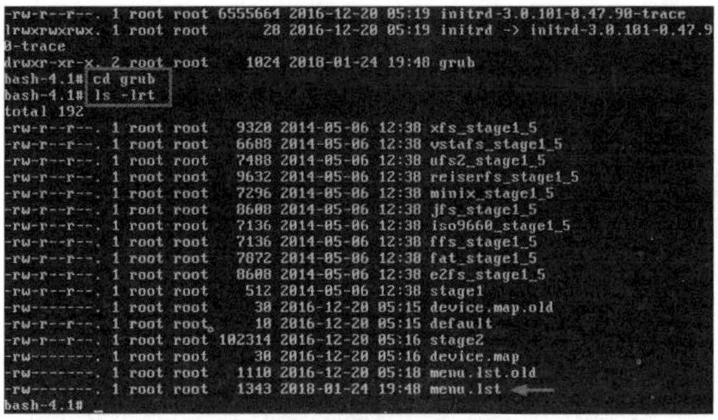　　　　　　　　　　图 5-4-19　列目录

（11）打开 menu.lst 文件之后，移动光标到 password 一行，按两下英文的小字字母 d 删除当前行，删除前后如图 5-4-20 和图 5-4-21 所示。

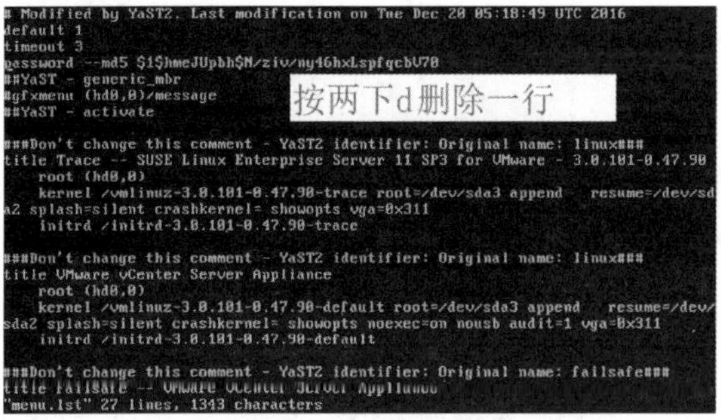

图 5-4-20　删除前　　　　　　　　　　图 5-4-21　删除后

（12）删除之后，按 Esc 键，然后依次输入英文冒号和小写的 wq，按回车键保存退出，如图 5-4-22 所示。

（13）输入 exit 按回车键，如图 5-4-23 所示。

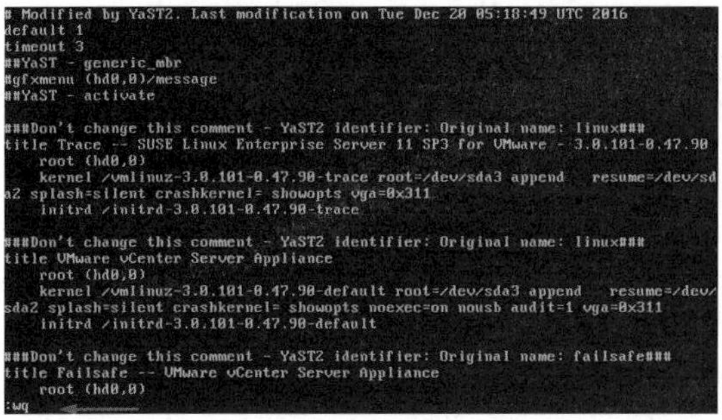

图 5-4-22　删除保存　　　　　　　　　　图 5-4-23　退出

（14）返回到 "First Aid Eit quickstart menu" 对话框，选择 "Reboot Reboot" 重新启动服务器，取消 ISO 文件的映射，如图 5-4-24 所示。

当再次启动之后，vCenter Server Appliance 就可以进入单用户命令行模式了。

（1）当出现 GNU GRUB 的菜单时，按上下光标键暂停当前系统的运行，移动光标到 "VMware vCenter Server Appliance"，输入 e，如图 5-4-25

图 5-4-24　重新启动

所示。

（2）移动光标到"kernel /vmlinuz ..."这一行输入 e，如图 5-4-26 所示。

图 5-4-25　输入 e　　　　　　　　　　　　　　图 5-4-26　再输入 e

（3）在命令行后面按空格，输入 init=/bin/bash，按回车键，如图 5-4-27 所示。

（4）返回到 GUN GRUB 菜单，在"kernel /vmlinuz ..."这一行输入 b 启动命令行，如图 5-4-28 所示。

图 5-4-27　添加命令　　　　　　　　　　　　　图 5-4-28　启动命令行

（5）在#提示符后面输入 passwd 命令，在 New Password 与 Retype new password 中分两次，为 root 账户设置新的密码，密码需要符合复杂性的要求，如果密码强度不符合会提示重新输入。设置密码完成后，输入 reboot 重新启动，如图 5-4-29 所示。

（6）vCenter Server Appliance 虚拟机重新启动并再次进入系统后，登录 vCenter Server Appliance 的管理控制台（见图 5-4-30），使用新设置的密码登录。登录成功之后进入 vCenter Server Appliance 控制台，如图 5-4-31 所示。

图 5-4-29　重置密码并重新启动服务器　　　　　图 5-4-30　登录 vCenter Server Appliance

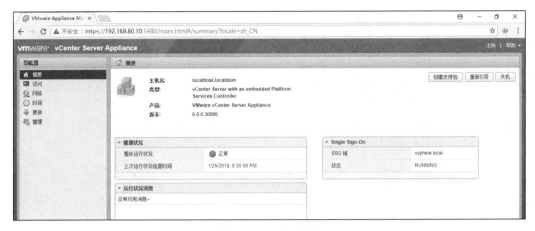

图 5-4-31　登录成功

5.4.3　重置 vCenter Server 的 SSO 密码

对于 Windows Server 系统，如果忘记 SSO 账户密码（默认为 administrator@vsphere.local），重置 SSO 密码与 vCenter Server Appliance 类似。

（1）使用 Windows 操作系统具有本地管理员账户的账户登录（默认为 Administrator），打开命令提示符，进入 %VMWARE_CIS_HOME%\vmdird 目录（默认 c:\Program Files\VMware\vCenter Server\vmdird），如图 5-4-32 所示。然后执行 vdcadmintool 命令。

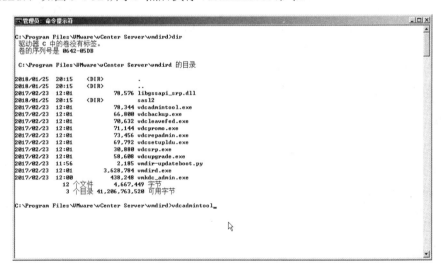

图 5-4-32　执行 vdcadmintool

（2）输入数字 3 重置 SSO 账户密码，在"Please enter account UPN :"后面输入 SSO 账户默认账户名 administrator@vsphere.local 并按回车键，生成新的密码，在本示例中，生成的新密码为：

```
?1:85w2 Be{]>{c<TY5#
```

注意密码可能会包括空格等字符，可以用鼠标选中之后复制并将其粘贴到"记事本"中，如图 5-4-33 所示。最后输入 0 退出。

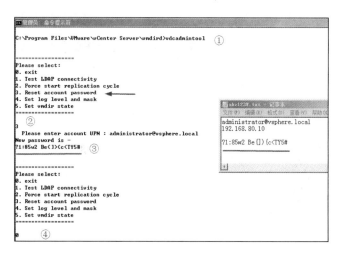

图 5-4-33　重置 SSO 密码

（3）重置密码之后，使用 vSphere Client 或 vSphere Web Client 登录 vCenter Server 即可，这些不再介绍。

【说明】如果 vCenter Server 所在的 Windows 操作系统的本地管理员账户密码也忘记了，则可以使用一些工具光盘或软件重置 Windows 的 Administrator 账户密码。

5.4.4　更改 vCenter SSO 的密码策略

在默认情况下，自 vCenter Server Appliance 5.5 Update 1 开始，vCenter Server Appliance 版强制执行密码策略，该策略会导致 SSO 账号密码会在 90 天后过期。当密码到期后会将账号锁定。

在使用默认的 administrator@vsphere.local 登录 vSphere Web Client 的时候，如果安装已经接近 90 天，则有可能会发出提示"您的密码将在×天后过期"，如图 5-4-34 所示。

图 5-4-34　密码将要过期

对于图 5-4-34 中的"您的密钥将在×天后过期"的提示，是 vCenter Server 的 SSO 的密码策略的生命周期设置为 90 天的原因，vSphere 管理员可以通过修改密码策略，去掉这一提示并设置密码永不过期。

（1）使用 IE 浏览器登录到 vSphere Web Client，在导航器中单击"系统管理"，在"系统管理"→"Single Sign-On"→"配置"中，单击"策略→密码策略"选项卡，然后单击"编辑"按钮如图 5-4-35 所示。在此可以看到"最长生命周期"为"密码必须每 90 天更改一次"。

（2）在"编辑密码策略"对话框，将"最长生命周期"修改为 0 天，表示"密码永不过期"，如图 5-4-36 所示，然后单击"确定"按钮。在"密码格式要求"选项中，还可以修改密码的最大长度、最小长度、字符要求等条件，这些要求比较简单，每个管理员都能理解其字面意思，在此不再介绍。

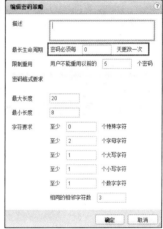

图 5-4-35　密码策略　　　　　　　　　　　　　　　图 5-4-36　编辑密码策略

（3）设置完成之后，返回到"策略"→"密码策略"页，在"最长生命周期"中可以看到，当前策略为"密码永不过期"，如图 5-4-37 所示。

图 5-4-37　密码永不过期

5.4.5 更改 root 账号密码过期测试

vCenter Server Appliance 的 root 账号密码默认 365 天过期，推荐修改为永不过期。

（1）登录 vCenter Server Appliance 管理控制台（https://vCenter Appliance Server 的域名或 IP 地址:5480），使用 root 用户名和密码登录，如图 5-4-38 所示。

（2）在"系统管理"提示 Root 密码有效期是 365 天，如图 5-4-39 所示。

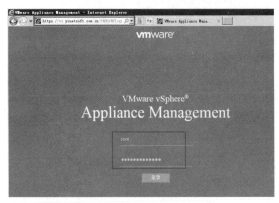

图 5-4-38　登录管理控制台

图 5-4-39　密码有效期

（3）在"Root 密码过期"单击"否"单选按钮，然后单击"提交"按钮，如图 5-4-40 所示，设置 root 账号密码永不过期。

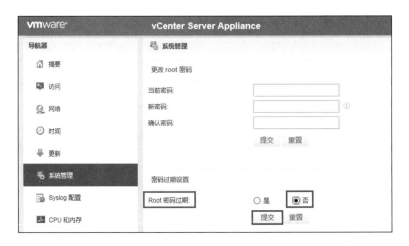

图 5-4-40　设置密码永不过期

5.5　迁移虚拟机出现卸载或安全策略不同的解决方法

在使用 VMotion 迁移虚拟机的时候，源主机与目标主机虚拟交换机策略配置不一致时不能迁移。

（1）某 vSphere 环境中，在使用 VMotion 迁移虚拟机的时候，出现"选择的目标网络错误"，如图 5-5-1 所示。

（2）单击"显示详细信息"链接出现"在目标主机上为目标网络配置的卸载或安全策略不同于

在源主机上为源网络配置的卸载或安全策略"提示，如图 5-5-2 所示。

图 5-5-1　存在兼容性问题

图 5-5-2　详细错误信息

对于图 5-5-2 所示的错误，可以检查当前环境中虚拟交换机的属性，配置为一致就可以了。

（1）在 vSphere Web Client 导航器中选中一台主机，在"配置"→"网络"→"虚拟交换机"中，选中虚拟交换机（要迁移的虚拟机使用的虚拟交换机），单击"✎"按钮，如图 5-5-3 所示。

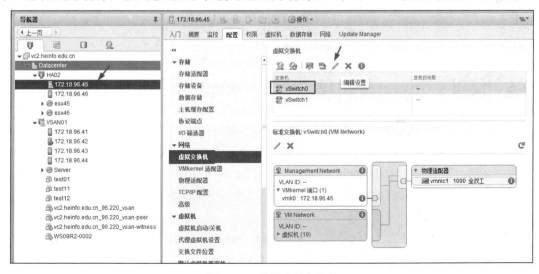

图 5-5-3　编辑虚拟交换机

（2）在"vSwitch0-编辑设置"对话框的"安全"选项中，查看右侧的"混杂模式、MAC 地址更改、伪传输"选项，如图 5-5-4 所示。然后检查其他主机虚拟交换机的"安全"选项，如图 5-5-5 所示。通过对比发现这两个虚拟交换机的设置不同。

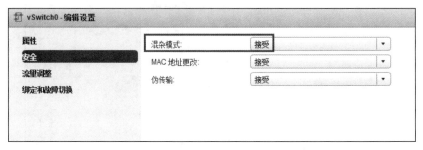

图 5-5-4　接受混杂模式

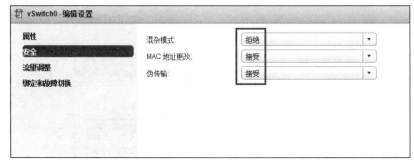

图 5-5-5　拒绝混杂模式

（3）默认情况下"混杂模式"的选项为"拒绝"。在没有特殊需要的情况下，可以将同一环境中所有虚拟交换机的"混杂模式"改为"拒绝"，只有当前环境中存在某些使用类似"流量监控"行为的虚拟机时才启用这一功能。更改之后迁移就可以完成。

（4）修改虚拟交换机配置之后再次使用 VMotion 进行迁移则可以完成。

【说明】本示例是以手动使用 VMotion 迁移为例进行介绍，如果是通过 DRS 进行的自动迁移（同样是使用 VMotion），当同一群集环境中不同主机的虚拟交换机安全属性不一致，或者迁移的目标主机没有相同的虚拟交换机端口组时，迁移会失败。

5.6　使用 Converter 出现"SSL Exception"错误的解决方法

使用 VMware vCenter Converter 5.0（中文版本）迁移物理机到虚拟机的时候，如果出现"出现了常规系统错误：SSL Exception：Unexpected EOF"错误时（见图 5-6-1），或者使用 Converter 6.0（英文版）出现"Unable to obtain hardware information for the selected machine."（见图 5-6-2），可以分阶段实现从物理机到虚拟机的迁移。

所谓分阶段实现迁移，主要步骤如下。

（1）使用 Converter 将物理机迁移到本地 VMware Workstation 虚拟机。

（2）使用 VMware Workstation 将虚拟机导出成 OVF 格式。

（3）在 vSphere 中将第二步导出的 OVF 格式虚拟机导入 ESXi 中。

下面通过具体的实例进行介绍。

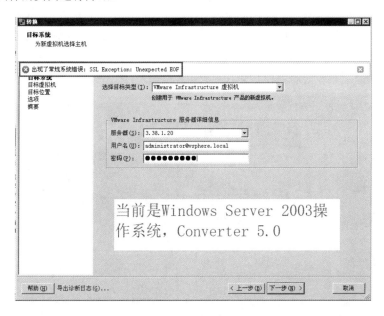

图 5-6-1　中文版错误提示

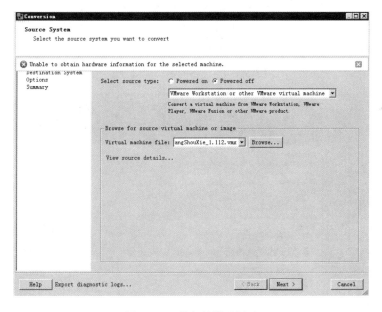

图 5-6-2　英文版错误提示

5.6.1　卸载主机不再使用的软件

某单位有一台 IBM XSERIES_3650 的服务器，安装的是 Windows Server 2003 操作系统，如图 5-6-3 所示，配置了 4GB 内存、1 个 CPU。该服务器上有单位的一套业务系统，准备迁移到 vSphere 6.0 的虚拟化环境中。

（1）在这台物理服务器上除了安装业务系统之外（当前仍然使用），还安装了 VMware Workstation 9.0、VMware Server 1.0、VMware vCenter Converter 5.0、vSphere Client 2.5、vSphere 4.1、QQ 等软件，这些软件已经不再使用。在使用 vCenter Converter 迁移物理服务器前，进入"添加或删除程序"窗口卸载不再使用的程序，如图 5-6-4 所示。

（2）卸载完成之后重新启动物理服务器，如图 5-6-5 所示。

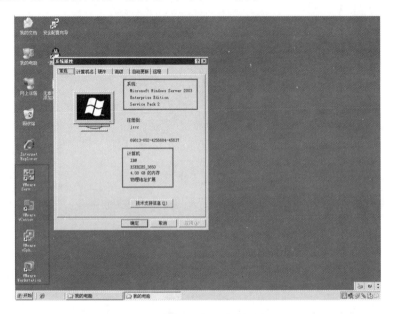

图 5-6-3　要迁移的源物理服务器

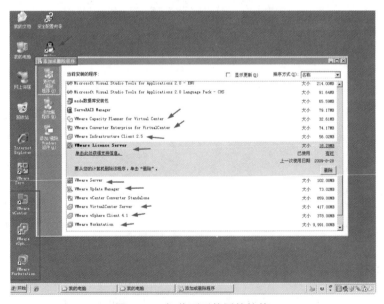

图 5-6-4　卸载不再使用的软件

图 5-6-5　卸载完成重新启动服务器

5.6.2　使用 Converter 迁移本地计算机到 Workstation 文件

在要迁移的源物理服务器上安装并运行 VMware vCenter Converter 5.0，将本地计算机转换成 VMware Workstation 格式的虚拟机，主要步骤如下。

（1）运行 VMware vCenter Converter 5.0，单击"转换计算机"按钮，在弹出的"源系统"对话框中选择"此本地计算机"单选按钮，如图 5-6-6 所示。

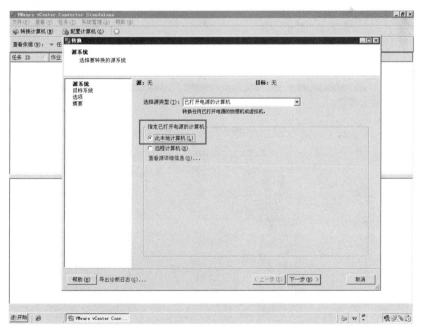

图 5-6-6　此本地计算机

（2）单击"查看源详细信息"链接，可以查看要转换的源物理服务器的信息，如图 5-6-7 所示。在此可以看到当前计算机操作系统是 Windows Server 2003，1 个 CPU、4GB 内存、2 块网卡、4 个硬盘或分区。在使用 Converter 将源物理机转换成虚拟机的时候，只需要转换保存系统及业务系统数据的分区即可。通常情况下可能只迁移系统分区，而数据分区可以通过拷贝的方式将数据复制到迁移后的虚拟机中。如果业务系统在其他分区例如 D 或 E 分区，也可以一同转换 D 或 E 分区。在转换的时候，选择保存到本地硬盘，此时需要有一个剩余空间足够的分区或硬盘才能完成转换工作。

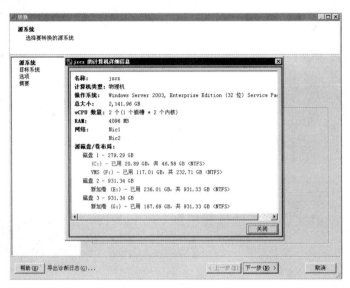

图 5-6-7　查看源信息

（3）在"目标系统"对话框的"选择目标类型"下拉列表中选择"VMware Workstation 或其他 VMware 虚拟机"，在"选择 VMware 产品"中选择"VMware Workstation 8.0.x"，然后选择虚拟机的保存位置，本示例将转换后的虚拟机保存在 E 盘，这表示将不转换 E 盘。如果要转换 E 盘，则需要将虚拟机保存在其他不需要转换的分区中。同时设置虚拟机的名称，如图 5-6-8 所示。

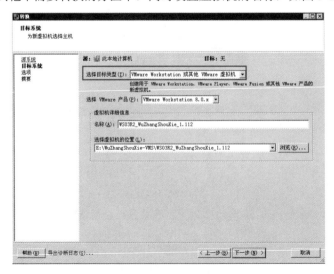

图 5-6-8　目标系统

（4）在"选项"对话框的"要复制的数据"中单击"编辑"按钮，如图 5-6-9 所示。

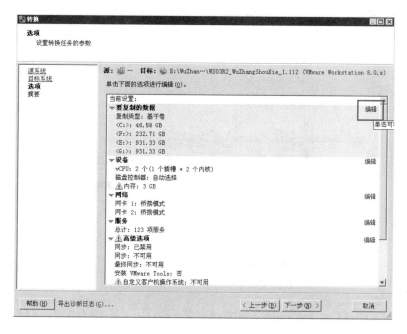

图 5-6-9　编辑

（5）在"选项"→"要复制的数据"对话框的"数据复制类型"下拉列表中选择"选择要复制的卷"，在"源卷"列表中选中要复制的卷，在此只选择 C 卷，如图 5-6-10 所示。在实际的环境中，除了选择系统卷 C 外，还要选择需要业务系统、数据库及数据所在的其他分区。

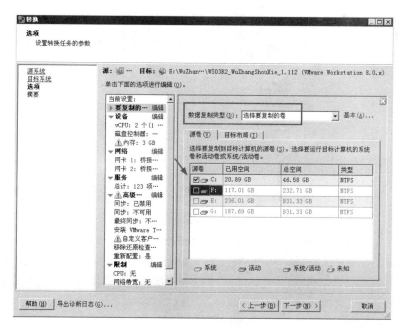

图 5-6-10　选择要转换的卷

（6）在"目标布局"选项卡中，选择"未预先分配"，如图 5-6-11 所示。

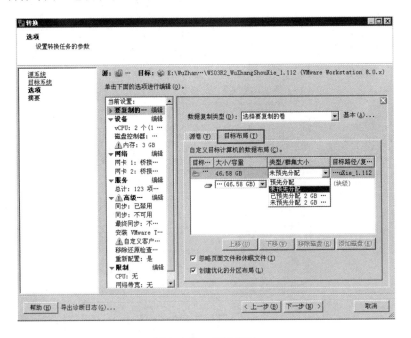

图 5-6-11　目标布局

（7）其他配置可以根据需要选择，在"摘要"中复查配置之后单击"完成"按钮，如图 5-9-12 所示。

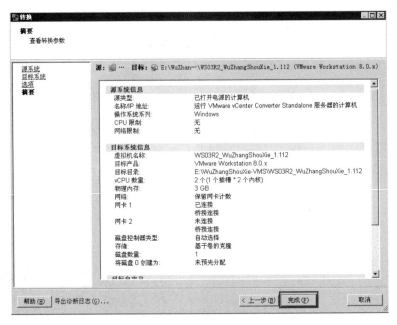

图 5-6-12　摘要

（8）之后开始转换，如图 5-6-13 所示，直到转换完成，如图 5-6-14 所示。整个转换用了 4 个多小时。

图 5-6-13　开始转换

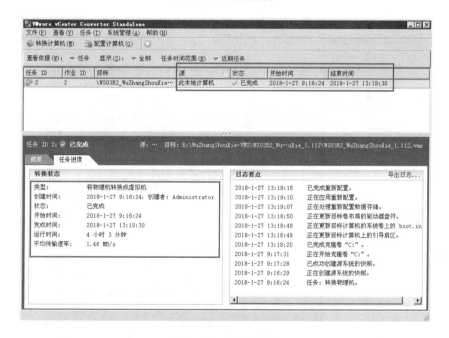

图 5-6-14　转换完成

（9）转换完成后打开资源管理器，查看转换后的虚拟机文件，如图 5-6-15 所示。从转换后的文件修改时间可以算出整个转换完成的时间是 4 小时 3 分钟。文件类型为 VMX 文件配置文件开始时间是 9:16，这是转换开始时间；文件类型为 VMDK 的文件时间是 13:19，这是结束时间。

图 5-6-15　转换后生成的虚拟机文件

5.6.3　在 VMware Workstation 中导出 OVF 文件

等转换完成后，使用 VMware Workstation 打开虚拟机并导出为 OVF 文件。

（1）使用 VMware Workstation 虚拟机打开并启动上一节生成的虚拟机文件，如图 5-6-16 所示。

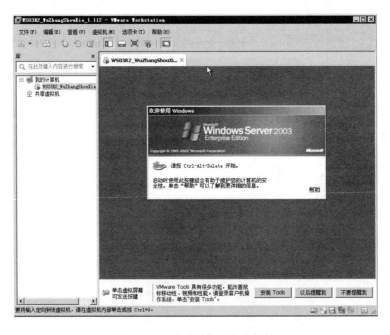

图 5-6-16　启动转换后的虚拟机

（2）登录进入系统后，检查操作系统及业务系统正常之后关闭虚拟机，如图 5-6-17 所示。

图 5-6-17　关闭虚拟机

（3）等虚拟机关闭之后，在"文件"菜单选择"导出为 OVF"命令，如图 5-6-18 所示。

图 5-6-18　导出为 OVF 文件

（4）之后将其导出为 OVF 文件，如图 5-6-19 所示。

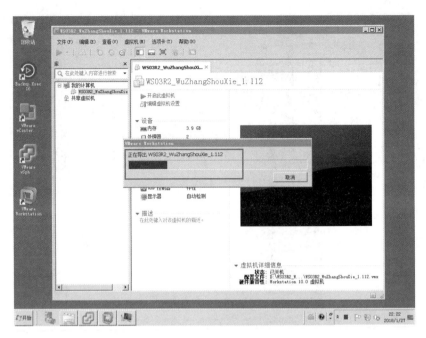

图 5-6-19　导出 OVF 文件

5.6.4　在 vSphere 中导入 OVF 文件

使用 vSphere Client，选择部署 OVF 模式，将图 5-6-19 中导出的 OVF 文件导入 ESXi 虚拟机中，主要步骤如下。

（1）使用 vSphere Client 登录到 ESXi 或 vCenter Server，选择"部署 OVF 模板"，浏览选中图 5-9-19 中导出的 OVF 文件，如图 5-6-20 所示。

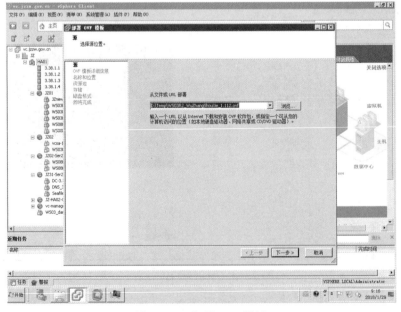

图 5-6-20　部署 OVF 模板

（2）在"名称和位置"对话框中设置部署的虚拟机名称，如图 5-6-21 所示。

图 5-6-21　名称和位置

（3）在"存储"对话框中选择保存虚拟机的存储设备，如图 5-6-22 所示。

图 5-6-22　选择保存虚拟机的存储设备

（4）之后将虚拟机部署到 ESXi 中。等虚拟机部署完成后，启动虚拟机，进入操作系统后安装 VMware Tools、修改网卡的 IP 地址为源物理服务器的 IP 地址（此时需要关闭源物理服务器或断开源物理服务器网络），在虚拟机中启动业务系统，测试无误之后，源物理服务器下线，这些不再介绍。

第6章 服务器与存储故障解决方法

本章介绍服务器、存储相关的故障与解决方法，这些包括 IBM V3500 存储控制器更换实例；为联想 3650 M5 配置 JBOD 模式；为 HP 服务器配置为 RAID-0 模式以配置 vSAN 等内容。

6.1　IBM V3500 存储更换控制器实例

一台 IBM V3524 存储的 A 控制器损坏不能使用，在购买了新的控制器后进行更换，主要步骤如下。

（1）进入 IBM DS Storage Manager 管理软件，可以看到 A 控制器已经离线，如图 6-1-1 所示。

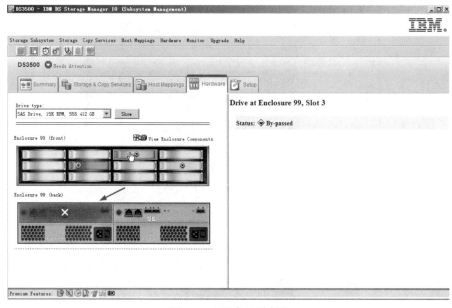

图 6-1-1　硬盘已经离线

（2）在"Recovery Guru"检查中，看到第 8 舱位（slot 8）的硬盘即将失效，有数据丢失的风险，如图 6-1-2 所示。

（3）将损坏的 A 控制器从存储中拆下，更换上新购置的控制器。

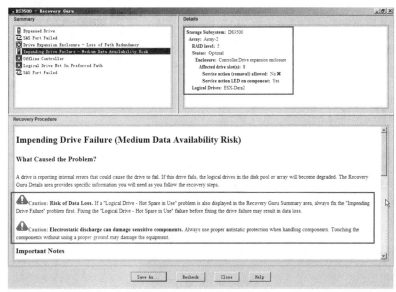

图 6-1-2　slot 8 硬盘

（4）在存储管理中，右击 A 控制器，在弹出的快捷菜单中选择"Advanced"→"Place"→"Online"将其置于在线状态，如图 6-1-3 所示。

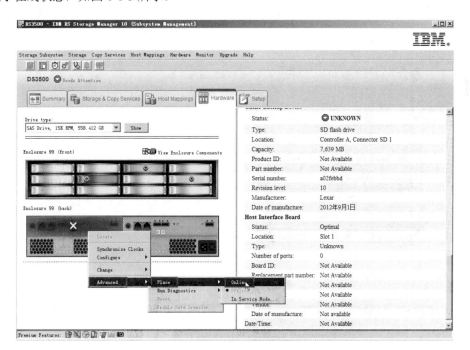

图 6-1-3　将控制器置于在线状态

（5）控制器已处于在线状态，如图 6-1-4 所示。

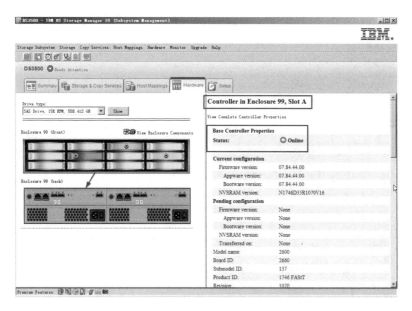

图 6-1-4　控制器在线

（6）但控制器在线后，连接 A 控制器的服务器没有发现 LUN，近一步检查发现 A 控制器的 flash 状态不对，如图 6-1-5 所示。估计控制器在快递过来的过程中，可能有颠簸或其他原因导致控制器中的 SD 卡（是一个 8GB 的高速缓存卡）松动，或者有问题。将新安装上的控制器设置为 "离线状态"，打开控制器，将原来损坏的控制器的 SD 卡插到新购置的控制器中。

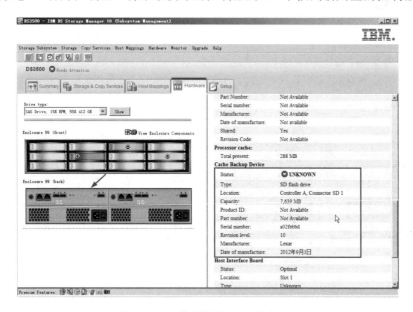

图 6-1-5　A 控制器的 flash 状态不对

（7）右击 A 控制器，在弹出的快捷菜单中选择 "Advanced" → "Place" → "Offline" 将其置于离线状态，如图 6-1-6 所示。

（8）在弹出的 "Confirm Place Offline" 对话框中单击 "Yes" 按钮确认，如图 6-1-7 所示。

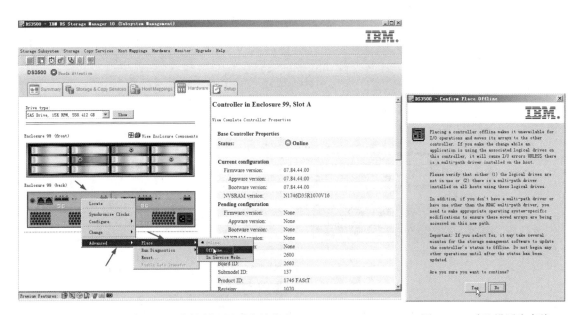

图 6-1-6 将控制器置于离线状态 图 6-1-7 确认设置为离线

（9）当控制器 A 处于离线状态之后，拆下控制器，如图 6-1-8 所示。然后换上原来损坏控制器的 SD 卡，重新插上控制器。

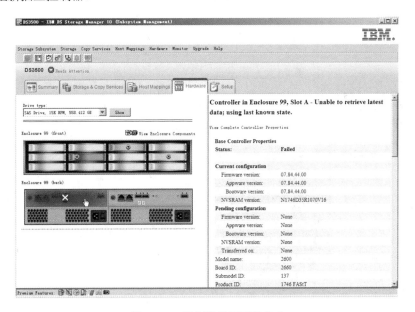

图 6-1-8 控制器处于离线状态

（10）再次将控制器设置为在线状态，此时看到 SD 卡状态正常，如图 6-1-9 所示。

（11）此时连接到 A 控制器的服务器应该能发现存储分配的 LUN，如果不能发现 LUN，则可以在 "Storage & Copy Services" 选项卡，右击 LUN，在弹出的快捷菜单中选择 "Change" → "Ownership/Preferred Path" → "Controller in Slot A"，如图 6-1-10 所示。

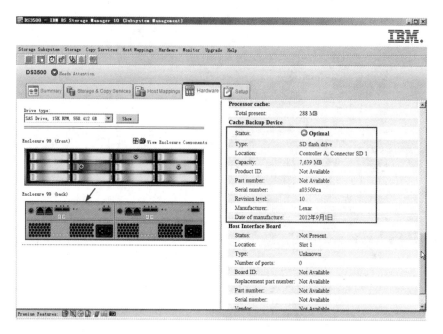

图 6-1-9　控制器正常

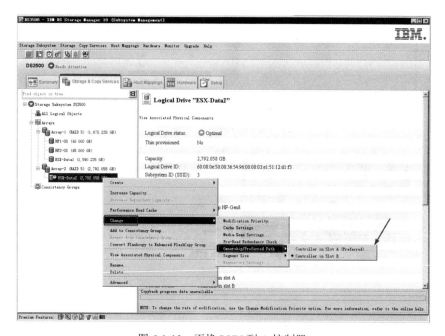

图 6-1-10　更换 LUN 到 A 控制器

对于舱位 8 即将失效的硬盘，可以将其置于"Fail"然后用热备硬盘代替，然后在舱位 8 换上新的硬盘即可，主要步骤如下。

（1）右击 Slot 8 的硬盘，在弹出的快捷菜单中选择"Advanced"→"Fail"，如图 6-1-11 所示。

（2）在弹出的"Confirm Fail Drive"对话框中输入 yes 然后单击"OK"按钮，如图 6-1-12 所示。

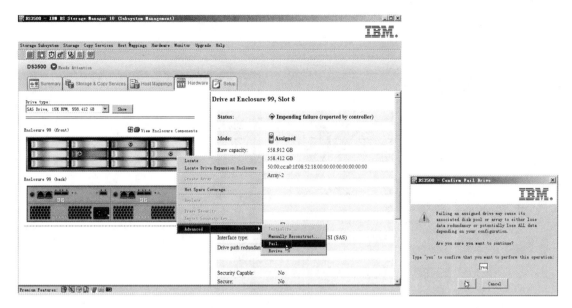

图 6-1-11　将硬盘设置为失败　　　　　　　　　图 6-1-12　确认设置

（3）右击 Slot 6（这个舱位的硬盘是热备硬盘），在弹出的快捷菜单中选择"Hot Spare Converage"，如图 6-1-13 所示。

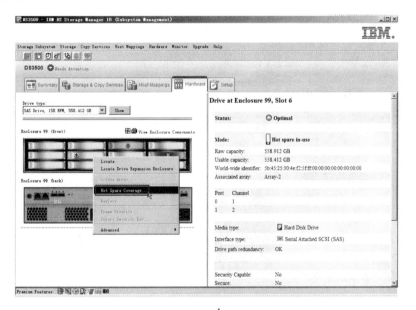

图 6-1-13　热备硬盘转换

（4）在弹出的"Hot Spare Drive Options"对话框中选择"Automatically assign drives"单选按钮，然后单击"OK"按钮，如图 6-1-14 所示。

（5）在"Replace Drives"对话框中将显示将 Slot 8 的失效硬盘替换为 Slot 6，如图 6-1-15 所示。

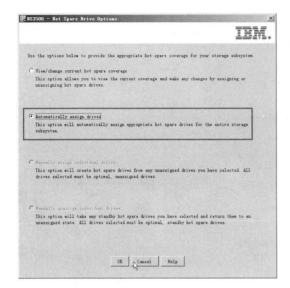

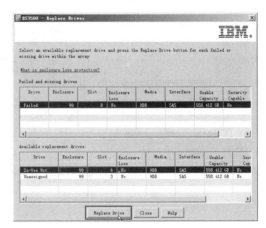

图 6-1-14　自动分配驱动器　　　　　　　　　图 6-1-15　替换驱动器

（6）返回到"Storage & Copy services"对话框，浏览 LUN 可以看到涉及的逻辑硬盘会重建，如图 6-1-16 所示。当时的时间是 10:02。

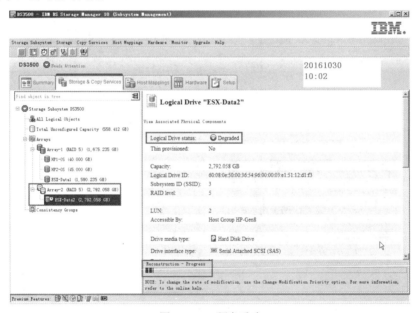

图 6-1-16　硬盘重建

（7）此时可以将舱位 8 的硬盘拆下，换上新的同容量的硬盘。等图 6-1-18 重构完成之后，舱位 8 的硬盘会被替换回来，如图 6-1-17 所示。此时舱位 8 的硬盘有个黄色的五星标志，而舱位 6 的有个红色的十字标志。

（8）在"Storage & Copy services"对话框浏览涉及的 LUN，可以看到状态变为"Copyback Progress data unavailable"，如图 6-1-18 所示。

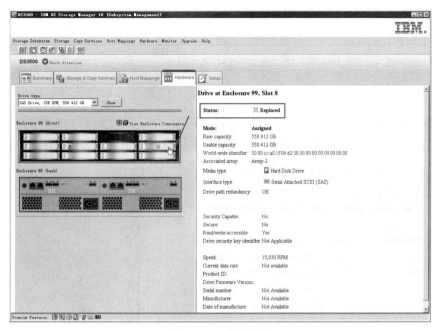

图 6-1-17　替换硬盘

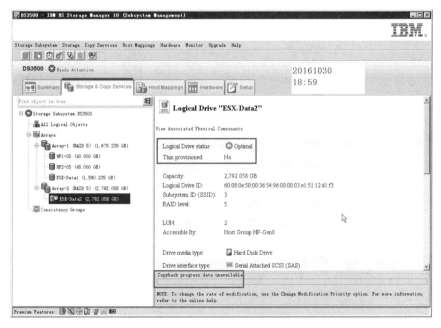

图 6-1-18　复制过程

6.2　一条光纤引发的故障

在某次虚拟化项目中，项目前期一切正常。在为服务器添加、更换内存之后，出现 ESXi 主机存储断开、虚拟机系统慢、ESXi 主机启动慢的故障，经过多方检查，终于排查了故障。最终故障的原因很简单：ESXi 主机与存储的连接光纤出现问题导致了故障的产生。但整个项目过程中涉及了更换内存、更换主板、升级固件等一系列事件，前期故障分析中没有正确定位故障点，导致事情越来越复杂。下面把整个过程还原一次，希望此事对其他经常做项目的朋友有所帮助。

6.2.1 项目实施初期一切正常

这个项目比较简单：2 台联想 3650 M5 的主机（每主机配置 1 个 CPU、128GB 内存、单口 8GB FC HBA 接口卡）、1 台 IBM V3500 存储设备，每台主机安装了 VMware ESXi 6.0.0 U2 的版本，有 6 个业务虚拟机、1 个 vCenter Server 虚拟机用于管理。拓扑如图 6-2-1 所示。

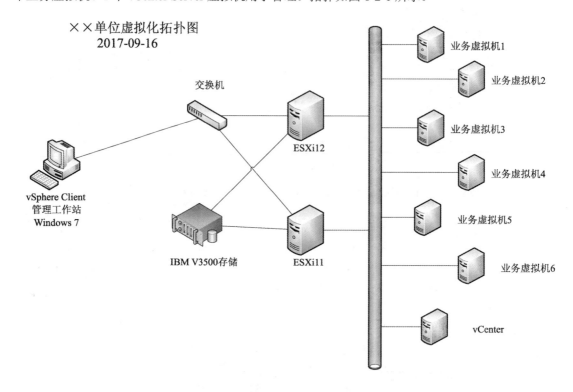

图 6-2-1 某单位虚拟化拓扑图

在项目的初期，安装配置 ESXi 主机、划分 IBM V3500 存储、创建虚拟机后，各个业务虚拟机对外提供服务，系统一切正常。在全部业务虚拟机正常运行两天后，观察到主机内存使用率超过 60%，接近 70% 时，我对客户建议将每台服务器的内存扩充到 256GB，甲方技术主管在汇报领导后，同意了扩充内存的要求，但是就是在这个扩充内存，引起了后续一系列的故障。

说明：使用 vSphere Client 登录 vCenter Server，在左侧导航器中选中群集，在右侧"主机"选项卡中，可以看每个主机配置的内存、已经使用内存的百分比。图 6-2-2 是每台主机配置到 256GB 之后的截图，当时 128GB 的截图没有保存。这是项目正常之后的截图，从图 6-2-2 中可以看出，系统中所有虚拟机使用内存大约 180GB（256×20%+256×51%＝181.76），在每台主机只有 128GB 的情况下，使用内存是 71%（181.76÷（128×2）＝71%），在每台主机扩充到 256GB 后，使用内存 35.5%。

联想 3650 M5 服务器，支持 2 个 CPU，每个 CPU 有 12 个内存插槽，每个内存插槽最大支持单条 64GB 内存。故每个 CPU 最大支持 64×12＝768GB 内存。

在这个项目中，每台联想 3650 M5 配置了 8 条 16GB 的内存，只剩余 4 个插槽（当前主机只配置了一个 CPU），如果要扩充到 256GB 内存，可以再购买 4 条 32GB 或 2 条 64GB 内存，进行"混插"。但这样客户后期将不能继续进行内存扩充，这样不是好的升级方案。我给出的方案是，建议为每台服务器配置 4 条 64GB 的内存，拆下的内存折旧或内存置换。联系了长期为我们提供内存的公司，对方答应可以 4 条 16GB 换成 1 条 64GB 的内存，这样对三方有利。

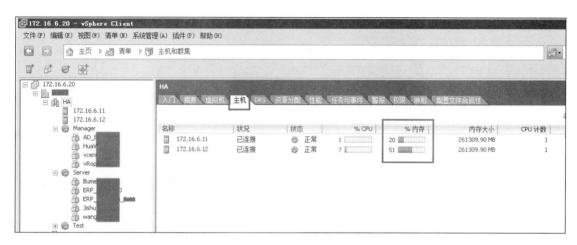

图 6-2-2　主机内存、CPU 使用率

6.2.2　更换内存一波三折

8 条 64GB 的内存到位之后，为每台服务器更换内存。内存更换过程中，可以将所有虚拟机暂时迁移到另一台主机，这样业务不会中断。

服务器安装内存是有"讲究"的，必须按照指定的位置进行安装。每台服务器的盖板上都有内存的安装顺序，例如联想 3650 M5 内存安装顺序如图 6-2-3 所示。

![Memory installation order table showing DIMM slot install order for Microprocessor 1 and 1&2]

图 6-2-3　联想 3650 M5 内存安装顺序

单个 CPU 的内存安装顺序是 1，4，9，12，2，5，8，11，3，6，7，10；双 CPU 的安装顺序依次是 1，13，4，16，9，21，12，24，2，14，5，17，8，20，11，23，3，15，6，18，7，19，10，22。例如当前主机安装了 8 条 16GB 内存，则需要安装在 1，4，9，12，2，5，8，11 位置。安装之后，在开机之前可以在 IMM 中看到安装的内存信息、内存是否正常，如图 6-2-4 所示。

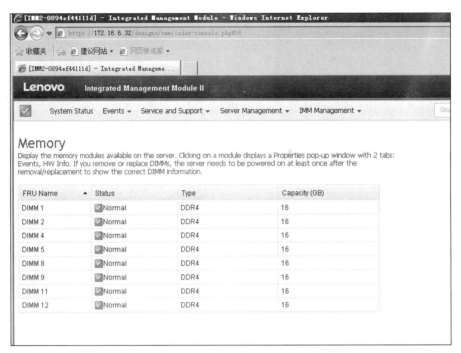

图 6-2-4　当前安装了 8 条 16GB 内存截图

但是，将 4 条 64GB 的内存插上之后，服务器开机无显示，在 IMM 中也没有检测到内存，如图 6-2-5 和图 6-2-6 所示。

后来一条一条内存安装，服务器也是检测不到内存。没有办法，将原来的 8 条 16GB 内存插回主机。

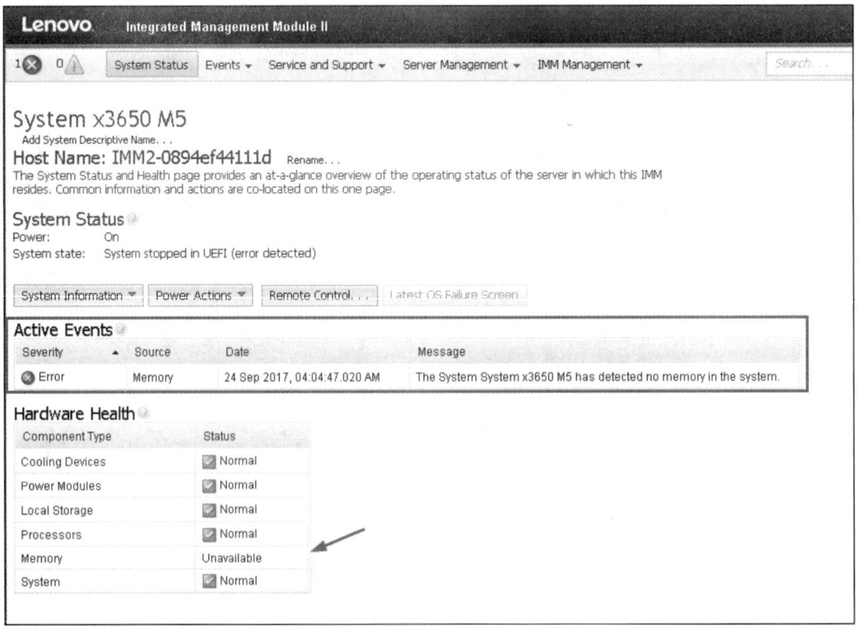

图 6-2-5　没有检测到内存

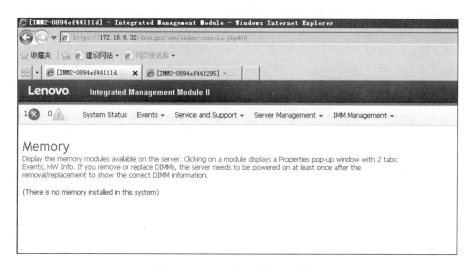

图 6-2-6　内存详细信息、无内存

　　联系内存经销商之后，更换了镁光的单条 64GB 的内存，安装成功（内存往返又是三五天的时间），如图 6-2-7 所示。说明，此次不能用的单条 64GB 内存，我在 DELL R720XD 主机上使用是没有问题的。

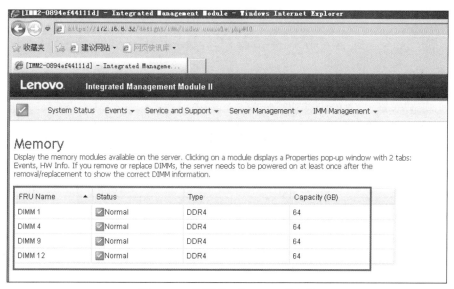

图 6-2-7　检测到 4 条 64GB 的主机

　　但是在为第 1 台主机顺利的安装更换了内存之后，为第 2 台主机安装内存的时候出了大问题。在插上这 4 条 64GB 内存之后，主机无法开机，在 IMM 检测，提示系统出现严重故障（System Critical），如图 6-2-8 所示。

　　经过联系联想的售后，工程师第 2 天上门更换新的主板之后，故障依旧。工程师换上原来的 16GB 内存之后，服务器可以开机，一切正常。但换上这 4 条内存之后还是出现图 6-2-8 所示的故障。之后工程师采用一条一条安装 64GB 内存，检测到其中的一条有问题，后来安装了 3 条 64GB 内存，如图 6-2-9 所示。

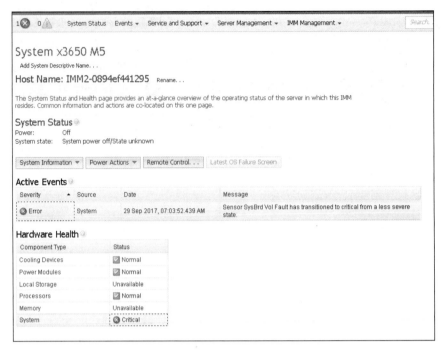

图 6-2-8　System 故障

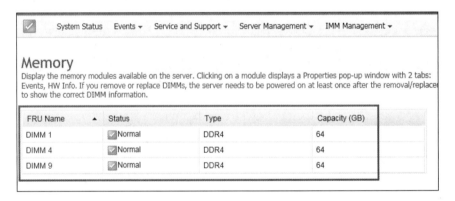

图 6-2-9　当前安装 3 条内存

这个问题比较奇怪，正常情况下单条内存故障不会导致服务器开不了机，可能是系统对单条 64GB 内存兼容问题造成的。等了几天厂商发来了新内存，插上之后 4 条内存全部认到。

6.2.3　客户反应虚拟机系统慢

10 月 5 号该单位第一天上班，客户反映虚拟机 ERP 系统慢。因为我们不在现场（更换内存时我不在现场，是公司其他工程师实施的）。我远程登录，在检查的过程中，发现其中一台 ESXi12 主机（IP 地址 172.16.6.12）的存储连接断开，在"清单"中有一台虚拟机变灰，如图 6-2-10 所示，但此时使用远程桌面是可以登录这台虚拟机的。

此时在左侧选中 172.16.6.12 这台主机（ESXi12）；在"配置"→"存储"中共享存储已经变灰不可访问，如图 6-2-11 所示。

图 6-2-10　没有检测到共享存储

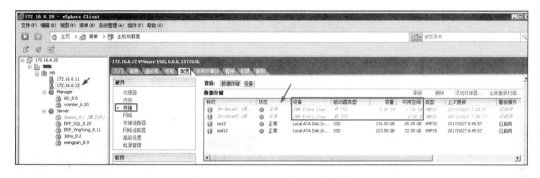

图 6-2-11　在第 2 台主机存储变灰

另一个主机 ESXi11（IP 地址为 172.16.6.11）存储正常，但 fc-data02 显示的可用容量为 0，如图 6-2-12 所示。

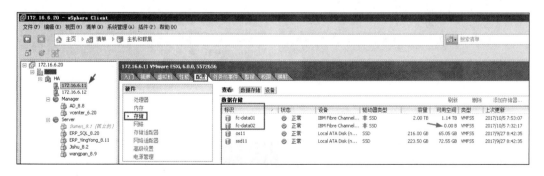

图 6-2-12　第 1 台主机存储正常

登录 IBM V3500 存储，在存储中检查到一切正常，如图 6-2-13 所示。

在重新扫描存储没有反应之后，我重新启动故障主机。正常情况下，主机在 5～8 分钟之后会上线，但等了有 30 分钟，这台重新启动的主机也没有上线，Ping 这台主机的 IP 地址也不通，这时候我就有点着急了，坏了，这台没出现问题的服务器也出问题了（换主板的是另一台服务器）。

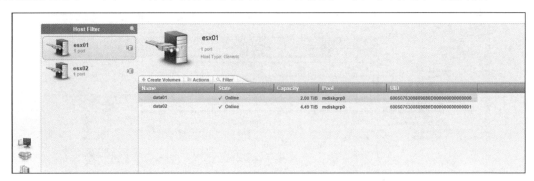

图 6-2-13　存储中检测到正常

这时我还在家，我马上联系公司的人及客户，说服务器出了问题，需要马上赶过去。

6.2.4　现场分析解决问题

一路无话，下午赶到现场之后，发现远程重新启动、出问题的那台那台服务器已经"正常"了。但感觉虚拟机系统还是有点慢。之后我重新启动这台主机，终于发现了问题，就是这台服务器启动特别慢。BIOS 自检到系统启动这一环节还算正常，但从出现 ESXi 的界面之后到进入系统，时间非常长。

在进入 ESXi 界面之后，分别在"nfs41client loaded successfully"（见图 6-2-14）、"Running sfcbd-watchdog start"（见图 6-2-15）各停留大约 30 多分钟。

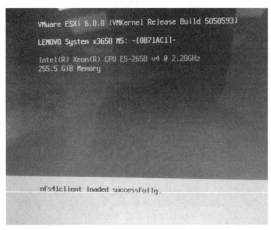

图 6-2-14　在此停留半小时

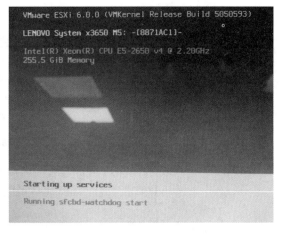

图 6-2-15　在此停留半小时

因为另一台主机更换过主板与内存，这台主机只更换过内存。而在换内存之前系统正常。初步判断可能是更换单条 64GB 内存引起的，但网络中另一台服务器也是安装了 4 条 64GB 的内存，这台主机正常。检查这两个主机，发现正常运行的主机的固件比较新（ESXi11 的主机），因为其主机换了一块新主板。之后我为出故障的主机（ESXi12）刷新固件到同一版本，系统启动变快了一点，但仍然没有解决问题（还是在图 6-2-14、图 6-2-15 停留很长时间）。这时已经是晚上 8 点多了，先暂时不解决了，回去换个思路。

第二天一早来到客户现场，参考联想工程师的方法，一条一条地"试"内存。在一条一条"试"内存的过程中，插上每条内存启动速度都很快，从出现图 6-2-14、图 6-2-15 所示的 ESXi 的启动界面，几分钟就进入系统出现 ESXi 的控制台页面（出现 IP 地址等信息），但将所有内存都插上，系统启动就又变慢了。

之后，换上原来拆下来的单条 16GB 的内存（当时内存还没有发回厂家），ESXi 启动时间变为半小时，但 ESXi 主机反应仍然较慢。

这样时间就又过去了 2 个多小时，问题还没有解决，能想的都想过了，能尝试的都尝试过了，那么问题出在那呢？

我思考，为什么插上单条 64GB 内存很快，内存全部插上就变慢呢？这时我注意到了一个"细节"，在插单条 64GB 内存的时候，为了加快测试速度，我没有插网线和存储光纤（每次关机拔内存都要断电，要把服务器从机柜中拉出来，后面的网线、光纤也是拔下的）。然后我思考，网络问题不会引起 ESXi 启动慢，那么问题就可能出在服务器与存储的连接光纤上！因为每台服务器只配了一块单口的 FC-HBA 接口卡，服务器与存储只有一条光纤连接，没有冗余。将出问题的这台服务器更换光纤之后，重新启动服务器，启动速度正常（大约不到 5 分钟就进入了 ESXi 的控制台界面），至此问题解决。

【总结】事后分析，因为前几天频繁更换内存、为服务器更换主板、重复为服务器加电、断电、从机柜中拉出服务器，可能碰到了 ESXi12 这台服务器的光纤，导致光纤出故障，但光纤又没有完全断，可能处于"时通时断"的状况，这样服务器在连接到存储设备时，会反复尝试，或者有错误的数据包需要纠错。如果光纤完全断开，服务器检测不到就会跳过连接存储设备，反而是这种"时通时断"的连接，导致服务器反复尝试，增加了服务器的启动时间。

6.3　为联想 3650 M5 配置 JBOD 模式

近期一个虚拟化项目，采用 4 台联想 System X3650 M5，使用 vSAN 架构组成虚拟化环境，网络拓扑如图 6-3-1 所示。

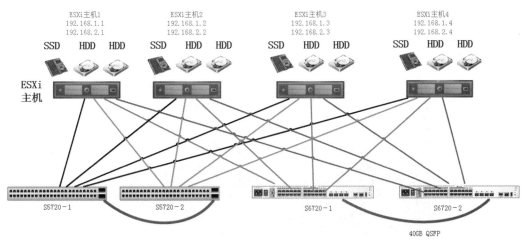

图 6-3-1　由 4 台联想 3650 M5 组成 vSAN 架构

　　每台主机配置了 2 个 E5-2620 v4 的 CPU、256GB 内存、1 个 300GB 的 SAS 磁盘（用于 ESXi 系统安装）、2 个 400GB 的 Intel 数据中心级固态硬盘 S3710、10 个 900GB 的 SAS 磁盘，所有磁盘都是 2.5 英寸，HDD 磁盘转速都是 10000r/min。每台主机配置有 1 块 2 端口的 Intel D520 万兆位网卡，万兆位网卡分别连接到 2 台华为 S6720 万兆位交换机，2 台万兆位交换机使用 40GB 的 QSFP 光纤组成动能堆叠方式。每台主机有 4 个千兆位端口，分别连接到 2 台华为 S5720 千兆位虚拟机，其中 2 个千兆位端口用于管理，另 2 个千兆位端口连接到交换机的 Trunk 端口用于虚拟机的流量。

　　使用联想 X3650 M5 服务器组建 vSAN 架构，可以将每块硬盘配置为 RAID-0，这是 VMware 官方兼容列表中提供的参数。但如果将磁盘配置为 RAID-0 不利于后期的管理与维护。经过实际测试，可以将联想 X3650 M5 阵列卡的缓存模块移除，然后将每块磁盘配置为 JBOD 模式即可。下面介绍安装硬盘扩展背板、移除阵列卡缓存模块、将每块磁盘配置为 JBOD 模式的内容。

6.3.1　安装硬盘扩展背板

　　本案例中 2 台服务器是新采购的，另 2 台服务器去年购买的服务器。300GB 硬盘是原来 2 台服务器上的，本次案例中为每台服务器配置 1 块 300GB 的硬盘用于安装 ESXi 的系统。

　　因为每台服务器安装了 13 个 2.5 英寸的磁盘（2 个 SSD、11 个 HDD），但联想 3650 M5 只有前 8 个盘位能用，如果使用另外 8 个盘位，需要添加 1 块 2.5 寸盘体 8 盘位的 X3650 M5 系列硬盘扩展背板，如图 6-3-2 和图 6-3-3 所示。

图 6-3-2　X3650 M5 硬盘扩展背板硬盘接口图

图 6-3-3　X3650 M5 硬盘扩展背板正面图

　　关闭服务器的电源，打开服务器的机箱，在第 2 个空闲的硬盘槽位安装硬盘扩展背板，如图 6-3-4 所示，这是安装了第 2 个硬盘扩展背板之后的截图。

图 6-3-4　为联想 X3650 M5 安装第 2 个硬盘背板

在图 6-3-4 中，图中线标为 01 的接线原来插在 BP1 接口板的 1 口，线标为 02 的接线原来接在 BP1 接口板的 2 口，01 与 02 接到服务器机箱中的 RAID 卡上；在安装了 BP2 的硬盘扩展板之后，将 BP1 的 01、02 线拔下，将购买硬盘扩展板时带的 2 条 SAS 线，按照图 6-3-4 的方式连接到一起（既 1 接 1、2 接 2），然后将 01 接到 BP1 的右侧接口上，02 接到 BP2 的左侧接口上，如图 6-3-4 所示。

在服务器的机箱背面，印有硬盘扩展背板连线接法，如图 6-3-5 所示。

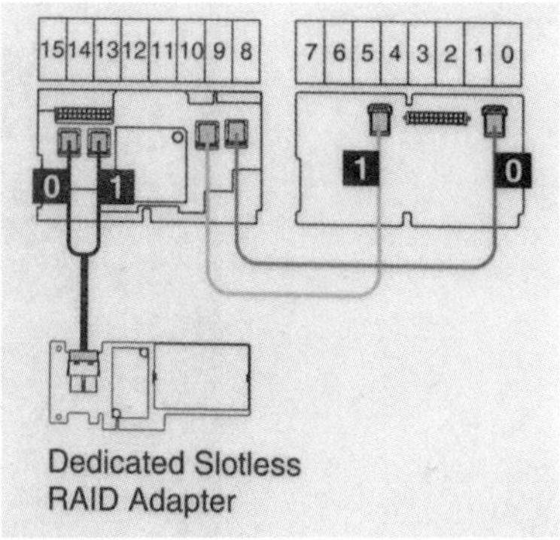

图 6-3-5　硬盘扩展背板连接示意图

6.3.2　移除阵列卡缓存模块并启用 JBOD 模式

因为本案例需要组建 vSAN，需要将每块硬盘配置为 RAID-0 或配置为直通模式。联想 X3650 M5 支持将磁盘配置为直通模式，但只有不配备缓存阵列卡才支持 JBOD/硬盘直通模式功能，如果服务器中配置了带缓存模块的 M5210 阵列卡，必须手动移除缓存模式。

【注意】下面的操作将导致阵列及数据丢失，强烈建议先清除阵列信息并恢复阵列卡出厂设置再行操作。如果操作不当可能导致阵列卡锁定安全模式，甚至损坏硬件，请酌情谨慎操作。同时需要注意，由于涉及硬件插拔操作，请注意遵守操作规范。因为本案例中的除了 300GB 硬盘外，其他硬盘都是新配置的，不涉及数据的备份，所以在清除了 300GB 硬盘的 RAID 信息后，关闭服务器的电源，打开服务器的机箱，开始移除缓存模块。

（1）在服务器完全断开之后，打开服务器的机箱，找到 RAID 卡，其中阵列卡 PCB 板上面的小块子板即缓存模块，由两侧的黑色卡扣固定，如图 6-3-6 所示。

图 6-3-6　阵列卡及缓存模块

（2）拔出阵列卡后取下缓存模块，然后将阵列卡插回原位。移除缓存模块后的阵列卡如图 6-3-7 所示。其中标为 1 的为阵列卡，标为 2 的是缓存模块。如果不再使用缓存模块，可以直接移除缓存模块及线缆、电容组件。

（3）将机箱盖板盖回，重新通电并开机。在看到 Lenovo System x Logo 的时候按 F1 键，准备进入 BIOS，如图 6-3-8 所示。

图 6-3-7　移除缓存之后的阵列卡

（4）等待过程中会出现"Critical Message"的错误窗口，告知缓存模块丢失或者损坏，如图 6-3-9 所示。

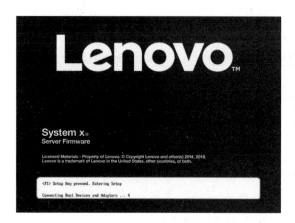

图 6-3-8　按 F1 键

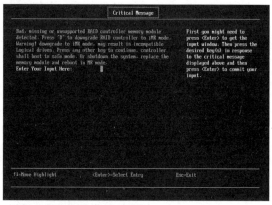

图 6-3-9　提示缓存模块丢失或损坏

（5）先按回车键，并输入 D，再回车，进入 iMR 模式，如图 6-3-10 所示。注意，请勿输入其他字符或者直接按回车键，错误操作会导致阵列卡锁定安全模式。

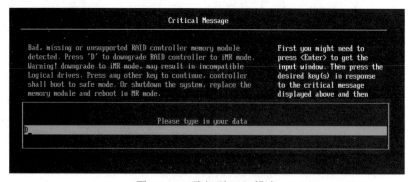

图 6-3-10　降级到 iMR 模式

（6）错误处理完成，按 Esc 键退出。然后按 Y 键继续退出，如图 6-3-11 所示。

（7）此时进入 BIOS，无法找到阵列卡，左下角会提示需要重启，如图 6-3-12 所示。

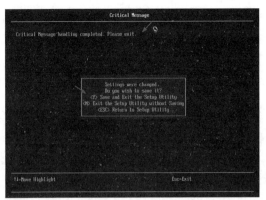

图 6-3-11　保存退出

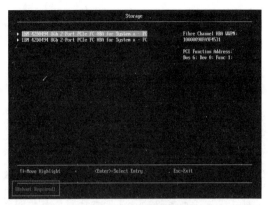

图 6-3-12　需要重新启动

（8）重启后再次进入 BIOS，在"System Configuration and Boot Management"对话框中移动光标到"System Settings"处并按回车键，如图 6-3-13 所示。

（9）在"System Settings"对话框中，移动光标到"Storage"并按回车键，如图 6-3-14 所示。

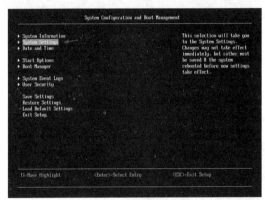

图 6-3-13　系统设置

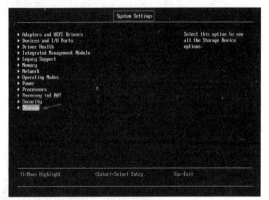

图 6-3-14　存储设置

（10）在"Storage"菜单中进入阵列卡，一般配备的是 ServeRAID M5210 或者 M1215 阵列卡，如图 6-3-15 所示。

（11）在"Dashboard View"菜单中移动光标到"Main Menu"并按回车键，如图 6-3-16 所示。

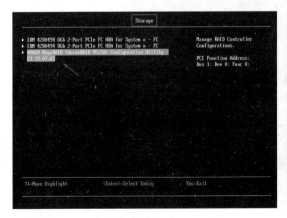

图 6-3-15　选择阵列卡

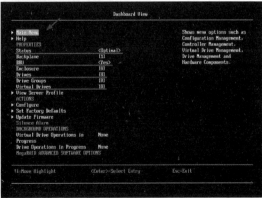

图 6-3-16　"Dashboard View"菜单

（12）在"Main Menu"菜单中移动光标到"Controller Management"并按回车键，如图 6-3-17 所示。

（13）在"Advanced Controller Properties"菜单，查看"JBOD Mode"项目的状态，如果是"Enabled"，则表示 JBOD 模式已经支持，如图 6-3-18 所示。

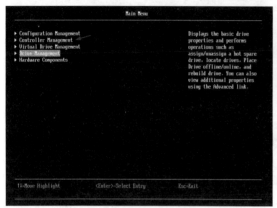

图 6-3-17　"Main Menu"菜单

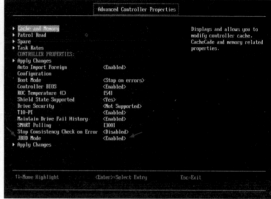

图 6-3-18　JBOD 模式已经支持

如果 JBOD 模式是 Disabled，请将其改为"Enabled"，保存退出后，如果再次进入图 6-3-18 的"Advanced Controller Properties"菜单，如果"JBOD Mode"仍然是"Disabled"，如图 6-3-19 所示，表示当前阵列卡不支持 JBOD 模式，或者当前阵列卡的缓存模块没有移除，请移除缓存模式后再次检查。

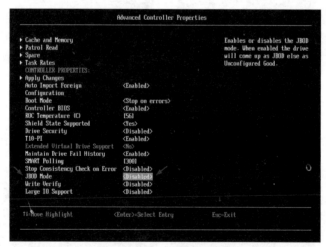

图 6-3-19　JBOD 模式禁用

6.3.3　将磁盘配置为 JBOD 并设置引导磁盘

在确认支持 JBOD 模式之后，可以将每个磁盘标记为 JBOD 模式。"Unconfigured Good"状态和"JBOD"状态的硬盘可以任意相互转换，在"Drive Management"界面中选中"Unconfigured Good"状态的硬盘，在"Operation"中选择"Make JBOD"，如图 6-3-20 所示。

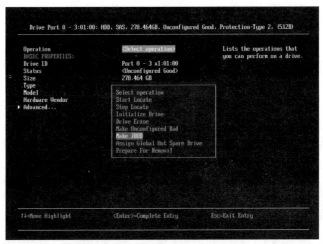

图 6-3-20　标记为 JBOD 磁盘

在"Main Menu"菜单中移动光标到"Configuration Management"并按回车键，在"Configuration Management"菜单中（见图 6-3-21）移动光标到"Make Unconfigured Good"并按回车键。

图 6-3-21　Make JBOD

进入"Make Unconfigured Good"菜单，在此可以查看已经设置为 JBOD 模式的磁盘及数据，如图 6-3-22 所示，当前已经有 13 块磁盘标记为 JBOD 模式并在列表中显示了每块磁盘的信息，这包括磁盘的容量大小、端口位置等。

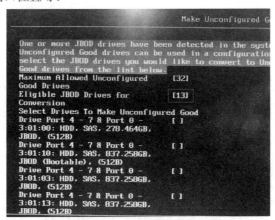

图 6-3-22　查看 JBOD 模式磁盘信息

6.3.4　设置引导磁盘

因为本案例中每台服务器有 13 块磁盘，要将 ESXi 安装在 300GB 的磁盘中，需要将 300GB 的磁盘设置为引导磁盘。

（1）进入"System Settings（BIOS 系统设置）"→"Storage"→"Main Menu"→"Controller Management"，在 Controller Management 菜单中移动光标到"Select Boot Device"处并按回车键，如图 6-3-23 所示。

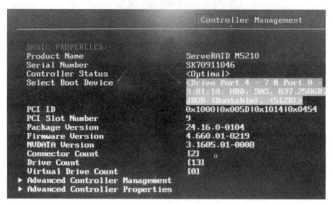

图 6-3-23　选择引导设置

（2）在弹出的对话框中，选择 300GB 的磁盘，如图 6-3-24 所示。引导磁盘的后面会有 Bootable 的字符。

图 6-3-24　选择引导磁盘

（3）返回 Controller Management 菜单，可以看到当前引导磁盘已经设置为 300GB 的磁盘，如图 6-3-25 所示。

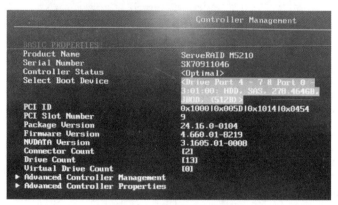

图 6-3-25　选择引导磁盘

（4）最后保存设置并退出。

6.3.5　将 ESXi 安装到 300GB 的磁盘

在将服务器设置为 JBOD 模式并设置了每块磁盘之后,使用 ESXi 6.5.0 安装光盘启动服务器(或使用工具 U 盘),安装 VMware ESXi 6.5.0。在选择磁盘安装 ESXi 的时候,选择容量大小为 300GB 的磁盘(实际识别为 279.40GB),如图 6-3-26 所示。

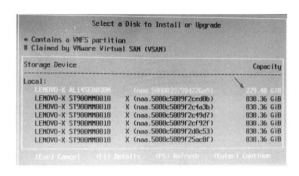

图 6-3-26　选择安装磁盘

关于 ESXi 的系统安装以及 vSAN 群集的配置,本节不做过多介绍,图 6-3-27 是搭建好 vSAN 群集后的截图,当前群集中有 4 台主机(一共有 64 个处理器核心、1021.78GB 内存、33.81TB 存储空间)。

图 6-3-27　配置好的 vSAN 群集

6.4　某实验室组建 vSAN 群集总结

某实验中心 2 台联想 3850 X6、2 台 HP DL580 G7 的服务器,准备组成 vSAN 群集,4 台服务器配置如表 6-4-1 所列。

表 6-4-1　由 4 台服务器品牌型号和配置

序号	服务器品牌型号	CPU	内存/GB	网　卡	硬　　盘
1	联想 3850 X6	4 棵 E7–4830 v3, 2.1 GHz	64	4 端口千兆位	4 块 300GB 的 2.5 英寸 10000 转/分
2	联想 3850 X6	4 棵 E7–4830 v3, 2.1GHz	64	4 端口千兆位	4 块 300GB 的 2.5 英寸 10000 转/分
3	HP DL 580 G7	4 棵 E7–4830, 2.13 GHz	128	4 端口千兆位	4 块 600GB 的 2.5 英寸 10000 转/分
4	HP DL 580 G7	4 棵 E7–4830, 2.13 GHz	128	4 端口千兆位	3 块 600GB 的 2.5 英寸 10000 转/分

准备将这 4 台服务器使用 VMware vSphere 6.5 组成 vSAN 群集。每台服务器最多有 8 块 2.5 英寸盘位，初期先使用现有硬盘（用作容量磁盘），每台服务器配一块 500GB 的固态硬盘用作缓存磁盘。后期再在空闲槽位添加数据硬盘。规划的 vSAN 群集拓扑如图 6-4-1 所示。

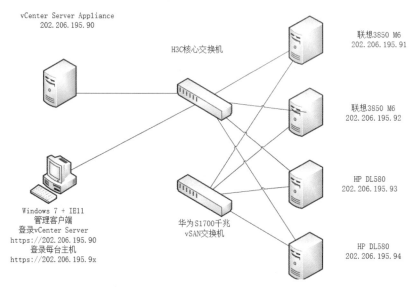

图 6-4-1　vSAN 群集拓扑

购买 4 块 500GB 的 Intel 545S 固态硬盘（见图 6-4-2）、4 个 16GB 的 U 盘（准备用来安装 ESXi，见图 6-4-3）。

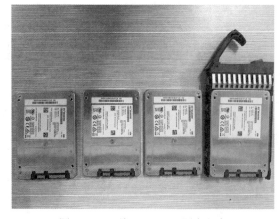

图 6-4-2　4 块 Intel 545S 固态硬盘

图 6-4-3　4 个用来安装 ESXi 系统的 U 盘

6.4.1　为联想 3850 X6 移除缓存配置 JBOD 模式

为了组建 vSAN，服务器硬盘最好配置为直通或 JBOD 模式。联想 3850 X6 支持将磁盘配置为 JBOD 模式，但需要将 RAID 卡缓存模块拆除。联想 3850 X6 服务器移除 RAID 缓存模块的步骤与方法如下。

（1）图 6-4-4 所示为联想 3850 X6 服务器的正面图，将机箱前面左侧的扳手拉出，取下硬盘模块。

图 6-4-4　联想 3850 X6 服务器正面图

（2）将硬盘模块取出后，将 RAID 卡取下，如图 6-4-5 所示。

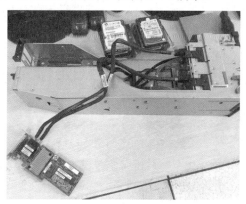

图 6-4-5　硬盘模块及 RAID 卡

（3）将缓存模块拆下（移除缓存模块前后如图 6-4-6 和图 6-4-7 所示），然后将硬盘模块插回主机。

图 6-4-6　带有缓存的 RAID 卡　　　　　　图 6-4-7　移除缓存模块后的 RAID 卡

（4）打开服务器的电源，等待过程中会出现"Critical Message"的错误窗口，告知缓存模块丢失或者损坏，如图 6-4-8 所示。

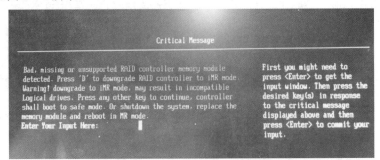

图 6-4-8　提示缓存模块丢失或损坏

（5）先按回车键，并输入 D，再回车，进入 iMR 模式，如图 6-4-9 所示。注意，请勿输入其他字符或者直接按回车键，错误操作会导致阵列卡锁定安全模式。

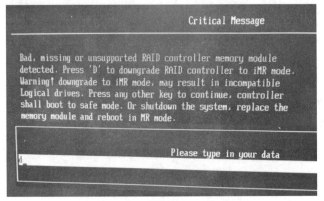

图 6-4-9　降级到 iMR 模式

（6）错误处理完成，按 Esc 键退出。然后按 Y 键继续退出，如图 6-4-10 所示。

（7）此时进入 BIOS，无法找到阵列卡，左下角会提示需要重启，如图 6-4-11 所示。

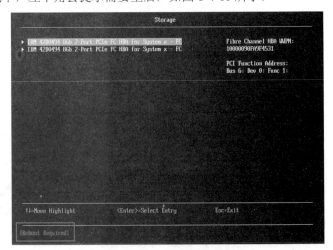

图 6-4-10　保存退出　　　　　　　　　　图 6-4-11　需要重新启动

（8）重启后再次进入 BIOS，检查 JBOD 模式是否可用，然后将每个磁盘设置为 JBOD 磁盘，这与联想 3650 M5 的配置相同，具体可参看上一节内容，本节不再赘述。配置完成之后保存设置退出。

（9）使用工具 U 盘加载 ESXi 6.5.0 U1 的 ISO 安装服务器，将 ESXi 安装在 16GB 的 U 盘中（系统识别为 14.32GB），如图 6-4-12 所示。

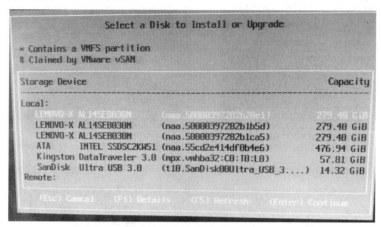

图 6-4-12　选择安装 ESXi 的磁盘

关于 VMware ESXi 6.5.0 的安装不再详细介绍。

6.4.2　为 HP 服务器配置为 RAID-0 模式

最初将 HP DL 580 G7 服务器 RAID 卡缓存移除，但进入 RAID 配置界面之后发现 HP 服务器不支持"直通"及 JBOD 模式，而在移除 RAID 缓存之后最多只能创建 2 个 RAID 配置，最后又重新安装上 RAID 缓存模块。

（1）打开服务器的电源，在出现"HP Smart Array P410i Controller"的界面之后按 F8 键，如图 6-4-13 所示，进入 RAID 配置界面。

图 6-4-13　HP RAID 卡信息

（2）在"Main Menu"菜单中选择"Create Logical Drive"并按回车键，如图 6-4-14 所示。如果服务器原来配置有 RAID，请进入"Delete Logical Drive"菜单将现有 RAID 配置删除。

（3）在"Available Physical Drives"中列出了当前安装的硬盘数量、硬盘容量及属性。在当前服务器安装了 3 块 600GB 的 SAS HDD、1 块 512GB 的 SATA SSD。需要将每一块硬盘单独创建为 RAID-0 并使用整个硬盘的空间，可以在在"Available Physical Drives"列表中选中一块硬盘（选中的硬盘前面有 X 选项），按 TAB 键将光标移动到"RAID Configurations"列表中，移动↓光标到"RAID 0"处并按空格键迁移，然后按 Tab 键使光标移动到"Spare"处按回车键，如图 6-4-15 所示。

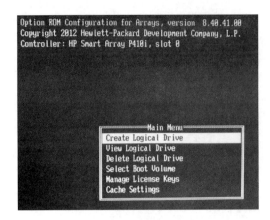

图 6-4-14　创建逻辑驱动器

图 6-4-15　选中 1 块硬盘划分为 RAID-0

（4）在弹出的对话框中按 F8 键保存配置，如图 6-4-16 所示。

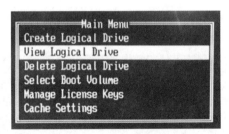

图 6-4-16　按 F8 保存配置

（5）保存配置后返回到图 6-4-14 所示的主菜单，重复步骤（3）、（4），将剩余的磁盘一一用 RAID-0 划分。最后返回到主菜单，移动光标到"View Logical Drive"按回车键查看配置，如图 6-4-17 所示。

图 6-4-17　查看逻辑驱动器

（6）在"Available Logical Drives"列表中看到 3 块容量为 600.09GB 的 SAS 磁盘、1 块容量为 512.07GB 的磁盘已经使用 RAID-0 划分，如图 6-4-18 所示。

图 6-4-18　查看逻辑驱动器

（7）保存退出，安装 ESXi 6.5.0 到 16GB 的 U 盘中，如图 6-4-19 所示。

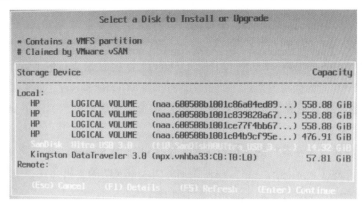

图 6-4-19 选择安装位置

最初为 HP DL 580 G7 安装的镜像是 VMware-ESXi-6.5.0-Update1-6765664-HPE-650.U1.9.6.5.1-Nov2017.iso（大小为 354MB），在安装的时候正常，安装完成后进入 ESXi 控制台，在设置 IP 地址之后，此时也是正常的，如图 6-4-20 所示，但时间不长 ESXi 即出现"红屏"死机，如图 6-4-21 所示。

图 6-4-20 最初为 HP 安装的 ESXi 版本

图 6-4-21 红屏死机

最后为 HP DL 580 G7 安装 VMware-VMvisor-Installer-6.5.0.update01-5969303.x86_64.iso 版本之后，运行正常，另两台联想 3850 X6 服务器安装的也是这个版本，如图 6-4-22 所示。

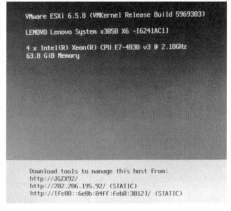

图 6-4-22 联想 3850 X6 的 ESXi 版本

6.4.3 配置 HA 及 EVC 问题

vCenter Server Appliance 部署在联想 3850 X6 的服务器，由于联想 3850 X6 的 CPU 支持的 EVC 功能高于 HP DL 580 G7 的 CPU 的 EVC 功能，这导致在配置群集及 EVC 功能时失败。启用 EVC 功能必须将联想 3850 X6 的 EVC 降级到与 HP DL 580 G7 的 CPU 所支持的 EVC 才行。要降级 EVC 需要关闭联想 3850 X6 上运行的虚拟机，但正在运行的是 vCenter Server，如果关闭 vCenter Server，HA 功能将无法配置，这就形成了死循环：降级 EVC 需要关闭虚拟机，关闭了 vCenter Server 虚拟机又不能配置 EVC 及 HA。

解决的办法是将所有正在运行的虚拟机关机（包括 vCenter Server），然后将 vCenter Server 虚拟机在联想 3850 X6 主机上取消注册，将其注册到 HP DL 580 G7 的主机并在该主机启动，再次登录 vCenter Server 既可配置 EVC 功能。下面介绍配置步骤。

（1）使用 vSphere Web Client 登录到 vCenter Server，检查 vCenter Server Appliance 虚拟机所在的存储位置，在"监控"→"vSAN"→"虚拟对象"中可以看到，当前 vCenter Server Appliance 虚拟机的组件放置在 202.206.195.91、202.206.195.92、202.206.195.93 共三个主机上，其中 202.206.195.91、202.206.195.92 是联想 3850 X6 服务器，202.206.195.93 是 HP DL 580 G7 的服务器，如图 6-4-23 所示。

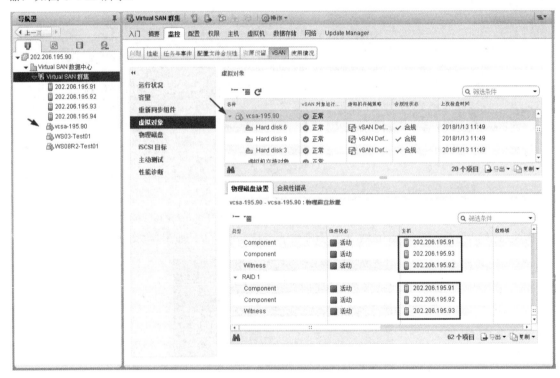

图 6-4-23　检查 vCenter Server Appliance 虚拟机保存位置

（2）查看两台联想 3850 X6 所支持的 EVC 模式，如图 6-4-24 所示。

图 6-4-24　查看联想 3850 X6 服务器

（3）查看两台 HP DL 580 G7 服务器所支持的 EVC 模式，如图 6-4-25 所示。

图 6-4-25　查看 HP DL 580 G7 服务器

（4）在导航器中选中 vSAN 群集，在右侧窗格的"配置"→"VMware EVC"选项中单击"编辑"按钮，如图 6-4-26 所示。

图 6-4-26　编辑 EVC 选项

（5）在"更改 EVC 模式"对话框中，选择"为 Intel 主机启用 EVC"，如果在"VMware EVC 模式"下拉列表中选择"Intel Westmere Generation"（这是 HP DL 580 G7 所支持的模式），在"兼容性"列表中会提示"无法允许主机进入群集当前的增强型 VMotion 兼容模式。主机上已打开电源或已挂起的虚拟机可能正在使用该模式所隐藏的 CPU 功能"（这台主机是联想 3850 X6，IP 地址为 202.206.195.91），如图 6-4-27 所示；如果在"VMware EVC 模式"下拉列表中选择"Intel Haswell Generation"，在"兼容性"列表中则会提示 202.206.195.93 与 202.206.195.94 两台主机的 CPU 不支持（这两台主机是 HP DL 580 G7 的服务器），如图 6-4-28 所示。

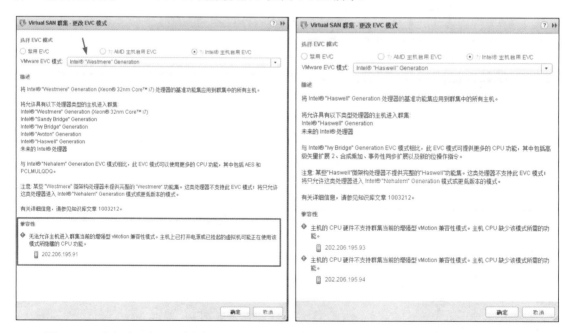

图 6-4-27　主机有正在运行虚拟机不能降级　　　　图 6-4-28　主机 CPU 功能不支持

（6）关闭所有正在运行的虚拟机，最后关闭 vCenter Server Appliance 虚拟机，如图 6-4-29 所示。

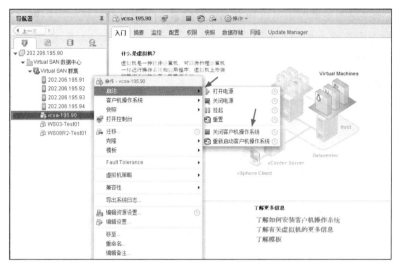

图 6-4-29 关闭虚拟机

（7）使用 vSphere Host Client 登录 202.206.195.93（这是一台 HP DL 580 G7 的服务器，如图 6-4-30 所示），检查并浏览 vSAN 存储看能否列出 vCenter Server Appliance 虚拟机的文件。

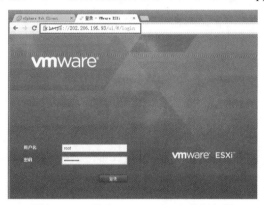

图 6-4-30 登录 HP DL 580 G7 的服务器

（8）登录之后在左侧导航器中单击"存储"→"vsanDatastore"，并单击"数据存储浏览器"，如图 6-4-31 所示。

图 6-4-31 数据存储浏览器

（9）在"数据存储浏览器"中可以列出当前存储设备中所有虚拟机，可以列出虚拟机配置文件及 vmdk（虚拟硬盘）文件，如图 6-4-32 所示。检查通过。

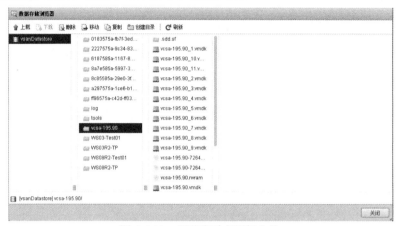

图 6-4-32　浏览查看虚拟机文件

（10）使用 vSphere Host Client 登录 202.206.195.91，右击 vCenter Server Appliance 虚拟机的名称（本示例为 vcsa-195.90），在弹出的对话框中选择"取消注册"，如图 6-4-33 所示。

图 6-4-33　取消注册

（11）在弹出的"取消注册虚拟机"对话框中单击"是"按钮，如图 6-4-34 所示。

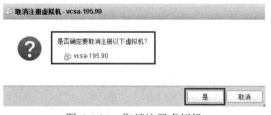

图 6-4-34　取消注册虚拟机

（12）切换到 HP DL 580 G7 服务器（本示例为 202.206.195.93 主机），单击"注册虚拟机"，如图 6-4-35 所示。

图 6-4-35 注册虚拟机

（13）在"注册虚拟机"对话框中，浏览存储设备，找到 vCenter Server Appliance 的虚拟机并将其注册，如图 6-4-36 所示。

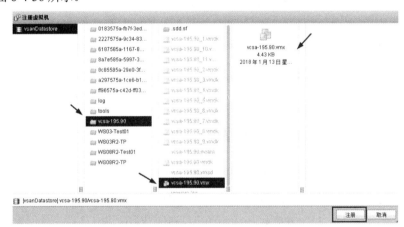

图 6-4-36 选中.vmx 配置文件注册虚拟机

（14）注册虚拟机之后浏览选中注册的虚拟机，单击"打开电源"启动虚拟机，如图 6-4-37 所示。此时启动的虚拟机，其 CPU 所支持功能依赖当前主机。

图 6-4-37 打开 vCenter Server Appliance 虚拟机电源

（15）在"回答问题"对话框中选择"我已移动"单选按钮并单击"回答"按钮，如图 6-4-38 所示。

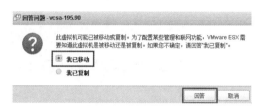

图 6-4-38　回答问题

（16）等待 vCenter Server Appliance 启动成功之后，使用 vSphere Web Client 登录 vCenter Server，在"配置"→"VMware EVC"选项中单击"编辑"按钮，如图 6-4-39 所示。

图 6-4-39　编辑 VMware EVC

（17）在"更改 EVC 模式"对话框中，选择"为 Intel 主机启用 EVC"，如果在"VMware EVC 模式"下拉列表中选择"Intel Westmere Generation"（这是 HP DL 580 G7 所支持的模式），在"兼容性"列表中提示"验证成功"，如图 6-4-40 所示。单击"确定"按钮。

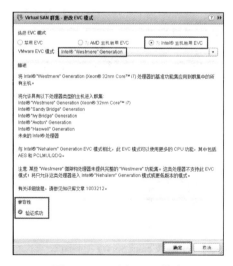

图 6-4-40　更改 EVC 模式

（18）返回到 vSphere Web Client，在"VMware EVC"的"模式"中看到当前配置并启用的 EVC 模式"Intel Westmere Generation"，如图 6-4-41 所示。

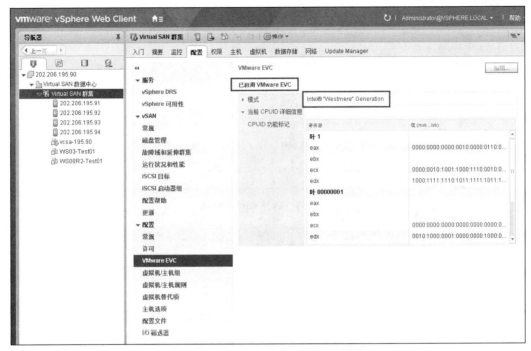

图 6-4-41　查看已经启用的 EVC 模式

（19）在"配置"→"服务"→"vSphere DRS"中单击"编辑"按钮，如图 6-4-42 所示。

图 6-4-42　编辑 DRS

（20）在"Virtual SAN 群集-编辑群集设置"对话框的"vSphere 可用性"选项中选中"打开 vSphere HA"复选框，如图 6-4-43 所示。

（21）在"vSphere DRS"中单击选中"打开 vSphere DRS"，单击"确定"按钮完成 HA 与 DRS 的配置，如图 6-4-44 所示。

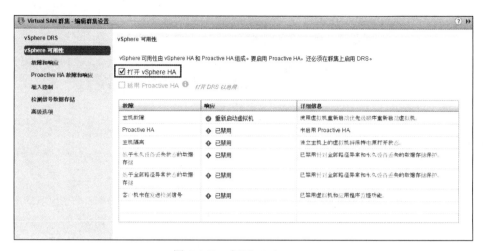

图 6-4-43　打开 vSphere HA

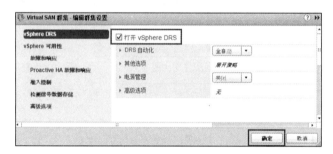

图 6-4-44　打开 vSphere DRS

（22）返回到 vSphere Web Client 的 "vSphere 可用性" 选项中，可以看到 vSphere HA 已打开的提示，如图 6-4-45 所示。

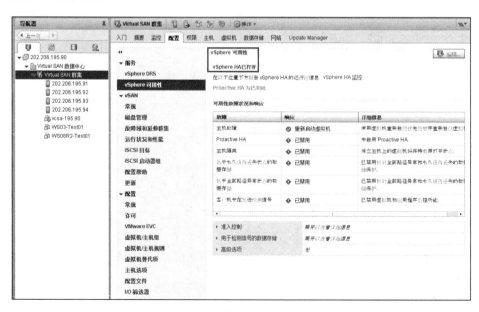

图 6-4-45　查看 vSphere 可用性

（23）在导航器中选中联想 3850 X6 服务器，在"摘要"→"配置"→"EVC 模式"→"当前 EVC 模式"中看到当前启用的 EVC 模式及支持的 EVC 模式，如图 6-4-46 所示。在"vSphere HA 状况"提示"正在运行（主要）"。

图 6-4-46　查看 EVC 及 vSphere HA 状况

（24）在导航器中选中 HP DL 580 G7 服务器，在"摘要"→"配置"→"EVC 模式"→"当前 EVC 模式"中看到当前启用的 EVC 模式及支持的 EVC 模式，如图 6-4-47 所示。在"vSphere HA 状况"提示"已连接（从属）"。

图 6-4-47　查看 HP 服务器 EVC 模式及 vSphere HA 状况

在上线后，发现部分网卡被识别成百兆位的速度，这种情况通常是网线或网线接头的问题。更换网线或重新做接口后，问题解决。

6.5　存储设备常见错误信息及应对方法

在使用共享存储虚拟化架构中，存储保存所有业务虚拟机，存储的重要性至关紧要。所以在规划、设计共享存储时，通常要配置 RAID-5（或 RAID-6、RAID-10），并且配有全局热备磁盘。另外，除了对机房进行例行巡视检查外，还要定期登录存储管理界面，查看存储的状态是否正常。

（1）登录存储管理界面，查看内部磁盘，在"状态"一栏中应该显示"联机"，如图 6-5-1 所示。另外应该有"备件"硬盘（全局热备磁盘）。

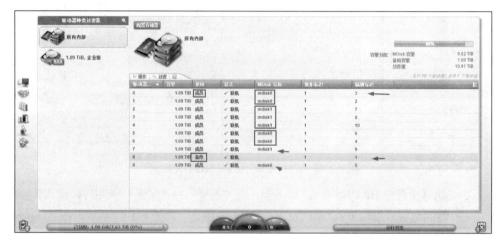

图 6-5-1　磁盘状态正常

（2）在"主机列表"中"状态"也应该是"正常"，如图 6-5-2 所示。

图 6-5-2　主机状态正常

如果存储出现" 已降级"的提示，主要可能有以下几种。

（1）如果主机"状态"出现"已降级"的提示，如图 6-5-3 所示，双击主机名称查看主机详细信息，在"端口定义"中可以看到当前主机有 2 个连接，一个状态为"活动"，一个状态为"脱机"，表示主机到存储的冗余连接有一路断开，如图 6-5-4 所示。

图 6-5-3 状态已降级

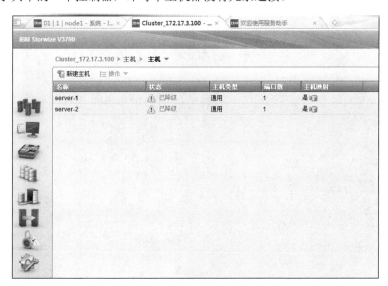

图 6-5-4 冗余线路断开

（2）如果主机"状态"中所有主机都是"已降级"，如图 6-5-5 所示，双击打开每个主机查看详细信息，如果每个主机只有一个连接，如图 6-5-6 所示，表示当前存储设备是双控制器，但连接的主机只连接到了其中的一个控制器，即每个主机都没有冗余连接。

图 6-5-5 主机未有冗余连接

图 6-5-6 只有一个连接

（3）如果在"系统"中看到硬盘有"脱机"状态，如图 6-5-7 所示，进入"池"→"内部存储器"中，可以看到"脱机"的硬盘，而其他硬盘状态为"联机"，如图 6-5-8 所示。

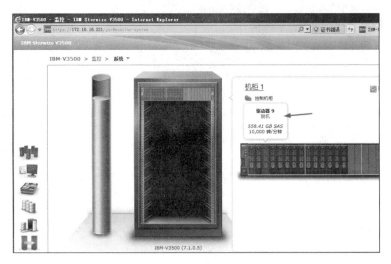

图 6-5-7　系统提示硬盘已经脱机

图 6-5-8　硬盘已经脱机

（4）在登录存储控制器的时候，如果出现"Impending failure（reported by drive）"表示当前这块磁盘即将失效，如图 6-5-9 所示。表示这块磁盘需要更换。

（5）在双控制器的存储中，如果出现硬盘已降级的提示，可能是阵列中有坏的硬盘，也可能是其中的一个控制器出现故障。例如下面这起案例，某单位在例行检查时，发现一台 IBM v3700 存储运行状态显示红色，提示内部存储器报警，在存储器里面看到硬盘状态已降级，如图 6-5-10 所示。

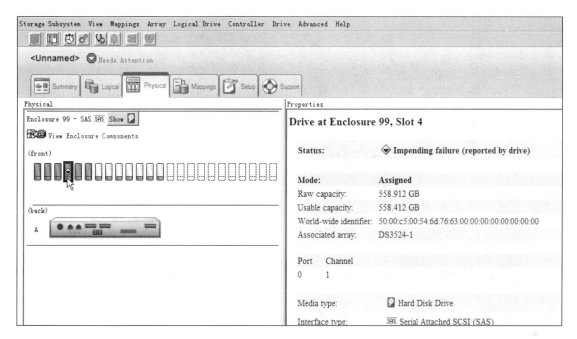

图 6-5-9　磁盘即将失效

图 6-5-10　所有硬盘已降级

经过检查，发现是右控制器的问题（右控制器的以太网口和光纤指示灯熄灭），在下班后，拔插了右边控制器，然后重新插回去，故障修复。

第 **7** 章　vSphere 升级流程与注意事项

在 VMware 产品家族中，使用较多的是 VMware vSphere 系列和 VMware Horizon 系列。VMware vSphere 系列主要是服务器虚拟化产品，主要包括 vCenter Server 与 ESXi 两个产品；VMware Horizon 系统则是在服务器虚拟化的基础上实现的虚拟桌面。在本书第 4 章已经介绍过 Horizon 虚拟桌面的升级，本章介绍 VMware vSphere 产品的升级。vSphere 升级的主要流程与步骤如下。

（1）升级顺序：先升级 vCenter Server，再升级 ESXi，最后升级虚拟机硬件及 VMware Tools。

（2）在升级 vCenter Server 之前，一定要备份 vCenter Server 虚拟机，或者为要升级的 vCenter Server 创建快照，在升级成功之后再删除快照，如果升级失败则恢复到快照时的状态。在升级 vCenter Server 的时候，需要将 vCenter Server 的升级程序 ISO 上传到 ESXi 主机本地存储或共享存储，不要使用 vSphere Client 或 vSphere Web Client 登录到 vCenter Server，加载本地 ISO 的方式升级，否则，由于在升级期间 vCenter Server 服务会停止，导致 vSphere Client 或 vSphere Web Client 失去对 vCenter Server 的连接，加载 ISO 失败，升级程序无效会导致升级失败。

（3）在保证业务不中断的前提下，依次升级每台主机。假设环境中有 A、B、C 三台主机，可以先升级 A，之后升级 B 和 C。在升级 A 时，将 A 置于维护模式，热迁移 A 主机上的虚拟机到 B、C，之后升级 A。升级 A 成功（完成）后，将 A 取消维护模式。之后升级 B，最后升级 C。

本节按照如下顺序分步介绍：

（1）vSphere 产品文件名称

（2）ESXi 的安装与升级

（3）Windows 版本的 vCenter Server 的升级和 Linux 版本 vCenter Server Appliance 的升级

（4）从 Windows 版本的 vCenter Server 迁移到 Linux 的 vCenter Server Appliance 内容

（5）Linux 版本 vCenter Server Appliance 的备份与恢复

读者可以根据自己单位的实际情况有选择的进行学习。

7.1　了解 vSphere 版本号与安装程序文件

在下载 VMware vSphere 安装文件的时候，在下载页中，有的下载文件 ISO 格式，有的是 zip 格式，如图 7-1-1 所示，本节介绍 vSphere 不同格式文件的用途。

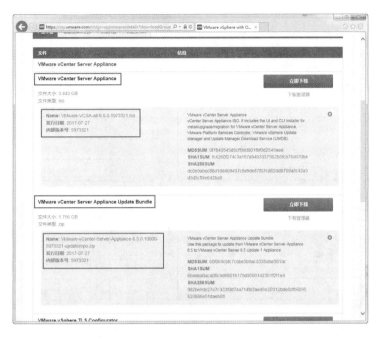

图 7-1-1 vSphere 产品下载页

VMware vSphere 安装程序文件主要分两类：用于物理主机的安装程序 Hypervisor (ESXi)和虚拟化管理程序 vCenter Server，其中 vCenter Server 又分为 Windows 与 Linux 两个版本。

无论 ESXi 还是 vCenter Server，VMware 分别提供 ISO 格式与 ZIP 格式，其中 ISO 格式用于全新安装和升级安装，ZIP 格式只用于升级安装。

vSphere 版本号包括主版本号和内部版本号，主版本号由 3 位数字组成，例如 5.0.0、5.1.0、5.5.0、6.0.0、6.5.0，次版本号由 7 位数字组成，例如 2562643、3634791。

【说明】如果 VMware ESXi、vCenter Server、vCenter Server Appliance 安装或升级失败，请检查安装文件的 MD5 或 Hash 值是否有误，大多数的 vCenter Server 或 vCenter Server Appliance 的升级失败都是由于安装文件不正确导致的。VMware ESXi、vCenter Server 不同版本安装文件大小、Hash 值如表 7-1-1 至表 7-1-4 所列。

表 7-1-1 VMware ESXi 6.0.0 发行日期、版本号、文件名、文件大小、Hash 值

日　期	版　本	文件名（版本号）	大小/MB	MD5
2017/7/11	6.0 U3a	VMware–VMvisor–Installer–201706001–5572656.x86_64.iso	352.51	0f66893de93d61c28e3666982c1cc6aa
		ESXi600–201706001.zip	502.81	34e39d1ae3170b88de03c9b718cbcef2
2017/2/24	6.0 U3	VMware–VMvisor–Installer–6.0.0.update03–5050593.x86_64.iso	360.91	b9d3d9635f4317782e8756845e936bd1
		update–from–esxi6.0–6.0_update03.zip	693.02	d34ced3d79b658a2bbfef9cc69267242
2016/3/15	6.0 U2	VMware–VMvisor–Installer–6.0.0.update02–3620759.x86_64.iso	357.95	7b85a48eb67e277186d2422ebd42f6b6
		update–from–esxi6.0–6.0_update02.zip	680.91	38d9320db94ac9c2361b2e1dc1277b50
2016/1/7	6.0 U1b	VMware–VMvisor–Installer–201601001–3380124.x86_64.iso	351.05	a53e685d5ec742e885e9ade23caeff35
		ESXi600–201601001.zip	672.4	d1638626019bf27150239441f2126b25

日　　期	版　本	文件名（版本号）	大小/MB	MD5
2015/10/6	6.0 U1a	VMware-VMvisor-Installer-6.0.0.update01-3073146.x86_64.iso	352.02	153618d0e91135c3ec58c87fc5f5fb0d
		ESXi600-201510001.zip	342.28	20d68ec42ba3a463b08bd27b63617614
2015/7/7	6.0.0 b	VMware-VMvisor-Installer-201507001-2809209.x86_64.iso	348.5	64c82dfb6f5bc54cfd1630591152f925
		ESXi600-201507001.zip	667.95	f668a9b5dee5b508eb2ba94a15d6c909
2015/3/12	6.0.0	VMware-VMvisor-Installer-6.0.0-2494585.x86_64.iso	348	478e2c6f7a875dd3dacaaeb2b0b38228
		VMware-ESXi-6.0.0-2494585-depot.zip	345	bebc48450b9743c56073602931d63600

表 7-1-2　VMware ESXi 6.5.0 发行日期、版本号、文件名、文件大小、Hash 值

日　　期	版　本	文件名（版本号）	大小/MB	MD5
2017/7/27	6.5.0 U1	VMware-VMvisor-Installer-6.5.0.update01-5969303.x86_64.iso	332.63	6d71ca1a8c12d73ca75952f411d16dc7
		update-from-esxi6.5-6.5_update01.zip	460.72	12ffcaa19b62adf528471047c33748b5
2017/4/18	6.5.0d	VMware-VMvisor-Installer-201704001-5310538.x86_64.iso	331.09	22d3eeb67f881be066880672a8da57e9
		ESXi650-201704001.zip	322.82	2b0ed3794608125a68a2a016e2413eed
2017/2/2	6.5.0a	VMware-VMvisor-Installer-201701001-4887370.x86_64.iso	328.26	cee025ba50f118d8b06a8025bd1134d5
		ESXi650-201701001.zip	320.11	e92d080286c62701f5d5501710092525
2016/11/15	6.5.0	VMware-VMvisor-Installer-6.5.0-4564106.x86_64.iso	328	AF7447DF72301DD56C9CA3D42F310EFC
		VMware-ESXi-6.5.0-4564106-depot.zip	324	7BAD03D95F26CEF840B6043BCB7AC4BA

表 7-1-3　vCenter Server 6.0.0 发行日期、版本号、文件名、文件大小、Hash 值

日　　期	版　本	文件名（版本号）	大小/GB	MD5
2017/4/13	6.0U3B	VMware-VCSA-all-6.0.0-5326177.iso	3.27	80d89179f647a7fe2ac66f1351839b8e
		VMware-VIMSetup-all-6.0.0-5326177.iso	2.78	363909ea880d6518f552a03ab4b78f51
		VMware-vCenter-Server-Appliance-6.0.0.30200-5326079-updaterepo.zip	1.86	e775cc1b07d032dec092b34bc7711d06
2017/3/21	6.0U3a	VMware-VIMSetup-all-6.0.0-5202527.iso	2.777	06f60cf64d89000706b5e7fa2542e805
		VMware-VCSA-all-6.0.0-5202527.iso	3.274	ea9f8aaa07bb60d8b8f760c597764166
		VMware-vCenter-Server-Appliance-6.0.0.30100-5202501-updaterepo.zip	1.86	67a9e3d75f73903b0c3947386edcec65
2017/2/24	6.0 U3	VMware-VIMSetup-all-6.0.0-5112506.iso	2.78	6f568960b62c9d19421f0643c01dd930
		VMware-VCSA-all-6.0.0-5112506.iso	3.27	fa58be4195d06eeb661905d4ed0cba21
		VMware-vCenter-Server-Appliance-6.0.0.30000-5112509-updaterepo.zip	1.86	bf83e293707d77490a331b67aaa13546

续表

日　期	版　本	文件名（版本号）	大小/GB	MD5
2016/11/22	6.0 U2a	VMware-VIMSetup-all-6.0.0-4637290.iso	2.703	6032e797be25ee29299279bd49dab33b
		VMware-VCSA-all-6.0.0-4637290.iso	2.853	8698a4fa22152ab842bc4a8432d6c624
		VMware-vCenter-Server-Appliance-6.0.0.20100-4632154-updaterepo.zip	1.721	a152692ea82672abcf17ada9c839a05b
2016/9/15	6.0 U2M	VMware-VCSA-all-6.0.0-4191361.iso	2.605	e9626baa010aeb76b28c60ae8334f19c
2016/3/15	6.0 U2	VMware-VIMSetup-all-6.0.0-3634788.iso	2.701	deddd3425dd9665f853fb21dfd136251
		VMware-VCSA-all-6.0.0-3634788.iso	2.831	686fb269e51713229148265d2bbdd00a
		VMware-vCenter-Server-Appliance-6.0.0.20000-3634791-updaterepo.zip	1.721	bb812fe5291d5498b12e853c196724fa
2016/1/7	6.0 U1b	VMware-VIMSetup-all-6.0.0-3343019.iso	2.683	47627684233c26b13e7bc814d5797367
		VMware-VCSA-all-6.0.0-3343019.iso	2.814	742f7f2043f889a8091d9ab8eb4b763f
		VMware-vCenter-Server-Appliance-6.0.0.10200-3343022-updaterepo.zip	1.709	bf6c6b930b0ef168df736bd4d5f3499f
2015/9/10	6.0 U1	VMware-VIMSetup-all-6.0.0-3040890.iso	2.668	2d06449d0f7cc6be29b2f33863c7495c
		VMware-VCSA-all-6.0.0-3040890.iso	2.779	1652d41ae6837b23e177443640579274
2015/7/7	6.0h	VMware-VIMSetup-all-6.0.0-2800571.iso	2.552	d28074e0f48058fe2d6ba86133262fc1
		VMware-VCSA-all-6.0.0-2800571.iso	2.667	14444adc6463499a4de7f3f5dd07a082
2015/4/16	6.0a	VMware-VIMSetup-all-6.0.0-2656757.iso	2.552	7faaddbbe98a47f52da749387b0ff881
		VMware-VCSA-all-6.0.0-2656757.iso	2.66	a11928786b330e91f12f427c3f2df11f
2015/3/12	6.0.0	VMware-VIMSetup-all-6.0.0-2562643.iso	2.55	8D8AD38709CFB395CC37F6174B3287E5
		VMware-VCSA-all-6.0.0-2562643.iso	2.66	8A10192AD4E46AE88D79B37A539EE38C

表 7-1-4　vCenter Server 6.5.0 发行日期、版本号、文件名、文件大小、Hash 值

日　期	版　本	文件名（版本号）	大小/GB	MD5
2017/11/14	6.5.0U1c	VMware-VCSA-all-6.5.0-7119157.iso	3.48	d4d503661436602b7156304515d3ada7
		VMware-vCenter-Server-Appliance-6.5.0.12000-7119157-updaterepo.zip	1.75	df40df6cae70118ad69f4d0d787d89ff
2017/11/14	6.5.0f	VMware-VCSA-all-6.5.0-7119070.iso	3.36	393a8510a8dedc7c408796f30c906cc3
		VMware-vCenter-Server-Appliance-6.5.0.5700-7119070-updaterepo.zip	1.65	318886c6ed78b2bec57b279d4febe084
2017/7/27	6.5.0 u1	VMware-VIM-all-6.5.0-5973321.iso	2.388	099e1787573f3f290545ad062d5fb255
		VMware-VCSA-all-6.5.0-5973321.iso	3.443	0f7843545d5cff0dd801fbf0d2549aee
		VMware-vCenter-Server-Appliance-6.5.0.10000-5973321-updaterepo.zip	1.756	60f069cbfc7cbbe3b9acd338abe381ac
2017/6/15	6.5.0e	VMware-VIM-all-6.5.0-5705665.iso	2.368	e90ca2e0f1d4f31318ca8b6066b8ee74
		VMware-VCSA-all-6.5.0-5705665.iso	3.358	9a606496808eab455398862b9e897e3b
		VMware-vCenter-Server-Appliance-6.5.0.5600-5705665-updaterepo.zip	1.652	32bb8ecc514391c847f56a3f5dac6950

续表

日　期	版　本	文件名（版本号）	大小/GB	MD5
2017/6/15	6.5.0e	VMware-vCenter-Server-Appliance-6.5.0.5600 -5705665-patch-FP.iso	1.51	
2017/4/18	6.5.0d	VMware-VIM-all-6.5.0-5318154.iso	2.37	0671bd3f4494adf483157787c40000e8
		VMware-VCSA-all-6.5.0-5318154.iso	3.36	4d8ea305bcb1dcdfb094c366a669feb0
		VMware-vCenter-Server-Appliance-6.5.0.5500 -5318154-updaterepo.zip	1.65	e89b3a30e49cc0826759877c393c1f4a
2017/4/13	6.5.0c	VMware-VIM-all-6.5.0-5318112.iso	2.37	de8bcba51eb816922312029da0bd8f98
		VMware-VCSA-all-6.5.0-5318112.iso	3.36	d41fcb577490c2c80f46717f640ffda9
		VMware-vCenter-Server-Appliance-6.5.0.5400 -5318112-updaterepo.zip	1.65	51bc078fda819cd3f2d28aca54018dd2
2017/3/14	6.5.0b	VMware-VIM-all-6.5.0-5178943.iso	2.37	ab83b3b016410d577344b45bc0055a65
		VMware-VCSA-all-6.5.0-5178943.iso	3.36	59b457e5ffc1a59d3e784ccfc2df1745
		VMware-vCenter-Server-Appliance-6.5.0.5300 -5178943-updaterepo.zip	1.65	b7034e1da1b5680312076fd00776cfc8
2017/2/2	6.5.0a	VMware-VIM-all-6.5.0-4944578.iso	2.419	feda16744902a4c87ac7d9e8a3abc76c
		VMware-VCSA-all-6.5.0-4944578.iso	3.366	09f829b2f510be9fc895056a422beeef
		VMware-vCenter-Server-Appliance-6.5.0.5200 -4944578-updaterepo.zip	1.702	5238d02f8985b3fd786b2730bc7a68ed
2016/11/15	6.5.0	VMware-VIM-all-6.5.0-4602587.iso	2.41	395E2CB061C1CC9ACF99AB1556EE09A7
		VMware-VCSA-all-6.5.0-4602587.iso	3.36	01469BFE099292180FE97ABBBF5C58DB

7.1.1　vSphere 正式版本

VMware vSphere 每个产品（ESXi 与 vCenter Server），都有一个"正式版本"，在正式版本之后，还会发行一些"修补"版本。

例如 vSphere 6.0.0，这是正式版本。这个版本中主要包括 4 个文件：

（1）Hypervisor (ESXi)，VMware ESXi 6.0.0 的安装与升级文件。

VMware-VMvisor-Installer-6.0.0-2494585.x86_64.iso，用于物理服务器的全新安装、升级安装。升级安装时，即可以刻录成光盘、从光盘启动升级，也可以使用 VMware Update Management 加载 ISO 升级安装。

VMware-ESXi-6.0.0-2494585-depot.zip：将 zip 文件上传到 ESXi 的存储，使用命令行进行升级，升级完成后，重新启动 ESXi 主机即可完成升级。

（2）vCenter Server 6.0.0 的安装文件。

VMware-VIMSetup-all-6.0.0-2562643.iso ，这是 Windows 版本的 vCenter Server 文件，该文件只有 ISO 一种分发格式，可以用于 vCenter Server 的"全新"安装也可以用于"升级"安装。

VMware-VCSA-all-6.0.0-2562643.iso，vCenter Server Appliance（简称 vcsa）是基于 Linux 的预配置虚拟机，针对在 Linux 上运行 VMware vCenter Server 及关联服务进行了优化。可以用于全新

安装和升级安装（将 vCenter Server Appliance 从 5.1 U3、5.5 升级到 6.0）。

7.1.2　修补版本

由于程序的复杂多样行，VMware 在发布了 vSphere 正式版本之后，过一段时间，会发行一些"修补"版本，例如在 vSphere 6.0.0 之后，VMware 又依次发布了 vSphere 6.0.0a、b、U1、U1b、U2、U2M、U2a、U3、U3a、U3b 等版本。在这些版本中，有的没有发布对应的 ESXi 的版本，只发布了对应的 vCenter Server 版本。

（1）Hypervisor (ESXi)。无论正式版还是修订版本的 ESXi，一般都会发布 ISO 与 ZIP 两种格式，其中 ISO 用于全新安装以及升级安装，而 ZIP 只用于升级安装。对于升级安装，都可以跨主版本号升级，也支持同一主版本号、不同修补版本的升级。例如 2017 年 7 月 11 日，VMware 发布的 vSphere 6.0 U3a 中的 ESXi 的安装文件 VMware-VMvisor-Installer-201706001-5572656.x86_64.iso ，用于 ESXi 6.0 U3a 的全新安装，也可以将 ESXi 5.0、5.1、5.5、6.0.0、6.0.0a 等版本升级到 6.0 U3。

同样，对于同时发布的 ESXi600-201706001.zip 的文件，也可以用将 ESXi 5.0、5.1、5.5、6.0.0、6.0.0a 等版本升级到 6.0 U3。

（2）vCenter Server。对于修订版本的 vCenter Server，对于 Windows 版本的 vCenter Server 6.0.0，只会发布一个 ISO 的安装与升级文件，没有对应的 ZIP 文件。

（3）vCenter Server Appliance。对于 Linux 版本的 vCenter Server Appliance，除了发布 ISO 文件外，还会发布一个 vCenter Server Appliance 的 ZIP 升级文件，该文件不能跨"主版本"号升级，只能将相同"主版本"号的升级。

例如 2017 年 4 月 13 日，VMware 发布了 vSphere 6.0 U3B 的修补版本，其发行的 vCenter Server 包括以下三个文件：

① VMware-VCSA-all-6.0.0-5326177.iso：用于安装 vCenter Server 6.0 U3B，也可以将 vCenter Server 5.1、5.5、6.0 升级到 6.0 U3B。

② VMware-VIMSetup-all-6.0.0-5326177.iso：用于安装 vCenter Server Appliance 6.0 U3B，也可以将 vCenter Server Appliance 5.1 U3、5.5 升级到 6.0。

③ VMware-vCenter-Server-Appliance-6.0.0.30200-5326079-updaterepo.zip，可以将 vCenter Server Appliance 6.0.0、6.0a、6.0b、6.0 U1、6.0 U1b、6.0 U2、6.0U2M、6.0 U2a、6.0 U3 升级到 6.0 U3B。

（4）从 vSphere 6.5 开始，vCenter Server Appliance6.5 的修补版本，除了提供 ISO、ZIP 文件外，又增加了一个"*-patch-fp.iso"的文件，例如 VMware-vCenter-Server-Appliance-6.5.0.5200-4944578-patch-FP.iso，该文件可以将同一主版本号的较低版本升级到当前较新版本。

7.1.3　了解 vSphere 发行的版本

如果要想了解 VMware 发布了那些正式版本与修补版本，可以在 VMware 兼容性列表中通过产品升级路径来查看。

（1）登录 https://www.vmware.com/resources/compatibility/sim/interop_matrix.php#upgrade，在"Select a Solution"中分别搜索"VMware vSphere Hypervisor（ESXi）"及"VMware vCenter Server"，可以查看、搜索 VMware ESXi 与 vCenter Server 的升级路径，查看截至当前所有发布的 VMware ESXi 与 vCenter Server 的版本。在搜索 ESXi 与 vCenter Server 的时候，会列出从 4.0 版本到最

新的 6.5.0 版本之间历次发行的版本，在此只截取了 5.0～6.5.0 之间的版本，如图 7-1-2 和图 7-1-3 所示。

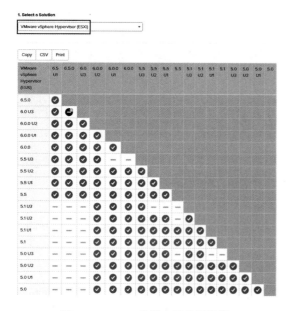

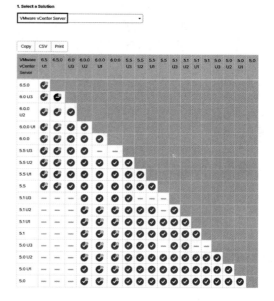

图 7-1-2　ESXi 各版本及升级路径　　　　图 7-1-3　vCenter Server 各版本及升级路径

从图 7-1-2 中可以看到，VMware ESXi 从 5.1 之后有 5.1U1、5.1U2、5.1U3 的版本；ESXi 从 5.5 之后有 5.5 U1、5.5 U2、5.5 U3 的版本；ESXi 6.0.0 之后有 6.0 U1、6.0 U2、6.0 U3 版本；ESXi 从 6.5.0 之后有 6.5 U1 版本。

从图 7-1-3 中可以看出 VMware vCenter Server 从 5.1 之后有 5.1 U1、5.1 U2、5.1U3 的版本；ESXi 从 5.5 之后有 5.5 U1、5.5 U2、5.5 U3 的版本；ESXi 6.0.0 之后有 6.0.0 U1、6.0.0 U2、6.0 U3 版本；ESXi 从 6.5.0 之后有 6.5 U1 版本。

从升级路径中可以看到，ESXi 与 vCenter Server 5.1 可以升级到 5.1 U1、5.1 U2、5.1 U3、5.5、5.5 U1、5.5 U2、5.5 U3、6.0.0、6.0.0 U1、6.0.0 U2 版本。

ESXi 与 vCenter Server 5.5 最高可以升级到最新的 6.5 U1 版本；而 ESXi 与 vCenter Server 的 5.1 最高只能升级到 6.0.0 U2。

（2）从图 7-1-2、图 7-1-3 中可以看到，5.1、5.5、6.0.0 与 6.5.0 是正式版本，而 5.1 U1、5.5 U1、6.0.0 U2 等这些带"U"的则是修补版本。

7.1.4　安装程序文件名

VMware vSphere 安装程序文件名，一般采用以下方式（示例）：

（1）VMware vSphere Hypervisor（即物理主机 ESXi 安装程序）：例如，VMware-VMvisor-Installer-6.0.0-2494585.x86_64.iso。其中"VMvisor-Installer"表示这是 ESXi 的安装程序，主版本号 6.0.0，内部版本号 2494585。

（2）用于 Windows 版本的 vCenter Server：例如，VMware-VIMSetup-all-6.0.0-2562643.iso，其中"VIMSetup"表示这是 Windows 版本的 vCenter Server 安装程序，主版本号是 6.0.0，内部版本号

为 2562643。

（3）Linux 版本的 vCenter Server：vCenter Server Appliance（简称 vcsa）是基于 Linux 的预配置虚拟机，针对在 Linux 上运行 VMware vCenter Server 及关联服务进行了优化。例如，VMware-VCSA-all-6.0.0-2562643.iso，其中"VCSA"表示这是 Linux 版本的 vCenter Server，主版本号是 6.0.0，内部版本号为 2562643。

下面通过具体的实验进行介绍。

7.2　VMware ESXi 的安装与升级

VMware vSphere Hypervisor 即物理主机 ESXi 安装程序。例如，VMware-VMvisor-Installer-6.0.0-2494585.x86_64.iso。其中"VMvisor-Installer"表示这是 ESXi 的安装程序，主版本号 6.0.0，内部版本号 2494585。

从官网下载到的 ISO 文件，可以用来全新安装或升级安装。例如 VMware-VMvisor-Installer-6.0.0-2494585.x86_64.iso，可以用来安装全新的 VMware ESXi 6.0.0，也可以将低版本的 ESXi 例如 5.0.0、5.1.0、5.5.0 升级到当前的 6.0.0；ESXi 的 ZIP 文件只能用来升级，可以将低版本升级到更高版本，支持跨"主版本"号的升级。

7.2.1　使用 ESXi 安装光盘安装或升级 ESXi

本节演示 ESXi 安装光盘升级 ESXi 的内容，介绍使用 ESXi 6.0 安装光盘升级 ESXi 5.5 的内容。下面的截图是在 HP DL 380 服务器、使用 HP 服务器自带的 iLO 打开服务器控制台、加载 ESXi 安装光盘镜像进行升级的过程。

（1）在 vCenter Server 中，将该主机置于"维护模式"并迁移完所有虚拟机到其他主机之后，使用 iLO 加载 ESXi 安装光盘，重新启动服务器，执行光盘的安装程序，如图 7-2-1 所示。

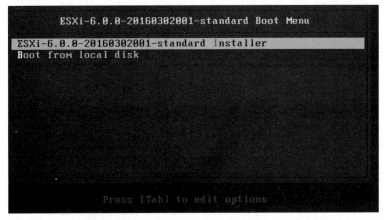

图 7-2-1　启动 ESXi 安装程序

（2）在"Select a Disk to Install or Upgrade"对话框中选择原来安装 ESXi 6.0 的存储设备，在此一定不能选择错误，如图 7-2-2 所示。一般情况下，存储空间较小的则是安装 ESXi 所在分区。如果你不能区分，可以在选择存储之后，按 F1 查看。

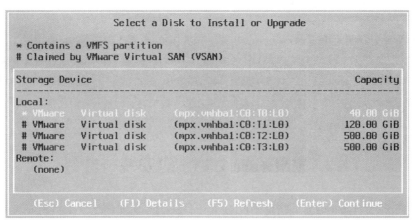

图 7-2-2　选择磁盘安装或升级

（3）在选择正确的 ESXi 分区之后，会弹出 "ESXi and VMFS Found（找到 ESXi 与 VMFS）" 对话框，在此对话框中选择 "Upgrade ESXi, Preserve VMFS datastore （更新 ESXi，保留 VFS 数据存储）"，如图 7-2-3 所示。如果想安装全新的版本，并且保留原来 VMFS 数据存储，则选择第二项。如果选择第三项，则安装全新的 ESXi，并不会保留原来的 VMFS 数据存储，对于生产环境，应慎重选择。

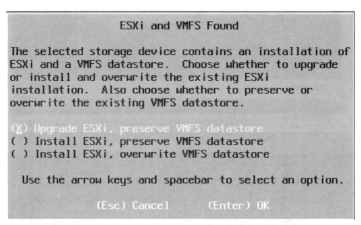

图 7-2-3　升级 ESXi，保留数据存储

（4）在 "Confirm Upgrade" 对话框中按 F11 键，开始升级，如图 7-2-4 所示。

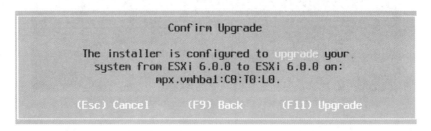

图 7-2-4　升级

（5）之后开始升级 ESXi，升级完成之后，取消 ESXi 光盘的映射，按回车键，重新启动主机，完成升级，如图 7-2-5 所示。

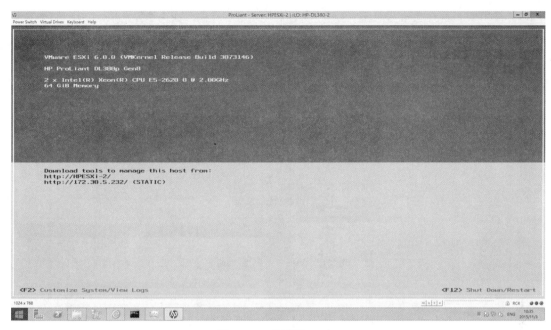

图 7-2-5 升级到 ESXi 6

7.2.2 使用 ZIP 文件升级 ESXi

使用 ESXi 的 ZIP 文件，可以将低版本（例如 5.0.0、5.1.0、5.5.0）升级到更高版本（例如 6.0.0），或者升级到较新的 update 版本，例如从 6.0.0 升级到 6.0.0 U2。

当前有一台 ESXi 6.0.0（版本号 3620759）的主机，本节使用上传 ESXi 的升级文件的方式，将其升级到 6.5，主要步骤与过程如下。

（1）当前 ESXi 主机 IP 地址为 192.168.110.131，ESXi 版本为 6.0.0，如图 7-2-6 所示。

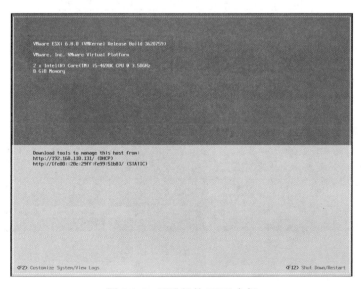

图 7-2-6 要升级的 ESXi 主机

（2）使用 vSphere Client 登录到 ESXi 主机，并浏览数据存储，如图 7-2-7 所示。

图 7-2-7　浏览数据存储

（3）将 ESXi6.5 的升级文件（文件名：ESXi650-201701001.zip）上传到存储根目录（当前存储名称为 datastore1），如图 7-2-8 所示。

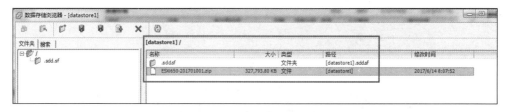

图 7-2-8　上传升级文件

（4）使用 ssh 登录到 ESXi，依次执行 cd vmfs、ls、cd volumes、ls、cd datastore1，再次执行 ls，列出上传的升级文件的"真实路径"，如图 7-2-9 所示。

图 7-2-9　复制真实路径

（5）执行如下命令升级 ESXi：

```
esxcli software vib install -d="/vmfs/volumes/5940789d-6b37a64e-ae6f-000c299951b8
/ESXi650-201701001.zip"
```

其中"5940789d-6b37a64e-ae6f-000c299951b8"是 datastore1 的真实路径。

执行之后，返回如下信息

```
Installation Result
    Message: The update completed successfully, but the system needs to be rebooted
for the changes to be effective.
    Reboot Required: true
```

同时会显示安装的 VIB 驱动等，如图 7-2-10 所示。

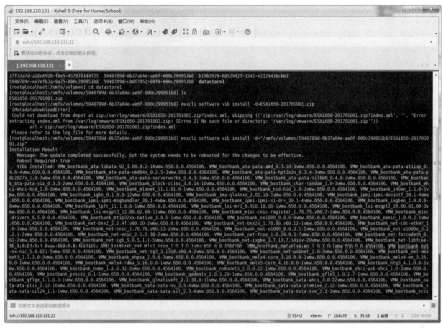

图 7-2-10　执行升级程序

（6）升级完成之后执行 reboot 命令，重新启动 ESXi 主机。

（7）再次进入系统，可以看到，升级已经成功，升级后的版本是 6.5.0，如图 7-2-11 所示。

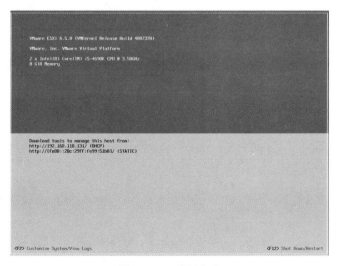

图 7-2-11　升级完成

7.2.3 从 ESXi 5.5.0 升级到 ESXi 6.0.0 （RTL 8168 网卡）

对于 DELL、HP 等服务器，不要使用官网的 zip 文件进行升级，而是需要使用更高版本的定制版本的 zip 进行升级，如图 7-2-12 所示。

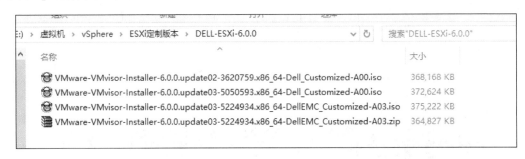

图 7-2-12　DELL 官方定制版

例如，对于图 7-2-12 中的几个 DELL OEM 版本的 ESXi 安装文件，如果某台 DELL 服务器使用 "VMware-VMvisor-Installer-6.0.0.update02-3620759.x86_64-Dell_Customized-A00.iso" 安装，则可以使用 VMware-VMvisor-Installer-6.0.0.update03-5050593.x86_64-Dell_Customized-A00.iso 升级，也可以使用 VMware-VMvisor-Installer-6.0.0.update03-5224934.x86_64-DellEMC_Customized-A03.zip 升级，但使用 VMware 官方发布的 zip 升级则可能会出问题。

在使用.zip 文件，在跨主版本号升级时，要确认即将升级的版本应包含源主机所有的驱动程序。简单来说，即用新版本的 ISO 文件安装源服务器，可以安装成功。如果采用 DIY 的服务器，或者"升级前"的 ESXi 版本，安装了第三方的驱动，则升级后，由于升级的 zip 文件中没有包括源服务器的驱动，会导致网络或存储卡不能使用。

示例：一台微星主板、使用集成的 RTL 8198 网卡，采用定制安装包的方式，安装的 ESXi 5.5.0，在使用"公版"的 ESXi 6.0.0 的 ZIP 文件升级后，提示找不到网卡。

（1）升级前服务器安装的 ESXi 5.5.0，1623387，使用的是 RTL 8168 网卡，如图 7-2-13 所示。

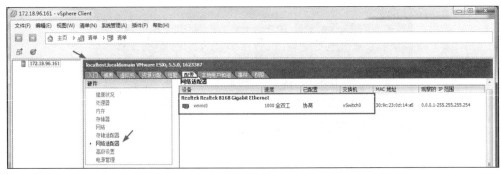

图 7-2-13　升级前

（2）上传 ESXi 6.0.0 的"公版"ZIP 压缩文件到 ESXi 存储，使用 ssh 连接到 ESXi 主机，运行如下程序安装：

```
esxcli software vib install -d="/vmfs/volumes/59de3326-d7342f9e-0585-309c230d14a5
/VMware-ESXi-6.0.0-2494585-depot.zip"
```

（3）重新启动，再次进入系统，提示没有找到网卡，升级失败，如图 7-2-14 所示。

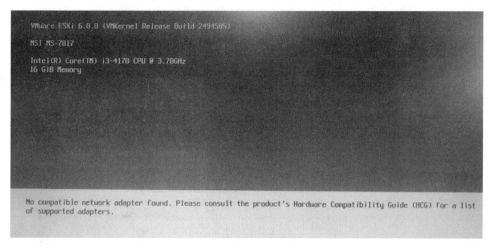

图 7-2-14　升级失败

7.3　Windows 版本 vCenter Server 的升级

在本示例中，介绍从 vCenter Server 5.5 升级到 vCenter Server 6.0 的内容。其他版本的 vCenter Server 的升级可以参考本节内容。在本示例中，将从 vCenter Server 5.5.0 U3 升级到 vCenter Server 6.0 U2。升级前，vCenter Server 5.5 U3 的计算机名称为 vc71.heinfo.edu.cn，IP 地址为 172.18.96.71。

7.3.1　准备 vCenter Server 5.5 U3 的实验环境

本节介绍 vCenter Server 5.5 U3 的安装，这也是为了学习 vCenter Server 升级准备实验环境。

1. 安装 vCenter Single Sign On

在本示例中，安装 vCenter Server 5.5 U3 的虚拟机安装了 Windows Server 2008 R2，8GB 内存，设置计算机名称为 vc71，计算机命名为 vc71.heinfo.edu.cn，如图 7-3-1 所示。

图 7-3-1　计算机信息

在本示例中，计算机没有加入域。在安装 vCenter Server 的时候，向 vCenter Server SSO 注册名称时，最好是 DNS 名称。所以为计算机添加 heinfo.edu.cn 的后缀。其中 heinfo.edu.cn 是当前实验环境中 DNS 的域名。在图 7-3-1 中单击"更改设置"，在"计算机名"选项卡中单击"更改"按钮，在"计算机名"中设置一个"短"的名称，然后单击"其他"按钮，在弹出的"DNS 后缀和 NetBIOS 计算机名"中输入域名，本示例为 heinfo.edu.cn，如图 7-3-2 所示。

图 7-3-2 设置计算机全名

最后修改 IP 地址，设置为规划的地址，本示例为 172.18.96.71，如图 7-3-3 所示，之后即可以安装 vCenter Server。

从 5.1 版本开始，VMware vCenter 5.1 需要 vCenter Single Sign On 及 vCenter Inventory Service 的支持。在安装 vCenter Server 之前需要先安装这两个产品。本节先介绍 vCenter Single Sign On 的安装。

（1）登录到 vCenter Server 的计算机，加载 vCenter Server 安装光盘镜像，以管理员身份登录（如果加入域则以域管理员身份登录），运行安装程序，在 VMware vSphere 5.5 安装程序中，单击"vCenter Single Sign On"链接，如图 7-3-4 所示。

图 7-3-3 设置 IP 地址

图 7-3-4 安装 vCenter Single Sign On

【说明】如果 vCenter Server 计算机加入了域，则可以执行 "Simple install（简单安装）"，在一个步骤中同时安装 vCenter Single Sign On、vCenter Inventory Service、vCenter Server 三个服务。没有加入域时只能单独安装每一个组件。

（2）在 "欢迎使用 vCenter Single Sign On 的 InstallShield 向导" 对话框中，单击 "下一步" 按钮，如图 7-3-5 所示。

（3）在 "最终用户许可协议" 对话框中，选中 "我接受许可协议中的条款" 复选框，如图 7-3-6 所示。

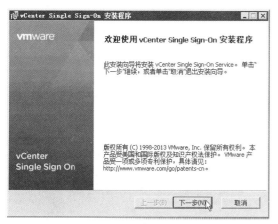

图 7-3-5　安装向导

图 7-3-6　最终用户许可协议

（4）在 "vCenter Single Sign-On 必备条件" 对话框中，安装程序检查安装 vCenter Single Sign-On 的必备条件，如图 7-3-7 所示。

（5）在 "vCenter Single Sign On 部署类型" 对话框中，选择 "为新的 vCenter Single Sign On 安装创建主节点" 单选按钮，如图 7-3-8 所示。

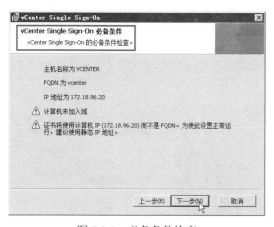
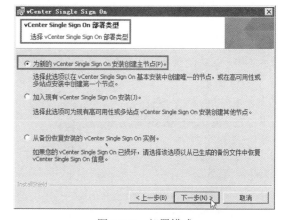

图 7-3-7　必备条件检查

图 7-3-8　部署模式

（6）在 "vCenter Single Sign On 信息" 对话框中，设置管理员账户和密码，密码不得少于 8 个字符，并且必须包含至少一个大小字母、一个小写字母、一个数字、一个特殊字符，如图 7-3-9 所示。设置之后，应在你的重要记事本中记录这个密码，以防遗忘。

（7）在"vCenter Single Sign-On"配置站点对话框，显示了默认站点名称"Default-First-Site"，如图 7-3-10 所示。

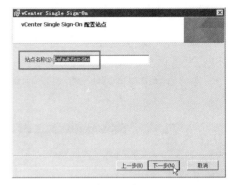

图 7-3-9　设置密码　　　　　　　　　　图 7-3-10　设置默认站点名称

（8）在"vCenter Single Sign On 端口设置"对话框中，输入 vCenter Single Sign On 连接信息，在此保持默认值选择 7444 即可，如图 7-3-11 所示。

（9）在"目标文件夹"对话框中，选择"vCenter Single Sign On"的安装位置，在此保持默认值，如图 7-3-12 所示。

图 7-3-11　端口设置　　　　　　　　　　图 7-3-12　安装位置

（10）在"检查安装选项"对话框中，显示用户选择设置，检查无误之后单击"安装"按钮，如图 7-3-13 所示。

（11）将开始安装 vCenter Single Sign On，直到安装完成，如图 7-3-14 所示。

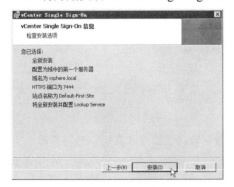

图 7-3-13　安装　　　　　　　　　　图 7-3-14　安装完成

2. 安装 vCenter Inventory Service

下面安装 vCenter Inventory Service（vCenter 清单服务），步骤如下。

（1）返回到 VMware vCenter 安装程序，单击"vCenter 清单服务"链接，如图 7-3-15 所示。

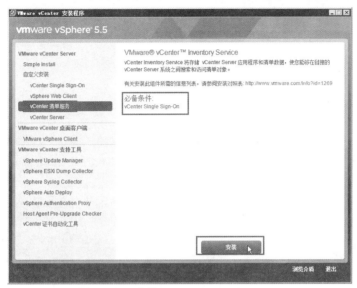

图 7-3-15　安装 vCenter Inventory Service

（2）在"欢迎使用 vCenter Inventory Service 的安装向导"对话框中，单击"下一步"按钮，如图 7-3-16 所示。

（3）在"最终用户许可协议"对话框中，接受许可协议，如图 7-3-17 所示。

（4）在"目标文件夹"对话框中选择默认的安装位置，如图 7-3-18 所示。

（5）在"本地系统信息"对话框中输入 Inventory Service 本地系统的域名 vc71.heinfo.edu.cn，在此保持默认值即可，如图 7-3-19 所示。

（6）在"配置端口"对话框中，输入 Inventory Service 的端口号，通常选择默认值，如图 7-3-20 所示。

（7）在"JVM 内存"对话框中选择 vCenter Server 部署的清单大小，如图 7-3-21 所示，在此选择"小型"。

图 7-3-16　安装向导

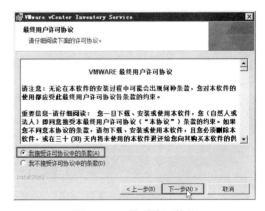

图 7-3-17　接受许可协议

图 7-3-18　安装位置

图 7-3-19　本地系统信息

图 7-3-20　配置端口

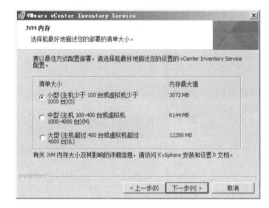

图 7-3-21　JVM 内存

（8）在"vCenter Single Sign On 信息"对话框中，输入 vCenter Single Sign On 管理员密码以注册 Inventory Service，如图 7-3-22 所示，这个密码是在安装 vCenter Single Sign On 时设置的（图 5-14 中设置的）。

（9）在"安装证书以进行安全连接"对话框中，单击"安装证书"按钮，如图 7-3-23 所示。

（10）在"准备安装"对话框中，单击"安装"按钮，如图 7-3-24 所示，开始安装 Inventory Service，直到安装完成，如图 7-3-25 所示。

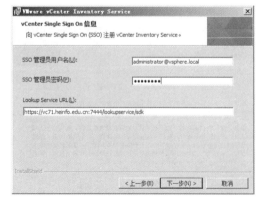

图 7-3-22　输入密码

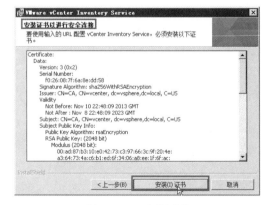

图 7-3-23　安装证书

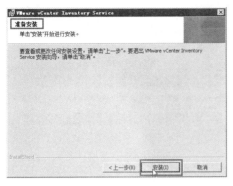

图 7-3-24　准备安装

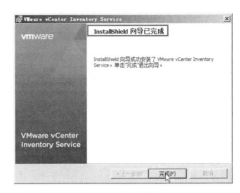

图 7-3-25　安装完成

3. 安装 vCenter Server

在准备好数据源之后就可以安装 vCenter Server 了，主要步骤如下：

（1）运行 vCenter Server 安装程序，选中"vCenter Server"，在右下角单击"安装"按钮，如图 7-3-26 所示。

图 7-3-26　运行 vCenter Server 安装程序

（2）在"欢迎使用 VMware vCenter Server 的安装向导"对话框中单击"下一步"按钮，如图 7-3-27 所示。

（3）在"许可协议"对话框中单击"我接受许可协议中的条款"单选按钮，然后单击"下一步"按钮，如图 7-3-28 所示。

（4）在"许可证密钥"对话框中输入 vCenter Server 的许可证密钥，如果没有许可证并且留空可以使用 60 天。管理员可以在 60 天到期之前在 vCenter Server 管理界面中输入许可证密钥，如图 7-3-29 所示。

（5）在"数据库选项"对话框中，单击"安装 Microsoft SQL Server 2008 Express 实例"，如图 7-3-30 所示。

【说明】在大型企业中，可以为 vCenter Server 安装 SQL Server 数据库。在实验或者可管理的 VMware ESXi 主机数量较小的情况下，可以使用免费的 SQL Server 2008 Express 实例。

图 7-3-27 安装向导

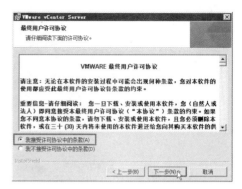

图 7-3-28 接受许可协议

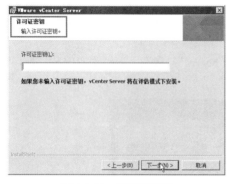

图 7-3-29 许可证密钥

图 7-3-30 数据库选项

（6）在"vCenter Server 服务"对话框中，选择"使用 Windows 本地系统账户"复选框，如图 7-3-31 所示。

（7）在"vCenter Server 链接模式选项"对话框中，选择"创建独立 VMware vCenter Server 实例"单选按钮，如图 7-3-32 所示。

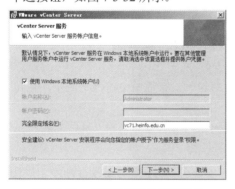

图 7-3-31 使用系统账号启动服务

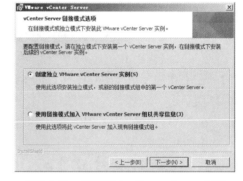

图 7-3-32 创建独立 vCenter Server 实例

（8）在"配置端口"对话框中，输入 vCenter 的连接信息，通常保持默认值即可，如图 7-3-33 所示。如果 vCenter Server 管理的 VMware ESXi 主机同时打开超过 2 000 台虚拟机的电源，则需要选中"增加可用极短端口的数量"复选框，在大多数情况下，单台 ESXi 主机不会启动超过 2 000 台虚拟机，所以此项一般不选中。

（9）在"JVM 内存"对话框中选择清单大小，在 vCenter Server 管理的 ESXi 主机少于 100 台或管理的总虚拟机数小于 1 000 台时，选择"小型"单选按钮，在大多数情况下可以满足需求，如图 7-3-34 所示。

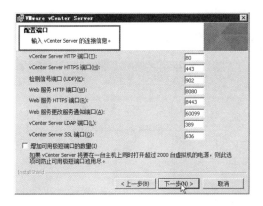

图 7-3-33　配置端口

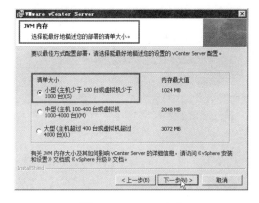

图 7-3-34　JVM 内存

（10）在"vCenter Single Sign On 信息"对话框中，输入 vCenter Single Sign On 管理员密码，如图 7-3-35 所示。

（11）在"vCenter Single Sign On 信息"对话框中，输入 vCenter Single Sign On 识别的 vCenter Server 管理员，默认为 administrator@vsphere.local，请大家记住此账号，在第一次管理 vCenter Server 的时候，需要使用该账号登录，如图 7-3-36 所示。

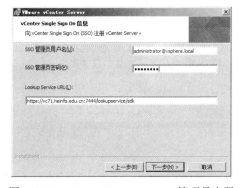

图 7-3-35　vCenter Single Sign On 管理员密码

图 7-3-36　注册 vCenter 管理员

（12）在"vCenter Inventory Service 信息"对话框中，输入 vCenter Inventory Service 信息，在此保持默认值，如图 7-3-37 所示。

（13）在"目标文件夹"对话框中，选择 vCenter Server 安装位置，如图 7-3-38 所示。

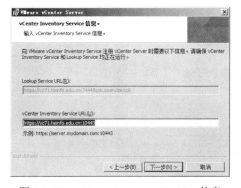

图 7-3-37　vCenter Inventory Service 信息

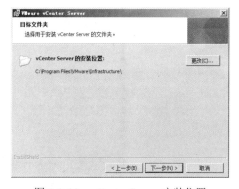

图 7-3-38　vCenter Server 安装位置

（14）在"准备安装程序"对话框中，单击"安装"按钮，如图 7-3-39 所示。

（15）稍后开始 vCenter Server 的安装，直到安装完成，如图 7-3-40 所示。

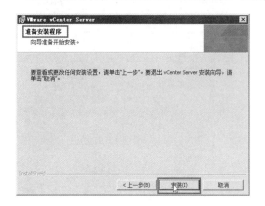

图 7-3-39　安装位置　　　　　　　　　　图 7-3-40　安装完成

（16）安装完成之后，需要重新启动计算机，如图 7-3-41 所示。

4．安装 vSphere Web Client

从 vSphere 5.1 开始，所有新的 vSphere 功能只能通过 vSphere Web Client 管理，传统的 vSphere Client 虽然继续运行，但其只支持与 vSphere 5.0 相同的功能集，不显示 vSphere 5.1、

图 7-3-41　安装完成重新启动

vSphere 5.5 中的任何新功能。所以对于原来习惯 vSphere Client 的管理员，应该逐渐使用 vSphere Web Client 管理 vSphere。本节介绍 vSphere Web Client 的安装，需要将其安装在 vCenter Server 计算机上。在下面的示例中，将在 IP 地址为 172.18.96.71 的 vCenter Server 的计算机（或虚拟机）中安装 vSphere Web 客户端支持，步骤如下。

（1）在 vCenter 计算机中，运行 VMware vCenter 安装程序，单击"VMware vSphere Web Client"链接，然后单击"安装"按钮，如图 7-3-42 所示。

图 7-3-42　安装 vSphere Web Client

（2）之后进入 vSphere Web Client 安装向导，如图 7-3-43 所示。

（3）在"最终用户许可协议"对话框中，单击"我接受许可协议中的条款"单选按钮，如图 7-3-44 所示。

（4）在"目标文件夹"对话框中，选择安装位置，通常为默认路径，如图 7-3-45 所示。

（5）在"端口设置"对话框中，为 vSphere Web Client 服务站点设置端口，其默认端口分别是 9090 和 9443，如图 7-3-46 所示。

图 7-3-43　安装向导

（6）在"vCenter Single Sign On 信息"对话框中，输入 vCenter Single Sign On 管理员密码，如图 7-3-47 所示。

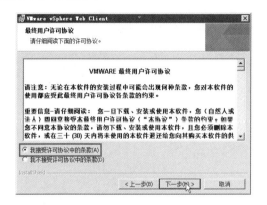

图 7-3-44　接受许可协议

图 7-3-45　目标文件夹

图 7-3-46　Web Client 端口设置

图 7-3-47　管理员密码

（7）在"准备安装"对话框中，单击"安装"按钮，开始安装，如图 7-3-48 所示。

（8）稍后会开始安装 vCenter Web Client，直到安装完成，如图 7-3-49 所示。

（9）之后使用 vSphere Client 登录 vCenter Server，如图 7-3-50 所示。

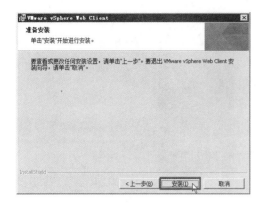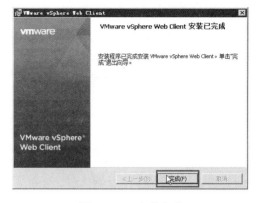

图 7-3-48　准备安装　　　　　　　　　　图 7-3-49　安装完成

图 7-3-50　登录到 vCenter Server 5.5

7.3.2　升级到 vCenter Server 6.0 U2

将 vCenter Server 6.0 U2 的 ISO 上传到 vCenter Server 所在 ESXi 主机的本地或共享存储设备中，修改其在 Server 虚拟机中的配置，加载上传的 vCenter Server 的 ISO 文件。然后切换到 vCenter Server 虚拟机控制台，运行安装程序，开始 vCenter Server 的升级，主要步骤如下。

（1）在 vCenter Server 6.0 安装。界面，选择"适合于 Windows 的 vCenter Server"，单击"安装"按钮，如图 7-3-51 所示。

（2）在"欢迎使用 VMware vCenter Server 6.0.0 安装程序"对话框，安装程序提示"此计算机上检测到 vCenter Single Sign-On 5.5 和 vCenter Server 5.5，并将升级到具有嵌入式 Platform Services Controller 的 vCenter Server 6.0.0"，单击"下一步"按钮，如图 7-3-52 所示。

（3）在"最终用户许可协议"对话框，单击"我接受许可协议条款"，单击"下一步"按钮，如图 7-3-53 所示。

（4）在"vCenter Single Sign-On 和 vCenter Serve 凭据"对话框，输入 vCenter Single Sign-On（SSO）的管理员密码，并选中"为 vCenter Server 使用相同的凭据"，如图 7-3-54 所示。如果 vCenter Server

与 SSO 具有不同的凭据，请分别输入。

图 7-3-51　安装 vCenter Server

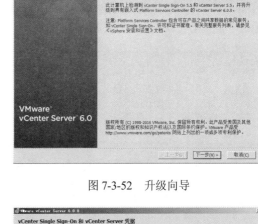

图 7-3-52　升级向导

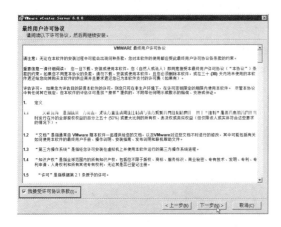

图 7-3-53　接受许可协议

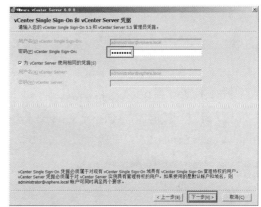

图 7-3-54　SSO 与 vCenter Server 凭据

（5）如果原来的 vCenter Server 使用的是"Microsoft SQL Express"数据库，则该数据库会迁移到 VMware vPostgres，如图 7-3-55 所示。

（6）在"配置端口"对话框，显示了 vCenter Server 相关服务的端口，如图 7-3-56 所示。

图 7-3-55　数据库迁移

图 7-3-56　vCenter Server 6 相关端口

（7）在"目标目录"对话框中选择当前 vCenter Server 6 部署的存储位置，如图 7-3-57 所示。在此对话框显示了将原来 5.x 数据库导出的位置。

（8）在"准备升级"对话框，单击"我确认已备份此 vCenter Server 计算机和嵌入式 Microsoft SQL Server Express 数据库"，单击"升级"按钮，如图 7-3-58 所示。在此页中还提示，在将 vCenter Server 5.5 升级到 6.0 后，当前 vCenter Server 许可将处于"评估模式"。

图 7-3-57　目标目录　　　　　　　　　　　　　图 7-3-58　升级

（9）之后将开始升级 vCenter Server 5.5，并显示安装进度，如图 7-3-59 所示。

（10）经过一段时间，vCenter Server 5.5 升级到 6.0 完成，此时在"安装完成"对话框中会提示"您的 vCenter Server 5.5 已升级到版本 6.0.0"，如图 7-3-60 所示。

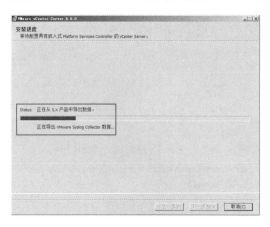

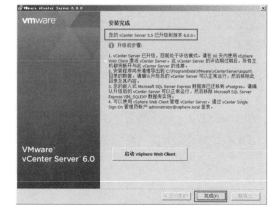

图 7-3-59　安装进度　　　　　　　　　　　　　图 7-3-60　安装完成

（11）升级完成之后，使用 vSphere Client 登录 vCenter Server，如图 7-3-61 所示。

（12）提示许可将过期，如图 7-3-62 所示。至此升级完成，为 vCenter Server 添加 vSphere 6.0 的许可，这些操作不再介绍。

图 7-3-61　登录 vCenter Server

图 7-3-62　登录到 vCenter Server

7.4　vCenter Server Appliance 6.0.x 版本的升级

vCenter Server Appliance 是基于 Linux 的预配置虚拟机，针对在 Linux 上运行 VMware vCenter Server 及关联服务进行了优化。vCenter Server Appliance 的安装程序，如 VMware-VCSA-all-6.0.0-2562643.iso，即可以用来安装全新的 vCenter Server 6.0.0 也可以将低版本的 vCenter Server 升级到 6.0.0。

与 Windows 版本的 vCenter Server 的部署方式不同，vCenter Server Appliance 6.0.0 版本的部署，是通过 Windows 7、Windows 10 管理工作站部署的。主要部署流程如下：

（1）在网络中的一台 Windows 7、Windows 10 等工作站上，安装 vCenter Server Appliance 安装光盘 vcsa 目录中的"客户端集成插件"。

（2）执行光盘根目录下的"vcsa-setup.html"，根据向导提示，将 vCenter Server Appliance 6.0.0 的虚拟机部署到 ESXi 主机或 vCenter Server 管理的 VMware ESXi 主机中。

下面通过具体实例进行介绍，首先介绍 vCenter Server Appliance 的安装，然后介绍使用 ISO 文件实现跨主版本的升级，再介绍使用 ZIP 文件进行次版本号的升级。

7.4.1　安装客户端集成插件

在升级、安装 vcsa 的时候，要安装光盘中 vcsa 目录中的"VMware-ClientIntegrationPlugin-6.0.0.exe"程序。注意，虽然各版本中都有"同名"的文件，但不同版本中的"客户端集成插件"版本不同。如果当前计算机已经安装了 VCSA 的"客户端集成插件"，在部署其他版本的 vcsa 时，需要先卸载原来的"客户端集成插件"，再安装当前要部署的 vcsa 安装光盘中的程序。

（1）加载 vcsa 安装光盘，打开 vcsa 文件夹，该文件夹中有三个文件：一个文本例件，介绍当前 vcsa 的版本；一个可执行程序，例如 VMware-ClientIntegrationPlugin-6.0.0.exe，这就是"客户端集成插件"程序，要部署 vcsa 6.0.0，需要安装这个插件；还有一个无扩展的文件，名称为 vmware-vcsa，这就是 vcsa 的 OVA 文件，是配置好的 vcsa 的 Linux 的虚拟机，如图 7-4-1 所示。

图 7-4-1　vcsa 目录中的文件

（2）vcsa 6.0.0 不同版本中"客户端集成插件"文件名、文件大小、文件版本如表 7-4-1 所列。

表 7-4-1　vCenter Server Appliance 6.0.0 客户端集成插件文件名、大小与版本

版本例件说明	文件大小/KB	客户端集成插件版本	vcsa 版本
VMware–vCenter–Server–Appliance–6.0.0.5100–2562625	97312	6.0.0.2799	6.0.0
VMware–vCenter–Server–Appliance–6.0.0.10000–3018521e	97362	6.0.0 6826	6.0.0 u1
VMware–ClientIntegrationPlugin–6.0.0.exe VMware–vCenter–Server–Appliance–6.0.0.20000–3634791	93245	6.0.0.3933	6.0.0 u2
VMware–ClientIntegrationPlugin–6.0.0–4911605.exe VMware–vCenter–Server–Appliance–6.0.0.30000–5112509	96491	6.0.0.4911605	6.0.0 u3
VMware–ClientIntegrationPlugin–6.0.0–4911605.exe VMware–vCenter–Server–Appliance–6.0.0.30200–5326079	96491	6.0.0.4911605	6.0.0 u3b

（3）在一台 Windows 计算机中，加载 vCenter Server Appliance 安装光盘镜像，这是一个名为 "VMware-VCSA-all-6.0.0-2562643.iso"、大小为 2.66GB 的 ISO 文件，可以用虚拟光驱加载。

（4）加载之后，运行 VCSA 文件夹中的 VMware-ClientIntegrationPlugin-6.0.0.exe 程序，如图 7-4-2 所示。

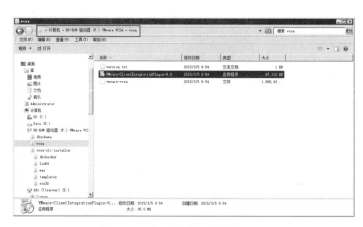

图 7-4-2　打开加载后的光盘目录

（5）开始运行 VMware 客户端集成插件，如图 7-4-3 所示。

（6）在"最终用户许可协议"对话框，选中"我接受许可协议中的条款"单选按钮，如图 7-4-4 所示。

图 7-4-3　安装 VMware 客户端集成插件

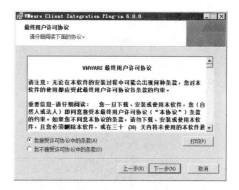

图 7-4-4　最终用户许可协议

（7）在"目标文件夹"选择安装位置，通常选择默认值，如图 7-4-5 所示。

（8）之后开始安装，直到安装完成，如图 7-4-6 所示。

图 7-4-5　选择安装位置

图 7-4-6　安装完成

7.4.2　全新安装 vCenter Server Appliance（ISO 文件）

在管理工作站上加载 vCenter Server Appliance 光盘镜像，安装 VMware 客户端集成插件后部署 vCenter Server Appliance。主要步骤如下。

加载并定位到 vCenter Server Appliance 安装光盘，双击根目录下的"vcsa-setup.html"，如图 7-4-7 所示。

图 7-4-7　准备运行 vcsa 安装向导网页

（1）vCenter Server Appliance 安装程序会自动用浏览器打开安装程序，开始检测插件，在安装了 vSphere 客户端集成插件之后，弹出"是否允许此网站打开你计算机上的程序"，单击"允许"按钮，如图 7-4-8 所示。

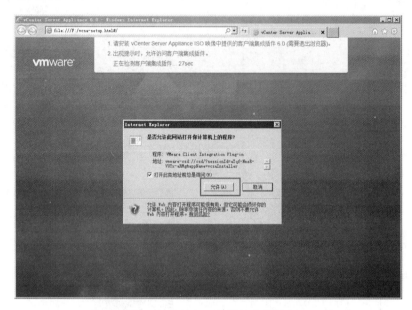

图 7-4-8　允许打开计算机上的程序

（2）之后进入 vCenter Server Appliance 6.0 安装程序，单击"安装"按钮，如图 7-4-9 所示。

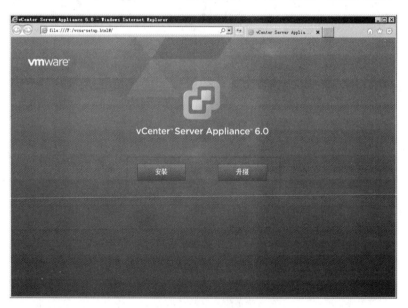

图 7-4-9　安装程序

（3）在"最终用户许可协议"对话框中选中"我授受许可协议条款"复选框，如图 7-4-10 所示。

（4）在"连接到目标服务器"对话框，输入要部署 vCenter Server Appliance 的 ESXi 主机，在本示例中，承载 vCenter Server Appliance 的 ESXi 主机的 IP 地址为 192.168.80.11，之后输入这台 ESXi

的用户名 root 及密码，如图 7-4-11 所示。

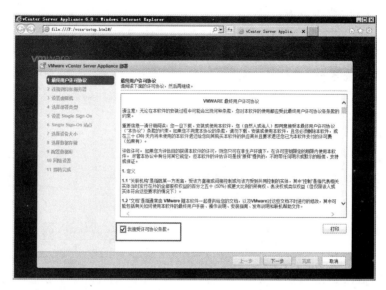

图 7-4-10　接受许可条款

图 7-4-11　连接到目标服务器

（5）在"证书警告"对话框中单击"是"按钮，忽略目标 ESXi 主机服务器上的证书问题，如图 7-4-12 所示。

（6）在"设置虚拟机"对话框，设置设备名称（即部署在 ESXi 主机上的、将要部署的这台 vCenter Server Appliance 虚拟机的名称）、默认的操作系统的密码，在此设置设备名称为 vcsa，并设置 root 账号密码（应将该密码记下），如图 7-4-13 所示。

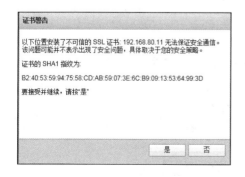

图 7-4-12　证书警告

图 7-4-13　设置虚拟机

（7）在"选择部署类型"对话框中选择"安装具有嵌入式 Platform Services Controller 的 vCenter Server"单选按钮，如图 7-4-14 所示。

图 7-4-14　选择部署类型

（8）在"设置 Single Sign-On (SSO)"对话框，选择"创建新 SSO 域"单选按钮，设置 SSO 域名（在此设置为 vsphere.local）、设置 vCenter SSO 密码（该密码需要为复杂密码，例如 abCD12#$）及 SSO 站点名称（Default-First-Site），如图 7-4-15 所示。

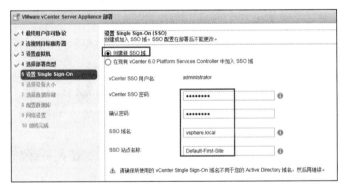

图 7-4-15　设置 Single Sign-On (SSO)

（9）在"选择设备大小"对话框指定新设备的部署大小，可以在"微型、小型、中型、大型"之间选择，在此选择"微型（最多 10 个主机、100 台虚拟机）"，如图 7-4-16 所示。

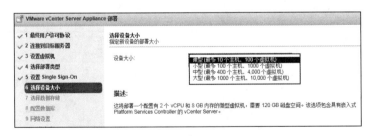

图 7-4-16　选择设备大小

（10）在"选择数据存储"对话框选择放置此虚拟机的存储位置，如图 7-4-17 所示。如果没有足够的磁盘空间，或者想节省部署的空间，请选择"启用精简磁盘模式"复选框。

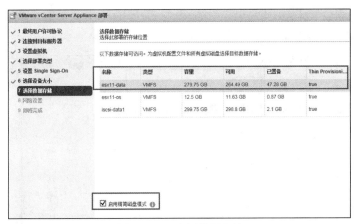

图 7-4-17　选择数据存储

【说明】在本次实验中，应将虚拟机部署在本地磁盘中，不要部署在 iSCSI 存储中。因为在虚拟环境中访问 iSCSI 存储，速度较慢。

（11）在"配置数据库"对话框选择"使用嵌入式数据库"，如图 7-4-18 所示。

图 7-4-18　配置数据库

（12）在"网络设置"对话框中配置此部署的网络地址，在此新部署的 vCenter Server Appliance 的 IP 地址为 192.168.80.4，设置系统名称为 vcsa.heinfo.edu.cn，在"配置时间同步"选择"同步设备时间与 ESXi 主机时间"单选按钮，如图 7-4-19 所示。网关配置 192.168.80.1 或 192.168.80.2 即可。

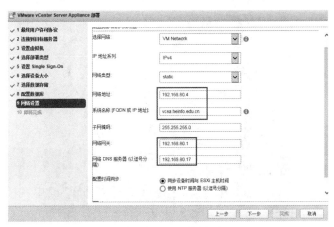

图 7-4-19　网络设置

（13）在"即将完成"对话框中显示了 vCenter Server Appliance 的部署设置，检查无误之后单击"完成"按钮，如图 7-4-20 所示。

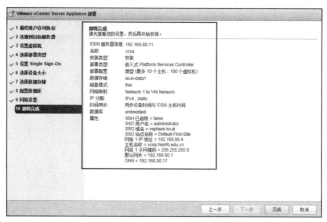

图 7-4-20　即将完成

（14）开始部署 vCenter Server Appliance，如图 7-4-21 所示。

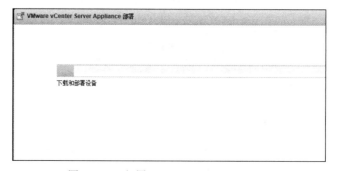

图 7-4-21　部署 vCenter Server Appliance

（15）此时使用 vSphere Client 打开 ESXi 主机，再打开部署 vCenter Server Appliance 虚拟机的控制台，可以看到 vCenter Server Appliance 虚拟机正在启动，如图 7-4-22 所示。

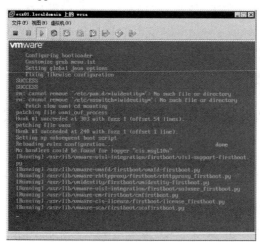

图 7-4-22　vCenter Server Appliance 虚拟机正在启动

（16）vCenter Server Appliance 部署显示"安装完成"，同时显示了 vSphere Web Client 的登录地址，当前为 https://vcsa.heinfo.edu.cn/vsphere-client，如图 7-4-23 所示。

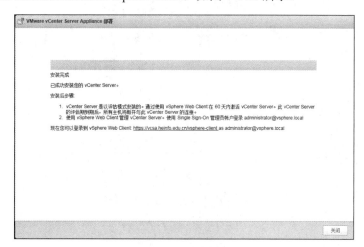

图 7-4-23　部署完成

（17）打开 vCenter Server Appliance 虚拟机进入控制台页，如图 7-4-24 所示。

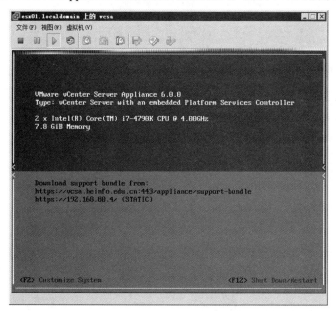

图 7-4-24　vCenter Server Appliance 控制台

（18）在 vCenter Server Appliance 控制台中，按 F2 键，输入 root 账号和密码之后，可以设置或修改 vCenter Server 的 IP 地址、绑定网卡，也可以在此控制台中按 F12 键，输入 root 账号和密码，重启或关闭 vCenter Server。这与 ESXi 类似，不一一介绍。

（19）也可以使用 vSphere Web Client，并使用用户名 administrator@vsphere.local 登录 vCenter Server，如图 7-4-25 所示。

（20）第一次登录之后如图 7-4-26 所示。

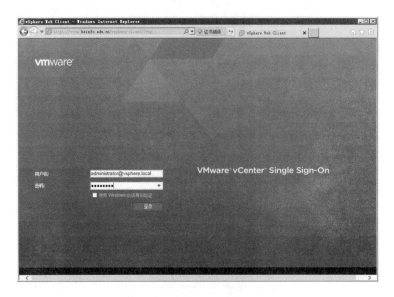

图 7-4-25　vSphere Web Client

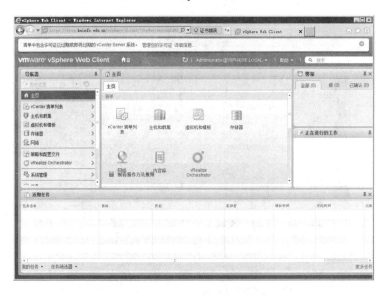

图 7-4-26　登录到 vCenter Server

7.4.3　升级 vCenter Server Appliance

Linux 版本的 vCenter Server（即 vcsa）既有 ISO 文件，也有 ZIP 文件，但 vcsa 的 ZIP 文件只是用于同级主版本号、不同内部版本号的升级。例如 VMware-vCenter-Server-Appliance-6.0.0.20000-3634791-updaterepo.zip，这是 vCenter Server 6.0 U2 的升级文件，可以将 vCenter Server Appliance 5.1 U3 或 5.5 的版本升级到 6.0.0 的版本。

对于 Linux 版本的 vCenter Server（即 vcsa），从 vCenter Server 6.5.0 开始，又增加了一个*-patch-fp.iso 的文件，例如 VMware-vCenter-Server-Appliance-6.5.0.5200-4944578-patch-FP.iso，对于标记了"pathc-ft"的 ISO 文件，也是升级使用的，可以将同一主版本号的较低版本升级到当前较新版本。

下面通过具体的实验进行介绍。

7.4.4　使用 ISO 文件升级 vCenter Server Appliance（从 5.1 U3、5.5 升级到 6.0）

当前有一个 vCenter Server Appliance 6.0.0（见图 7-4-27），在本示例中将使用 vCenter Server Appliance 6.0.0 u2 的 ISO 安装光盘镜像，将其升级到 6.0.0 U2。

图 7-4-27　vCenter Server Appliance 6.0.0

（1）在一台 Windows 7 的管理工作站中，加载 vCenter Server Appliance 6.0.0 U2 安装光盘镜像，如图 7-4-28 所示。

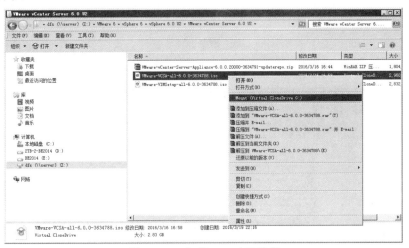

图 7-4-28　加载 vcsa 安装镜像

（2）如果当前计算机安装 vCenter Server 6.0 的客户端集成了插件（当前版本为 6.0.0.2799），应将其卸载，如图 7-4-29 所示。

（3）然后从 vcsa 目录安装当前版本的客户端集成插件，如图 7-4-30 所示。安装之后版本为 6.0.0.3933，如图 7-4-31 所示。

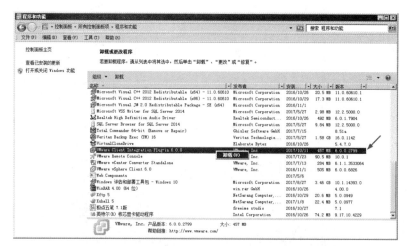

图 7-4-29　卸载以前版本的客户端集成插件

图 7-4-30　安装当前版本的客户端集成插件

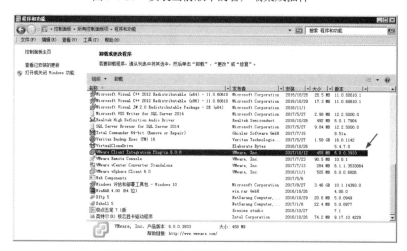

图 7-4-31　安装后的版本为 6.0.0.3933

（4）执行光盘根目录下的 vcsa-setup.html 文件，进入 vCenter Server Appliance 6.0 安装与升级程

序，如图 7-4-32 所示。单击"升级"按钮，弹出"支持升级"对话框，如图 7-4-33 所示，单击"确定"按钮继续。

图 7-4-32 升级 图 7-4-33 支持的升级

7.4.5 使用 ZIP 文件升级（修补版本升级，例 6.0U2 升级到 6.0U3）

对于 vCenter Server Appliance 6.0.0，需要通过使用 ZIP 文件进行升级时，需要准备一个 Web 服务器，将升级的 ZIP 解压缩到 Web 服务器的虚拟目录中，使用 vCenter Server Appliance 管理控制台进行升级。

演示环境概述：当前有一个 vCenter Server Appliance 6.0.0 U2，网络中有一台 IIS 服务器。

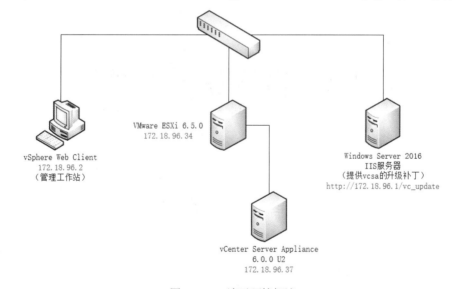

图 7-4-34 演示环境概述

（1）升级前，将 vCenter Server Appliance 6.0.0 U2 的虚拟机创建快照，如图 7-4-35 所示。

图 7-4-35　创建快照

（2）准备 IIS 服务器，将 vCenter Server Appliance 6.0.0 U3 的升级 ZIP 解压缩，展开到一个文件夹中，并设置虚拟目录，并且允许目录浏览、添加 mime 类型并允许下载所有文件。最后能浏览查看升级文件，如图 7-4-36 所示。最后应在"地址栏"中复制该地址，如图 7-4-37 所示，后文要用到。

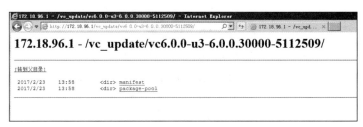

图 7-4-36　查看升级文件

图 7-4-37　复制地址

（3）启动要升级的 vCenter Server Appliance 6.0.0 U2，如图 7-4-38 所示。

（4）登录 https://172.18.96.37:5480，在"更新"中单击"设置"按钮，如图 7-4-39 所示。

（5）在"更新设置"对话框中，单击选择"使用指定存储库"，并在"存储库 URL"中粘贴图 7-4-37 中复制的地址，如图 7-4-40 所示。

（6）输入之后单击"检查更新"按钮，之后会从 Web 服务器检索到新版本的升级补丁，如图 7-4-41 所示。在此显示了当前版本的详细信息、以及可用更新版本的详细信息。单击"安装更新"按钮，可以升级。

图 7-4-38　启动 vCenter Server Appliance

图 7-4-39　单击"设置"按钮

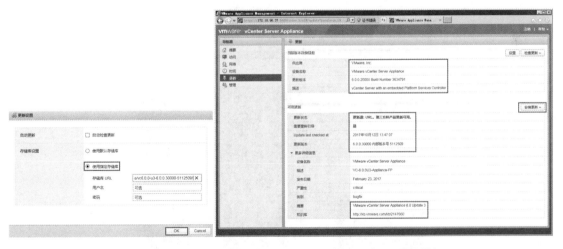

图 7-4-40　粘贴复制的地址　　　　　　　　图 7-4-41　可用更新

（7）在弹出的"最终用户许可协议"对话框中，选中"我接受许可协议条款"复选框，然后单击"安装"按钮，如图 7-4-42 所示。

（8）之后开始下载并安装更新，安装完成之后，单击"确定"按钮，如图 7-4-43 所示。

图 7-4-42　许可协议

图 7-4-43　安装更新完成

（9）安装更新之后返回到 vCenter Server Appliance 管理界面，此时可以看到当前版本信息已经更新，如图 7-4-44 所示。

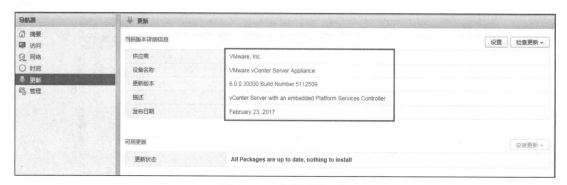

图 7-4-44　安装更新完成

（10）但此时新版本还没有生效，请重新启动 vCenter Server Appliance 的虚拟机，再次进入系统后，版本已经更新，如图 7-4-45 所示。升级完成后删除升级前创建的快照，至此升级完成。

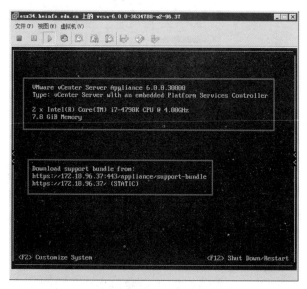

图 7-4-45　升级完成

7.5　从 vCenter Server 6.0.0 U2 迁移升级到 vCenter Server Appliance 6.5.0d 实例

　　VMware vSphere 虚拟化管理工具 vCenter Server 一直有两个版本,即可以安装在 Windows Server 服务器上的 vCenter Server 版本,还有一个预发行的、已经配置好的 Linux 版本 vCenter Server Appliance。这两个版本功能相同,使用预发行的 vCenter Server Appliance,既可以省去 Windows Server 操作系统的许可费用,又减轻了管理员的部署负担,一般直接导入 vCenter Server Appliance 的模板即可使用。

　　vSphere 6.5 中进一步增强了 vCenter Server Appliance 的功能,把它打造成了一个全功能的 vCenter Server。主要有如下的改进。

　　(1)整合 Update Manager。

　　Update Manager 能够对 vSphere 集群中的服务器、虚拟机进行集中的软件补丁和升级管理:

　　① 升级服务器上的 ESXi 软件或打补丁。

　　② 在服务器上安装第三方的软件。

　　③ 升级虚拟机的硬件版本、VMware Tools 软件。

　　vSphere 6.5 中把 VMware Update Manager 也整合进了 vcsa。在以前的版本中,Update Manager 还是必需单独安装在一台 Windows 服务器上,这可以说是 vCenter Server 对于 Windows 的最后一个依赖了,有些客户就是因为这个而没有部署 vcsa。

　　(2)内置备份恢复功能

　　vCenter Server 可以用 vSphere Data Protection 或第三方的备份软件(要求支持 VMware vSphere Storage APIs - Data Protection)来备份。vcsa 6.5 中增加了内置的备份功能,使用 vcsa 的管理界面就可以轻松地备份 vCenter Server 的所有数据。在备份的时候,可以指定使用 SCP、HTTP(s) 或 FTP(s) 协议来把备份数据文件上传到一个指定的存储位置。可以在 vcsa 的 ISO 安装界面中从备份数据恢复 vCenter Server,恢复过程会部署一个全新的 vCenter Server Appliance 中并且从指定的备份文件恢复所有的数据。

　　在备份的时候也可以指定一个密码来对数据进行加密,当然恢复的时候也必须提供这样一个密码来进行解密。如果密码丢失的话,将没有任何方法来恢复数据。

　　(3)自带 HA 支持

　　如果需要一个 HA 环境来保证 vCenter Server 的高可靠性,vSphere 6.5 以前有两种方案。

　　如果 vCenter Server 部署在虚机中的,可以利用 vSphere 集群本身的 HA 特性来预防服务器故障;为了应对 vCenter Server 本身失效的故障场景,另外还需要配置一个 Watchdog 来监控 vCenter Server 是否正常运行。

　　如果 vCenter Server 是部署在 Windows 物理服务器上的,则需要利用 Microsoft Cluster Service(MSCS)集群来提供一个 HA 环境。

　　vCenter Server Appliance 6.5 中自带了 HA 的方案,使用一个 Active / Passive / Witness 架构来保护 vCenter,一旦 vCenter 服务发生故障,能够在 5 分钟内在把服务切换到备份机。这个服务是 vcsa 内置的,不需要依赖于任何外部的共享存储或数据库。

（4）增强的 Appliance 管理能力

vCenter Server Appliance 6.5 也进一步增强了管理功能，能够在管理界面上让管理员看到更多的系统信息，除了 CPU 和内存的统计信息外，现在还能够看到网络、数据库、硬盘使用空间等，帮助管理员全面了解 vCenter Server Appliance 的健康状况。

内置 PostgreSQL 数据库的信息可帮助管理员及时了解空间使用状况，避免发生空间不够而造成的系统故障。当数据库空间接近用完时，vSphere Web Client 上也会显示警告，并且 vCenter 服务会自动关闭以防止数据库的损坏。

另外，vCenter Server 6.0 中的 5 个独立的 Watchdog 服务被整合成了一个 vMon 服务，由这个 vMon 服务来对 vCenter Server 进行统一的监控和管理，同时也为 VCSA 中内置的 HA 功能提供故障转移（failover）的决策依据。

vCenter Server Appliance 6.5 提供了一个全功能的 vCenter Server，实际上功能比 Windows 版还要多，上面介绍的这些新功能都是 vcsa 独有的。vCenter Server Appliance 的安装界面中也提供了迁移工具，帮助客户把现有的 Windows 版 vCenter Server（5.5 或 6.0）迁移到 vcsa 6.5。VCSA 也是 VMware 主推的部署方式，除了部署方便，还可以省下 Windows 或数据库许可证的费用。

从 vSphere 6.5 版本开始，推荐全新安装采用 vCenter Server Appliance；对于以前的 vCenter Server 可以通过迁移升级的方式升级到 vCenter Server Appliance 6.5。本节介绍这方面的内容。

7.5.1 介绍实验环境

为了全面介绍（演示），将 Windows 版本的 vCenter Server 迁移到 Linux 版本的 vCenter Server Appliance 的过程，本例准备了如下的实验环境。

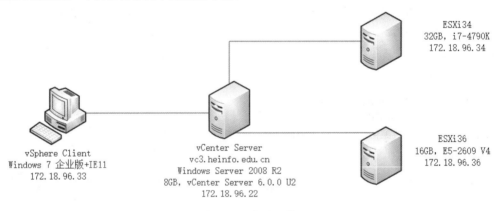

图 7-5-1 实验环境

在图 7-5-1 的实验环境中，有两台 ESXi 6.0 的主机，其 IP 地址分别是 172.18.66.34、172.18.96.36，在 172.18.96.34 上安装了一台 Windows Server 2008 R2 的虚拟机，该虚拟机安装了 vCenter Server 6.0.0 U2，该虚拟机的 IP 地址是 172.18.96.22，计算机名称为 vc3.heinfo.edu.cn，如图 7-5-2 所示。

在本节设计的实验中，172.18.96.34、172.18.96.36 两台 ESXi 加入到 172.18.96.22 的 6.0.0 U2 的 vCenter Server 中并受其管理。本节设计的实验，将把 172.18.96.22 的 vCenter Server "迁移" 到 vCenter Server Appliance 6.5.0d 的版本。

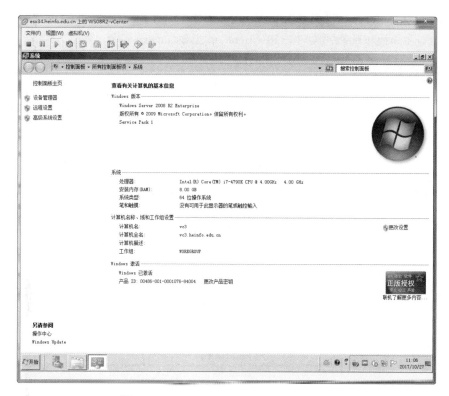

图 7-5-2　vCenter Server 6.0.0 U2 的虚拟机

从 vCenter Server 到 vCenter Server Appliance 6.5.0 的迁移，总体步骤（过程）如下。

（1）在源 vCenter Server 计算机中运行 vcsa 迁移向导（图 7-5-1 中的 172.18.96.22）。

（2）在管理工作站（图 7-5-1 中的 172.18.96.33），运行 vCenter Server 6.5.0 的安装程序，选择迁移，根据向导执行。在迁移的过程中，要选择一个目标（vCenter Server 或 ESXi 主机），部署一个新的 vCenter Server Appliance 6.5 的虚拟机，此虚拟机需要一个"临时"的 IP 地址（本示例为 172.18.96.96，要确认该 IP 地址在当前网络中未使用）。

（3）部署新的 vCenter Server Appliance 6.5 虚拟机启动后，会使用第（2）步中分配的临时 IP 地址，并从第（1）步中的迁移向导中获取源 vCenter Server 的数据。数据获取完成之后，源 vCenter Server 的虚拟机将会关闭。

（4）vCenter Server Appliance 6.5 的虚拟机释放临时地址，配置为源 vCenter Server 的 IP 地址、域名并对外提供服务，至此迁移完成。

从上面的步骤来看，从 vCenter Server 迁移，总体来说，是将 vCenter Server 的配置导出，并且将其转换之后，导入一个新配置的 vCenter Server Appliance 的虚拟机中，迁移完成后，源虚拟机关闭，为新安装的 vCenter Server Appliance 虚拟机设置源虚拟机的 IP 地址、域名并对外提供服务。下面我们一一介绍。

7.5.2　在源 vCenter Server 运行迁移向导工具

（1）为源 vCenter Server 创建快照，如图 7-5-3 所示。

（2）为 vCenter Server 6.0.0 U2 的虚拟机加载 vCenter Server Appliance 6.5.0d 的安装程序，并执行光盘 migration-assistant 目录中的 VMware-Migration-Assistant.exe 程序，如图 7-5-4 所示。

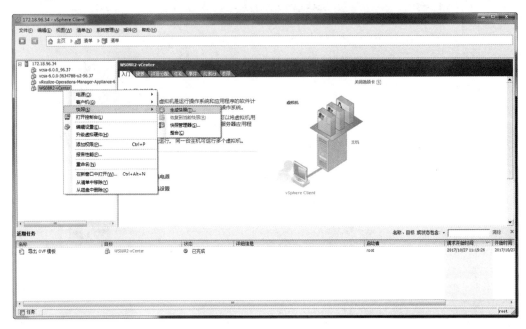

图 7-5-3　为源 vCenter Server 创建快照

图 7-5-4　执行 VMware-Migration-Assistant.exe

（3）在"正在初始化 Migration Assistant…"窗口中，提示输入 Administrator@vsphere.local 的密码，如图 7-5-5 所示。

（4）输入 vCenter Server 的 SSO 账号密码之后，迁移向导读取当前 vCenter Server 的信息，并提示迁移设置、迁移步骤，如图 7-5-6 所示。在迁移完成之后，此对话框不要关闭。

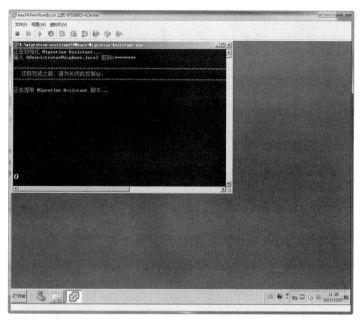

图 7-5-5　输入 SSO 管理员密码

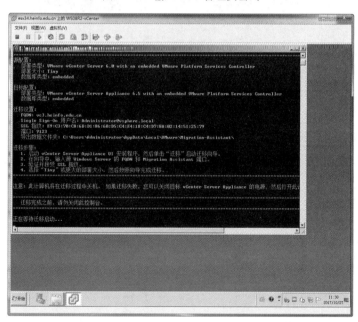

图 7-5-6　迁移控制台

7.5.3　在管理工作站执行 vcsa 部署向导

在管理工作站（图 7-5-1 中 IP 为 172.18.96.33 的 Windows 7 计算机），加载与源 vCenter Server 加载的 vCenter Server Appliance 相同的 ISO 镜像，执行 "vcsa-ui-installer\win32" 目录中的 install.exe 程序，如图 7-5-7 所示。

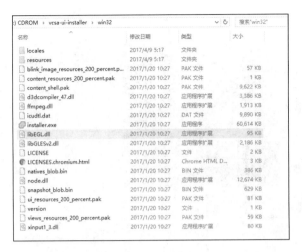

图 7-5-7　执行安装程序

（1）在"vCenter Server Appliance 6.5 安装程序"中，单击"迁移"，如图 7-5-8 所示。

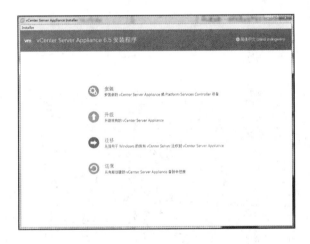

图 7-5-8　迁移

（2）在"迁移"→"第一阶段"对话框中，在"连接到源服务器"中，输入要迁移的源 vCenter Server 的 IP 地址或域名、输入 SSO 密码，如图 7-5-9 所示。

图 7-5-9　输入源 vCenter Server 的 IP 地址及 SSO 密码

（3）在连接源 vCenter Server 之后，在源 vCenter Server 虚拟机中，迁移工具控制台会返回"正在返回缓存的预检查结果…已成功返回缓存的预检查结果。正在收集网络配置…"的提示，如图 7-5-10 所示。

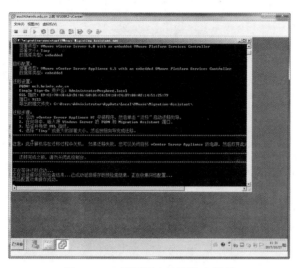

图 7-5-10　返回缓存的预检查结果

（4）在"设备部署目标"对话框中，输入 ESXi 主机或名 vCenter Server 的名称，并输入用户名和密码，如图 7-5-11 所示。本示例中输入 vCenter Server 的域名即 vc3.heinfo.edu.cn（这是要迁移的源 vCenter Server 服务器）。

图 7-5-11　设备部署目标

（5）在"选择文件夹"对话框，选择部署位置，如图 7-5-12 所示。

图 7-5-12　选择文件夹

（6）在"选择计算资源"对话框，选择用于部署设备的计算机资源，如图 7-5-13 所示。在此选择 172.18.96.36 的 ESXi 主机。

图 7-5-13　选择计算资源

（7）在"设置目标设备虚拟机"中，设置虚拟机的名称、root 密码，如图 7-5-14 所示。

图 7-5-14　设置目标设备虚拟机

（8）在"选择部署大小"对话框，选择"微型"，如图 7-5-15 所示。

图 7-5-15　选择部署大小

（9）在"选择数据存储"对话框，选择保存虚拟机的存储，并选中"启用精简磁盘模式"复选框，如图 7-5-16 所示。

（10）打开"配置网络设置"对话框，在"临时 IP 地址"中，为即将创建的 vCenter Server Appliance 虚拟机分配一个临时的 IP 地址，在本示例中此 IP 地址为 172.18.96.96，之后设置子网掩码、网关及 DNS，如图 7-5-17 所示。

（11）在"即将完成第 1 阶段"对话框中，显示了部署的详细信息，检查无误之后单击"完成"

按钮，如图 7-5-18 所示。

图 7-5-16　选择数据存储

图 7-5-17　配置网络设置

图 7-5-18　第 1 阶段完成

（12）之后部署向导会在选中的目标 ESXi 主机创建一个 vCenter Server Appliance 的虚拟机，并进行部署，如图 7-5-19 所示。

（13）打开 vCenter Server Appliance 的虚拟机，在初始阶段（见图 7-5-19），当前不会显示 IP 地址，如图 7-5-20 所示。

图 7-5-19　部署进度

图 7-5-20　查看 vCenter Server Appliance 控制台

（14）安装向导继续向 vCenter Server Appliance 安装软件包，如图 7-5-21 所示。

图 7-5-21　继续安装软件包

（15）安装完软件包之后配置网络，如图 7-5-22 所示。

（16）出现图 7-5-22 所示的"配置网络"提示，切换到 vCenter Server Appliance 虚拟机的控制台，会看到当前 vCenter Server Appliance 已经设置了"临时"的 IP 地址 172.18.96.96，如图 7-5-23 所示。

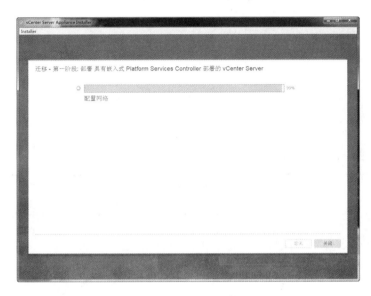

图 7-5-22　配置网络

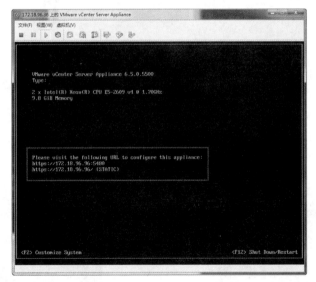

图 7-5-23　设置临时的 IP 地址

（17）第一阶段部署完成，如图 7-5-24 所示。单击"继续"按钮，开始第二阶段的部署。第二阶段的部署内容如下。

（1）在"迁移-第二阶段"对话框中，单击"下一步"按钮，如图 7-5-25 所示。

（2）之后会连接到源，并进行迁移前的准备工作，如图 7-5-26 所示。

图 7-5-24　第一阶段部署完成

图 7-5-25　第二阶段部署开始

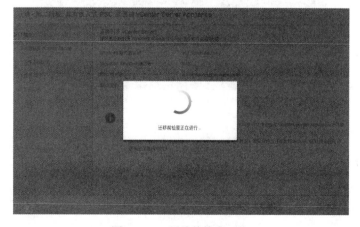

图 7-5-26　迁移前检查工作

（3）在源 vCenter Server 控制台，会显示"开始复制 Migration Assistant 日志"等信息，如图 7-5-27 所示。

（4）在"选择迁移数据"对话框中，选择迁移数据，在此选中"配置、事件、任务和性能衡量指标"单选按钮，如图 7-5-28 所示。

图 7-5-27　迁移向导控制台反馈信息

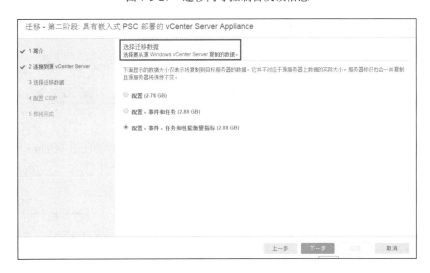

图 7-5-28　选择迁移数据

（5）在"配置 CEIP"对话框中选择是否加入 VMware 客户体验改善计划，如图 7-5-29 所示。

（6）在"即将完成"对话框中，单击"我已备份源 vCenter Server 和数据库中的所有必要数据"复选框，然后单击"完成"按钮，如图 7-5-30 所示。

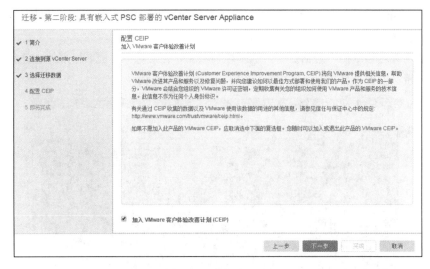

图 7-5-29　配置 CEIP

图 7-5-30　第二阶段完成

（7）弹出"关机警告"对话框，如图 7-5-31 所示，此时会提示会关闭源 vCenter Server 计算机的电源。单击"确定"按钮继续。

（8）数据传输和设置会继续进行，如图 7-5-32 所示。

图 7-5-31　关机警告

图 7-5-32　正在从旧版系统导出数据

（9）在源 vCenter Server 中，会将数据压缩上传到 vCenter Server Appliance，如图 7-5-33 所示。

（10）如果使用 vSphere Client 连接到源 vCenter Server，此时会提示"vSphere Client 与 vc3.heinfo.edu.cn 服务器的连接已断开"，如图 7-5-34 所示。

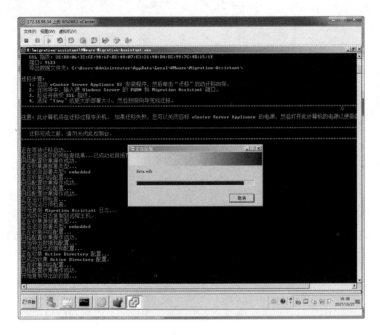

图 7-5-33　压缩数据

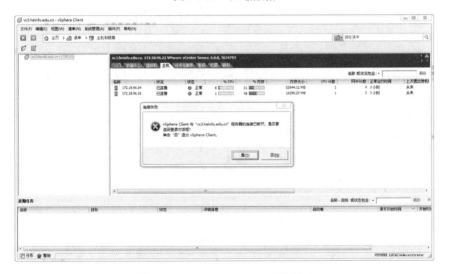

图 7-5-34　vCenter Server 连接断开

（11）如果用 vSphere Client 直接登录到源 vCenter Server 所在的 ESXi 主机，并打开 vCenter Server 的控制台，会看到"您将要被注销"的提示，如图 7-5-35 所示。

（12）vCenter Server 的虚拟机将会关闭，如图 7-5-36 所示。

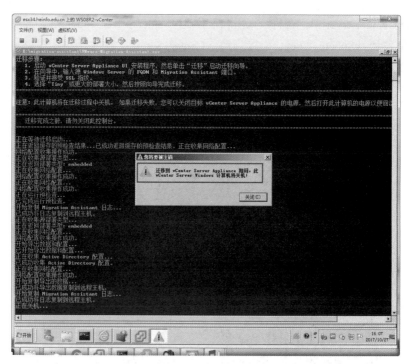

图 7-5-35　迁移完成，vCenter Server 即将关闭

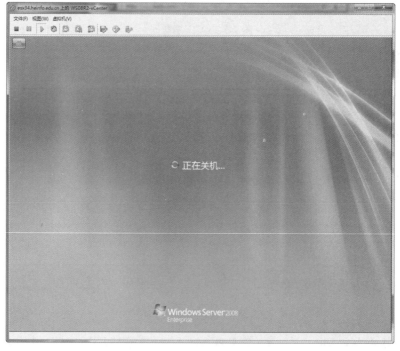

图 7-5-36　vCenter Server 正在关机

（13）同时安装向导也会发出"正在关闭源计算机"的提示，如图 7-5-37 所示。

（14）安装程序开始设置目标 vCenter Server Appliance 并启动服务，如图 7-5-38 所示。

图 7-5-37　正在关闭源计算机

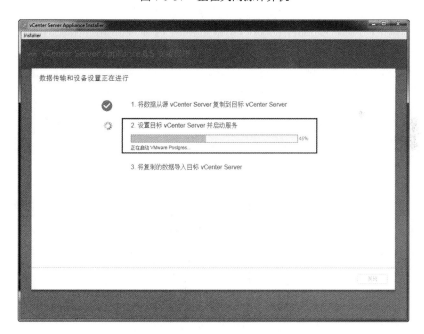

图 7-5-38　设置目标 vCenter Server

（15）下面将复制的数据导入目标 vCenter Server 中，如图 7-5-39 所示。

（16）第二阶段完成后，提示 vSphere Web Client 登录页面及设备入门页面，如图 7-5-40 所示。

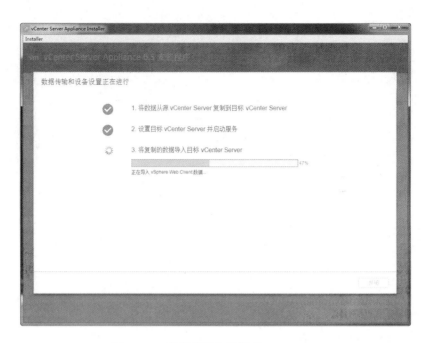

图 7-5-39　将数据导入目标 vCenterServer

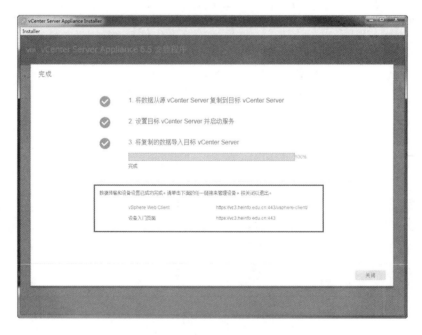

图 7-5-40　设置入门页面

（17）切换到 vCenter Server Appliance 虚拟机控制台，此时设备的 IP 地址已经更换为源 vCenter Server 的 IP 地址 172.18.96.22，如图 7-5-41 所示。

（18）登录进入迁移后的 vSphere Web Client 页面，如图 7-5-42 所示。至此迁移完成。

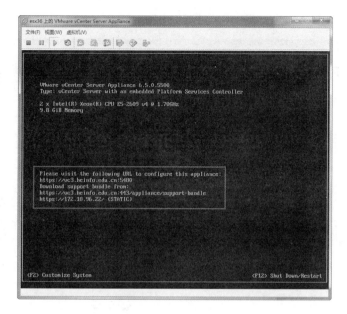

图 7-5-41　迁移完成

图 7-5-42　登录迁移后的 vSphere Web Client

7.5.4　其他注意事项

如果要迁移的源 vCenter Server 使用的是外部的 SQL Server 数据库，还需要进行如下的配置。

1. 为升级用户添加替换进程级别令牌

（1）为运行升级的用户分配"替换进程级别令牌"特权。运行 gpedit.msc，在"本地计算机策略"→"计算机配置"→"Windows 设置"→"安全设置"→"本地策略"→"用户权限分配"中，在右侧找到并双击"替换一个进程级令牌"，如图 7-5-43 所示。

图 7-5-43　替换一个进程级令牌

（2）将当前登录的用户 Administrator 添加到用户或组列表中，如图 7-5-44 所示，否则在执行 vCenter Server Appliance 迁移助手时会提示"运行升级的用户没有'更换进程级令牌'特权"，如图 7-5-45 所示。

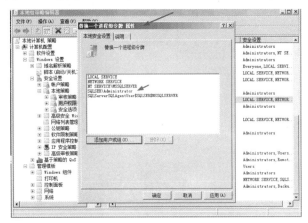

图 7-5-44　添加当前登录用户　　　　　　　图 7-5-45　用户权限不够

2. NTP 配置错误

如果源 vCenter Server 计算机未对 NTP 请求做出响应，则会弹出图 7-5-46 所示的提示。

对于这种情况，你可以将网络中的 Active Directory 服务器配置为 NTP 服务器，方法请参见本书第 3 章 "3.3.6 为 ESXi 主机指定 NTP 服务器"一节内容。在配置了 NTP 服务器之后，在 vCenter Server 中，设置"日期和时间"→"Internet 时间"，设置 NTP 为 Active Directory 的 IP 地址（本示例为 172.18.96.1），然后进行同步，如图 7-5-47 所示，时间同步之后再运行迁移助手成功，如图 7-5-48 所示。

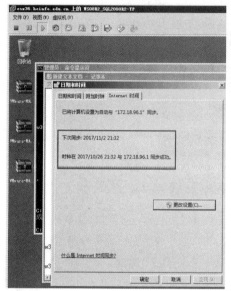

图 7-5-46　NTP 未作出响应

图 7-5-47　设置 NTP

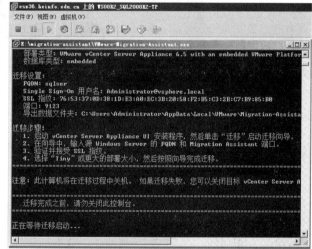

图 7-5-48　运行迁移助手

3. 第一阶段 80% 停止

如果在迁移的第一阶段停止在 80% 界面，如图 7-5-49 所示，打开迁移向导中创建的 vCenter Server Appliance 的虚拟机，如果出现 "RPM Installation failed" 时，表示此次迁移失败，如图 7-5-50 所示。

图 7-5-49　停留在 80%

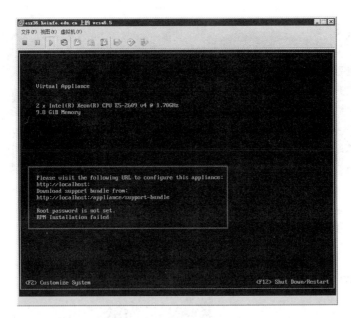

图 7-5-50　RPM 安装失败

一般情况下，出现这种情况是安装文件的问题，应检查 vCenter Server Appliance 的安装镜像的 Hash 值，重新下载正确的 vCenter Server Appliance 安装文件，重新启动安装。

7.5.5　使用 FP.iso 文件升级（vCenter 6.5 修补版本升级）

使用 FP.iso 文件升级，与使用.zip 升级类似。使用 FP.iso 文件的好处是不需要准备 Web 服务器，直接让 vCenter Server Appliance 的虚拟机加载升级的 ISO 文件即可。本节介绍这种升级方式。在本示例中，将把 vCenter Server Appliance 6.5.0.5200-4944578 升级到 6.5.0-5318154。

（1）登录 vCenter Server Appliance 6.5 的管理地址，在"摘要"中可以看到当前版本，如图 7-5-51 所示。

图 7-5-51　当前版本

（2）使用 vSphere Web Client 登录 vCenter Server，选择打开 vCenter Server Appliance 虚拟机控制台，如图 7-5-52 所示。

图 7-5-52　控制控制台

（3）用虚拟光驱加载 vCenter Server Appliance 6.5.0 的 FP.iso，如图 7-5-53 所示，加载的盘符为 G，如图 7-5-54 所示。

（4）打开 vcsa 虚拟机控制台，在"VMRC"菜单中选择"可移动设备"→"CD/DVD 驱动器 1"，选择连接到本地光驱 G，如图 7-5-55 所示。也可以选择"连接磁盘映像文件"，直接加载图 7-5-54 中的 ISO 文件。

（5）返回到 vCenter Server Appliance 控制台，在"更新"选项中单击"检查更新"→"检查 CDROM"，如图 7-5-56 所示。

图 7-5-53　加载 VCSA 6.5 的升级 ISO

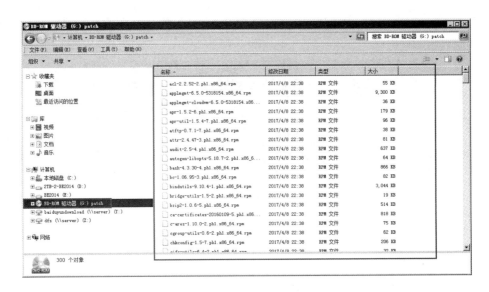

图 7-5-54　查看升级文件

图 7-5-55　连接到光驱

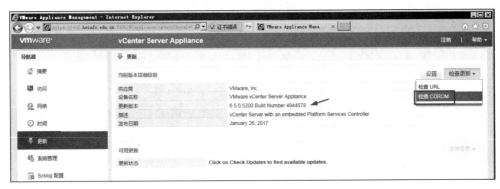

图 7-5-56　检查 CDROM 进行更新

（6）检查到更新源之后，单击"安装更新"→"安装 CDROM 更新"，如图 7-5-57 所示。

（7）在"最终用户许可协议"中选中"我接受许可协议条款"复选框，单击"安装"按钮，如图 7-5-58 所示。

（8）之后将开始安装更新，直到更新完成，如图 7-5-59 所示。

（9）返回到 vCenter Server Appliance 控制台，此时"更新"状态为"更新已安装到系统上，但尚未应用。重新引导系统以完成更新流程"，如图 7-5-60 所示。

图 7-5-57　安装 CDROM 更新

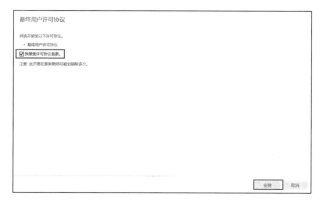

图 7-5-58　接受许可协议

图 7-5-59　安装更新

图 7-5-60　更新状态

（10）在"摘要"选项中，单击"重新引导"按钮，在弹出的对话框中单击"是"按钮，重新启动 vCenter Server Appliance 的虚拟机，如图 7-5-61 所示。

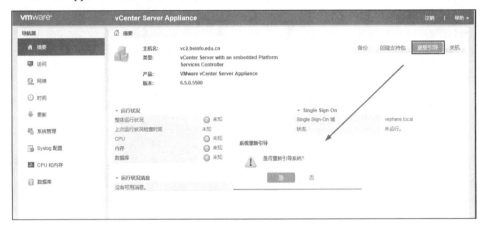

图 7-5-61　重新引导

（11）再次进入系统后，在"更新"中可以看到当前 vCenter Server Appliance 的版本已经升级到 6.5.0.5500-5318154，如图 7-5-62 所示。

图 7-5-62　更新已经完成

7.6　vCenter Server Appliance 6.5 的备份与恢复

vCenter Server Appliance 6.5 支持备份与恢复，本节将演示这一内容。

在当前的环境中有一台 vCenter Server Appliance 6.5.0d 的版本，该 vCenter 是 172.18.96.36 中的一台虚拟机。在备份与恢复的过程中，需要用到一台 FTP 服务器，本示例中的 FTP 服务器的 IP 地址为 172.18.96.1。整个备份与恢复是通过网络中的一台 Windows 7 的工作站来完成的，当前实验拓扑如图 7-6-1 所示。

本实验完成如下的内容：

（1）登录 vCenter Server Appliance 管理界面，导出备份到 FTP 服务器。

（2）关闭 vCenter Server Appliance，使用 vCenter Server Appliance 6.5.0 的安装程序，从备份恢复（安装新的 vCenter Server Appliance，从备份恢复设置）。

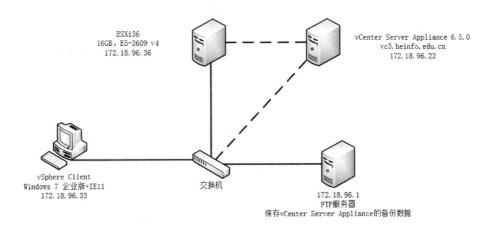

图 7-6-1　VCSA 备份与恢复实验拓扑

7.61　FTP 服务器的准备

在 172.18.96.1 的 Windows Server 2016 计算机中，安装 "Internet 信息服务管理器" 及 FTP 服务器，并创建 FTP 服务器，之后在 FTP 服务器中添加一个 vcsa 的虚拟目录。之后配置 FTP 身份验证与添加用户。

（1）在 FTP 服务器管理界面，先双击 "FTP 身份验证"，如图 7-6-2 所示。

图 7-6-2　FTP 身份验证

（2）在 "FTP 身份验证" 中，添加 "基本身份验证" 并启用，如图 7-6-3 所示。

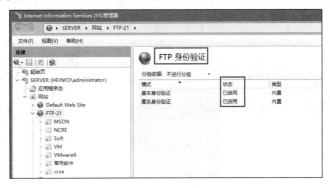

图 7-6-3　启动 FTP 身份验证

（3）返回到 FTP 服务器管理器，双击"FTP 授权规则"（参考图 7-6-2），在"添加允许授权规则"对话框中，选择"指定的用户"，为 FTP 添加一个用户例如 linnan（这是在 Windows Server 计算机管理中，本地用户中创建的），并设置"权限"为"读取、写入"，如图 7-6-4 所示。

（4）添加之后 FTP 授权规则如图 7-6-5 所示。

图 7-6-4　添加允许的授权规则

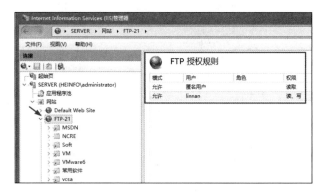

图 7-6-5　添加 FTP 授权规则

7.6.2　导出 vCenter Server Appliance 备份

登录 vCenter Server Appliance 6.5.0 的管理界面，然后导出备份。

（1）登录 vcsa 的管理界面（本示例为 https://vc3.heinfo.edu.cn:5480），使用 root 登录，如图 7-6-6 所示。

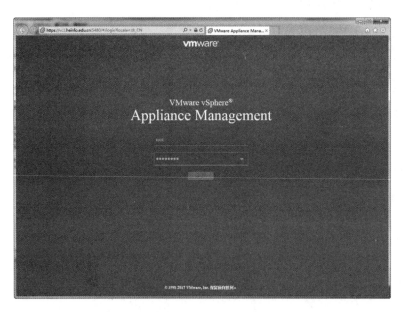

图 7-6-6　登录管理界面

（2）在"摘要"中单击"备份"按钮，如图 7-6-7 所示。

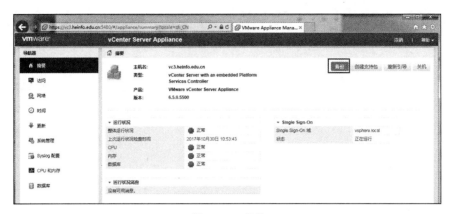

图 7-6-7 备份

（3）在"输入备份详细信息"对话框中，在"协议"下拉列表中选择 FTP，然后输入 FTP 服务器的 IP 地址及备份路径，本示例为 172.18.96.1/vcsa，然后输入具有向指定 FTP 目录有"写入"权限的 FTP 用户名及密码，本示例为 linnan（在图 7-6-4 中添加），如图 7-6-8 所示。

图 7-6-8 输入备份详细信息

（4）在"选择要备份的内容"中，选中要备份的内容，如图 7-6-9 所示。这里全部选中。

图 7-6-9 选择要备份的内容

（5）在"即将完成"对话框中，显示了备份的位置及内容，单击"完成"按钮，如图 7-6-10 所示。

图 7-6-10　即将完成

（6）之后开始备份，如图 7-6-11 所示。

图 7-6-11　备份进度

（7）在 FTP 服务器，打开备份的文件夹，可以看到备份的文件。

【说明】在使用 IE 浏览器导出的时候，有可能进度一直停留在 0，如果在 FTP 服务器上看到生成的文件日期与时间保持不变，如图 7-6-12 所示，则备份完成。在使用 Chrome 浏览器导出的时候，进度很快，大约几分钟就可以备份完成，如图 7-6-13 所示。

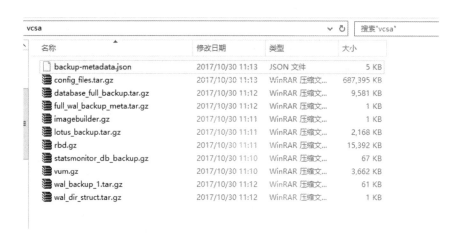

图 7-6-12　FTP 服务器上看到的备份文件

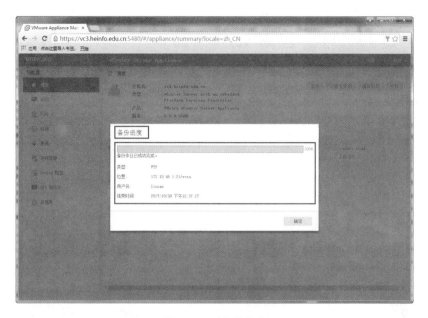

图 7-6-13　备份完成

7.6.3　从备份恢复 vCenter Server Appliance

如果要从备份恢复，请使用与备份相同版本的 vCenter Server Appliance 的 ISO 安装文件，在网络中一台 Windows 计算机（可以是 Windows 7/8/10/2012/2016 等操作系统）运行安装程序，执行恢复向导恢复。下面介绍主要步骤。

（1）在 Windows 计算机上，执行 vCenter Server Appliance 6.5.0 安装程序，单击"还原"，如图 7-6-14 所示。

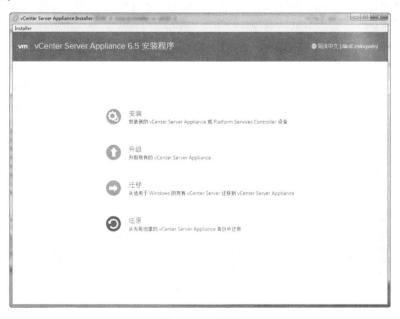

图 7-6-14　还原

（2）在"还原-第一阶段：部署设备"对话框中，显示了还原简介，单击"下一步"按钮，如图 7-6-15 所示。

图 7-6-15　还原简介

（3）在"最终用户许可协议"对话框中选中"我接受许可协议条款"复选框，如图 7-6-16 所示。

（4）打开"输入备份详细信息"对话框，在"协议"下拉列表中选择 FTP，然后输入备份的位置（本示例为 172.18.96.1/vcsa），输入 FTP 的用户名与密码，如图 7-6-17 所示。

图 7-6-16　接受许可协议

图 7-6-17　输入备份详细信息

（5）如果备份的 vCenter Server Appliance 版本与当前安装程序的版本不一致，则会给出提示信息，并且不能继续。如图 7-6-18 所示，当前版本的版本是 5318154，而正在安装的版本是 5973321。

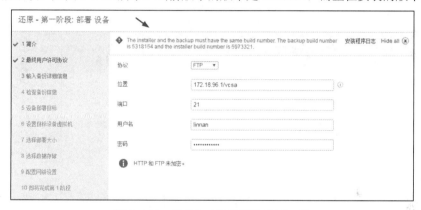

图 7-6-18　备份与安装程序版本不一致

（6）在检测到备份版本与当前安装版本一致后，进入"检查备份信息"对话框，如图 7-6-19 所示。

图 7-6-19　检查备份信息

（7）在"设备部署目标"对话框中指定新部署的 vCenter Server Appliance 所在的 ESXi 主机或 vCenter Server 主机，并输入用户名和密码。在本示例中指定 172.18.96.36 的主机，如图 7-6-20 所示。

图 7-6-20　设备部署目标

（8）在"设置目标设备虚拟机"对话框中，输入将要部署的虚拟机的名称、root 密码，在本示例中设置虚拟机名称为 vcsa6.5.0d，如图 7-6-21 所示。

图 7-6-21　设置目标虚拟机

（9）在"选择部署大小"对话框，设置部署大小和存储大小，在本示例中选择微型、大型，如图 7-6-22 所示。这样初期将部署一个"微型"的 vCenter Server Appliance，但因为存储设置为大型，后期可以通过为虚拟机增加内存、CPU 来满足更大的环境需求。

图 7-6-22　选择部署大小

（10）在"选择数据存储"对话框中选择部署位置，并选中"启用精简磁盘模式"复选框，如图 7-6-23 所示。在实际的生产环境中，可以取消这一选择以获得更好的性能。

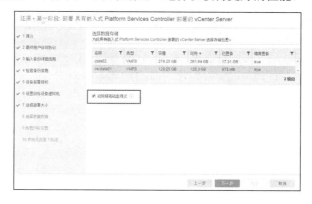

图 7-6-23　选择数据存储

（11）在"配置网络设置"对话框中，为将要部署的 vcsa 的虚拟机选择网络，而 IP 地址、子网掩码、网关、DNS 服务器则是从配置中直接导入（源 vCenter Server Appliance 的配置），不需要输入，如图 7-6-24 所示。

图 7-6-24　配置网络设置

（12）在"即将完成第 1 阶段"对话框中显示了备份还原详细信息，检查无误之后单击"完成"按钮，如图 7-6-25 所示。

图 7-6-25　完成第一阶段

（13）之后安装向导将会部署一台新的 vCenter Server Appliance，部署完成之后，单击"继续"按钮，如图 7-6-26 所示。

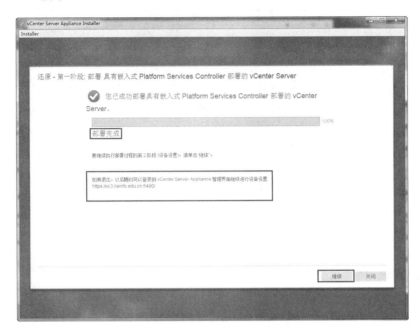

图 7-6-26　部署完成

之后开始第二阶段的任务。

（1）在"还原-第二阶段：具有嵌入式 PSC 部署的 vCenter Server Appliance"对话框中，单击"下一步"按钮，如图 7-6-27 所示。

图 7-6-27　第二阶段

（2）在"备份详细信息"中，显示了将要检索备份详细信息，如图 7-6-28 所示。

（3）在"即将完成"对话框中提示要关闭原始 vCenter Server Appliance（FTP 备份数据的 vCenter Server Appliance 虚拟机），然后单击"完成"按钮，如图 7-6-29 所示。

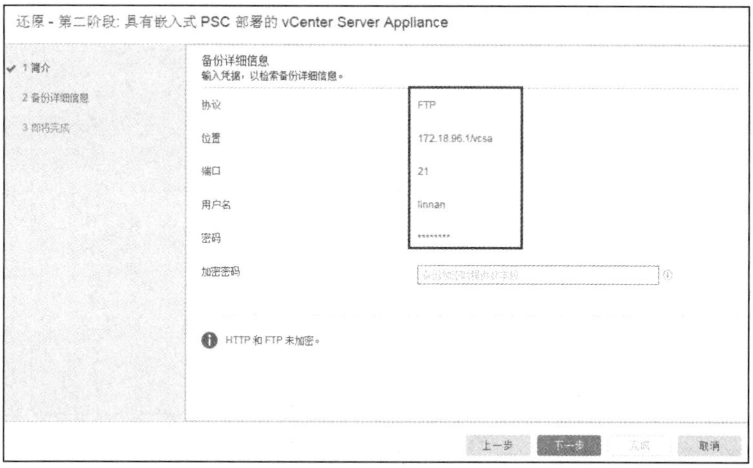

图 7-6-28　备份详细信息

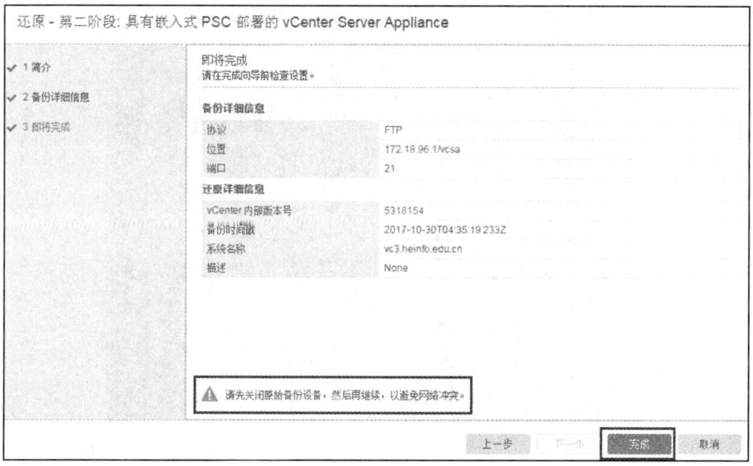

图 7-6-29　即将完成

（4）此时会弹出"警告"信息，单击"确定"按钮继续，如图 7-6-30 所示。

图 7-6-30　警告信息

（5）之后开始还原，直接还原完成，如图 7-6-31 所示。

（6）还原完成后，打开新创建的 vCenter Server Appliance 虚拟机的控制台，从控制台中可以看到控制台的管理地址及登录地址，如图 7-6-32 所示。

（7）之后登录 vCenter Server Appliance 管理界面，至此还原完成，如图 7-6-33 所示。

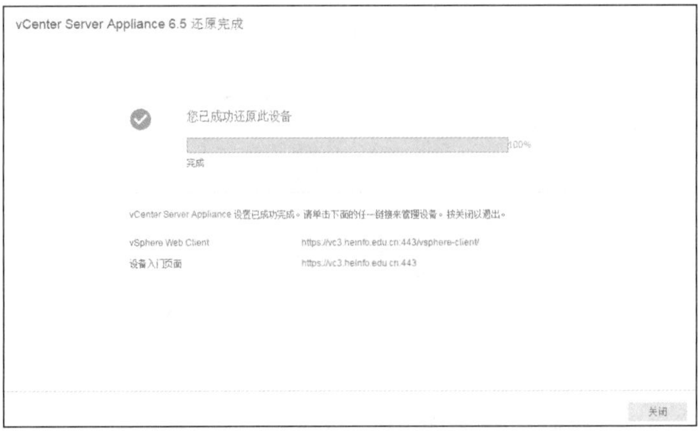

图 7-6-31　还原完成

图 7-6-32　VCSA 控制台

图 7-6-33　还原完成后登录管理界面

第 **8** 章　VMware Workstation 虚拟机关键
应用技能

VMware Workstation 是适合于个人的虚拟机软件，大多数管理员在上线正式应用之前，一般都是在 VMware Workstation 进行测试，等测试成功之后再在 ESXi 中部署正式应用。一些要求不高的应用也可以直接运行在 VMware Workstation 虚拟机中。

8.1　让指定的 VMware Workstation 虚拟机自动启动的方法

VMware Server 的虚拟机可以"跟随"主机自动启动，而 VMware Workstation 的虚拟机则没有这个功能，那么，如果 VMware Workstation 的虚拟机要在主机重新启动之后，自动启动指定的虚拟机，应该怎么办呢？

简单来说，可以通过如下两个方法解决：

（1）让主机自动登录进入系统，可通过修改注册表和运行命令行两种方法实现。

（2）创建批处理文件，让 VMware Player 加载指定的虚拟机，并将该批处理加到"启动"组。

8.1.1　修改注册表让主机自动登录

修改注册表让主机自动登录的方法可以支持目前所有加入域与不加入域的计算机。

通过修改注册表让系统自动登录的方法如下。

（1）运行"regedit"打开注册表编辑器，然后在注册表编辑器左方控制台中依次单击展开"HKEY_LOCAL_MACHINE/SOFTWARE/Microsoft/Windows NT/Current Version/Winlogon"，再选择"新建-字符串值"，在数值名称中键入"AutoAdminLogon"，设置键值为"1"，如图 8-1-1 所示，实现自动登录的功能。

（2）检查是否有"DefaultUserName"的字符串值（示例：msft\administrator），检查"DefaultDomainName"值是否域的 NetBIOS 名称，如图 8-1-2 所示，如果这两项都是上次登录的用户名和域名就不用再次编辑。

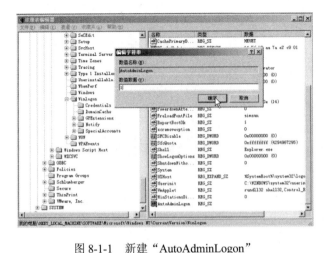

图 8-1-1 新建 "AutoAdminLogon"

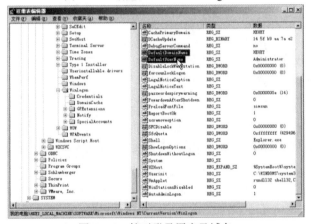

图 8-1-2 核对登录用户及域名

（3）创建一个名为 "Defaultpassword" 的字符串值，并编辑字符串为准备用于自动登录的用户账户和密码，如图 8-1-3 所示，编辑完并检查无误后，关闭注册表编辑器并重新启动计算机即可自动登录。

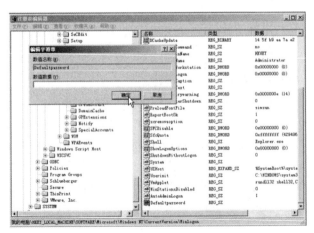

图 8-1-3 创建 "Defaultpassword"

8.1.2　通过命令让主机实现自动登录

第二种方法是通过命令自动登录，适用于没有加入域的计算机。步骤如下：

（1）运行 control userpasswords2，如图 8-1-4 所示。

（2）在弹出的"用户账号"对话框，取消"要使用本机，用户必须输入用户名和密码"的选项，单击"确定"按钮，在弹出的"自动登录"对话框，输入用于自动登录的账号名及密码（该账号必须要有密码），如图 8-1-5 所示。通过输入管理员账号 Administrator 及密码。

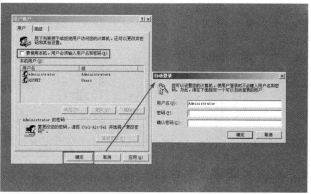

图 8-1-4　执行命令　　　　　　　　　图 8-1-5　设置自动登录

8.1.3　创建使用 VMware Player 打开并运行虚拟机的快捷方式

在准备好虚拟机并进行测试后，创建 VMware Player 的快捷方式，用 VMware Player 打开指定运行的虚拟机。

（1）在本例中，创建的名为"VC"的虚拟机，该虚拟机保存在 C 盘 C:\VMS\JFVM-VC 目录中，虚拟机的配置文件名称为 JFVM-VC.vmx，如图 8-1-6 所示。

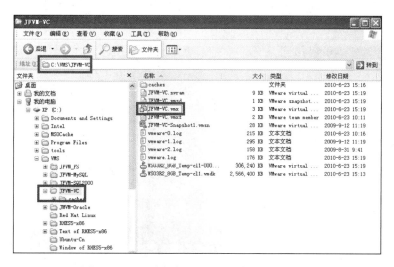

图 8-1-6　VC 虚拟机的保存位置及配置文件名

（2）将"VMware"程序组中的"VMware Player"快捷方式发送到"桌面"，如图 8-1-7 所示。

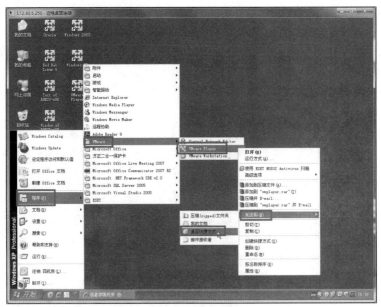

图 8-1-7　创建桌面快捷方式

（3）然后修改该快捷方式，在"快捷方式"选项卡中，在"目标"后面，将快捷方式修改为

"C:\Program Files\VMware\VMware Workstation\vmplayer.exe" "C:\VMS\JFVM-VC\JFVM-VC.vmx"

注意，一定要用英文的双引号，其中前面

"C:\Program Files\VMware\VMware Workstation\vmplayer.exe"

是 VMware Player 的快捷方式，后面的参数

"C:\VMS\JFVM-VC\JFVM-VC.vmx"

是指定让 VMware Player 运行的虚拟机，如图 8-1-8 所示。

（4）在"常规"选项卡中，修改快捷方式的名称为 VC，然后单击"确定"按钮，为名为 VC 的虚拟机创建好快捷方式，以后双击桌面上的 VC 图标，就会用 VMware Player 自动打开并运行该虚拟机，如图 8-1-9 所示。

图 8-1-8　修改快捷方式

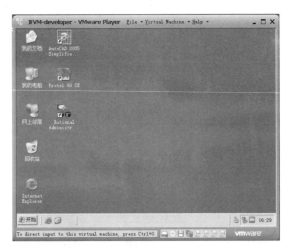

图 8-1-9　使用 VMware Player 运行的虚拟机

8.1.4　自动运行指定的批处理

要在系统登录后，自动运行（或启动上一节创建的）批处理文件或快捷方式，则有两种方法。第一种方式是将该快捷方式添加到"启动"菜单，另一种是创建计划任务。

1. 添加到"启动"菜单

第一种方式是将要执行的程序添加到"启动"菜单。

（1）右击"开始"菜单选择"浏览所有用户"，如图 8-1-10 所示。

（2）将上一节第（3）步创建的"快捷方式"复制到 Administrator 账号的"启动"菜单，如图 8-1-11 所示。

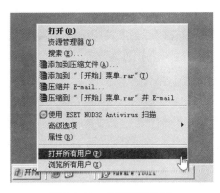

图 8-1-10　打开所有用户

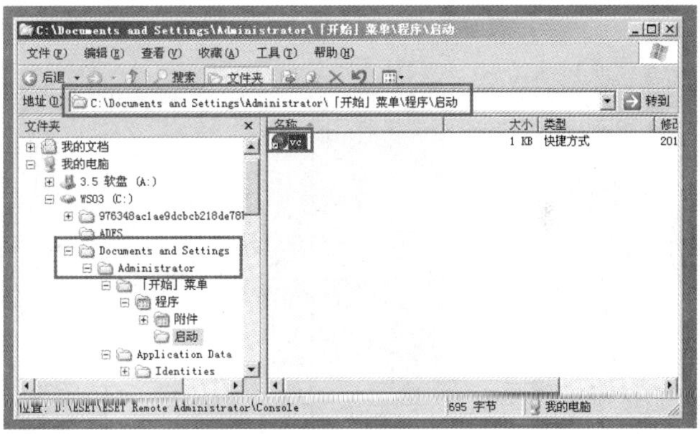

图 8-1-11　粘贴快捷方式

2. 创建计划任务

第二种方式是将快捷方式添加到计划任务中，主要步骤如下。

（1）在"附件"→"系统工具"中打开"计划任务"，双击"添加计划任务"，如图 8-1-12 所示。

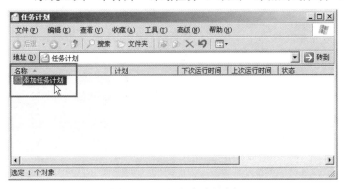

图 8-1-12　添加任务计划

（2）在"任务计划向导"对话框中单击"浏览"按钮，选择要添加自动启动的快捷方式，如图 8-1-13 所示。

（3）进入"任务计划向导"页，输入任务名称，并选择"登录时"执行这个任务，如图 8-1-14 所示。

（4）输入用户名及密码，如图 8-1-15 所示。

图 8-1-13　选择要执行的程序

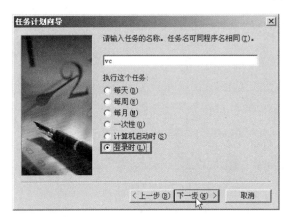

图 8-1-14　创建任务计划

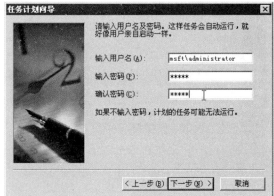

图 8-1-15　输入启动用户名及密码

（5）在"任务计划向导"对话框，选中"在单击完成时，打开此任务高级属性"复选框，如图 8-1-16 所示。

（6）创建计划任务完成时，选中"仅在登录后运行"复选框，如图 8-1-17 所示，单击"确定"按钮，完成自启动的设置功能。

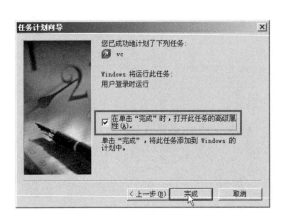

图 8-1-16　高级属性

图 8-1-17　设置运行环境

8.2　使用 vmrun 快速置备上千台虚拟机

VMware Workstation 是经常使用的虚拟机软件，其功能强大，性能较好。大多数用户都会在"图形界面"中创建虚拟机、修改虚拟机配置、添加虚拟机参数，或者使用"克隆"功能创建多台虚拟机，这些都无须介绍。但是你有没有想过，将 VMware Workstation 创建的虚拟机供网络中其他用户使用呢？如果你想使用模板、创建几十、上百甚至上千台虚拟机，怎样才能做到呢？本节通过两个具体的案例介绍这些应用。

8.2.1　通过 VNC 连接使用 Workstation 的虚拟机

对于经常做培训的朋友来说，如果正好碰到计算机配置不能满足要求时，只要网络中有一台高配置的计算机，就可以使用 VMware Workstation 的"VNC 连接"功能，为低档的工作站提供实验用机，让低档机"借用"高配置计算机的空闲资源。本节通过具体的实例介绍这个功能。思路如下。（设 A 是高配置计算机、B 低配置计算机）

（1）如果是安装操作系统的实验，则在 A 计算机上，创建多台新的虚拟机，并启用"VNC 连接"功能并设置密码，在启动这些虚拟机后，B 计算机可以使用 WinVNC，连接 A 的 IP 地址与远程显示端口，就可以"看到"并操作 A 提供的虚拟机，完成相关的实验。

（2）如果是应用软件的配置，则在 A 计算机上，将已经安装好操作系统的虚拟机，使用"克隆"的方式，创建出多个副本，并启用"VNC 连接"、设置密码，然后启动克隆后的虚拟机，B 使用 WinVNC连接 A 的 IP 地址与启用 VNC 连接时指定的端口，使用 A 提供的虚拟机。

（3）在使用这一功能时，要在 A 机的虚拟机中，配置好所需要的光盘镜像、软件包等。

下面通过两个例子，介绍详细的步骤。

1．操作系统安装实验

Windows 10 操作系统的安装实验，A 机为 A、B1、B2、B3 提供虚拟机，Windows 10 光盘镜像保存在 D 盘 tools 目录下，文件名为 cn_windows _10_multiple_editions_version_1607_updated _jul_2016_x86_dvd_9060050.iso。A 机的 IP 地址为 192.168.0.33，B1、B2、B3 可以访问 A 机。

在 A 机操作如下。

（1）在 VMware Workstation 新建虚拟机，虚拟机操作系统选择"Windows 10"，设置虚拟机的名称为 Windows 10，为虚拟机分配 2 个 CPU、2GB 内存（视主机的配置以及要同时启动的虚拟机的数量来定）、硬盘空间 60GB，保存在 C:\VMS\Windows 10 目录中，如图 8-2-1 所示。

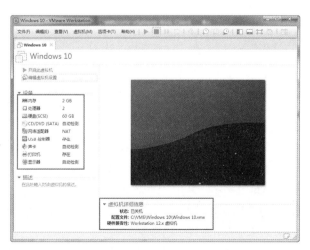

图 8-2-1　新建 Windows 10 虚拟机

（2）修改虚拟机的配置，在"硬件"→"CD/DVD"选项中，选中"使用 ISO 映像文件"并选中 Windows 10 的安装 ISO 文件，如图 8-2-2

所示。然后在"选项"→"VNC 连接"中选中"启用 VNC 连接"复选框，密码为空，端口采用默认值 5900，然后单击"确定"按钮完成设置，如图 8-2-3 所示。

图 8-2-2　加载 ISO 文件

图 8-2-3　启用 VNC 连接

（3）返回到 VMware Workstation，打开"快照管理器"，从虚拟机中的当前状态进行克隆，克隆类型选择"创建完整克隆"，如图 8-2-4 所示，新虚拟机名称为 Win10-01，如图 8-2-5 所示。

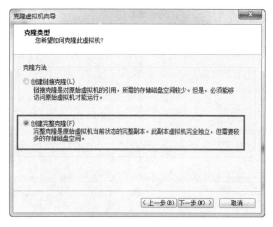

图 8-2-4　完整克隆

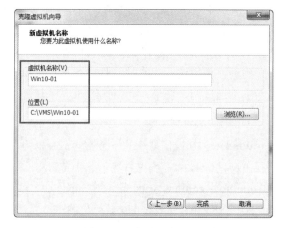

图 8-2-5　新虚拟机名称

（4）之后再根据需要，克隆出所多台虚拟机，并按照统一规则进行命名。例如，克隆后的第 2 台虚拟机名称为 Win10-02。

（5）返回到 VMware Workstation，当前克隆出 2 台虚拟机。

（6）分别编辑新克隆出的 Win10-01、Win10-02 虚拟机的配置，在"选项"→"VNC 连接"中，设置 Win10-01 的端口为 5901（当然也可以设置其他的端口，只要不与其他虚拟机及当前计算机上服务端口冲突即可，如图 8-2-6 所示。然后设置 Win10-02 的端口为 5902，如图 8-2-7 所示。如果有其他虚拟机，则需要一一修改 VNC 连接端口。

（7）之后分别启动 Win10-01、Win10-02 两台虚拟机，如果出现"Windows 安全警报"，请单击"允许访问"按钮。

图 8-2-6　设置端口为 5901　　　　　　　　　图 8-2-7　设置端口为 5902

（8）在"管理工具"中打开"高级安全 Windows 防火墙"，新建入站规则，选择 TCP 协议，并指定本地端口为 5900~5999（对应图 8-2-6、图 8-2-7 以及其他虚拟机将要使用的端口），如图 8-2-8 所示。

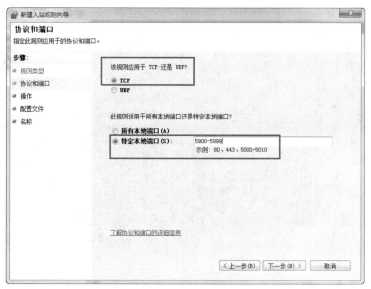

图 8-2-8　创建入站规则

（9）切换到客户端计算机，在这些客户端计算机安装 VNC Viewer，在地址栏中输入远程 VMware Workstation 计算机的 IP 地址及对应的虚拟机端口号，例如要连接 Win10-02 虚拟机，则输入指定端口 5902。在本示例中远程计算机的 IP 地址是 192.168.0.33，则输入 192.168.0.33:5902，在按下回车键之后，弹出"Encryption"警告对话框，选中"Don't warm me about this again on this computer."并单击"Continue"按钮继续，如图 8-2-9 所示。

（10）远程登录后可以看到正在运行的虚拟机，在此可以做实验，如图 8-2-10 所示。

其他客户端计算机则可以连接到其他虚拟机，这些不一一介绍。

图 8-2-9　连接远程计算机

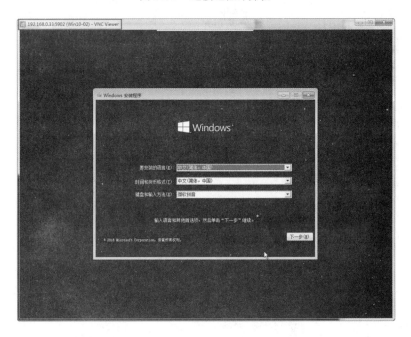

图 8-2-10　使用 WinVNC 连接到远程虚拟机

【说明】在 VMware Workstation 中启用 "VNC 连接" 与进入操作系统之后启用 "远程桌面" 有本质的区别。在 "VNC 连接" 功能中可以更涉及 "底层"，例如你可以进入虚拟机的 BIOS 设置、对虚拟机分区、格式化、安装操作系统，而 "远程桌面" 则需要操作系统安装完好并配置正确才能操作，一旦操作系统无法启动或网络不通，则 "远程桌面" 功能将无法使用。

2. 使用链接克隆创建多台虚拟机供其他用户使用

在上面介绍的是创建多个 "新" 虚拟机供其他用户安装操作系统使用。如果需要使用配置好的虚拟机，则可以使用 "链接" 功能创建出多台虚拟机，供多个用户使用。

例如，A 机已经有安装好的 Red Hat Enterprise Linux 5（简称 RHEL 5），A 机为 A、B1、B2、B3 提供安装好的 RHEL 5 的 Linux 做实验。

（1）在 A 机上，选择安装好的 Linux 的虚拟机，关闭虚拟机，创建快照。然后从此快照克隆虚拟机，在"克隆类型"选择"创建链接克隆"，设置新虚拟机名称为 RHES5-01。之后根据需要创建多个"克隆链接"的虚拟机。

（2）返回到 VMware Workstation，编辑 RHES5-01 虚拟机的配置，在"选项"→"VNC 连接"中设置端口为 5911。然后根据需要修改其他克隆后的虚拟机的 VNC 连接端口。之后启动虚拟机的电源。

切换到客户端计算机，在这些客户端计算机安装 VNC Viewer，在地址栏中输入远程 VMware Workstation 计算机的 IP 地址及对应的虚拟机端口号，例如要连接 RHES5-01 虚拟机，则输入指定端口 5911。在本示例中远程计算机的 IP 地址是 192.168.0.33，则输入 192.168.0.33:5911。之后即可以看到正在运行的虚拟机，在此可以做实验，如图 8-2-11 所示。

图 8-2-11　使用 WinVNC 连接到远程虚拟机

其他客户端计算机则可以连接到其他虚拟机，这些不一一介绍。

8.2.2　vmrun 命令简介

在上一节的内容中，无论是创建"完全克隆"的虚拟机还是"克隆链接"的虚拟机，都是在 VMware Workstation 的图形界面中以向导的方式创建的，每次创建一台虚拟机都需要多个步骤才能完成。在创建的虚拟机数量有限的情况下，使用图形界面创建虚拟机还可以接受，如果需要批量创建多台虚拟机，例如创建几十台、上百台甚至上千台虚拟机时，反复操作会让人"崩溃"。本例介绍采用 VMware 提供的命令行工具 vmrun.exe 并通过编写批处理脚本的方式，实现虚拟机的批量创建、批量启动与批量关机。

vmrun.exe 是 VMware Workstation 中提供的一个命令行接口程序，可以实现对 VMware Workstation 虚拟机或远程 VMware ESXi 虚拟机的大多数管理功能，例如虚拟机的电源管理（开机、关机、休眠、重启、暂停、恢复）、快照管理（创建快照、列出快照、删除快照、恢复到指定快照点）、客户机命令管理（执行客户机中程序、添加管理共享文件夹、列表客户机进程、清除客户机进程）、注册虚拟机、删除虚拟机、克隆虚拟机等功能。

vmrun.exe 保存在"C:\Program Files (x86)\VMware\VMware Workstation"文件夹中，可以在命令行中执行该程序。在命令窗口中进入 C:\Program Files (x86)\VMware\VMware Workstation 文件夹，执行 vmrun /?可以查看帮助参数。vmrun 的命令格式如下。

```
vmrun 认证标志 命令 参数
vmrun [AUTHENTICATION-FLAGS] COMMAND [PARAMETERS]
```

其中"认证标志（**AUTHENTICATION-FLAGS**）"包括以下选项。

```
--------------------
    -h <hostName> (用于 VMware Server、VMware ESXi、ESX Server，不适用于 Workstation)
    -P <hostPort> (用于 VMware Server、VMware ESXi、ESX Server，不适用于 Workstation)
    -T <hostType> (ws|server|server1|fusion|esx|vc|player)
      其中：
-T serve 用于 Server 2.0
      -T server1 用于 Server 1.0
      -T ws 用于 VMware Workstation
      -T ws-shared 用于 VMware Workstation (shared mode)
      -T esx 用于 VMware ESX
      -T vc 用于 VMware vCenter Server
-u <主机系统用户名> (不适用于 Workstation)
-p <主机系统用户密码> (不适用于 Workstation)
-vp <加密虚拟机的密码>
-gu <客户机系统用户，客户机，指 Workstation 或 ESXi 的虚拟机>
-gp <客户机系统用户密码>
```

vmrun 的命令包括 POWER（电源）、SNAPSHOT（快照）、GUEST OS（客户机操作系统）、GENERAL（常规）等几项命令，每个命令又有参数及可选参数。下面介绍主要的 vmrun 命令。

为了在命令提示窗口中的任何位置执行 vmrun.exe 命令，你可以将 vmrun.exe 程序所在的路径添加到系统的 Path 路径中。

（1）进入"系统属性"，在"高级"选项卡中单击"环境变量"按钮，如图 8-2-12 所示。

（2）在"环境变量"中的"系统变量"中找到 Path，单击"编辑"按钮，在"变量值"后面先输入一个英文的分号（;），然后将 vmrun.exe 程序的路径（C:\Program Files (x86)\VMware\VMware Workstation ）"粘贴"到此，如图 8-2-13 所示。然后单击"确定"按钮完成设置。

图 8-2-12 环境变量　　　　　　　　　　　　图 8-2-13 添加 Path 路径

【说明】当前示例计算机添加后的环境变量如下。

```
C:\ProgramData\Oracle\Java\javapath;%SystemRoot%\system32;%SystemRoot%;%SystemR
oot%\System32\Wbem;%SYSTEMROOT%\System32\WindowsPowerShell\v1.0\;C:\Program  Files
(x86)\VMware\VMware Workstation
```

你可以进入命令提示窗口之后通过执行 path 命令查看这一参数，如图 8-2-14 所示。

图 8-2-14　查看 path 路径

1．POWER COMMANDS（电源命令）

POWER COMMANDS 包括 start（启动虚拟机或 Team）、stop（关闭虚拟机或 Team）、reset（虚拟机复位命令，可选参数为 hard 或 soft）、suspend（休眠）、pause（暂停，暂停虚拟机的运行）、unpause（从暂停恢复）。这些命令的参数为 "Path to vmx file"，即包括详细路径的虚拟机配置文件。

例如，在一台 Windows 主机中（当前安装了 VMware Workstation），启动一台虚拟机的命令如下：

```
vmrun -T ws start "c:\my VMo\myVM.vmx"
```

在安装了 VMware Workstation 的 Windows 主机中，启动远程 ESXi 主机中一台虚拟机的命令如下：

```
vmrun -T esx -h https://esxi 主机的 IP 地址或域名/sdk -u hostUser -p hostPassword stop
"[storage1] vm/myVM.vmx"
```

如果要停止、重启、休眠虚拟机，只要将这 start 换成 stop、reset、suspend 即可。

如果要在 Mac 计算机上安装了 VMware Fusion，想启动其中的虚拟机，则需要如下的命令：

```
vmrun -T fusion start "~/Documents/Virtual Machines.localized/XP/XP.vmx"
```

2．SNAPSHOT COMMANDS（快照命令）

使用 snapshot 命令，可以管理指定虚拟机的快照，包括 listSnapshots（列出指定虚拟机的快照，可选参数 showTree，以树状方式显示）、snapshot（为指定虚拟机创建快照）、deleteSnapshot（删除快照）、revertToSnapshot（恢复到指定快照）。

例如，在一台安装了 VMware Workstation 的 Windows 主机中，有一台 Windows Server 2008 R2 的虚拟机，这台虚拟机有多个快照，如图 8-2-15 所示。

如果要显示该虚拟机的所有快照，可以执行如下命令：

```
vmrun -t ws listsnapshots "F:\VM_Temp\WS08R2-SP1 数据中心版\WS08R2-SP1.vmx"
```

如果要以树状方式显示快照，则在 vmx 文件后面添加 showtree 参数，命令如下：

```
vmrun -t ws listsnapshots "F:\VM_Temp\WS08R2-SP1 数据中心版\WS08R2-SP1.vmx" showtree
```

该命令执行的结果如图 8-2-16 所示。

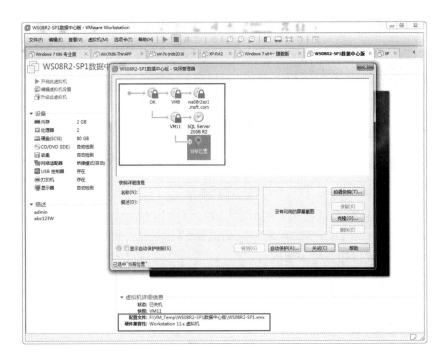

图 8-2-15　查看当前虚拟机的快照

```
C:\>vmrun -t ws listsnapshots "F:\VM_Temp\WS08R2-SP1数据中心版\WS08R2-SP1.vmx"
Total snapshots: 5
OK
VM8
ws08r2sp1.msft.com
VM11
SQL Server 2008 R2

C:\>vmrun -t ws listsnapshots "F:\VM_Temp\WS08R2-SP1数据中心版\WS08R2-SP1.vmx" showtree
Total snapshots: 5
OK
        VM8
                ws08r2sp1.msft.com
        VM11
                SQL Server 2008 R2

C:\>
```

图 8-2-16　命令执行结果

3. GUEST OS COMMANDS（客户机系统命令）

使用 GUEST OS COMMANDS 命令参数，可以检查指定虚拟机中文件（fileExistsInGuest）或目录（directoryExistsInGuest）是否存在、设置共享文件夹（setSharedFolderState）、删除共享文件夹（removeSharedFolder）、启动虚拟机中指定的程序（runProgramInGuest）、列出虚拟机中执行程序进程、在虚拟机与主机之间复制文件等。

（1）runProgramInGuest ，在客户机中执行程序，必需参数为包括详细路径的 vmx 文件，可选参数为-noWait、-activeWindow、-interactive。例如，当前有一台 Windows XP 的虚拟机正在运行（这台虚拟机的配置文件为 C:\VMS\XP\XP.vmx，如图 8-2-17 所示。

（2）当前虚拟机的登录账号为 Linna，密码为 1234，如图 8-2-18 所示。

（3）如果要在主机，启动这台虚拟机中的"计算器"程序，则可以执行如下命令：

```
vmrun -T ws -gu linna -gp 1234 runProgramInGuest "C:\VMS\Xp\XP.vmx" "C:\windows\
system32\calc.exe"
```

如图 8-2-19 所示。

图 8-2-17　一台正在运行的 Windows XP 虚拟机

图 8-2-18　用户登录

图 8-2-19　让虚拟机启动指定程序

在图 3-3-8 中，当虚拟机中的"计算器"程序退出时，命令提示符中命令行才会返回到 C:提示符。如果不想让执行的程序"退出"后才返回到命令行，则可以添加-noWait。

```
vmrun -T ws -gu linna -gp 1234 runProgramInGuest "C:\VMS\Xp\XP.vmx"-nowait "C:\windows\
system32\calc.exe"
```

（4）如果要检查虚拟机 C:\temp 中是否存在 test.txt 文件，则执行如下命令：

```
vmrun -T ws -gu linna -gp 1234 fileExistsInGuest "C:\VMS\Xp\XP.vmx"  "C:\\TEMP
\\test.txt"
```

如果要想检查 c:\temp 文件夹是否存在，则执行如下命令：

```
vmrun -T ws -gu linna -gp 1234 directoryExistsInGuest "C:\VMS\Xp\XP.vmx"  "C:\\
TEMP\\"
```

执行脚本（脚本程序为 c:\perl\perl.exe，脚本例件在根目录 script.pl）的格式如下：

```
vmrun -T ws -gu linna -gp 1234 runScriptInGuest C:\VMS\Xp\XP.vmx C:\perl\perl.
exe C:\script.pl
```

（5）如果要禁用共享文件夹（以 C:\VMS\Xp\XP.vmx 为例，下同），则执行如下命令：

```
vmrun -T ws -gu linna -gp 1234 disableSharedFolders "C:\VMS\Xp\XP.vmx"
```

如果要为指定虚拟机启用共享文件夹，则执行如下命令：

```
vmrun -T ws -gu linna -gp 1234 enableSharedFolders "C:\VMS\Xp\XP.vmx"
```

将主机 D 盘根目录为指定虚拟机设置为共享文件夹，设置共享名为 DDDD，命令如下：

```
vmrun -T ws -gu linna -gp 1234 addSharedFolder "C:\VMS\Xp\XP.vmx"  DDDD D:\
```

（6）如果要列出虚拟机中所有进程，则执行如下命令（见图 8-2-20）：

```
vmrun -T ws -gu linna -gp 1234 listProcessesInGuest "C:\VMS\Xp\XP.vmx"
```

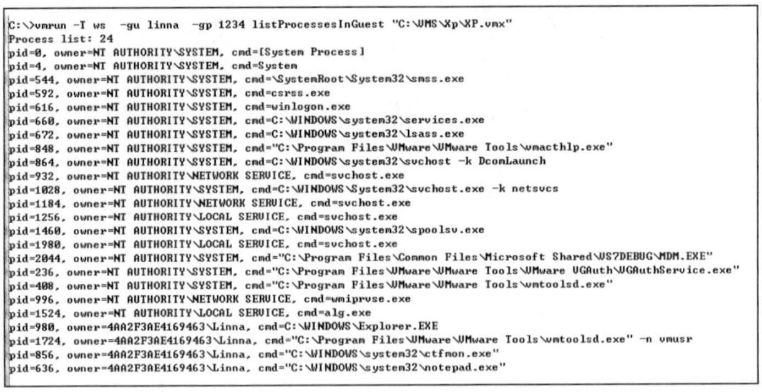

```
C:\>vmrun -T ws -gu linna -gp 1234 listProcessesInGuest "C:\VMS\Xp\XP.vmx"
Process list: 24
pid=0, owner=NT AUTHORITY\SYSTEM, cmd=[System Process]
pid=4, owner=NT AUTHORITY\SYSTEM, cmd=System
pid=544, owner=NT AUTHORITY\SYSTEM, cmd=\SystemRoot\System32\smss.exe
pid=592, owner=NT AUTHORITY\SYSTEM, cmd=csrss.exe
pid=616, owner=NT AUTHORITY\SYSTEM, cmd=winlogon.exe
pid=660, owner=NT AUTHORITY\SYSTEM, cmd=C:\WINDOWS\system32\services.exe
pid=672, owner=NT AUTHORITY\SYSTEM, cmd=C:\WINDOWS\system32\lsass.exe
pid=848, owner=NT AUTHORITY\SYSTEM, cmd="C:\Program Files\VMware\VMware Tools\vmacthlp.exe"
pid=864, owner=NT AUTHORITY\SYSTEM, cmd=C:\WINDOWS\system32\svchost -k DcomLaunch
pid=932, owner=NT AUTHORITY\NETWORK SERVICE, cmd=svchost.exe
pid=1028, owner=NT AUTHORITY\SYSTEM, cmd=C:\WINDOWS\System32\svchost.exe -k netsvcs
pid=1184, owner=NT AUTHORITY\NETWORK SERVICE, cmd=svchost.exe
pid=1256, owner=NT AUTHORITY\LOCAL SERVICE, cmd=svchost.exe
pid=1460, owner=NT AUTHORITY\SYSTEM, cmd=C:\WINDOWS\system32\spoolsv.exe
pid=1980, owner=NT AUTHORITY\LOCAL SERVICE, cmd=svchost.exe
pid=2044, owner=NT AUTHORITY\SYSTEM, cmd="C:\Program Files\Common Files\Microsoft Shared\VS7DEBUG\MDM.EXE"
pid=236, owner=NT AUTHORITY\SYSTEM, cmd="C:\Program Files\VMware\VMware Tools\VMware VGAuth\VGAuthService.exe"
pid=408, owner=NT AUTHORITY\SYSTEM, cmd="C:\Program Files\VMware\VMware Tools\vmtoolsd.exe"
pid=996, owner=NT AUTHORITY\NETWORK SERVICE, cmd=vmipxuse.exe
pid=1524, owner=NT AUTHORITY\LOCAL SERVICE, cmd=alg.exe
pid=980, owner=4AA2F3AE4169463\linna, cmd=C:\WINDOWS\Explorer.EXE
pid=1724, owner=4AA2F3AE4169463\Linna, cmd="C:\Program Files\VMware\VMware Tools\vmtoolsd.exe" -n vmusr
pid=856, owner=4AA2F3AE4169463\Linna, cmd="C:\WINDOWS\system32\ctfmon.exe"
pid=636, owner=4AA2F3AE4169463\Linna, cmd="C:\WINDOWS\system32\notepad.exe"
```

图 8-2-20　列出所有进程

如果要杀除某个进程（如图 8-2-20 中的"记事本"进程，该进程 ID 为 636），则执行如下命令：

```
vmrun -T ws -gu linna -gp 1234 killProcessInGuest  "C:\VMS\Xp\XP.vmx"  636
```

（7）可以在主机与虚拟机之间复制文件，从主机到虚拟机复制文件的命令为 CopyFileFromHostToGuest，从虚拟机到主机复制文件的命令为 CopyFileFromGuestToHost。例如，如果要将主机 G:\temp 中的 vncviewer-6.0.2.exe 文件复制到虚拟机的 C 盘 temp 文件夹，命名为 vnc2.exe，命令如下：

```
vmrun -T ws -gu linna  -gp 1234 CopyFileFromHostToGuest  "C:\VMS\Xp\XP.vmx"
g:\temp\vncviewer-6.0.2.exe c:\temp\vnc2.exe
```

如果要复制的程序是带中文或空格，则需要用英文双引号包括，例如：

```
vmrun -T ws -gu linna -gp 1234 CopyFileFromHostToGuest  "C:\VMS\Xp\XP.vmx"
"g:\temp\RAR3.51官方版.exe" "c:\temp\RAR3.51官方版.exe"
```

如果要从虚拟机复制到主机，则命令如下。（从虚拟机 C 盘 temp 复制 RAR3.51 官方版.exe 到 G 盘 temp 中并命名为 rar.exe。）

```
vmrun -T ws -gu linna -gp 1234 CopyFileFromGuestToHost "C:\VMS\Xp\XP.vmx" "c:\temp\RAR3.51官方版.exe" "g:\temp\rar.exe"
```

（8）如果要列出所有正在运行的虚拟机，则执行如下命令：

```
vmrun -t ws list
```

（9）如果要为指定的虚拟机安装 VMware Tools，则执行如下命令：

```
vmrun -T ws installTools " C:\VMS\Xp\XP.vmx"
```

（10）如果要克隆虚拟机，则可以先关闭虚拟机，为虚拟机创建快照，之后再克隆虚拟机，命令如下：

```
vmrun -T ws stop "C:\VMS\Xp\XP.vmx"
vmrun -T ws snapshot "C:\VMS\Xp\XP.vmx" fix1
vmrun -T ws clone "C:\VMS\Xp\XP.vmx" C:\VMS\XP01\XP01.VMX linked -snapshot=fix1 -cloneName=XP01
```

执行上述命令之后将为 C:\vms\xp\xp.vmx 虚拟机关机、创建一个名为 fix1 的快照，并从此快照创建出一个名为 XP01、保存在 C:\vms\xp01 下的虚拟机。克隆的方式为"链接克隆"，如果要创建完全克隆的虚拟机，则参数改为 full，命令如下：

```
vmrun -T ws clone "C:\VMS\Xp\XP.vmx" C:\VMS\XP02\XP02.VMX full -snapshot=fix1 -cloneName=XP02
```

（11）如果要删除快照，例如删除 C:\vms\xp\xp.vmx 中的快照 fix1，则执行如下命令：

```
vmrun -T ws deleteSnapshot "C:\VMS\Xp\XP.vmx" fix1
```

8.2.3　编写脚本批量创建虚拟机

下面是一个编写好的批处理程序，可以实现批量创建虚拟机、批量启动虚拟机，并向虚拟机中添加配置文件、实现添加启用 VNC 连接并为不同虚拟机设置不同 VNC 连接端口的功能。

在本示例中，源虚拟机保存配置文件为"F:\VMS-2016\Windows 7\Windows 7.vmx"，该虚拟机安装好操作系统、应用程序之后关闭虚拟机。该脚本实现的功能主要如下。

（1）之后脚本会创建一个名为 VM11 的快照。

（2）克隆创建 10 台虚拟机（参数从 1001 到 1010，如果你要修改虚拟机的数量，只需要修改文中的 1010 即可，例如要创建 100 台虚拟机则改为 1100）。新克隆的虚拟机保存在 F:\VMS-2017 文件夹中。每台虚拟机分别保存在 1001 开始的子文件夹中，虚拟机名称以 1001 开始。

（3）向每台虚拟机添加启用 VNC 命令、添加虚拟机已复制命令、并指定 VNC 连接端口为虚拟机的顺序号，例如 1001 的虚拟机的 VNC 连接端口为 1001。

（4）创建虚拟机完成后，可以间隔 30 秒启动虚拟机。如果你要修改启动间隔，修改 ping -n 30 127.0.0.1 中的 30 即可。

（5）之后可以间隔 10 秒停止虚拟机。

【注意】如果创建"克隆链接"的虚拟机，父虚拟机所在位置最好是在 SSD 磁盘，这样可以提高虚拟机的性能。如果要创建"完全克隆"的虚拟机，则将以下脚本中 linked 改为 full。在实际的环境中，需要用你的虚拟机路径、克隆目标代替脚本中的路径。

编写的脚本内容如下。

```
REM 本批处理完成为虚拟机创建快照、从快照创建克隆链接的虚拟机、为虚拟机配置参数、启动虚拟机、停止
虚拟机的功能
REM 王春海, 2017 年 2 月 20 日

C:
CD "C:\Program Files (x86)\VMware\VMware Workstation\"

REM 为指定的虚拟机, 创建快照名称为 VM11
vmrun -T ws snapshot "F:\VMS-2016\Windows 7\Windows 7.vmx" VM11
PAUSE 创建快照完成, 按任意键继续

REM 创建克隆链接的虚拟机, 克隆 10 个
for /l %%a in (1001,1,1010) do (
vmrun.exe -T ws clone "F:\VMS-2016\Windows 7\Windows 7.vmx" F:\VMS-2017\%%a\%%a
.vmx linked -snapshot=VM11 -cloneName=%%a
)
PAUSE 克隆虚拟机完成, 按任意键继续

REM 启用 VNC, 端口%%b, 密码为空
@echo on
for /l %%b in (1001,1,1010) do (
echo answer.msg.uuid.altered = "I Copied It" >>F:\VMS-2017\%%b\%%b.vmx
echo RemoteDisplay.vnc.enabled = "TRUE" >>F:\VMS-2017\%%b\%%b.vmx
echo RemoteDisplay.vnc.port = "%%b" >>F:\VMS-2017\%%b\%%b.vmx
rem echo RemoteDisplay.vnc.key = "" >>F:\VMS-2017\%%b\%%b.vmx
)
pause 配置端口完成, 按任意键继续
REM 克隆完成, 间隔 30 秒启动虚拟机
for /l %%c in (1001,1,1010) do (
vmrun.exe -T ws start F:\VMS-2017\%%c\%%c.vmx
ping -n 30 127.0.0.1 >nul
)
pause 启动虚拟机完成, 按任意键继续

REM 下课, 间隔 30 秒停止虚拟机
for /l %%d in (1001,1,1010) do (
vmrun.exe -T ws stop F:\VMS-2017\%%d\%%d.vmx
ping -n 30 127.0.0.1 >nul
)
PAUSE 关闭所有正在运行的虚拟机完成, 按任意键退出
```

8.3 使用 VMware Workstation 搭建 VSAN 实验环境

传统的 vSphere 数据中心主要采用共享存储，当数据中心的规模随着主机的增加而变大的时候，对共享存储的要求会变得越来越高，这导致数据中心中高性能、大容量的存储设备的成本上升的很快。而 VMware 推出的 vSAN，则很好地解决了这个问题。

vSAN 利用普通的 X86 服务器、使用服务器本地硬盘组成基于网络的分布式存储，可以为 vSphere 虚拟化环境提供共享存储。vSAN 是作为 ESXi 管理程序的一部分而运行的分布式软件层。

vSAN 可汇总主机群集的本地或直接连接容量设备，并创建在 Virtual SAN 群集的所有主机之间共享的单个存储池。

虽然 vSAN 支持 HA、vMotion 和 DRS 等需要共享存储的 VMware 功能，但它无须外部共享存储，并且简化了存储配置和虚拟机置备活动。

vSAN 使用普通 x86 的服务器（需要最少 3 台、1 个群集最多 64 台）、通过网络（千兆位网络起，推荐万兆位网络）、将服务器本地硬盘（至少一块 HDD、一块 SSD）组成可以供 VMware vSphere 产品使用的存储设备，可以供多台主机使用，即用服务器本地硬盘、通过网络实现了和传统存储相同的功能。并且，服务器本地硬盘数量越多、服务器数量越多，其总体性能（IOPS）越高、容量越大。vSAN 使用 x86 服务器的本地硬盘做 vSAN 群集容量的一部分（磁盘 RAID-0），用本地固态硬盘提供读写缓存，实现较高的性能，通过万兆位网络，以分布式 RAID-1 的方式，实现了数据的安全性。简单来说，混合配置的 VSAN 总体效果相当于 RAID-10，而基于万兆位网络、全闪存配置的 VSAN 存储，则可以达到 RAID-5 或 RAID-6 的效果。

如果要学习 VSAN，通常的方式是需要至少 3 台 ESXi 服务器、每台服务器至少 1 块 SSD、1 块 HDD、千兆位或万兆位网络，大多数的爱好者没有这样的条件，而本例则介绍使用一台高配置 PC，组建 vSAN 实验环境。

8.3.1　vSAN 版本与 vSphere 版本关系

vSAN 功能已经集成在最新的 VMware ESXi 内核中。vSAN 版本与 ESXi 的对应关系如表 8-3-1 所列。

表 8-3-1　vSAN 版本与 ESXi 版本对应关系

发行日期	版本	vSAN 版本	vSAN 磁盘格式	文件名（版本号）	大小/MB	主要主要功能
2014/3/25	5.5	1.0	1.0	VMware-VMvisor-Installer-5.5.0.update01-1623387.x86_64.iso	327	群集节点 32，相当于软件 RAID1、RAID10
2015/3/12	6.0.0	6.0	1.0	VMware-VMvisor-Installer-6.0.0-2494585.x86_64.iso	348	群集节点 64
2015/9/10	6.0 U1	6.1	2.0	VMware-VMvisor-Installer-6.0.0.update01-3029758.x86_64.iso	352	延伸群集，支持虚拟机容错（FT）包括性能和快照的改进
2016/3/15	6.0 U2	6.2	3.0	VMware-VMvisor-Installer-6.0.0.update02-3620759.x86_64.iso	357.95	嵌入式重复数据消除和压缩（仅限全闪存）、纠删码 – RAID-5/6（仅限全闪存）
2016/11/15	6.5.0	6.5	4.0	VMware-VMvisor-Installer-6.5.0-4564106.x86_64.iso	328	iSCSI 目标服务。具有见证流量分离功能的双节点直接连接。支持 PowerCLI。支持 512e 驱动器
2017/4/18	6.5.0d	6.6	5.0	VMware-VMvisor-Installer-201704001-5310538.x86_64.iso	331.09	单播、加密、更改见证主机

【说明】vSAN 版本 6.5 之前，VMware 称为 Virtual SAN。从版本 6.6 开始（ESXi 版本 6.5.0d），Virtual SNA 命名为 vSAN。

8.3.2　准备 vSAN 实验环境

本节的实验计算机配置为 Intel E3-1230 v2 的 CPU、32GB 内存、1 块 240GB 的 SSD 磁盘、4 块 2TB 硬盘（RAID-10 划分 2 个卷，第 1 个卷 60GB 用来安装系统，剩余的空间划分第 2 个卷用作数据盘），并且安装了 Windows Server 2008 R2 操作系统及 VMware Workstation 12 软件，如图 8-3-1 所示。在这台计算机中，系统分区有 60GB，数据分区大约 3.63TB，E 分区是 SSD，大约 237GB，如图 8-3-2 所示。

图 8-3-1　计算机配置

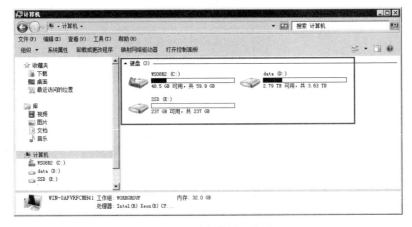

图 8-3-2　磁盘数量及分区

在这个实验中，用于 vSAN 实验的 ESXi 虚拟机的 SSD 磁盘，都会保存在盘符为 E 的分区中。

要组成 vSAN 实验环境，需要至少 3 台 ESXi 主机，除了 ESXi 系统磁盘外（ESXi 可以安装在 U 盘或 SD 卡或存储划分的空间），还需要至少 1 个 SSD、1 个 HDD。

在本节使用 VMware Workstation 搭建一个具有 4 个 ESXi 主机、1 个 vCenter Server 的实验环境，

其中每台 ESXi 主机具有 8GB 内存、4 块网卡、4 个硬盘，具体参数如表 8-3-2 所列。

表 8-3-2　vSAN 群集实验环境各虚拟机配置清单

虚拟机名称	IP 地址	网　卡	内存、CPU	HDD	SSD
esx11–80.11	192.168.80.11	VMnet8，2 块	8GB、2CPU	20GB、500GB、500GB	240GB
	192.168.10.11	VMnet1，2 块			
esx12–80.12	192.168.80.12	VMnet8，2 块	8GB、2CPU	20GB、500GB、500GB	240GB
	192.168.10.12	VMnet1，2 块			
esx13–80.13	192.168.80.13	VMnet8，2 块	8GB、2CPU	20GB、500GB、500GB	240GB
	192.168.10.13	VMnet1，2 块			
esx14–80.14	192.168.80.14	VMnet8，2 块	8GB、2CPU	20GB、500GB、500GB	240GB
	192.168.10.14	VMnet1，2 块			
	192.168.10.16	VMnet1，2 块			
vcenter–80.5	192.168.80.5	VMnet8，2 块	10GB、2CPU		

【说明】为了合理的分配磁盘性能，获得更好的实验结果，vCenter-80.5 虚拟机保存在 SSD 所在分区，实验所用的 esx11 ~ esx16，则保存在 D 分区。在 VMware Workstation 及 VMware ESXi 的虚拟机中，虚拟机虚拟硬盘属性会"继承"所在分区的存储属性（即 HDD 或 SSD）。例如，在 VMware Workstation 或 ESXi 中，创建了一个名为 VM1 的虚拟机，该虚拟机有两个虚拟硬盘（例如大小分别为 40GB 及 80GB），这两个虚拟硬盘文件分别保存在 HDD 及 SSD 硬盘分区中，则在虚拟机中，保存在 HDD 的 40GB 硬盘被识别为 HDD，而保存在 SSD 中的 80GB 硬盘则被识别为 SSD。

在 ESXi 中，如果硬盘识别错误（例如 HDD 硬盘被识别成了 SSD 或 SSD 被识别成 HDD，"远程"磁盘或"本地"硬盘识别错误），都可以在 vSphere Web Client 管理界面中，将识别错误的硬盘标识为正确的属性。但有时候为了实验的原因，也可以将不是 SSD 属性的 HDD 磁盘，"强行"标识为 SSD，用于满足实验的需求。

在 VMware Workstation 中，可能进行许多次实验，为了不互相影响，推荐为每个实验类别创建一个文件夹，同一个实验的虚拟机放在同一个文件夹中。例如在本例的实验中，用到两个磁盘 D、E，则分别在 D、E 各创建一个文件夹，例如 vSAN01，将 vCenter-80.5 保存在 D 盘 vSAN01 文件夹中，将 esx11~esx16 虚拟机保存在 E 盘 vSAN01 中。

根据表 8-3-2 配置，新建 4 个 ESXi、1 个 vCenter Server 的虚拟机，然后重新安装。在创建虚拟机之前，先对实验主机做一个简单配置。

（1）在 D 盘及 E 盘各创建一个文件夹，例如 vSAN01，然后打开 VMware Workstation，在"编辑"菜单中选择"首选项"，将"工作区"中虚拟机的默认位置改为 D:\vSAN01。

（2）修改"内存"选项为"允许交换大部分虚拟机内存"，如图 8-3-3 所示。因为在我们这节实验中，需要同时运行多台虚拟机，并且每台虚拟机又需要较大的内存，如果设置为"调整所有虚拟机内存使其适应预留的主机"则会提示内存不足。

（3）在"编辑"菜单选择"虚拟网络编辑器"，修改 VMnet1 虚拟网卡默认子网为 192.168.10.0，修改 VMnet8 虚拟网卡默认子网为 192.168.80.0，如图 8-3-4 所示，然后单击"确定"按钮完成设置。

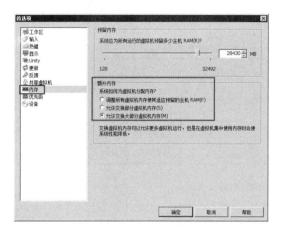

图 8-3-3   修改内存

图 8-3-4   修改 VMnet1 与 VMnet8 默认网络

8.3.3   创建 ESXi 实验虚拟机

批量创建多台相同的虚拟机是有"技巧"的。另外，像本节中，同一台虚拟机保存在 D 分区，虚拟机的其他磁盘在另一个分区，这就更需要一定的技巧。基本上，采用如下的步骤可以更快速地创建虚拟机。

（1）先创建第 1 台 ESXi 虚拟机，为虚拟机分配 4 块网卡（根据表 8-3-2 所示）、8GB 内存、2 个 CPU，3 块 HDD（大小为 20GB、500GB、500GB）。大小为 240GB 的 SSD 磁盘暂时不创建。

（2）将第 1 步创建的虚拟机，克隆出其他 3 台同配置的虚拟机。

（3）修改这 4 台虚拟机的配置，为每台虚拟机添加一个 240GB 的虚拟硬盘，该虚拟硬盘保存在 E 分区。

下面先介绍第 1 台 ESXi 虚拟机的创建，主要步骤如下。

（1）在 VMware Workstation 中，单击"文件"菜单选择"新建虚拟机"。

（2）在"新建虚拟机向导"→"选择客户机操作系统"中选择"VMware ESXi 6.5 和更高版本"。

（3）在"命名虚拟机"对话框，设置虚拟机的名称为 esx11-80.11。

（4）在"处理器数量"对话框，选择默认值（保持 2 个 CPU 选项）。

（5）在"此虚拟机内存"对话框，调整内存为 8192MB。

（6）在"网络类型"选择"使用网络地址转换（NAT）"。

（7）在"指定磁盘容量"对话框，设置硬盘大小为 20GB（第一个硬盘），这个硬盘将用来安装 VMware ESXi 6 的操作系统，在"指定磁盘容量"对话框中，同时还要选中"将虚拟磁盘存储为单个文件"，这将会把虚拟硬盘保存为单个的文件。在后面的操作中，创建的所有实验的虚拟硬盘，例如 500GB 以及 240GB 或者其他容量的磁盘，都要选择"将虚拟磁盘存储为单个文件"，如图 8-3-5 所示。

（8）在"指定磁盘文件"对话框中设置磁盘文件名称为"esx11-80.11-20GB-OS.vmdk"，如图 8-3-6 所示。以后再添加虚拟硬盘时，也请按照这种格式来保存（包括虚拟机的名称、磁盘大小、用途或序号）。

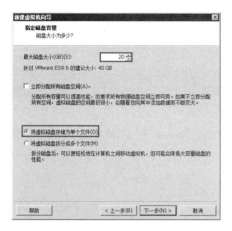

图 8-3-5　硬盘容量

图 8-3-6　指定磁盘文件名

创建虚拟机之后，编辑虚拟机的设置。根据表 8-2-1 的规划，为当前虚拟机添加两个 500GB 的 SCSI 磁盘。注意，不要添加 IDE 或 SATA 的硬盘，否则 ESXi 不会支持。

（1）在"虚拟机设置"对话框中，单击"添加"按钮。在"添加硬件向导"对话框选中"硬盘"，在"指定磁盘容量"对话框中，设置新添加的硬盘为 500GB、选择"将虚拟磁盘存储为单个文件"。

（2）在"指定磁盘文件"对话框中指定磁盘文件名为 esx11-80.11-500GB-01.vmdk。

（3）返回到"虚拟机设置"对话框，添加第 1 个 500GB 硬盘已完成。

（4）之后根据（1）～（3）的步骤，添加第 2 个 500GB 的虚拟硬盘（硬盘文件名 esx11-80.11-500GB-02.vmdk）。

（5）添加完虚拟硬盘之后，根据表 8-2-1 的规划，再为虚拟机添加网卡，添加完成之后，修改每块网卡的属性，其中第 1、2 块网卡属性为 VMnet8，第 3、4 块网卡属性为 VMnet1（仅主机模式），如图 8-3-7 所示。

（6）修改"CD/DVD"设置，选择"使用 ISO 映像文件"，并单击浏览 VMware ESXi 6.5.0d 的安装镜像文件。设置完成之后，单击"确定"按钮返回到 VMware Workstation。

（7）最后 VMware Workstation 创建的 esx11-80.11 的虚拟机如图 8-3-8 所示。

图 8-3-7　添加 3 块网卡

图 8-3-8　第 1 个 ESXi 虚拟机创建完成

说明：在本节中，将使用 ESXi 版本为 6.5.0-201704001-5310538 的安装文件，vCenter Server 使用文件名为 VMware-VCSA-all-6.5.0-5705665.iso 的文件。

在规划与实施 vSAN 时，推荐为服务器选择万兆位网卡及万兆位网络。在 VMware Workstation 中，可以通过修改虚拟机配置文件，将虚拟机默认的网卡从"千兆位"改为"万兆位"，方法和步骤如下。

（1）关闭 VMware Workstation，退出正在运行的虚拟机。

（2）使用"记事本"打开虚拟机配置文件，以上一节创建的名为 esx11-80.11 的虚拟机为例，用"记事本"打开"E:\vSAN01\esx11-80.11"文件夹中 esx11-80.11.vmx 文件，将配置文件中的 e1000 修改为 vmxnet3。

修改前：

```
ethernet0.virtualDev = "e1000"
```

修改后：

```
ethernet0.virtualDev = "vmxnet3"
```

然后存盘退出即可。如图 8-2-22 所示，你使用"替换"命令，将 e1000 替换为 vmxnet3（一共有 4 个网卡，需要全部替换）。

在创建了第 1 台 ESXi 虚拟机之后，在没有安装操作系统之前，可以以现在新建的虚拟机为"模板"，通过"克隆"的方式复制多份，主要步骤如下。

（1）右击 esx11-80.11 虚拟机，在弹出的快捷菜单中选择"管理"→"克隆"。

（2）在"克隆源"对话框中选择"虚拟机中的当前状态"。

（3）在"克隆类型"对话框中选择"创建完整克隆"。

（4）在"新虚拟机名称"，设置虚拟机名称为 esx12-80.12。

（5）在"正在克隆虚拟机"对话框中，克隆完成之后，单击"关闭"按钮。

之后请参照（1）～（5）的步骤，克隆创建名为 esx13-80.13～esx16-80.14 的虚拟机，这些不一一介绍。

下面修改 esx11-80.11～esx14-80.14 共 4 个 ESXi 主机的配置，为每台虚拟机添加一个 240GB 的硬盘，但虚拟硬盘保存在 E 盘（即 SSD 固态硬盘分区）。为虚拟机添加虚拟硬盘并指定硬盘大小，在"8.3.3 创建 ESXi 实验虚拟机"一节已经有过详细的介绍，不同之处在于，本节创建的虚拟硬盘要保存在其他位置（本示例为 E 分区 vsan01 文件夹）。例如，为 esx11-80.11 的虚拟机，添加 240GB 的硬盘，保存在 E:\vSAN01\目录中，文件名为 esx11-80.11-240GB.vmdk，如图 8-3-9 所示。

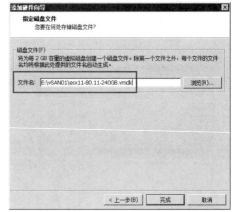

图 8-3-9　为 esx11 添加 240G 硬盘

其他虚拟机，例如为 esx13-80.13 创建的 240GB 硬盘保存在 E:\vSAN01\esx13-80.13-240GB.vmdk 中；为 esx13-80.13 创建的 240GB 硬盘保存在 E:\vSAN01\esx14-80.14-240GB.vmdk 中。

8.3.4　在 ESXi 虚拟机中安装 ESXi 6.5.0

在创建了 ESXi 的虚拟机之后，修改虚拟机配置，加载 VMware ESXi 6.5.0 d 的安装镜像（文件名为"VMware-VMvisor-Installer-6.5.0.201704001-5310538.x86_64.iso"，大小为 331MB），启动虚拟机，在虚拟机中安装 VMware ESXi。在安装的时候，需要注意以下问题。

【说明】不要同时启动这 4 台虚拟机，需要安装完一台，再启动下一台的安装。如果同时启动 4 台 ESXi 虚拟机，在没有安装完系统前同时安装，占用的资源较多。

（1）启动虚拟机，安装 ESXi 6.5.0，在"Select a Disk to Install or Upgrade"对话框中，选择 20GB 的分区作为系统分区，如图 8-3-10 所示。

（2）为 ESXi 设置管理员密码，在此设置一个简单密码 1234567。

（3）安装完成后，进入 ESXi 控制台界面，在"Configure Management Network"中选中"Network Adapters"。

图 8-3-10　选择系统分区

（4）在"Network Adapters"对话框，选中 vmnic0 及 vmnic1（即第 1、第 2 块网卡）作为管理网络，如图 8-3-11 所示。

（5）返回到"Configure Management Network"界面，进入"IPv4 Configuration"对话框，为第 1 台 ESXi 设置管理地址为 192.168.80.11，如图 8-3-12 所示。

图 8-3-11　选择管理网卡

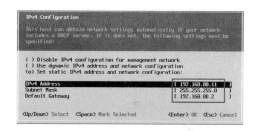

图 8-3-12　设置管理地址

（6）保存设置并返回到控制台界面，如图 8-3-13 所示。

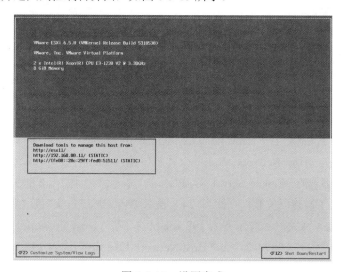

图 8-3-13　设置完成

之后分别为另外几台计算机安装系统，并依次设置管理地址为 192.168.80.12、192.168.80.13、192.168.80.14。

【说明】一台 32GB 内存的计算机按照上文进行设置（"允许交换大部分虚拟机内存"），可以同时启动 5 台 ESXi 的虚拟机、1 台 vCenter Server 的虚拟机（后文创建）。如果 VMware Workstation 内存选项设置为"允许交换部分虚拟机内存"，则最多只能同时启动 4 台 ESXi 及 1 台 vCenter Server 的虚拟机。安装完成后关闭 esx11～esx14 这 4 台虚拟机，等安装完 vCenter Server 之后再启动这些虚拟机。

8.3.5　在 Workstation 14 中导入 vCenter Server Appliance 6.5

在准备好了 ESXi 虚拟机之后，下面准备 vCenter Server 6.5 的虚拟机。如果你有多个磁盘，为了提高系统性能、加快实验速度，可以在其他磁盘放置 vCenter Server 的虚拟机。

在实际的生产环境中，vCenter Server 部署在 ESXi 虚拟机中。因为当前是实验环境，ESXi 已经是虚拟机。如果再在 ESXi 虚拟机中部署 vCenter Server 的虚拟机并运行，这属于"嵌套"的虚拟机，性能较差。为了获得较好的体验，我们需要将 vCenter Server 直接部署在 Workstation 的虚拟机中。

在 vSphere 6.0 的时候，在 Workstation 中创建 Windows Server 2008 R2 或 Windows Server 2012、Windows Server 2016 的虚拟机并在虚拟机中安装 Windows 版本的 vCenter Server 6.0，也可以在 Workstation 中部署 vCenter Server Appliance。在 vSphere 6.5 的版本中，在生产环境中推荐使用 vCenter Server Appliance 6.5。所以在本节的实验环境中，将在 Workstation 的虚拟机中部署 vCenter Server Appliance 6.5。

在 VMware Workstation 中部署 vCenter Server Appliance 6.5 比较简单，只要用虚拟光驱加载 vcsa 6.5 的 ISO 文件，导入其中的 OVF 文件即可。下面介绍主要步骤。（本节以 VMware-VCSA-all-6.5.0-5705665.iso 为例）。

（1）使用虚拟光驱加载 VMware-VCSA-all-6.5.0-5705665.iso，浏览展开 vCenter Server Appliance 文件夹，可以看到 vCenter Server Appliance 的 OVA 文件。

（2）在 VMware Workstation，单击"文件"菜单选择"打开"命令，在"打开"对话框中，浏览第（1）步加载的虚拟光驱的 vCenter Server Appliance 文件夹，选择 OVA 文件。

（3）在"导入虚拟机"对话框中，弹出 VMware vCenter Server 许可协议，接受许可协议。

（4）设置新虚拟机的名称（本示例为 vcsa-80.5），单击"浏览"按钮选择新虚拟机的存储路径，本示例选择为 e:\vSAN01\vcsa-80.5。

（5）在"部署选项"对话框，选择"Tiny vCenter Server With Embedded PSC"，如图 8-3-14 所示。

（6）打开"属性"对话框，在"Networking Configuration"选项的"Host Network IP Address Family"文本框中输入 ipv4；在"Host Network Mode"文本框中输入 static；在"Host Network IP Address"文本框中输入当前要部署的 vCenter Server 的 IP 地址，本示例为 192.168.80.5；在"Host Network Prefix"文本框中输入子网掩码位数，在此为 24（表示 255.255.255.0）；在"Host Network Default Gateway"文本框中输入网关，当前示例为 192.168.80.2，在"Host Network DNS Servers"文本框中输入 DNS，本示例为 192.168.80.2，在"Host Network Identtity"输入 192.168.80.5，如图 8-3-15 所示。

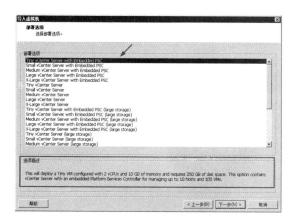

图 8-3-14　部署选项

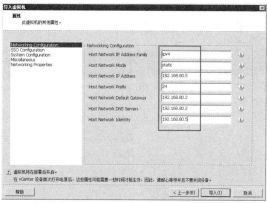

图 8-3-15　网络配置

（7）单击"SSO Configuration"选项卡，设置 SSO 账号（默认为 administrator@vsphere.local）和密码，在此需要设置复杂密码（大小写字母、数字、非数字字符、长度超过 6 位;）单击"System Configuration"选项卡，设置 root 账号密码。然后单击"导入"按钮，开始导入 vcsa。

（8）导入虚拟机完成之后，vcsa 虚拟机自动启动，修改虚拟机配置，将网卡从默认的"桥接"改为"NAT"，如图 8-3-16 所示。

（9）之后耐心等待，直接在 VMware Workstation 的控制台中出现设置的管理地址，如图 8-3-17 所示。

图 8-3-16　修改网卡

图 8-3-17　已经配置 IP 地址

（10）此时打开 IE 浏览器中，输入 https://192.168.80.5:5480，首先会让输入密码（图 8-3-49 设置的 root 密码），显示系统配置界面，等 vCenter Server 系统启动完成之后，配置完成，如图 8-3-18 所示。

（11）在部署完成之后，在登录 https://192.168.80.5 或 https://192.168.80.5/vsphere-client 页面时，提示关闭，此时不能直接登录。这是没有"信任"根证书的原因。请使用下载软件（例如 IDM）从 https://192.168.80.5/certs/download.zip 下载根证书文件，下载并解压缩，安装并信任"certs\win"目录中的扩展名为.crt 的根证书（将其添加到"本地计算机"→"受信任的根证书颁发机构"），再次在浏览器中访问 https://192.168.80.5/vsphere-client，使用默认用户名 administrator@vsphere.local，使用安装时设置的密码登录即可，如图 8-3-19 所示。

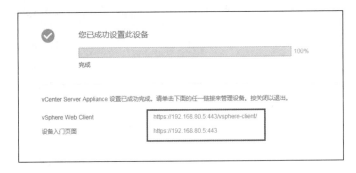

图 8-3-18　部署完成

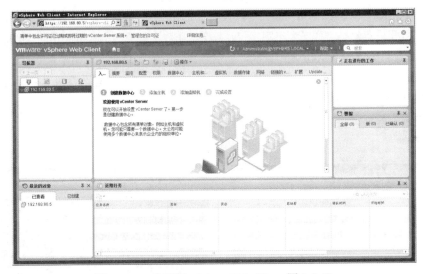

图 8-3-19　登录到 vSphere Web Client　图 8-3-62

准备好 ESXi 及 vCenter Server 虚拟机之后，启动 esx11～esx14 这 4 台虚拟机的电源，登录 vCenter Server，进行下面的操作。

（1）添加 vCenter Server、ESXi 及 vSAN 许可。

（2）创建数据中心。

（3）向数据中心添加 ESXi。

（4）为 vSAN 配置标准或分布式交换机、设置虚拟 SAN 流量。

（5）创建群集（用于启动 vSAN），为群集分配 vSAN 许可证。

（6）移动主机到 vSAN 群集，启用 vSAN。

（7）检查 vSAN 环境。

（8）查看、编辑、创建 vSAN 虚拟机存储策略。

（9）向 vSAN 存储中部署虚拟机。

（10）查看虚拟机存储策略，修改虚拟机存储策略。

下面一一进行介绍。

8.3.6　配置 vCenter Server

在本节将登录 vCenter Server，添加许可，创建数据中心并向数据中心添加 ESXi 主机，主要步骤如下。

（1）在一台 Windows 7 或 Windows Server 2008 R2 的计算机上，使用 IE 11 的版本登录 vSphere Web Client，使用 SSO 账户名 Administrator@vsphere.local 及密码登录。

（2）登录之后，添加许可，这包括 vCenter Server、ESXi 及 Virtual SAN 许可。

（3）之后创建数据中心，设置数据中心名称为 Datacenter，并向该数据中心添加 192.168.80.11。添加之后，查看 192.168.80.11 的 EVC 配置，当前为 Intel ivy Bridge，如图 8-3-20 所示。因为当前实验中所有 ESXi 都是相同的配置（CPU），知道了其中一个的 EVC，其他的也就都知道了。所以只需要查看其中一台即可。

（4）右击数据中心选择"新建群集"，在"新建群集"中，设置群集名称，本示例为 vsan01，打开 DRS 选项，暂时先不要选中"vSphere HA"复选框，在"EVC"下拉列表中选择"Intel ivy Bridge"，Virtual SAN 选项暂时不要选中，如图 8-3-21 所示，然后单击"确定"按钮，创建群集。

图 8-3-20　查看新添加的这台 ESXi 主机的 EVC

图 8-3-21　设置群集参数

（5）在创建名为 vSAN01 的群集之后，将 192.168.80.11 移入这个群集，然后将其他 ESXi 主机（192.168.80.12、192.168.80.13、192.168.80.14）添加到这个群集，如图 8-3-22 所示。

图 8-3-22　向群集中添加其他 ESXi 主机

8.3.7　修改磁盘属性

在大多数的情况下，VMware ESXi 可以正确识别磁盘属性。但在有的时候，ESXi 不能正确识别磁盘，例如：

（1）ESXi 会将连接到存储划分给 ESXi 主机的磁盘识别为"远程"磁盘。有时候也会将直接将服务器本地磁盘识别为"远程"磁盘。但这些一般不会影响 ESXi 的使用。

（2）在服务器配置有支持 RAID-5 的阵列卡时，或者服务器的 RAID 配置中，不支持对 JBOD 或磁盘直通模式时，单块 SSD 或多块 SSD，或者需要单块使用的磁盘，需要配置成 RAID-0 使用时，ESXi 会将这些配置为 RAID-0 的磁盘识别为 HDD。

（3）在实验环境中，例如使用 VMware Workstation（或在 VMware ESXi）创建的 ESXi 虚拟机，这些虚拟机的硬盘保存在存储介质上，则 ESXi 会将该磁盘识别为同格式。例如 ESXi 虚拟机硬盘保存在 SSD，则在 ESXi 中会识别成 SSD，如果虚拟机硬盘保存在 HDD，则 ESXi 中会将对应的硬盘识别成 HDD。

所以在实际的生产环境中，如果你的固态硬盘被识别成 HDD，你可以在 vSphere Web Client 中登录 vCenter Server，在导航器中选中主机，在"配置"→"存储设备"中，可以选中这块磁盘，单击工具条上的"F"将被"识别"为 HDD 的磁盘重新标记为 SSD。也可以选中 SSD，单击"HDD"图标将其标为 HDD。如果 SSD 或 HDD 磁盘已经使用（例如这些磁盘安装了 Windows 操作系统，或者原来保存过 ESXi 的虚拟机，但不想使用，想清除磁盘上所有数据用于 vSAN），可以单击"全部操作"选择"清除分区"命令，清除磁盘上所有数据及分区，如图 8-3-23 所示。在这个操作中还可以开启或关闭定位符 LED（即让选中硬盘的指示灯亮或灭，以此来选定硬盘）。

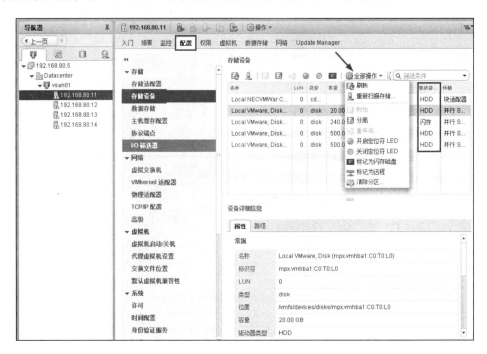

图 8-3-23　更改 HDD 或 SSD 属性

8.3.8　为 vSAN 配置分布式交换机及 VMkernel

在配置 vSAN 存储时，最好单独为每台主机规划一个单独传输"虚拟 SAN"流量的 VMkernel。在当前的实验环境中，每台主机有 4 个网卡，规划时将每台主机的第 1、第 2 个网卡，用于 ESXi 的管理、VMotion、置备流量，而将每台主机的第 3、第 4 个网卡用于"虚拟 SAN"。因为本节的实验环境，每台主机的物理网络连接方式相同（网卡 1、2 用于管理，网卡 3、4 用于 vSAN 流量），所以可以使用分布式交换机，并通过"模板"的方式快速置备网络。

（1）使用 vSphere Web Client，在导航器中先选中其中一台主机，例如 192.168.80.11，单击"配置"→"网络"→"虚拟交换机"，在此可以看到当前有一个标准交换机，这个标准交换机绑定了第 1、第 2 个网卡，网卡连接速度显示为 10000（即万兆位网络），如图 8-3-24 所示。

图 8-3-24　查看标准交换机

（2）在"VMkernel 适配器中"，选择"vmk0"，单击" ✐ "，如图 8-3-25 所示，将 vmk0 配置为"VMotion"及"管理流量"，如图 8-3-26 所示。其他另外 3 台主机也要进行同样设置。

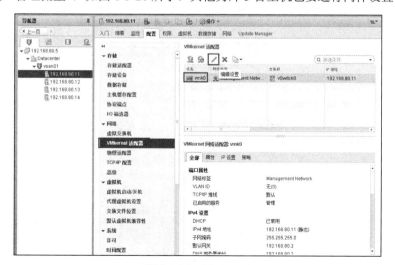

图 8-3-25　VMkernel

图 8-3-26　编辑流量

在下面的操作中，新建分布式交换机，并以 192.168.80.11 为模板，将每台主机的第 3、4 块网卡用于分布式交换机，并为每台主机创建一个 VMkernel，设置 VMkernel 的 IP 地址分别为192.168.10.11、192.168.10.12、192.168.10.13、192.168.10.14，这个 VMkernel 将用于 vSAN 流量。

（1）在 vSphere Web Client，在"网络"中选中数据中心，单击"创建 Distributed Switch"，在"名称和位置"对话框中，设置交换机名称为 DSwitch。

（2）在"编辑设置"对话框，上行链路数选择 2，选中"创建默认端口组"，设置端口组名称为"vlan10"，如图 8-3-27 所示。

图 8-3-27　编辑设置

（3）创建分布式交换机完成后，右击新建的分布式交换机，选择"添加和管理主机"命令，如图 8-3-28 所示。

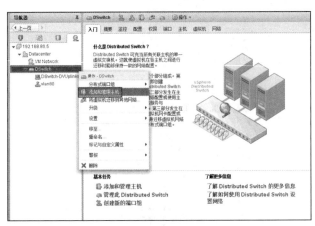

图 8-3-28　添加和管理主机

（4）在"选择任务"中选择"添加主机"，在"选择主机"中添加 192.168.80.11～192.168.80.14 这 4 台主机，然后选中"在多台主机上配置相同的网络设置（模板模式）"复选框，如图 8-3-29 所示。

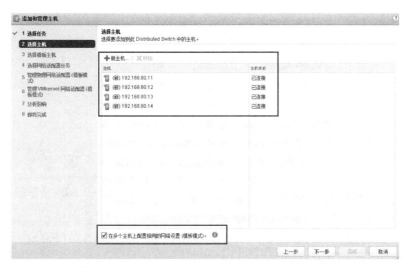

图 8-3-29　选择主机（模板模式）

（5）在"选择模板主机"对话框中，选中其中的一台主机，如 192.168.80.11，在"选择网络适配器任务"对话框中选中"管理物理适配器（模板模式）"和"管理 VMkernel 适配器（模板模式）"。

（6）在"管理物理网络适配器"对话框中，在 192.168.80.11（模板）中，为 vmnic2 与 vmnic3 分配上行链路（Uplink1、Uplink2）后，单击"应用于全部"，其他主机的 vmnic2 与 vmnic3 也将分别上行链路为 Uplink1、Uplink2，如图 8-3-30 所示。

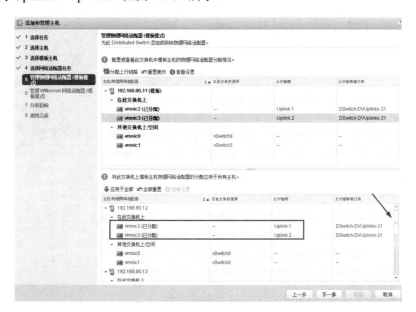

图 8-3-30　检查分配情况

（7）在"管理 VMkernel 网络适配器（模板模式）"对话框中，选择"192.168.80.11"→"在此交换机上"，单击"新建适配器"，在"选择目标设备"对话框中，选择现有网络并选中 vlan10，在

"端口属性"对话框选中"Virtual SAN"，在"IPv4 设置"对话框中，选择"使用静态 IPv4 设置"，为 vSAN 流量的 VMkernel 设置 192.168.10.11 的 IP 地址，如图 8-3-31 所示。

图 8-3-31　设置 VMkernel 的 IP 地址

（8）在"即将完成"对话框中单击"完成"按钮，"管理 VMkernel 网络适配器（模板模式）"对话框中，单击"应用于全部"，如图 8-3-32 所示。

图 8-3-32　应用模板

（9）在"将 VMkernel 网络适配器的配置应用到其他主机"，在"IPv4 地址（需要 3）"对话框中，一一输入另三台主机的 VMkernel 的 IP 地址，本示例为"192.168.10.12,192.168.10.13,192.168.10.14"，注意其中的"逗号"应该是英文的标点，如图 8-3-33 所示。然后单击"确定"按钮。

（10）返回到"管理 VMkernel 网络适配器（模板模式）"对话框中，单击"下一步"按钮。

（11）在"即将完成"对话框，单击"完成"按钮，完成 VMkernel 配置示，如图 8-3-34 所示。

（12）返回到 vSphere Web Client，在导航器中选中主机，在"配置"→"网络"→"VMkernel 适配器"中可以看到，每台主机添加了 vmk1 的 VMkernel，可以看到 VMkernel 的 IP 地址及启用的服务，如图 8-3-35 所示。

图 8-3-33　指定其他主机 VMkernel

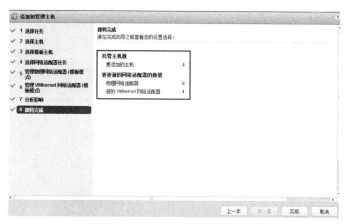

图 8-3-34　即将完成

图 8-3-35　检查 vSAN 流量的 VMkernel

8.3.9　在群集启用 vSAN

在做好上述准备工作之后，就可以启用 vSAN 群集。主要步骤如下。

（1）打开 vSphere Web Client，在导航器中单击"vsan01"，在"配置"→"VirtualSAN"→"常规"中单击"配置"按钮，在"vSAN 配置"中单击"下一步"按钮。

（2）在"网络验证"中，查看 vSAN VMkernel 适配器，因为在上一节已经配置完成，所以单击"下一步"按钮即可。

（3）在"声明磁盘"中，将"驱动器类型"为 HDD 的声明为"容量层"，将驱动器类型为闪存的声明成"缓存层"，如图 8-3-36 所示。

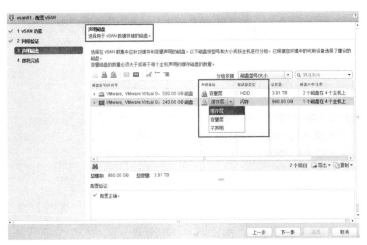

图 8-3-36　声明磁盘

（4）在"即将完成"对话框中显示了 vSAN 的配置。返回到 vSphere Web Client。

（5）在导航器中选中 vsan01（群集名称），在"配置"→"Virtual SAN"→"磁盘管理"中，可以看到当前节点主机数量、每台节点主机的 SSD 与 HDD 数量，主要是在"网络分区组"中，正常情况下应该都在"组 1"，如图 8-3-37 所示。如果在同一 vSAN 群集中，有的主机处于"组 1"，有的主机处于"组 2"或"组 3"，则属于"分区"，需要检查 vSAN 流量网络。

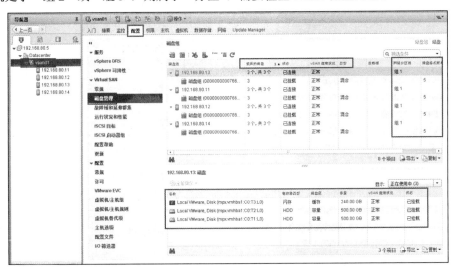

图 8-3-37　磁盘管理

（6）之后查看 vSAN 存储设备，在导航器中单击 vsan01 群集名称，在"数据存储"→"数据存储"中可以看到当前群集中所有存留，其中名为 vsanDatastore 的即 vSAN 存储设备，如图 8-3-38 所示。以后创建的虚拟机保存在vSAN存储设备中，这个存储设备也是"共享存储设备"，可以用于 HA、FT 等操作。

（7）图 8-3-38 中 datastore1 等存储设备则是每台 ESXi 主机的本地存储设备，是安装 ESXi 的系统存储设备。可以将每台 ESXi 本地存储设备重新命名，一般为了管理方便，为每个存储设备加上主机名称（或 IP 地址）。图 8-3-39 是重命名后的截图，分别将每台主机的本地存储命名为 os-esx11、os-esx12、 os-esx13、os-esx14，表示这是每台主机安装系统的本地存储设备，将字母 os 排在前面，是为了在排序时，默认名称可以排在名为 vsanDatastore 的后面，以方便创建虚拟机时、选择存储设备时的选择（说明，在导航器中依次选中每台主机，在"数据存储"→"数据存储"选项卡中一一重命名）。

图 8-3-38　vSAN 共享存储

图 8-3-39　重命名每台主机本地存储

8.4　在 VMware Workstation 14 中整理虚拟机

VMware Workstation 是一款非常优秀的虚拟机软件，在学习或实验的过程中，都会创建很多虚拟机，时间长了可能都有十几个或几十个甚至更多的虚拟机。为了管理方便，大多数用户会在一个空间较大的分区或指定的一个或多个文件夹保存虚拟机，例如作者使用一个 3TB 的硬盘用来保存虚拟机，如图 8-4-1 所示。

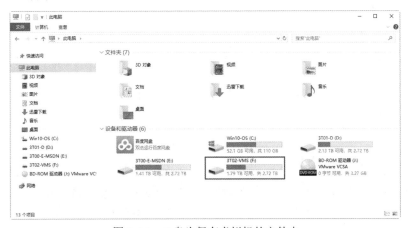

图 8-4-1　F 盘为保存虚拟机的文件夹

无论是主机操作系统还是 VMware Workstation 虚拟机软件，过一段时间都会有新的版本。如果主机操作系统与 VMware Workstation 是正常的升级，例如主机从 Windows 7 升级到 Windows 8、Windows 8.1、Windows 10，VMware Workstation 从 6.0 升级到现在的 14.1.1，虚拟机的清单会一直保存，如图 8-4-2 所示。

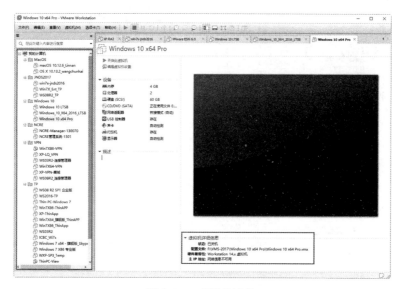

图 8-4-2　虚拟机清单

VMware Workstation 虚拟机清单默认保存在 %APPDATA%\VMware\inventory.vmls 文件中，如图 8-4-3 所示。

图 8-4-3　虚拟机清单保存位置

如果操作系统不是正常升级而是全新的安装，希望保留虚拟机的清单，则可以保存此文件。如果没有保存此文件，则在新安装操作系统及 VMware Workstation 之后，虚拟机清单丢失，希望使用原来的虚拟机时，需要在"文件"菜单选择"打开"命令，如图 8-4-4 所示，一一浏览选择加载原来的虚拟机，才可以将虚拟机添加到清单中，这无疑是麻烦的事情。

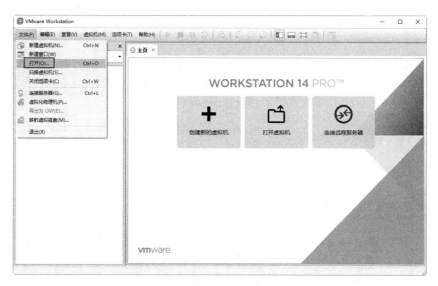

图 8-4-4　打开虚拟机

在 VMware Workstation 14 的版本中，新添加了一个"扫描虚拟机"的功能，使用此功能，通过扫描指定的硬盘或指定的文件夹，可以将所有的虚拟机都添加到清单中。

另外，经过多年的使用，在多个文件夹都有虚拟机，如果要整理虚拟机，也可以关闭并退出 VMware Workstation，删除%APPDATA%\VMware\inventory.vmls 文件，整理虚拟机文件夹（移动虚拟机到指定的文件夹），然后通过扫描虚拟机的方式添加所有虚拟机。

（1）作者当前有 VM_Temp、VMS、VMS_65_Templaters（看这个名字就知道是在 VMware Workstation 6.5 创建的"模板"虚拟机）、VMS-2015（在 2015 年创建的虚拟机保存在这个文件夹中）、VMS-2017（2017 年创建的虚拟机保存在这个文件夹中）、VMS-2018（2018 年创建的虚拟机保存在这个文件夹中）、VPN 等文件夹，如图 8-4-5 所示。

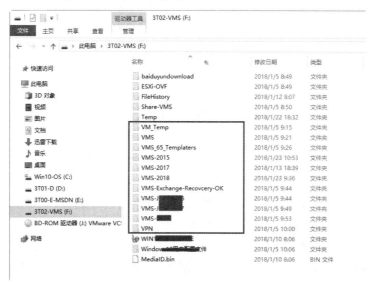

图 8-4-5　保存虚拟机的文件夹

（2）经过整理，合并或删除了 VMS-2015、VMS-2017 文件夹，删除了不用的虚拟机文件夹，如图 8-4-6 所示。

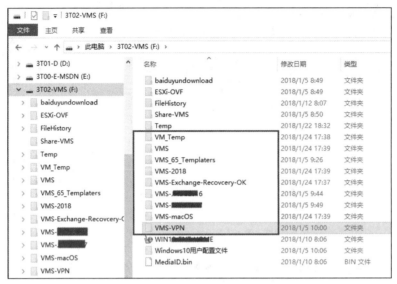

图 8-4-6　合并整理之后的虚拟机

（3）打开 VMware Workstation，在"文件"菜单中选择"扫描虚拟机"命令，如图 8-4-7 所示。

（4）在"欢迎使用扫描虚拟机向导"的"选择扫描位置"中单击"浏览"按钮选择 F 盘根目录，如图 8-4-8 所示。

图 8-4-7　扫描虚拟机

图 8-4-8　欢迎使用扫描虚拟机向导

（5）扫描虚拟机完成后，在"选择虚拟机"对话框的"要添加的虚拟机"清单中，选中要添加的虚拟机，取消不准备添加的虚拟机，选中"匹配库中的文件系统文件夹层次结构"复选框，单击"完成"按钮，如图 8-4-9 所示。

（6）在"结果"对话框中显示了操作的进度和结果，如图 8-4-10 所示。单击"关闭"按钮。

（7）在 VMware Workstation 对话框显示了添加的虚拟机清单，如图 8-4-11 所示。

图 8-4-9　选择要添加的虚拟机

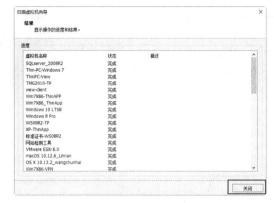

图 8-4-10　结果

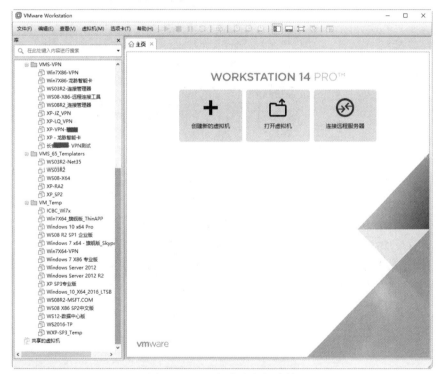

图 8-4-11　添加的虚拟机清单

8.5　在 VMware Workstation 14 虚拟机中安装 Mac OS High Sierra

本节介绍在在 VMware Workstation 14.1.1 虚拟机中安装 MacOS High Sierra 10.12 操作系统的方法。本节需要用到如下的软件：

- VMware Workstation 14.x
- Unlocker 2.0.9
- Mac OS Sierra 10.12.1 cdr 安装镜像

下面分步骤进行介绍。

8.5.1 安装配置 VMware Workstation

VMware Workstation 10 以后的版本（11、12、14）只能运行在 64 位操作系统中，VMware Workstation 10 是最后一个运行在 32 位操作系统中的版本。在本节的实验中，VMware Workstation 14.1.1 安装在 64 位 Windows 10 专业工作站版系统中，配置了 32GB 内存，1 个 i5-4690K 的 CPU，如图 8-5-1 所示。

图 8-5-1 实验主机配置

在实验过程中，只要主机是 64 位 Windows 操作系统、配置有一个 i3 以上的 CPU、配置最小 4GB 内存、安装 VMware Workstation 14 即可完成实验。下面介绍主要步骤。

（1）在主机安装 VMware Workstation 14.1.1（也可以安装其他的 14.x.x 版本），如图 8-5-2 所示。

图 8-5-2 VMware Workstation 版本

（2）安装完成之后，关闭 VMware Workstation。

（3）将下载的 Unlocker 2.0.9 解压缩展开（不能解压到到含有中文或特殊字符的路径中），本示例解压缩到 E:\unlocker209-unofficial，打开资源管理器，右击 win-install.cmd，选择"以管理员身份运行"命令，如图 8-5-3 所示。

（4）Unlocker 2.0.9 会修补 VMware Workstation 主程序并从 Internet 下载用于 MacOS 的 VMware Tools，如图 8-5-4 所示。程序执行完成后会自动退出。

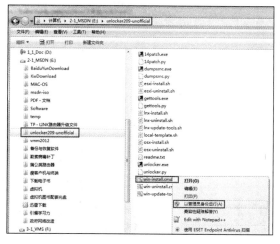

图 8-5-3　以管理员身份运行

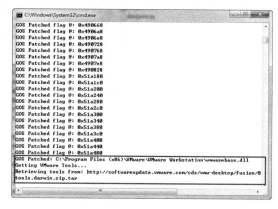

图 8-5-4　执行修补程序

（5）重新打开 VMware Workstation，在"首选项"→"虚拟机的默认位置"中，浏览并选择一个剩余空间较大文件夹用于保存虚拟机，本示例中设置 F:\vms-2018，如图 8-5-5 所示。

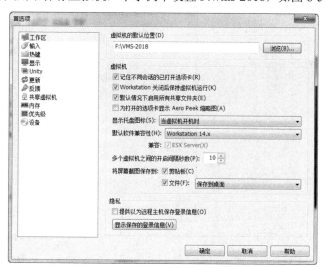

图 8-5-5　选择虚拟机默认文件夹

8.5.2　创建 Mac OS 虚拟机

本节在 VMware Workstation 中创建 Mac OS 虚拟机，主要步骤如下。

（1）在"文件"菜单中选择"新建虚拟机"，如图 8-5-6 所示。

（2）在"欢迎使用新建虚拟机向导"对话框选择"自定义"单选按钮，如图 8-5-7 所示。

图 8-5-6　新建虚拟机

图 8-5-7　自定义

（3）在"选择虚拟机硬件兼容性"的"硬件兼容性"列表中选择"Workstation 14.x"，如图 8-5-8 所示。

（4）在"安装客户机操作系统"对话框中选择"稍后安装操作系统"单选按钮，如图 8-5-9 所示。

图 8-5-8　硬件兼容性

图 8-5-9　稍后安装操作系统

（5）在"选择客户机操作系统"对话框中选择"Apple Mac OS X"→"OS X 10.11"，如图 8-5-10 所示。本示例选择 OS X 10.11 的版本，如果你的安装镜像是其他版本，应选择对应的正确版本。如果没有出现"Apple Mac OS X"的选项，表示没有执行 Unlocker 2.0.9（此程序支持到 VMware Workstation 14.x 的版本），或者执行的有误，请重新检查。

（6）在"命名虚拟机"对话框中设置虚拟机的名称，本节使用默认名称，如图 8-5-11 所示。

（7）在"处理器配置"对话框中使用默认值 2，如图 8-5-12 所示。

（8）在"此虚拟机的内存"为虚拟机分配 4GB 内存，如图 8-5-13 所示。

（9）在"网络类型"对话框选择桥接网络或 NAT，不能选择后两项。如图 8-5-14 所示。

（10）在"选择 I/O 控制器类型"选择默认值，本示例为 LSI Logic，如图 8-5-15 所示。

图 8-5-10　选择虚拟机操作系统

图 8-5-11　命名虚拟机

图 8-5-12　处理器配置

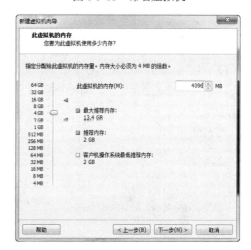

图 8-5-13　为虚拟机分配内存

图 8-5-14　网络类型

图 8-5-15　选择 I/O 控制器类型

（11）在"选择磁盘类型"对话框中选择默认值，本示例为 SATA，如图 8-5-16 所示。

（12）在"选择磁盘"对话框中选择"创建新虚拟磁盘"，如图 8-5-17 所示。

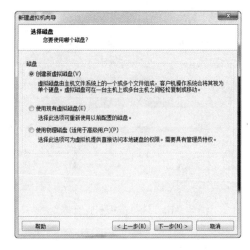

图 8-5-16　选择 SATA 类型　　　　　　　　图 8-5-17　创建新虚拟磁盘

（13）在"指定磁盘容量"对话框中设置虚拟硬盘大小，本示例设置为 40GB，如图 8-5-18 所示。

（14）在"指定磁盘文件"对话框中指定虚拟硬盘文件名，如图 8-5-19 所示。

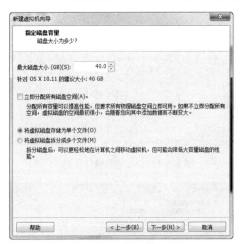

图 8-5-18　指定磁盘大小　　　　　　　　　图 8-5-19　指定磁盘文件

（15）在"已准备好创建虚拟机"对话框复查虚拟机配置，无误之后单击"完成"按钮，完成虚拟机的创建，如图 8-5-20 所示。

（16）创建的虚拟机如图 8-5-21 所示。

此时虚拟机还不能使用，如果单击"开启虚拟机"按钮，虚拟机启动后会出现"VMware Workstation 不可恢复的错误：（vcpu-0）"的错误提示，如图 8-5-22 所示。

（1）关闭并退出 VMware Workstation，打开资源管理器，找到新建的 MacOS 虚拟机的文件夹（本示例为 F:\vms-2018\OS X 10.11），右击虚拟机的配置文件 OS X 10.11.vmx，在右键快捷菜单中选择"打开方式"→"记事本"命令，如图 8-5-23 所示。

图 8-5-20　创建虚拟机完成

图 8-5-21　创建的虚拟机

图 8-5-22　开始虚拟机出现错误

图 8-5-23　用记事本打开虚拟机配置文件

（2）打开配置文件后，添加如下一行：

```
smc.version = "0"
```

添加之后保存退出，如图 8-5-24 所示。

（3）打开 VMware Workstation，编辑 OS X 10.11 虚拟机配置文件，使用下载的 Mac OS 的 CDR 文件见图 8-5-25 并加载为虚拟光驱，如图 8-5-26 所示。

（4）打开虚拟机的电源，开始 Mac OS 的安装，如图 8-5-27 所示。

图 8-5-24　添加配置

图 8-5-25　选择 Mac OS 的 CDR 安装文件

图 8-5-26　加载为 CD/DVD

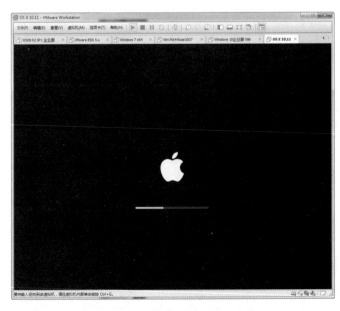

图 8-5-27　启动虚拟机

8.5.3　在虚拟机中安装 Mac OS 10.12

当 Mac OS 的虚拟机启动之后，就可以在虚拟机中安装 Mac OS 操作系统，主要步骤如下。

（1）进入安装界面后，选择安装语言，本示例选择"以简体中文作为主要语言"，如图 8-5-28 所示。

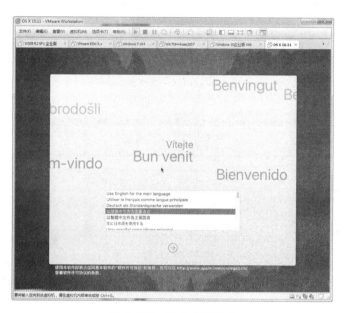

图 8-5-28　选择安装语言

（2）在"选择要安装到的磁盘"对话框，单击"实用工具"选择"磁盘工具"，如图 8-5-29 所示。

图 8-5-29　磁盘工具

（3）在"磁盘工具"对话框选择 40GB 的磁盘，单击"抹掉"按钮，如图 8-5-30 所示。

（4）在"名称"文本框中为新格式化的分区命名，本示例设置名称为 Mac OS；在"格式"下拉列表中选择"Mac OS Extended（Journaled）"；在"方案"下拉列表中选择 GUID 分区图，如图 8-5-31

所示。然后单击"抹掉"按钮。

图 8-5-30　抹掉磁盘

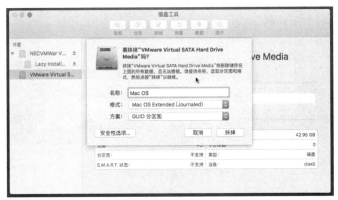

图 8-5-31　格式化

（5）格式化完成后返回安装 Mac OS 对话框，选择分区名称为"Mac OS"硬盘，单击"继续"按钮，如图 8-5-32 所示。

（6）之后开始安装 Mac OS，直到安装完成，如图 8-5-33 所示。

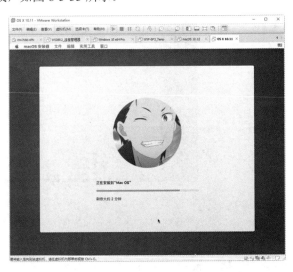

图 8-5-32　选择硬盘安装 Mac OS　　　　　　图 8-5-33　开始安装 Mac OS

（7）安装完成后系统重新启动，再次进入系统后，选择地区和语言设置，如图 8-5-34、图 8-5-35 所示。

图 8-5-34　地区设置

图 8-5-35　语言设置

（8）之后创建账户或使用 Apple 账户登录，进入 Mac OS 系统，如图 8-5-36 所示。

图 8-5-36　登录进入系统

8.5.4　安装 VMware Tools

本节介绍 VMware Tools 的安装。

（1）在安装好 Mac OS 并进入系统之后，此时 Mac OS 的安装文件还加载在虚拟机中，需要弹出该文件。右击加载的 Mac OS 的安装文件选择第二项，如图 8-5-37 所示。

（2）在 VMware Workstation 中右击 Mac OS 虚拟机名称并选择"安装 VMware Tools"命令，如图 8-5-38 所示。

图 8-5-37   弹出光驱

图 8-5-38   安装 VMware Tools

（3）在虚拟机中打开 VMware Tools 文件，双击"安装 VMware Tools"，如图 8-5-39 所示。

（4）在"安装 VMware Tools"对话框中单击"安装"按钮，如图 8-5-40 所示。

图 8-5-39　安装 VMware Tools

图 8-5-40　安装

（5）根据提示安装 VMware Tools，安装完成之后单击"重新启动"按钮，如图 8-5-41 所示。重新启动 VMware Tools 生效。

安装完成后，就可以在 Mac OS 虚拟机中做相关的测试与实验了，这些不一一介绍。

图 8-5-41　安装完成重新启动

8.6　VMware Workstation 虚拟机"句柄无效"无法开机的解决方法

　　某单位一台 VMware Workstation 的虚拟机，由于服务器出现故障，在重新启动之后虚拟机无法启动，再次打开 VMware Workstation 时发现虚拟机处于"休眠"状态，如图 8-6-1 所示。

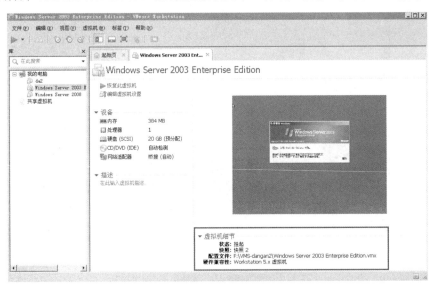

图 8-6-1　虚拟机处于挂起状态

　　启动虚拟机,提示"句柄无效　无法打开磁盘××××或者某一个快照所依赖的磁盘",如图 8-6-2所示，无法开机。

图 8-6-2　虚拟机无法开机

打开虚拟机所在的文件夹，看到有多个 VMDK（虚拟机硬盘文件）、VMSN（虚拟机快照文件），如图 8-6-3 所示。

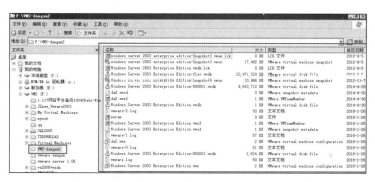

图 8-6-3　虚拟机文件

正常挂起的虚拟机会有一个扩展名为.vmss 的文件，该文件是"VMware 已挂起虚拟机的状态"文件，如图 8-6-4 所示，这是一个挂起的虚拟机的文件截图。

名称	修改日期	类型	大小
caches	2018/1/27 20:06	文件夹	
Windows 10 x64 Test.vmx.lck	2018/1/27 22:04	文件夹	
vmware.log	2018/1/27 22:07	文本文档	410 KB
vmware-0.log	2018/1/27 20:47	文本文档	1,202 KB
vmware-1.log	2018/1/27 19:44	文本文档	304 KB
vmware-2.log	2018/1/27 19:38	文本文档	280 KB
vprintproxy.log	2018/1/27 22:07	文本文档	5 KB
vprintproxy-0.log	2018/1/27 20:47	文本文档	5 KB
vprintproxy-1.log	2018/1/27 19:44	文本文档	5 KB
vprintproxy-2.log	2018/1/27 19:38	文本文档	5 KB
Windows 10 x64 Test.nvram	2018/1/27 22:07	VMware 虚拟机非易变 RAM	265 KB
Windows 10 x64 Test.vmdk	2018/1/27 19:23	VMware 虚拟磁盘文件	7,744 KB
Windows 10 x64 Test.vmsd	2018/1/27 19:23	VMware 快照元数据	0 KB
Windows 10 x64 Test.vmx	2018/1/27 22:07	VMX 文件	4 KB
Windows 10 x64 Test.vmxf	2018/1/27 20:14	VMware 组成员	4 KB
Windows 10 x64 Test-0.vmdk	2018/1/27 22:07	VMware 虚拟磁盘文件	26,045,05...
Windows 10 x64 Test-ce097919.vmem	2018/1/27 22:05	VMEM 文件	4,194,304...
Windows 10 x64 Test-ce097919.vmss	2018/1/27 22:07	VMware 已挂起虚拟机的状态	6,279 KB

图 8-6-4　挂起的虚拟机

但是，即使这个扩展名为.vmss 的文件被删除，虚拟机不能从挂起状态恢复，打开虚拟机电源的时候，虚拟机会重新启动，只是会丢失挂起时的状态。而现在虚拟机不能开机，提示"句柄错误"，这是虚拟机出了问题，需要恢复或修复。

经过多次尝试，通过使用 DiskGenius 克隆虚拟机硬盘、重建虚拟机的方式解决了该问题，下面介绍修复虚拟机的步骤和过程。

（1）编辑虚拟机配置文件，检查并记录硬盘文件名称（本示例为"Windows Server 2003 Enterprise Edition-000003.vmdk"），硬盘类型为"SCSI"，硬盘大小为 20GB，如图 8-6-5 所示。

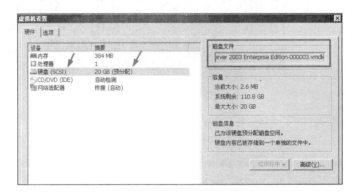

图 8-6-5　检查虚拟机磁盘文件

（2）在该服务器上安装并运行 DiskGenius 软件，如图 8-6-6 所示。当前服务器共有 3 块硬盘，大小依次是 279GB、931GB、931GB，如图 8-6-6 所示。

图 8-6-6　安装并运行 DiskGenius

（3）在"硬盘"对话框中选择"打开虚拟硬盘文件"，如图 8-6-7 所示。

（4）浏览打开虚拟机文件夹，选择"Windows Server 2003 Enterprise Edition-000003.vmdk"（因为该虚拟机创建过快照，会有多个 VMDK 文件，一定要选择正确的文件，这在图 8-6-5 中已经检查过），如图 8-6-8 所示。

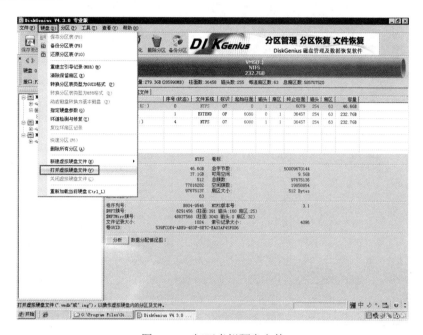

图 8-6-7　打开虚拟硬盘文件

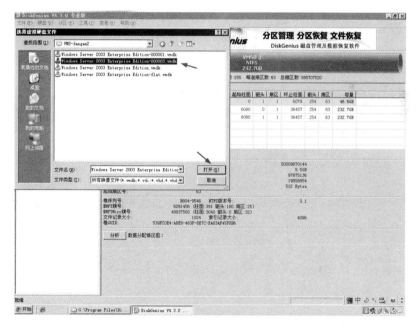

图 8-6-8　打开正确的 VMDK 文件

（5）如果能正确加载虚拟机硬盘，并且能浏览、查看到硬盘的文件及文件夹，表示数据没有太大问题，虚拟机可以恢复，如图 8-6-9 所示，此时打开的虚拟机硬盘大小为 20GB，能看到文件内容。

（6）在"硬盘"菜单中选择"新建虚拟硬盘文件"→"新建 VMware 虚拟硬盘文件"，如图 8-6-10 所示。

图 8-6-9　打开虚拟机硬盘

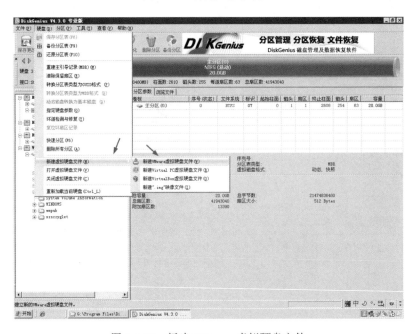

图 8-6-10　新建 VMware 虚拟硬盘文件

（7）在"创建新的 VMware 虚拟硬盘"对话框中，选择新建 VMware 虚拟硬盘的保存路径及虚拟硬盘文件名，通常情况下新建一个文件夹，稍后会在此文件夹新建虚拟机，要保证保存虚拟硬盘文件夹有足够的空间。在"容量"文本框中输入新建虚拟硬盘的文件大小，创建的虚拟硬盘大小要大于等于源虚拟机硬盘的大小。在本示例中，源虚拟硬盘大小为 20GB（见图 8-6-10 中），在此新建虚拟硬盘大小为 25GB。在"适配器类型"中选择"SCSI"，这与源虚拟机硬盘类型相同，如图 8-6-11 所示。

（8）在"工具"菜单选择"克隆硬盘"命令，如图 8-6-12 所示。

图 8-6-11　创建新虚拟硬盘

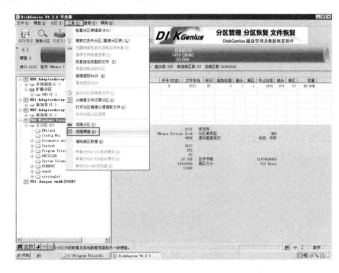

图 8-6-12　克隆硬盘

（9）在"选择源硬盘"对话框中选择大小为 20 GB 的源虚拟机硬盘，注意不要选错，如图 8-6-13 所示。

（10）在"选择目标硬盘"对话框中选择新建的大小为 25 GB 的空闲硬盘，注意不要选错，如图 8-6-14 所示。

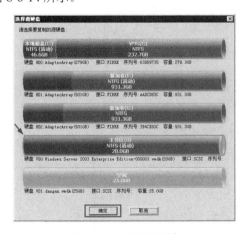

图 8-6-13　选择源硬盘

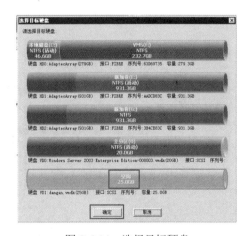

图 8-6-14　选择目标硬盘

（11）在"克隆硬盘"对话框中选择"按文件系统结构原样复制"，单击"开始"按钮，如图 8-6-15 所示。

（12）DiskGenius 提示目标硬盘各分区上的所有文件将会被覆盖，提示要将"VD0：Windows Server 2003 Enter Prise Edition-000003.vmdk（20GB）"复制到"VD1：dengan.vmdk（25GB）"吗？在此会有要复制的源和目标硬盘的信息和大小，再次确认检查无误之后单击"确定"按钮，如图 8-6-16 所示。

图 8-6-15　开始复制

（13）在提示"是否为目标磁盘建立一个新的磁盘签名"时单击"否"按钮，如图 8-6-17 所示。

图 8-6-16　确认复制　　　　　　　　　　　图 8-6-17　不创建新的磁盘签名

（14）DiskGenius 开始克隆硬盘，直到克隆完成，如图 8-6-18 所示。单击"完成"按钮，然后退出 DiskGenius。

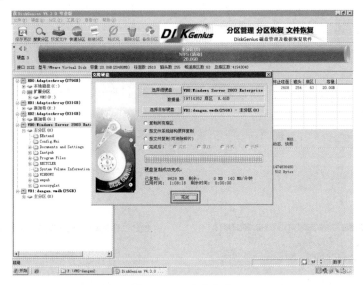

图 8-6-18　克隆完成

（15）打开 VMware Workstation，新建虚拟机，如图 8-6-19 所示。

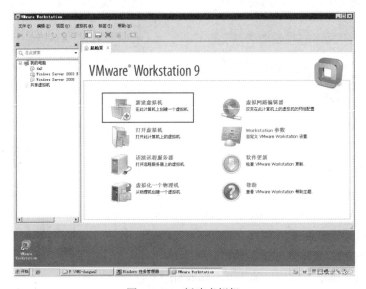

图 8-6-19　新建虚拟机

（16）在"欢迎使用新建虚拟机向导"对话框中选择"自定义"单选按钮，如图 8-6-20 所示。

（17）在"选择一个客户机操作系统"对话框中选择"Windows Server 2003 企业版"，如图 8-6-21 所示。这与原来的虚拟机操作系统相同。

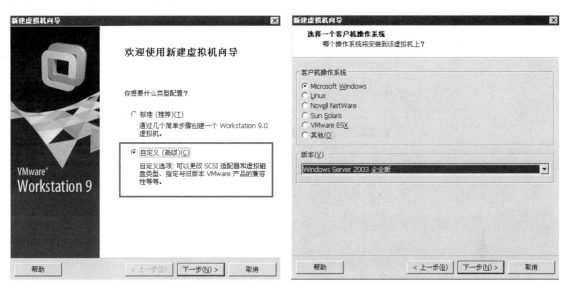

图 8-6-20　自定义　　　　　　　　　　　　图 8-6-21　选择客户机操作系统

（18）在"命名虚拟机"对话框中，单击"浏览"按钮选择图 8-6-11 使用 DiskGenius 创建虚拟硬盘的文件夹，然后设置虚拟机名称，如图 8-6-22 所示。此时会提示"指定的位置似乎包含一个现有的虚拟机……"，单击"继续"按钮。

（19）在"选择磁盘"对话框中选择"使用一个已存在的虚拟磁盘"单选按钮，如图 8-6-23 所示。

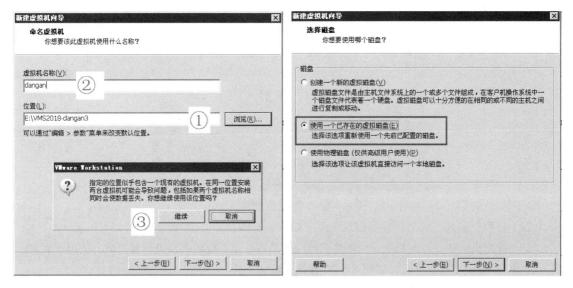

图 8-6-22　命名虚拟机　　　　　　　　　　图 8-6-23　使用已存在的虚拟磁盘

（20）浏览并选择图 8-6-11 中创建的虚拟磁盘文件，此时会提示"将现有的虚拟磁盘类型转换为新的格式吗？"，单击"保持现有格式"按钮，如图 8-6-24 所示。

（21）在"准备创建虚拟机"对话框中，检查新建虚拟机的配置，检查无误之后单击"完成"按钮，如图 8-6-25 所示。

图 8-6-24　选择虚拟磁盘

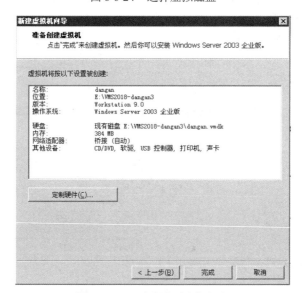

图 8-6-25　虚拟机创建完成

（22）虚拟机创建完成后打开虚拟机电源，如图 8-6-26 所示。

（23）虚拟机启动并进入系统，检查数据及应用是否正常，至此虚拟机修复完成，使用新创建的虚拟机代替原来的虚拟机即可，如图 8-6-27 和图 8-6-28 所示。

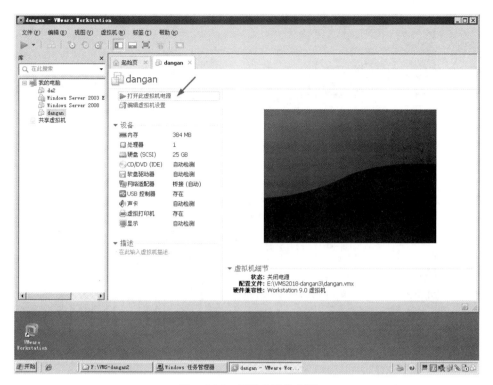

图 8-6-26　打开虚拟机电源

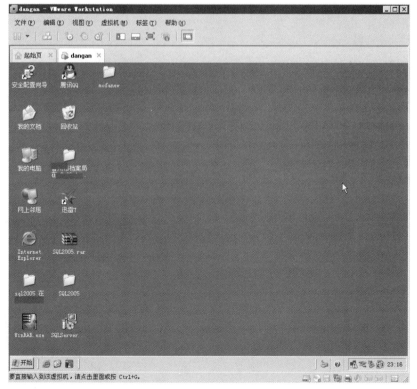

图 8-6-27　虚拟机启动正常

图 8-6-28　业务系统应用正常